高等学校教学用书

勘查地球化学

罗先熔　文美兰　欧阳菲　唐甲光　编著

北　京
冶金工业出版社
2013

内容提要

本教材为资源勘查工程、勘查技术工程专业的地球化学找矿课程教材，全书共10章，分别介绍了勘查地球化学的基本概念、岩石地球化学测量、土壤地球化学测量、水系沉积物地球化学测量、水文地球化学找矿、气体地球化学测量、化探野外工作方法、化探分析方法简介、化探中常用的数据处理方法、资料整理及异常值的确定。

本书也可作为高等工科院校矿业工程其他相关专业本科生、研究生教学参考书，也可供从事地球化学找矿工作的工程技术人员参考。

图书在版编目(CIP)数据

勘查地球化学/罗先熔等编著．—北京：冶金工业出版社，2007.3（2013.7重印）

高等学校教学用书

ISBN 978-7-5024-4211-8

Ⅰ.勘…　Ⅱ.罗…　Ⅲ.地球化学勘探—高等学校—教材　Ⅳ.P632

中国版本图书馆CIP数据核字(2007)第020670号

出版人　谭学余
地　　址　北京北河沿大街嵩祝院北巷39号，邮编100009
电　　话　(010)64027926　电子信箱　yjcbs@cnmip.com.cn
责任编辑　王雪涛　李培禄　张　卫　美术编辑　李　新　版式设计　张　青
责任校对　石　静　李文彦　责任印制　李玉山
ISBN 978-7-5024-4211-8
冶金工业出版社出版发行；各地新华书店经销；北京百善印刷厂印刷
2007年3月第1版，2013年7月第5次印刷
787mm×1092mm；1/16；17印张；452千字；261页
34.00元

冶金工业出版社投稿电话：(010)64027932　投稿信箱：tougao@cnmip.com.cn
冶金工业出版社发行部　电话：(010)64044283　传真：(010)64027893
冶金书店　地址：北京东四西大街46号(100010)　电话：(010)65289081(兼传真)

前　　言

本教材是为地学类专业编写的教材，既可作为高校地质专业本科生的勘查地球化学教材，亦可供从事地质专业和地球化学勘查工作和研究的工作者参考。

本教材是在罗先熔教授所编《勘查地球化学》(内部教材)基础上，收集了勘查地球化学在找矿应用方面的新资料，吸取国内外各兄弟院校教学的经验，结合编者多年从事勘查地球化学的教学、科研成果和找矿工作的实践，同时参考了黎彤、倪守斌编的《地球化学讲义》(1982)，吴锡生编的《化探及其数据处理方法》(1984)，H.E.霍克斯(美)、J.S.韦布(英)合著，谢学锦译的《矿产勘查的地球化学》(1979)，云南省冶金局勘探公司编的《化探》(1976)部分内容编写成的。

本教材对一个多世纪以来在科研、找矿实践中行之有效的岩石地球化学测量、水化学测量、气体地球化学测量等方法技术做了单独论述，以方便从业者的实际应用。由于生物地球化学测量在找矿应用的局限性和技术上的复杂性，本教材在这方面仅予以较小的篇幅，只讲述生物地球化学异常形成的现象。

自20世纪70年代至今，国内外地球化学勘查在找矿勘查方面引入了较多的数据处理方法和技术，在发现新的找矿信息方面取得了令人关注的成效，在地球化学异常评价解释方面也获得了可喜的进步。因此，本教材编入了这两方面的新内容，以弥补以往同类教材在此方面的不足，希望能给读者在这两方面的应用探索有所启迪。

本教材系统阐述了有关勘查地球化学的基本概念、研究方法和实际应用，并附以较多的应用实例，力求定义明确，概念清晰，文字简明扼要。书后的附录是为实际工作中使用方便而编排的。本教材内容较丰富，读者可根据专业需要及课程安排选用。本教材在编写中参考了相关教材，在此向黎彤、倪守斌、谢学锦、吴锡生等老师和有关单位表示敬意。

本教材共分十章，第一～六章由罗先熔、文美兰编写，第七～十章由欧阳菲、唐甲光编写。

本教材的出版由广西高校“地质资源与地质工程”人才小高地建设项目经费资助。

由于编写时间仓促，编者学识有限，书中不妥之处，敬请读者、专家批评指正。

编　者

2007年1月18日

目　录

第一章　勘查地球化学的基本概念

勘查地球化学(exploration geochemistry)又称**地球化学探矿**。它是以地质学、地球化学作为理论基础,通过系统测试(或测试其中某些方面)矿体(矿带或矿床)周围三度空间与成矿有关系(时间、空间和成因)的化学元素(包括同位素)的分布分配、组分分带、存在形式以及与成矿有关的物理化学参数(温度、压力、pH和Eh)等,并用这些标志进行找矿的一门科学。

第一节　元素在地壳中的分布

一、元素在岩石圈中的分布量

研究元素在地壳中的分布,是地球化学的一项基本任务,也是勘查地球化学工作的基础。

通常,地壳岩石圈中元素的分布量用"**克拉克值**"表示,有些国家则称其为"**丰度**"。克拉克值指的是元素在地壳岩石圈中的平均含量。其含量表示有的用百分比表示,有的用g/t(克/吨)、(γ/g)(伽马/克)表示(1 g/t=1γ/g相当于1 ppm=0.0001%)。岩石圈中元素的克拉克值及各类岩石中的平均含量见表1-1。

表1-1　某些元素的克拉克值及在各类岩石中的平均含量(%)

元素	克拉克值	超基性岩	基性岩	中性岩	酸性岩[富钙]	酸性岩[贫钙]	砂岩	页岩	碳酸岩盐
Ag	7×10^{-6}	6×10^{-6}	1.1×10^{-5}	$n\times10^{-6}$	5.1×10^{-6}	3.7×10^{-6}	$n\times10^{-6}$	7×10^{-6}	$n\times10^{-6}$
Al	8.2	2.0	7.8	8.8	8.2	7.2	2.5	8.0	0.4
As	1.8×10^{-4}	1	2×10^{-4}	1.4×10^{-4}	1.9×10^{-4}	1.5×10^{-4}	1×10^{-4}	1.3×10^{-4}	1×10^{-4}
Au	4×10^{-7}	6×10^{-7}	4×10^{-7}	$n\times10^{-7}$	4×10^{-7}	4×10^{-7}	$n\times10^{-1}$	$n\times10^{-7}$	$n\times10^{-7}$
B	1×10^{-3}	3×10^{-4}	5×10^{-4}	9×10^{-4}	9×10^{-4}	1×10^{-3}	3.5×10^{-3}	1×10^{-2}	2×10^{-3}
Ba	4.3×10^{-2}	4×10^{-5}	3.3×10^{-2}	1.6×10^{-1}	4.2×10^{-2}	8.4×10^{-2}	$n\times10^{-3}$	5.8×10^{-2}	1×10^{-3}
Be	2.8×10^{-4}	$n\times10^{-5}$	1×10^{-4}	1×10^{-4}	2×10^{-4}	3×10^{-4}	$n\times10^{-5}$	3×10^{-4}	$n\times10^{-5}$
Bi	1.7×10^{-5}	—	7×10^{-7}	—	—	1×10^{-6}	—	—	—
Br	2.5×10^{-4}	1×10^{-4}	3.6×10^{-4}	2.7×10^{-4}	4.5×10^{-4}	1.3×10^{-4}	1×10^{-4}	4×10^{-4}	6.2×10^{-4}
Ca	4.15	2.5	7.6	1.8	2.5	5.1×10^{-1}	3.9	2.2	30.2
Cd	2×10^{-5}	$n\times10^{-5}$	2.2×10^{-5}	1.3×10^{-5}	1.3×10^{-5}	1.3×10^{-5}	$n\times10^{-6}$	3×10^{-5}	3.5×10^{-6}
Cl	1.3×10^{-2}	8.5×10^{-3}	6×10^{-3}	5.2×10^{-2}	1.3×10^{-2}	2.0×10^{-2}	1×10^{-3}	1.8×10^{-2}	1.5×10^{-3}
Co	2.5×10^{-3}	1.5×10^{-2}	4.8×10^{-3}	1×10^{-4}	7×10^{-4}	1×10^{-4}	3×10^{-5}	1.9×10^{-3}	1×10^{-5}
Cr	1×10^{-2}	1.6×10^{-1}	1.7×10^{-2}	2×10^{-4}	2.2×10^{-3}	4.1×10^{-4}	3.5×10^{-3}	9×10^{-3}	1.1×10^{-3}
Cu	5.5×10^{-3}	1×10^{-3}	8.7×10^{-3}	5×10^{-4}	3×10^{-3}	1×10^{-3}	$n\times10^{-4}$	4.5×10^{-3}	4×10^{-4}
F	6.3×10^{-2}	1×10^{-2}	4×10^{-2}	1.2×10^{-1}	5.2×10^{-2}	8.5×10^{-2}	2.7×10^{-2}	7.4×10^{-2}	3.3×10^{-2}
Fe	0.63	9.43	8.65	3.67	2.96	1.42	9.8×10^{-1}	4.72	3.8×10^{-1}
Ga	1.5×10^{-3}	1.5×10^{-4}	1.7×10^{-3}	3×10^{-3}	1.7×10^{-3}	1.7	1.2×10^{-3}	1.9×10^{-3}	4×10^{-4}
Ge	1.5×10^{-4}	1.5×10^{-4}	1.3×10^{-4}	1×10^{-4}	1.3×10^{-4}	1.3×10^{-4}	8×10^{-5}	1.6×10^{-4}	2×10^{-5}

续表 1-1

元素	克拉克值	超基性岩	基性岩	中性岩	酸性岩[富钙]	酸性岩[贫钙]	砂岩	页岩	碳酸岩盐
Hf	3×10^{-4}	6×10^{-5}	2×10^{-4}	11×10^{-4}	2.3×10^{-4}	2.9×10^{-4}	3.9×10^{-4}	2.8×10^{-4}	3×10^{-5}
Hg	3×10^{-6}	$n\times10^{-6}$	9×10^{-6}	11×10^{-3}	8×10^{-6}	8×10^{-6}	3×10^{-6}	4×10^{-5}	4×10^{-6}
I	5×10^{-5}	5×10^{-5}	5×10^{-5}	5×10^{-5}	5×10^{-5}	5×10^{-5}	1.7×10^{-4}	2.2×10^{-4}	1.2×10^{-4}
In	1×10^{-5}	1×10^{-6}	2.2×10^{-5}	$n\times10^{-6}$	$n\times10^{-6}$	2.6×10^{-5}	$n\times10^{-6}$	1×10^{-5}	$n\times10^{-6}$
K	2.09	4×10^{-3}	8.3×10^{-1}	4.8	2.52	4.2	1.07	2.6	2.7×10^{-1}
Li	2×10^{-3}	$n\times10^{-5}$	1.7×10^{-3}	2.8×10^{-3}	2.4×10^{-3}	4×10^{-3}	1.5×10^{-3}	6.8×10^{-3}	5×10^{-4}
Mg	2.33	20.4	4.6	5.8×10^{-1}	9.4×10^{-1}	1.6×10^{-1}	7×10^{-1}	1.50	4.7
Mn	9.5×10^{-2}	1.62×10^{-1}	1.5×10^{-1}	8.5×10^{-2}	5.4×10^{-2}	3.9×10^{-2}	$n\times10^{-3}$	8.5×10^{-2}	1.1×10^{-1}
Mo	1.5×10^{-4}	3×10^{-5}	1.5×10^{-4}	6×10^{-5}	1×10^{-4}	1.3×10^{-4}	2×10^{-5}	2.6×10^{-4}	4×10^{-5}
Na	2.36	4.2×10^{-1}	1.8	4.04	2.84	2.58	3.3×10^{-1}	9.6×10^{-1}	4×10^{-2}
Nb	2×10^{-3}	1.6×10^{-3}	1.9×10^{-3}	3.5×10^{-3}	2×10^{-3}	2.1×10^{-3}	$n\times10^{-6}$	1.1×10^{-3}	3×10^{-5}
Ni	7.5×10^{-3}	2×10^{-1}	1.3×10^{-2}	4×10^{-4}	1.5×10^{-3}	4.5×10^{-4}	2×10^{-4}	6.8×10^{-3}	2×10^{-3}
P	1.05×10^{-1}	2.0×10^{-2}	1.1×10^{-1}	8×10^{-2}	9.2×10^{-2}	6×10^{-2}	1.7×10^{-2}	7×10^{-2}	4×10^{-2}
Pb	1.25×10^{-3}	1×10^{-4}	6×10^{-4}	1.2×10^{-3}	1.5×10^{-3}	1.9×10^{-3}	7×10^{-4}	2×10^{-3}	9×10^{-4}
Rb	9×10^{-3}	2×10^{-5}	3×10^{-4}	1.1×10^{-2}	1.1×10^{-2}	1.7×10^{-2}	6×10^{-3}	1.4×10^{-2}	3×10^{-4}
S	2.6×10^{-2}	3×10^{-2}	3×10^{-2}	3×10^{-2}	3×10^{-2}	3×10^{-2}	2.4×10^{-2}	2.4×10^{-1}	1.2×10^{-1}
Sb	2×10^{-5}	1×10^{-5}	2×10^{-5}	$n\times10^{-5}$	2×10^{-5}	2×10^{-5}	$n\times10^{-6}$	1.5×10^{-4}	2×10^{-5}
Si	28.1	20.5	23.0	29.1	31.4	34.7	36.8	7.3	2.4
Sn	2×10^{-4}	5×10^{-5}	1.5×10^{-4}	$n\times10^{-5}$	1.5×10^{-4}	3×10^{-4}	$n\times10^{-4}$	1.5×10^{-4}	2×10^{-5}
Sr	3.75×10^{-2}	1×10^{-4}	4.65×10^{-2}	2×10^{-2}	4.4×10^{-2}	1×10^{-2}	2×10^{-3}	3×10^{-2}	6.1×10^{-2}
Ta	2×10^{-4}	1×10^{-4}	1.1×10^{-4}	2.1×10^{-4}	3.6×10^{-4}	4.2×10^{-4}	$n\times10^{-6}$	8×10^{-5}	$n\times10^{-6}$
Th	9.6×10^{-4}	4×10^{-7}	4×10^{-4}	1.3×10^{-3}	8.5×10^{-4}	1.7×10^{-3}	1.7×10^{-4}	1.2×10^{-3}	1.7×10^{-4}
Ti	5.7×10^{-1}	3×10^{-2}	1.38	3.5×10^{-1}	3.4×10^{-1}	1.2×10^{-1}	1.5×10^{-1}	4.6×10^{-1}	4×10^{-2}
U	2.7×10^{-4}	1×10^{-7}	1×10^{-4}	3×10^{-4}	3×10^{-4}	3×10^{-4}	4.5×10^{-5}	3.7×10^{-4}	2.2×10^{-4}
V	1.35×10^{-2}	4×10^{-3}	2.5×10^{-2}	3×10^{-3}	8.8×10^{-3}	4.4×10^{-3}	2×10^{-3}	1.3×10^{-2}	2×10^{-3}
W	1.5×10^{-4}	7.7×10^{-5}	7×10^{-5}	1.3×10^{-4}	1.03×10^{-4}	2.2×10^{-4}	1.6×10^{-4}	1.8×10^{-4}	6×10^{-5}
Y	3.3×10^{-3}	$n\times10^{-5}$	2.1×10^{-3}	2×10^{-3}	3.5×10^{-3}	4×10^{-3}	4×10^{-3}	2.6×10^{-3}	9×10^{-3}
Zn	7×10^{-3}	5×10^{-3}	1.05×10^{-2}	1.3×10^{-2}	6×10^{-3}	3.9×10^{-3}	1.6×10^{-3}	9.5×10^{-3}	2×10^{-3}
Zr	1.65×10^{-2}	4.5×10^{-3}	4×10^{-2}	5×10^{-2}	1.4×10^{-2}	1.75×10^{-2}	2.2×10^{-2}	1.6×10^{-2}	1.9×10^{-3}

注：克拉克值据泰勒(1964)；各类岩石中元素平均含量据涂里千和费德波(1961)；表中的横划(—)表示无此项元素含量。

克拉克值反映了岩石圈中的平均化学成分，提供了衡量各组成部分元素分配的尺度，如各类地质体、岩石或矿物中某元素的平均含量若高于其克拉克值，表明该元素相对集中；反之，则说明相对分散。因而常用地质体中某元素平均含量与克拉克值的比值(称为**浓度克拉克值**)表示元素的集散状况。**浓度克拉克值大于1，说明该元素在地质体中相对集中**；反之，则分散。浓度克拉克值的概念，对研究元素的分散、集中与迁移，进行地球化学找矿工作是很有意义的。

各种矿产都是元素集中的结果。但是不同的矿产集中的程度很不相同。各种矿产最低可采品位与其克拉克值的比值称为该元素的“**浓集系数**”，常用以反映元素在矿床中的集中程度。不同元素的“浓集系数”相差很大，说明其集中的程度很不相同。如铁在矿床中仅富集6倍，而Sb、Bi、B等则富集达万倍以上(见表1-2)。“浓集系数”大的元素，在矿床中集中程度高，含量增高的幅度大,有利于用以追踪矿床。过去地球化学找矿研究的多是“浓集系数”较大的元素,其原因也在此。

表 1-2 某些元素的“浓集系数”表

元 素	克拉克值	最低可采品位/%	浓集系数	元 素	克拉克值	最低可采品位/%	浓集系数
Ag	1×10^{-5}	0.02	2000	K	2.6	30	12
Al	8.8	25	约 3	Li	6.5×10^{-3}	0.5	80
As	5×10^{-4}	2	4000	Mg	2.1	13	约 6
Au、Pt	5×10^{-7}	0.0003	6000	Mn	9×10^{-2}	10	110
B	5×10^{-4}	5	17000	Mo	3×10^{-4}	0.04	130
Ba	5×10^{-2}	约 30	600	Na	2.64	39	15
Be	6×10^{-4}	0.4	670	Ni	8×10^{-3}	0.6	70
Bi	2×10^{-5}	0.5	25000	Pb	1.6×10^{-3}	1	600
Ca	3.6	40	11	Sb	4×10^{-5}	1	25000
Co	3×10^{-3}	0.1	30	Si	27.6	约 46	1.5
Cr	2×10^{-2}	约 8	400	Sn	4×10^{-3}	0.15	40
Cu	1	0.5	50	Ti	6×10^{-1}	10	约 7
Fe	5.1	30	约 6	V	1.5×10^{-2}	0.5	30
Hg	7×10^{-6}	0.1	14000	Zn	5×10^{-3}	3	600

对各种类型岩石中微量元素的研究,不仅可以了解岩石中各元素较之在岩石圈中富集或分散,而且还可以了解各种岩类之间元素富集或分散的趋势。以岩浆岩为例,由表 1-1 可看出含量的变化趋势可分为四种类型:

(1) 在超基性岩中富集:如 Cr、Ni、Co、Pt 族元素等,随着岩石酸性程度增高而含量逐渐降低。这些元素只在超基性岩中富集形成岩浆矿床。

(2) 在基性岩中富集:如 Cu、Mn、V、Ti、Sc 等元素在基性岩中富集,在超基性岩、中性岩、酸性岩中含量都较低。

(3) 在酸性岩中富集:元素的含量随着岩石酸性程度增高而增加,属于这类的元素有 Li、Bi、Rb、Cs、Tl、Sr、Ba、Y、TR、U、Th、Ta 及 W、Sn、Pb 等。这些元素的矿床与中酸性侵入体、伟晶岩及其热液活动有关。

(4) 富集倾向不明:有的元素含量变化趋势不明显,属于这一类的有 Au、As、Ge、Sb 等。

上述情况反映了岩浆分异作用中成矿元素集中分散的总趋势。但是值得说明的是,集中和分散是相对的。各类型岩石对比地壳岩石圈而言都有富集的元素,但是对比矿体而言,这些元素则又属于分散。即使在同类型的岩体中,元素的集散情况也不相同(见表 1-3)。

表 1-3 花岗岩中某些元素含量变化表

元 素	花岗岩中的平均含量/%	最低含量/%	最高含量/%	$\frac{最高含量}{最低含量}$
Pb	0.002	0.00067	0.003	4.5
Zn	0.006	0.0019	0.014	7.5
Ni	0.0008	0.00024	0.002	8.0
Co	0.0005	0.0001	0.0015	15

由上所述,元素的分布是不均匀的,根据元素在地壳岩石圈中的平均含量或在各种类型岩石中的平均含量,研究分散与集中,也可以在不同程度上说明一些地球化学有关问题,但是对于具体地区的成矿研究和找矿来说,则需要研究元素分散或富集的具体含量标志。研究的方法将在有关章节中讨论。

二、元素在土壤中的分布量

各元素在土壤中的分布量,如同在岩石圈中一样变化很大(见表1-4)。将土壤中元素的含量和岩石圈中克拉克值对比,可以看出从岩石风化到土壤形成这一过程中,各元素的集散情况很不一样。根据风化和成壤过程中的集散情况,可将元素分为以下三类。

表1-4　土壤中元素分布量

元素	克拉克值/%	土壤中含量/%	土壤中含量与克拉克值之比	元素	克拉克值/%	土壤中含量/%	土壤中含量与克拉克值之比
Ag	7×10^{-5}	(1×10^{-5})	1.43	K	2.09	1.36	0.65
Al	0.20	7.13	0.87	Li	2×10^{-3}	3×10^{-3}	1.50
As	1.8×10^{-4}	5×10^{-4}	2.77	Mg	2.33	0.60	0.26
B	1×10^{-3}	1×10^{-3}	1.00	Mn	9.5×10^{-2}	8.5×10^{-2}	0.90
Ba	4.3×10^{-2}	5×10^{-2}	1.16	Mo	1.5×10^{-4}	2×10^{-4}	1.33
Be	2.8×10^{-4}	6×10^{-4}	2.14	Na	2.36	0.63	0.27
Ca	4.15	1.37	0.33	Ni	7.5×10^{-3}	4×10^{-3}	0.53
Cd	2×10^{-5}	(5×10^{-5})	2.50	P	1.05×10^{-1}	8×10^{-2}	0.76
Co	2.5×10^{-3}	8×10^{-4}	0.32	Pb	1.25×10^{-3}	1×10^{-3}	0.80
Cr	1×10^{-2}	2×10^{-2}	2.00	Si	28.10	33.00	1.17
Cu	5.5×10^{-3}	2×10^{-3}	0.36	Sn	2×10^{-4}	1×10^{-3}	5.00
Fe	5.63	3.80	0.68	Ti	5.7×10^{-1}	4.6×10^{-1}	0.81
Ga	1.5×10^{-3}	3×10^{-3}	2.00	V	1.35×10^{-2}	1×10^{-2}	0.74
Ge	1.5×10^{-4}	(1×10^{-4})	0.66	Zn	7×10^{-3}	5×10^{-3}	0.71
Hg	8.3×10^{-6}	1×10^{-6}	0.11	Zr	1.65×10^{-2}	3×10^{-2}	1.81
I	5×10^{-5}	5×10^{-6}	0.10				

(1) 在风化成壤过程中明显集中的元素。这类元素主要是一些在表生带能形成稳定矿物的元素,其土壤浓度克拉克值大于1.2,如Sn、As、Cd、Be、Cr、Ga、Zr、Li、Ag、Mo等。

(2) 在风化成壤过程中明显分散的元素。属于这一类的是土壤浓度克拉克值小于0.8的元素,如I、Hg、Na、Mg、Co、Ca、Cu、Ni、K、Ge、Fe、Zn、V、P等。可以看出这类元素除了易溶的碱金属外,主要是些亲硫元素。

(3) 在风化成壤过程中集散情况不很显著的元素,其土壤浓度克拉克值为1左右(0.8～1.2),如Pb、Ti、Al、Mn、B、Si、Ba等。

需要说明的是,表1-4所列元素在土壤中的含量皆为平均值,土壤浓度克拉克值系根据土壤中平均含量值计算结果。各处土壤中元素的含量也有一定变化(见图1-1)。土壤是岩石风化的产物,不同原岩元素富集的特点不同,成壤后富含的元素也不一样。基性——超基性岩的土壤中富含Ni、Cr、Co、Cu等,中酸性岩则富含W、Sn、Be、Mo、Pb、Li、Na、Th、TR等。即使同类型岩石所形成的土壤,其中元素的分布如同在各类岩石中一样也是不均匀的。因而如同基岩一样,研究具体地区土壤中元素的富集情况,也应具体确定元素含量标志。

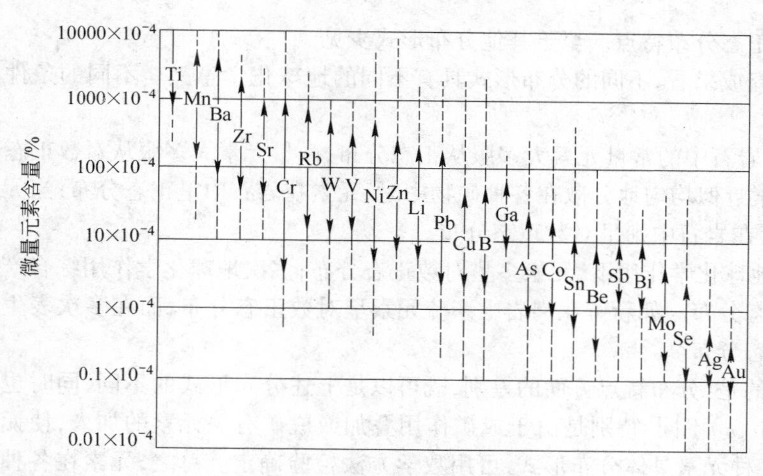

图 1-1　土壤中微量元素含量分布图

三、元素含量的概率分布形式

各元素在岩石、土壤中的含量是有变化的，即使在未受矿化、蚀变等作用影响的地区，也不都是同一数值，而有一定的波动和变化。因此，要全面表示地质体中元素含量特征，除了研究各元素的平均含量外，还必须反映元素含量在地质体中的波动变化，利用数理统计的概率分布能较好地解决上述问题。如正态分布理论公式将随机变量(如元素含量)出现的频率表征为 x 及 p 的函数：

$$p(x)=\frac{1}{\sigma\sqrt{2\pi}}\cdot e^{-\frac{(x-\mu)^2}{2\sigma^2}}$$

式中，π 及 e(自然对数的底)为常数，分别等于 3.14159 及 2.71828。σ 及 μ 是参数，分别代表母体的均方差及数学期望。

这函数的图形呈一钟形曲线(如图 1-2 所示)，其具体形态和极值的位置，受 σ 及 μ 的控制。在地球化学找矿实际工作中，μ 常表示样品中元素含量的均值(包括算术平均值或几何平均值)；σ 常表示样品中元素含量的离散程度。

正态分布的钟形曲线，其主要特征如下：

(1) 频率分布曲线呈单峰，当 $x=\mu$ 达到峰值 $p(x)=p_0=\frac{1}{\sigma\sqrt{2\pi}}$，峰值的大小与 σ 成反比；

(2) 对应于 $x=\mu$ 的直线两侧曲线是对称的；

(3) 当 x 趋向正负σ 时，曲线以 x 轴为渐近线，频率趋近于零；

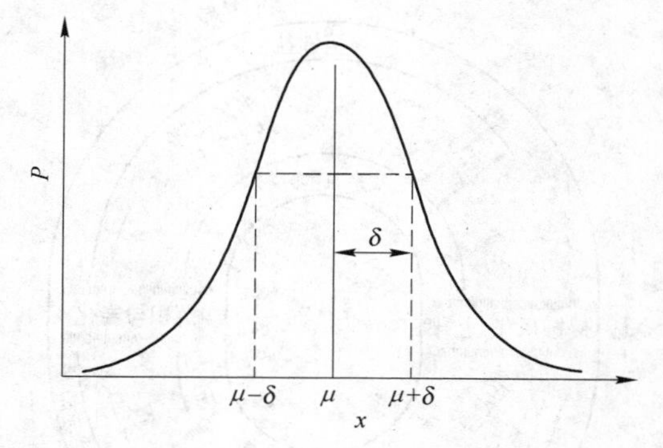

图 1-2　正态分布(密度曲线图)

(4) $x=\mu\pm\sigma$ 时，$p(x)=p_0\cdot e^{-\frac{1}{2}}=0.607p_0$ 即在极大值的 0.607 倍处做一平行于 x 轴的横线，它与曲线的交点所对应的 x 值与μ 的距离即为σ。σ 值愈大，曲线则愈平缓；

(5) 含量的众值、中位值与平均值相等。

地质体中元素含量概率分布形式主要是正态分布，即元素在地质体中各种含量频率变化显示正态分布特点，其次是对数正态分布，即以地质体中各种元素含量的对数值作随机变量，其频率的变化显示正态分布特点。至于其他分布形式少见。

从现有研究成果看,不同的分布形式具有不同的地球化学意义。不同的条件下具有不同的分布形式:

(1) 矿物、岩石中的常量元素大多服从正态分布,微量元素大多服从对数正态分布。

(2) 当元素近似均匀地分散在各种矿物中时,元素在岩石中呈正态分布;当元素集中在某种矿物中时,元素在岩石中则呈对数正态分布。

(3) 单一地球化学作用下,元素多呈对数正态分布;多次地球化学作用综合产物中元素分布形式趋向于正态分布。如新鲜花岗岩中亲硫元素呈对数正态分布,而在多次表生作用所形成的土壤中则呈正态分布。

需要说明的是,分布特点方面的差别,既可以是上述分布形式的不同,同时也可以是分布形式相同;参数(μ、σ)不同,特别是由于成矿作用叠加或成矿有关元素的加入,使元素分布形式复杂化。因此,某种元素具体分布形式,可用数学方法检验确定。总之,元素在各种地质作用中分布均匀是相对的,分布不均匀是绝对的。各元素在地质体中含量的变化是有规律的,特别是微量元素的这种变化规律正是我们在地球化学找矿中所要重点研究的。

第二节 地壳中元素的存在形式和元素的迁移

元素的存在形式是指元素在一定条件下与周围原子结合的方式和物理化学状态。任何存在形式都是物质运动(元素的迁移)在各历史阶段的表现。元素的迁移除了元素在空间上发生位移外,同时伴随着存在形式的变化。元素存在形式和元素迁移的研究对地球化学找矿有重要意义。

一、地球化学环境

地球化学环境的参数是温度、压力,是物质成分的反应能力。在任何天然环境下,这些参数决定哪些矿物是相对稳定的。根据这些参数可以把地球上所有的天然环境分为两大类——原生的和次生的环境。

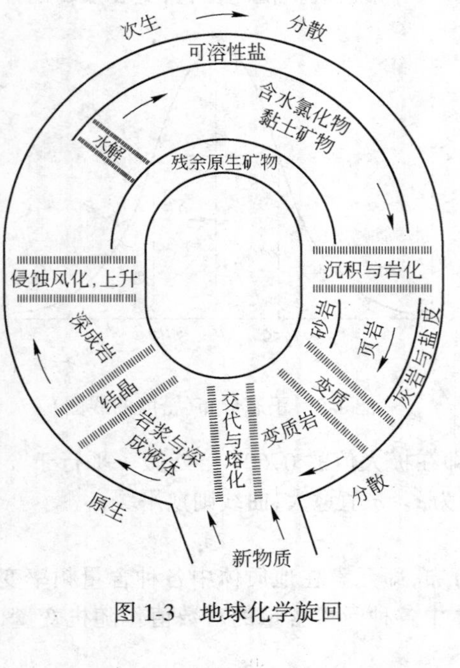

图 1-3 地球化学旋回

原生环境是指从循环雨水的最低水平向下延伸直至能够形成正常岩石的最深水平的环境。这是一个高温与高压的环境。在这个环境中,流体的循环受到限制,游离氧的含量比较低。

次生环境是在地球表面风化、侵蚀与沉积的环境,它的特点是温度低,压力低且几乎压力不变,溶液可以自由流动,游离氧、水及二氧化碳很丰富。

地球物质从一个环境移向另一个环境可以用一个封闭的旋回很好地表示出来(参见图 1-3)。从图解的右手边开始顺时针方向移动,沉积岩遭遇到增高的温度、压力与体系以外新增加的物质而逐渐变质。它们最终变成液态,以致在重结晶时能够分异成各种火成岩与热液。当侵蚀使所生成的岩石又进入地表环境时,风化营力将物质(矿物)中组分的元素主要按其在水中的相对溶解度重新分配。这样就又沉积出一套新的沉积岩,旋回从而“闭合”。图1-3中所示的是简化的。实际上,在任何一个具体的天然环境中,旋回中可以有很大一部分“缺失”。例如,沉积的页岩、砂岩可以暴露于风化和侵蚀中,而不经过再融化,甚至没有发生任何明显的变质,这是很常见的。另外,主要的旋回中还有几个重要的小旋回,例如,碳从空气中进入植物、动物、有机物层,然后再回到空气中的循环。

地球化学主旋回包括原生的变质与火成分异等深成过程,以及次生的风化、侵蚀、搬运、沉积等表生过程。在图1-3中央的水平分界表示地球化学旋回的这两个地球化学环境之间的界限。

二、元素的存在形式

地壳中(岩石及土壤中)元素存在的形式是多种多样的,主要有以下几种。

(一) 独立矿物

独立矿物是元素在宏观的集中状态下的主要存在形式。各种地球化学作用下元素都大量地以独立矿物的形式存在,如与岩浆作用有关的造岩矿物、副矿物,与蚀变矿化作用有关的蚀变矿物、矿石矿物,与风化作用有关的次生矿物等。常量元素可形成“造岩矿物”,微量元素除在岩石中可形成副矿物外,有的由于成矿作用或风化作用,也可形成独立矿物。

(二) 类质同像

类质同像是微量元素重要的存在形式,Ga、In、Ge、Tl、Cd、Se、Ra、Rb、Re、Hf等元素主要是以类质同像的形式存在的。元素以类质同像混入的寄主矿物,可以是造岩矿物(包括副矿物),也可以是矿石矿物。主要造岩矿物中云母、斜长石、钾长石、角闪石等及副矿物中的榍石、锆石、钛铁矿、磁铁矿等都可成为寄主矿物,特别是黑云母中可以类质同像混入Li、Cs、Cu、Zn、Nb、Ta、Sn、W等多种元素。在成矿有关的硫化物中,黄铁矿、磁黄铁矿、方铅矿、闪锌矿、黝铜矿等都可以是主要的寄主矿物,如闪锌矿中以类质同像混入的有Cd、Ga、In、Ge等多种元素。

(三) 吸附离子

元素以离子形式被吸附于胶体颗粒表面,少数情况下还能结合于胶粒晶格。在表生迁移中有重要的意义。因而,土壤或沉积岩中吸附离子往往是某些元素存在的重要形式之一。

除上述元素的主要存在形式外,尚有气液包裹体、机械混入物、金属有机络合物等。值得提出的是同一样品中,一种元素可以有多种存在形式。因为同一地球化学作用下元素可以形成多种结合形式,而且样品物质本身也可能是多种地球化学作用的结果。

对元素存在形式的研究,在地球化学找矿中无论对样品采集、样品分析、异常与背景的区分、异常的评价等,都有重要作用。有关章节中对这一问题还要讨论。

三、元素的迁移

(一) 元素迁移的方式

元素是通过不同物质运动形式而进行迁移的,根据物质运动的形式将地壳中元素的迁移形式分为以下三类。

(1) 化学及物理化学迁移:

1) 硅酸盐熔体迁移;

2) 水及水溶液迁移;

3) 气体迁移。

(2) 机械迁移。

(3) 生物及生物地球化学迁移。

元素的迁移是与各种地质作用密切联系的,并且伴随着由一种存在形式转变为另一种存在形式。如地下深处的岩层,局部熔化成岩浆,组成岩层的元素活化,转移到硅酸盐熔体中,随硅酸盐熔体而迁移,最后岩浆冷凝结晶,元素以各种新的独立矿物或类质同像等形式固定下来。由于热液作用,岩石被浸溶,以各种形式存在的元素,遭受不同程度的淋失,并随热液而迁移,在一定条件下以蚀变矿物或矿化的形式固定下来。在表生作用下,岩石矿石发生机械风化、化学风化,元素以机械运动或水溶液搬运进行迁移,然后以次生矿物吸附离子等形式固定于松散层之中。

(二) 元素迁移的影响因素

元素的迁移主要是通过液态(熔体、水溶液)或气态介质实现的。因而影响元素进入液态(或气态)介质及在其中稳定程度的因素,必然影响元素的迁移。影响元素迁移的因素有以下三种。

1. 元素的存在形式

元素存在的形式影响其活化转移能力。如元素呈类质同像形式参加矿物晶格时,只有在矿物晶格遭到破坏的情况下,元素才能活化转移。相反,若元素呈吸附离子,则易被溶液浸溶,活化转移。

2. 元素及其化合物的物理性质

元素及其化合物的沸点、熔点、溶解度与硬度等对元素迁移有很大影响。沸点、熔点、溶解度直接决定其转为液态、气态或从液态、气态介质中晶出的能力,沸点、熔点越低,溶解度越大,迁移能力越强。至于矿物硬度大小,则会影响其抗风化能力。硬度大,不易风化,多成重砂矿物,以固体方式迁移。

元素及其化合物的沸点、熔点、溶解度、硬度和元素互相结合的键型,元素的负电性,原子或离子的半径及电价有密切关系。分子晶格的物质较易变成气态和液态,有较低的沸点和熔点;离子晶格的物质,其熔点、沸点一般较高,但是参加离子晶格的元素易溶,倾向参加水的迁移;具有配位原子晶格的化合物,原子间以共价键联结,熔点、沸点均高,硬度也大。元素间负电性若有明显差异,则形成离子键,负电性相近,则形成共价键。一般说来金属离子电价高,形成的化合物溶解度小,迁移能力弱,同一元素不同的化合物,电价高,迁移能力也弱。原子和离子半径对元素迁移也有影响,如迁移中大量元素沉积时,微量元素若半径与其相近,则可进入大量元素晶格呈类质同像固定下来,又如离子键矿物的溶解度随离子半径的增大和电价的减小而增高。

3. 元素在水溶液中的形式

当元素转移至水中,其在水溶液中的稳定性,直接影响其迁移能力。化合物溶于水后,元素除部分为溶解分子外,其主要呈自由离子或络离子(酸根)形式而存在。络离子比简单离子在水溶液中更稳定,因而其迁移能力更大。络离子的稳定性也不尽相同,取决于其电离能力大小,金属元素三氧二硫型络离子,按其**电离能力**由大减小顺序可排列如下:$Co(S_2O_3)_2^{2-}$、$Ni(S_2O_3)_2^{2-}$、$Zn(S_2O_3)_2^{2-}$、$Pb(S_2O_3)_2^{2-}$、$Cu(S_2O_3)_2^{2-}$、$Ag(S_2O_3)_2^{3-}$、$Hg(S_2O_3)_2^{2-}$。这个排列顺序反映了络离子的**迁移能力**增大的顺序。这是许多矿床原生晕分带序列中 Ag、Hg 处于外带,而 Co、Ni 处于内带的可能原因。至于表生带,金属元素也常与各种有机酸形成更复杂的络离子,对元素迁移也有很大的影响。

(三) 元素的沉淀

有的元素在迁移过程中,由于温度变化、溶液水分蒸发过饱和而沉淀,元素的析出是由于元素间化学反应的结果。

1．复分解反应

所谓**复分解**是指物质间离子相互交换而形成新的化合物的作用。**中和作用**及**水解作用**都属**复分解反应**，酸和碱的相互作用以及溶液中组分的水解，都可使溶液中组分析出，无论在内生或表生作用下对溶液中组分的析出都很有意义。

2．溶液 pH 值的变化

天然介质的酸碱性是有变化的，溶液的稀释(雨季地表水增多)、溶液与矿物岩石反应都可使介质酸碱性发生变化。溶液的 pH 值，反映了天然介质的酸碱性，它直接影响化合物的溶解或沉淀。表 1-5 列举了某些元素的氢氧化物从水溶液中开始沉淀的 pH 值。

表 1-5　某些元素氢氧化物开始沉淀时的 pH 值(溶液浓度为 0.01 mol/dm^3)

氢氧化物	pH	氢氧化物	pH	氢氧化物	pH
$NbO_2(OH)$	0.4	$In(OH)_3$	3.7	$Cd(OH)_2$	6.71
$Tl(OH)_3$	1	$Ti(OH)_3$	4.0	$Zn(OH)_2$	6.8
$Sb(OH)_3$	1.4	$Al(OH)_3$	4.1～4.3	$Y(OH)_3$	6.8
$TiO \cdot nH_2O$	1.4～1.6	$UO_2(OH)_2$	4.25	$Co(OH)_2$	7.2
$U(OH)_4$	1.68	$Bi(OH)_2$	4.5～5.5	$Hg(OH)_2$	7.3
$Sn(OH)$	2	$Sc(OH)_3$	4.9～6.1	$Ce(OH)_3$	7.4
$Zr(OH)_4$	2.05～2.47	$Cr(HO)_3$	5.1	$La(OH)_2$	8.4
$Hf(OH)_4$	2.13～2.60	$Cu(OH)_2$	5.4～6.1	$Mn(OH)_2$	8.5～8.8
$Fe(OH)_3$	2.48～2.7	$Be(OH)_2$	5.7	$Ag(OH)$	9.8
$Sn(OH)_2$	2.3～3.2	$Pb(OH)_2$	6.05	$Mg(OH)_2$	10.5
$Th(OH)_4$	3.5	$Fe(OH)_2$	6.49	$Ca(OH)_2$	12.47①
$Ga(OH)_3$	3.5	$Ni(OH)_2$	6.7		

① 溶液中 $Ca(OH)_2$ 浓度为 0.11%。

3．氧化还原反应

当变价元素的离子相遇时，常会发生氧化还原反应。氧化还原反应所引起的元素电价变化，改变了元素及其化合物的溶解度。多数变价元素的高价化合物易水解，因而低价离子比高价离子更易迁移，如 Fe、Mn、Co、Ni、Ti、Pb；另一些元素 U、V、Mo、Cr 则相反，因为它们的高价阳离子成为$(UO_4)^{2-}$、$(VO_4)^{3-}$、$(MoO_4)^{2-}$和$(CrO_4)^{4-}$络离子的中心阳离子，大大增强了在水溶液中迁移的能力，但遇到还原环境时，就被还原为低价离子并易水解而沉淀。

4．胶体作用

胶体既可有利于元素的迁移，又可促使元素的沉淀。胶体质点是带电荷的。同种胶体质点在水溶液中由于同种电荷相斥，不易凝聚沉淀，有利于元素的迁移。带有不同电荷的胶体相遇，电荷被中和促使胶体质点发生凝聚和沉淀。特别是胶体具有从介质中吸附各种元素离子的性能，即使这些离子在水溶液中浓度很低，未达到饱和，也能为胶体吸附而沉淀。胶体的这些作用无论是对成矿地球化学作用的研究，还是对地球化学找矿来说，都有重要的意义。

第三节　地球化学异常与地球化学找矿

元素的迁移不仅伴随岩石、矿石原有矿物的分解与变化，而且使地质体或某些天然物质中元素的含量也发生变化(增高或降低),形成地球化学异常。

一、地球化学异常

所谓**地球化学异常**(简称**异常**)是指某些地区的地质体或天然物质(岩石、土壤、水、生物、空气)中,一些元素的含量明显地偏离正常含量或某些化学性质明显地发生变化的现象。具有这种现象的地区(或地段)称为**异常地区**(**异常地段**)。至于某些地区的地质体或天然物质中,元素属于正常含量的这种现象称为**地球化学背景**(简称**背景**)。元素呈背景含量的地区(地段)叫做**背景地区**(**背景地段**)。前已叙及,正常含量不是均匀的,所以背景含量也不是一个确定的数值,背景含量的平均值称为**背景值**,背景含量最高值称为**背景上限值**。高于背景上限值的含量即为**异常含量**。

背景地区应是未受成矿作用影响的地区,属于异常或异常地区的情况可能是多种多样的。有些地球化学异常,可能是在成矿的有关过程中,或是在矿床形成后,由于成矿有关元素的迁移、分散或集中,矿床及其附近介质中元素的含量发生变化而形成矿异常;有的异常甚至可能与成矿无关,是一般地质作用中自然富集,或是人类活动所造成(非矿异常)。地球化学找矿中,不仅要正确区分背景与异常,而且要正确解释形成异常的原因,评价其找矿意义。

地球化学异常可以分为**原生地球化学异常**(**原生异常**)和**次生地球化学异常**(**次生异常**)。在成岩、成矿作用下,在基岩中所形成的异常称为**原生异常**;由于岩石、矿石的表生破坏在现代疏松沉积物(包括残积物、坡积物、塌积物、水系、冰川和湖泊沉积物)水及生物中形成的异常称为**次生异常**。至于气体中的异常(包括大气及土壤中气),虽然并不完全都是次生作用形成的,但目前一般列入次生异常内。

地球化学异常根据其与介质形成的时间关系,分为同生地球化学异常(简称同生异常)和后生地球化学异常(简称后生异常)。**同生异常**是与介质同时形成的异常;**后生异常**是介质形成以后,异常物质以某种方式进入已形成的介质而形成的异常。

地球化学异常根据其规模可分为**地球化学省**、**区域原生异常**和**局部原生异常**。现以不同规模的原生异常为例进行说明。

地球化学省的范围可达几千至几万平方公里,并常与构造成矿带相重合。在地球化学省范围内,某些元素的平均含量与地壳岩石圈或同类岩石的平均含量相比显著增高,并有一定种类的矿产集中产出。我国的华南稀有金属成矿区、东南亚锡矿带,太平洋沿岸斑岩铜矿带都是著名的地球化学省。在我国华南稀有金属成矿区内,各时代花岗岩侵入体的 W、Sn、Nb、Ta 等元素的平均含量普遍高于地壳中酸性岩的平均含量。各时代的花岗岩中,以与成矿有关的燕山早期花岗岩含量最高(包括 Be),见图 1-4。地球化学省可以预测矿产的区域分布,对普查工作的战略部署有重要意义。

区域原生异常分布的范围为几平方公里至几百平方公里。通常表现为与成矿有关的岩体或含矿层中某些元素含量偏高。例如,江西某钨矿区与成矿有关的花岗岩体中,钨的平均含量为酸性岩中的 140 倍。与锡矿成矿有关的广西大厂花岗斑岩中锡的平均含量高于酸性岩 14 倍。湖北某地区的寒武系底部有 V、Mo 等元素富集,震旦系南沱砂岩中有 Cu 的富集等。区域原生异常中某些元素含量增高,无论对地球化学找矿或区域成矿规律的研究都有重要意义。

局部原生异常地段中与矿床有关的主要是矿床的原生晕。所谓“晕”(**地球化学晕**)严格说来,应该是包括矿体的、成矿有关元素含量增高的异常地段。在“晕”中,由矿体(或高含量中心)向外元素含量逐步降低,直至趋于正常含量。但是在实际应用中对“晕”常常仅理解为与矿体有联系的、成矿有关元素含量增高(或降低)的异常地段。因而原生晕可理解为在成岩、成矿作用的影响下,在矿体附近围岩中所形成的局部地球化学原生异常地段。岩浆矿床、沉积矿床、变质矿床、热液矿床等各种类型矿床都可以有矿床的原生晕。岩浆矿床和沉积矿床的原生晕属于同生晕，是与围岩同时形成的；而热液矿床的原生晕则属于后生的，是围岩形成后，元素的含量发生变化而形成的。至于变质矿床原生晕则较复杂。

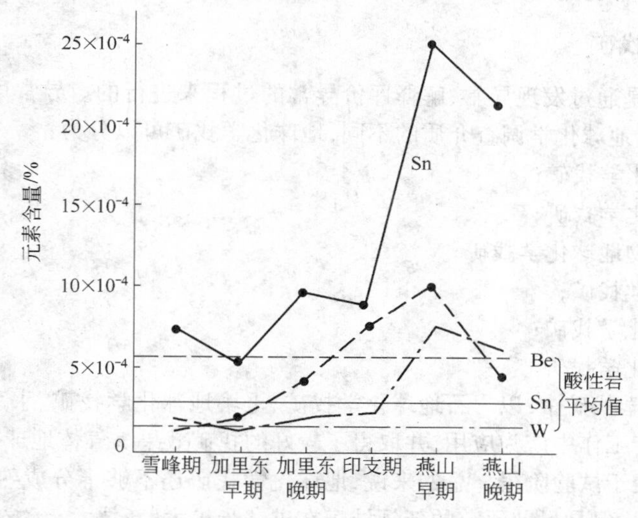

图 1-4　我国华南地区各时代花岗岩的 W、Sn、Be 含量分布线

值得说明的是，某些次生异常如土壤中次生异常也基本上能反映地球化学省、区域及局部地球化学异常地段的地球化学特征，虽然这种特征的反映是间接的。例如，次生晕——在表生作用下，由于矿床或其原生晕的表生破坏、元素的迁移，在矿体及其原生晕的附近疏松覆盖物中形成的次生地球化学异常地段——也能在一定条件下反映矿床及原生晕的存在，见图 1-5。

虽然矿床的原生晕并非成矿物质由矿体向外分散所形成，但习惯上常将矿床的原生晕和矿床的次生晕，统称为**矿床的分散晕**。

在表生作用下，由于矿体及其分散晕的破坏，在其附近地表水系沉积物中形成的次生异常地带，沿水系呈线状延伸，故常称为**分散流**。

原生晕、次生晕、分散流及其与矿体的空间关系可见图 1-6。

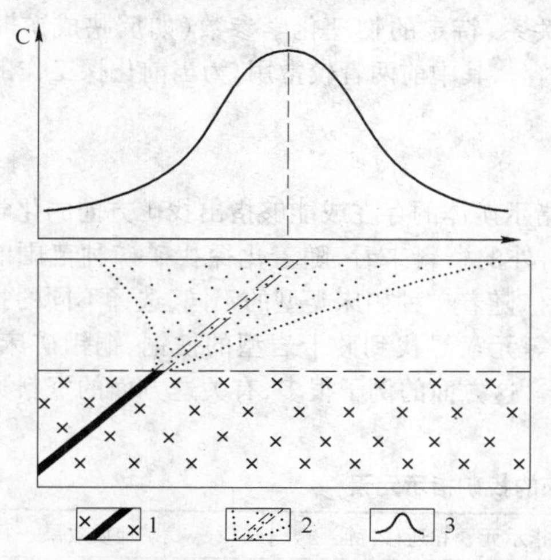

图 1-5　矿床次生晕剖面示意图

1—矿脉及其围岩；2—矿床分散晕；3—异常含量曲线

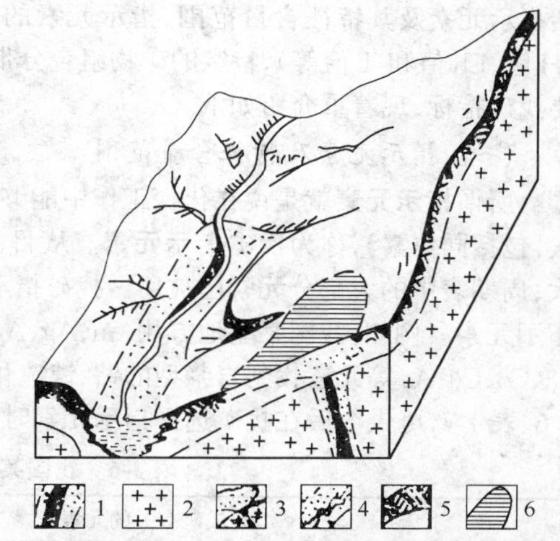

图 1-6　原生晕、次生晕及分散流空间关系示意图

1—矿体及原生晕；2—花岗岩；3—次生晕；4—水系及分散流；5—疏松层；6—地表次生晕

还要说明的是，与矿床有关的次生异常不仅存在于上述疏松覆盖物及水系沉积物中，而且也存在于水、生物(主要是植物)和气体中，分别形成**水地球化学异常**、**生物地球化学异常**和**气体地球化学异常**，这些异常也是地球化学找矿中追踪矿体的线索。

二、地球化学找矿

地球化学找矿是通过发现异常、解释评价异常的过程来进行的。异常可以存在于各种不同的介质中，根据进行地球化学调查介质的不同，地球化学找矿可以分为：

(1) 岩石地球化学找矿；

(2) 土壤地球化学找矿；

(3) 水系沉积物地球化学找矿；

(4) 水地球化学找矿；

(5) 气体地球化学找矿；

(6) 生物地球化学找矿。

在上述地球化学找矿中，以岩石地球化学找矿、土壤地球化学找矿、水系沉积物地球化学找矿比较成熟，在生产工作中广为应用，并取得了较好的找矿效果。气体地球化学找矿及生物地球化学找矿，目前尚处于试验阶段。总的来说，地球化学找矿还不够十分成熟，其理论基础与技术方法相比显得薄弱。但是目前研究的新领域正在进一步扩大，新技术、新方法正在迅速发展。

第四节 地球化学指标与评价

研究地化指标与化探异常的评价是化探找矿的最基本最重要的任务之一。它不但具有重要的理论意义，而且更有找矿的实际意义。找矿地化指标的选择与异常的评价是紧密相关的。目前有关这方面的资料比较多，但缺乏综合性的研究工作。这里介绍一些参考性的材料，在找矿中必须依据本地区的具体地质环境、矿床类型、地化特点等条件来选择地化指标及制定合适的异常评价方案。

一、地球化学指标

化探通常说的“地化指标”，就是指能够用来找矿或解决某些地质问题的地球化学标志，它包括指示元素及其特征含量范围、指示元素的组合关系、特定的物理化学参数(如反映成矿时的pH值、Eh值和T值等)、特定的矿物组合分带等内容。其中前两者较常用，为当前化探工作的主要找矿指标，现着重介绍如下。

(一) 指示元素及特征含量范围

所谓**指示元素**就是说在化探工作中能够用来指示矿体的存在或能够指出找矿方向的化学元素(包括同位素)，称为**找矿指示元素**。从目前国内外的资料来看，随着化探找矿矿种范围的扩大，周期表中的大部分元素已被用做找矿指示元素。随着矿种矿床类型的不同，选择不同的找矿指示元素。例如，我国某些地方用Cu、Ag、Au、Mo等元素寻找到矽卡岩型的铁铜、铜钼矿床，用Ni、Co、Cu、As等元素找到岩浆型的钴、镍硫化矿体。这方面的例子很多，有关这方面的资料见表1-6、表1-7，可供今后在找矿选择指示元素时参考。

表1-6 我国某些矿床的找矿指示元素

矿　床	与成矿有关的元素	指示元素和迁移特征	找矿地质效果
高温石英脉型黑钨矿床	Mo、W、Sn、Be、Bi、As、Fe、Cu、Pb、Zn、Ag、P、S、F(B)	As>Sn、Bi、Mo>Ag>W	评价石英脉含矿性，圈定矿化带，寻找深部盲矿

续表 1-6

矿　床	与成矿有关的元素	指示元素和迁移特征	找矿地质效果
锡石硫化物	Sn、Zn、Cu、Pb、Sb、Bi、Mn、As、Hg、In、Cd 等	Ag、Mn＞Pb、Cd＞Sn、Cu、Bi、As、In、Mn、Pb、Sb、Ag＞Zn、As＞Sn、Cu、Bi	圈定成矿有利地段直接找到了盲矿。评价断裂含矿性(某地见矿达 86%)
黄铁矿型黄铜矿	Ba、Fe、Cu、Pb、Zn、Ag、Bi、As	Ba＞Ag＞Mn(B)＞Cu＞As＞Pb	圈定矿化带为主
矽卡岩型的矿床(铜铁矿、铜钼矿)	Cu、Pb、Zn、Ag、As、Mo、Bi、Au、B、Mg、S、Fe	Ag、As、Zn＞Cu、Mo＞Bi	矽卡岩含矿性评价,圈定含赋矿地段,找盲矿体,找矿效果良好
斑岩型铜(钼)矿床	Cu、Mo、Pb、Zn、Mn、Au、Ag、S、As、Sb、Bi、W、Sn、Co、Hg、P、F、CO_2 和 OH^- 等	Mn、As、F、Hg、Ag＞Pb、Zn＞Cu、Mo＞W	圈定矿化远景区,圈定赋矿地段,找盲矿体,找矿效果良好
铜铅锌多金属矿床	Cu、Pb、Zn、Fe、Cd、Sn、Bi、Sb、Ag、Hg、S	(Hg)Cu、Pb、Zn、As＞Cd、Sn、Bi、Sb(Ag)	找到了盲矿床
汞矿床、汞锑矿床(裂隙性)	Hg、Sb、As、Pb、Cu、Ag、Ba、S、Fe(S)	Hg＞As、Sb＞Ag、Cu	直接发现盲矿体,评价断裂含矿性
含金石英脉型矿床	As、Ag、Au、Cu、Pb、Zn、Bi、Fe、S(Hg)	As、Ag＞Cu、Pb、Zn＞Au	评价矿化带,有时直接找盲矿
岩浆型铜镍硫化物矿床	As、Cu、Co、Ag、Mn、As、Cr、Zn、Pb、Hg、S	Au、S、Cu、Co、Ni	发现盲矿体、盲岩体、评价铁帽
岩浆型铬矿床	Cr、Fe^{2+}、Fe^{3+}、Mg、Al、Co、Ni、V、Mn、S、As	Cr、Ni、Co、V,MgO/FeO,$\sum RO/\sum R_2O_3$	划分岩相带,评价岩体含矿性

表 1-7　国外某些矿种(矿种中)的元素组合及化探的主要指示元素表

矿　种	矿床类型	伴生元素或离子	指示元素和特征
铜	页岩中的自然铜及其变质类型	Ag、Zn、Cd、Pb、Mo、Re、Co、Y、Mn、Se、As、Sb	Ag、Zn、Pb、Mo、Co
	砂岩、砂质页岩、砾岩(“红层”型)中心硫化物矿床	Ag、Pd、Zn、Cd、V、U、Ni、Co、P、Cr、Mo、Re、Se、As、Sb、Mn、Ba	常见:Ag、Pb、Ba 某些地区:Co、Ni、Mo、As、Sb
	斑岩铜矿床	Mo、Re、Fe(最常见):Zn、Pb、Ag、As、Sb(部分地区常见)	Hg、As、Ag、Cu、Mo 等
	矽卡岩型	Fe、Mn、Zn、Pb、Au、Ag、Cd、Mo、W、Sn、Bi、As、Sb、Co、Ni(很少)、B、F(某些矿床)	Cu、Ag、Au、Mo 等
	块状铜矿床(肖德贝利型)	Zn、Pb、Fe、As、微量元素:Pt 及 Pt 族;Ag、Au、Se、Te、Pb、Zn、Sn、Bi、Sb(很少)、Hg	Ni、Cu、Co、As、S
	铜、铅锌多金属硫化物矿床	Zn、Pb、Cd、Ag、Fe、As、Sb	Hg
银	含银的铜、铅、锌、金、铜矿床	(见各类矿床)	Pb、Zn、Cd、Cu、Mo、Bi、Se、Te、As、Sb 矿物:含锰的菱铁矿和方解石

续表 1-7

矿 种	矿床类型	伴生元素或离子	指示元素和特征
银	自然银矿床(特别是含Ni-Co型)	特征组合:Ni、Co、Fe、S、As、Si及U(特殊矿带);含有:Cu、Zn、Cd、Pb及少量Hg	Ni、Co、As、Sb、Bi、U(最好);Cu、Ba、Zn、Cd、Pb、Hg(有一定含量时可用)
	含“红层”型矿床	U、V、Sr、Ba、Cr、Mo、Re、Fe、Co、Ni、Cu、Ag、Au、Zn、Cd、Pb、P、As、Sb、S、Se	U、V、Se、Mo
金	火山岩、沉积岩中石英脉型金—银矿床	Ag、As、S、Fe;有些矿床尚含相当量的Sb、Pb、Zn、Cu、Cd、Bi、W、Mo、Te、B等	Ag、As、S、Fe、Au
	矽卡岩	一般与Cu、Pb、Zn、W矿床一样,经常有很多As和Sb	As、Sb、Hg
	石英—角砾岩矿床	Fe、S、Ag、U、TR(稀土),其他As、Cu、Pb、Zn、Co、Ni	
锌	有七种主要的矿床类型	Cd、Pb、Cu、Ag、Au、Ba、As、Sb、Bi、Mo、In、Te、Ge、Hg、Sn、Mn	土壤、水植物中含量高;脉状、块状矿床:Cu、Ag、Ba、Mn、As、Sb、Hg;矽卡岩型:Mo、W、Bi;其他某些矿床:Mg、Hg
汞		Hg、Sb、As、Ba、F、W、B等	Hg;某些地区Sb、As;辅助指示元素:Ge、Ba、F、W、B
铝	主要从铝土矿中提取,其他尚有铝红土、黏土、页岩及霞石正长岩	Pb、Zn、As、Mo	土壤、水、河流沉积物中过量的硫化物;Al、F;左列元素可作次要指示元素
铀		U、TR(稀土)、P、F、Co、Ni、As、Sb、V、Ag、Cu、Se等	最好指示元素:U,其他:如左栏所列;Se的指示植物及植物中Se的含量
锡	伟晶岩及粗粒花岗岩	Sn、W、Ta、Nb、Bi、As、Be、B、F、Li、Rb、Cs、Mo	Sn本身即指示元素;依矿床类型不同,其他指示元素有:W、Li、B、Be、F;在多金属锡矿床中Cu、Pb、Zn、Ag、Cd、As
	矽卡岩	Sn、W、B、F、Be、Cu、Pb、Zn、As、Mo、Fe	
	脉状锡矿床	Sn、W、Mo、Li、Cs、Be、Se、Fe、Cu、Zn、Cd、Pb、B、As、Bi、S、P、F	Sb、Bi,可能成为有用的指示元素
	锡石岩筒矿床	Sn、B、F、As,有时有W	
	块状硫化矿床	B、Bi、In、Tl、Cd、Ge、Sb、As	左列元素
铅	各种锌、铜的矿床都含铅	Zn、Cd、Ag、Cu、Ba、Sr、V、Cr、Mn、Fe、Ga、In、Tl、Ge、Sn、As、Sb、Bi、Se、Hg、Te,次之为B、F	左列元素均可以,Zn、Cd、Ag、Cu、Ba、As、Sb最好
钛	原生矿床	Ti、Fe、Ca、F、P;有些有少量Fe、Cu及其他硫化物	Ti、P;有些矿床可用Fe
磷	变质辉石岩或与变质辉石岩和花岗岩化沉积岩伴生的磷灰石矿床	Ca、Mg、Fe、Si、Al、S、稀土、Ti、Zr、P、F、Cl、C、(石墨)	P是良好指示元素。化探中,左列元素就可以作辅助指示元素
	海底磷灰岩	U、V、F、Se、As、Cr、Ni、Zn、Mo、Ag、稀土	
	与碱性正长碳酸盐岩及类似杂岩伴生的磷灰石透镜体浸染状矿床及矿脉	Na、Ca、Sr、Ba、Fe、Ti、V、Nb、Ta、稀土、Zr、Th、U、P、F	

续表 1-7

矿　种	矿床类型	伴生元素或离子	指示元素和特征
铌和钽	花岗伟晶岩及某些粗粒或细粒白云母花岗岩	Nb、Ta、Sn、W、Li、Rb、Cs、稀土、U、Th、B、Zr、Hf	重矿物分析特有效用。左列元素均可作指示元素。有人发现用河流沉积物找矿时，Zn、Pb、Mo、V、Sn、Li、Rb、Ba、Sr 是可靠的指示元素
	钠长石黑云母花岗岩及钠长闪花岗岩	Nb、Ta、Sn、W、Zn、Th、U、稀土、P、Al、F	
	碳酸盐岩	Na、K、Fe、Ba、Sr、稀土、Ti、Zr、Hf、Nb、Ta、U、Th、Cu、Zr、P、S、F	
铬	与含铬超基性岩有关的块状透镜状，浸染状矿床		Cr 是良好指示元素。某些地区土壤、河流沉积物测量时，可用 Ni、Co 作指示元素
钼	石英脉，石英伟晶岩石英脉网状矿床	Mo、W、Re、Bi、Fe、Cu、Zn、Pb、B、P、F	
	矽卡岩型	Mo、W、Tr、Bi、Fe、Cu、Au、Ag、Co、Ni、Be、Ti、Sn、Cd、B、As、S	
	二长岩及花岗岩中的浸染状矿床	Mo、Re、Cu、Ag、Be、Fe、W、Zn、As、B、F	
钨			W 是良好指示元素。Sn、Mo、Bi 是很好的辅助指示元素
铁			一般土壤、冰碛层、河流沉积物中都有反映。各种化探方法都能用以圈定铁矿及含铁岩类
镍	与基本火山岩有关的硫镍矿（肖德贝利型）	Ni、Co、Fe、Cu、Ag、Au、Pt、Se、Te、As、S	Ni 本身为良好指示元素。辅助指示元素有 Cu、Co、As、Pt、Cr
	硫化矿脉和透镜体	Ni、Co、Fe、Cu、S	
	含复砷镍矿的硫化物矿脉	Ni、Co、Ag、Fe、Cu、Pb、Zn、As、Sb、S、Bi、U	
	含镍钴的红土矿床	Ni、Co、Fe、Cr	
钴	块状镍铜矿床	Ni、Co、Pt、Fe、Cu、Ag、Au、Se、Sb、S、Bi、U	Co 本身为良好的指示元素。不同类型矿床可采用不同辅助指示元素，如 Ni、Cu 等
	自然银镍钴砷华矿床	Ni、Co、Ag、Fe、Cu、Pb、Zn、As、Sb、S、Bi、U	
	铜钴硫化矿床	Cu、Co	
	铅锌钴矿床	Pb、Zn、Cd、Ag、Co	
	金矿床	Co、Au、Ag	
	红土矿床	Ni、Co、Fe、Cr	

目前有些易挥发性元素（Hg、As、F、Cl、Br、I 等）在用来找金、银、铜、钨等矿床时，已得到应用。在应用易挥发性元素方面，较集中研究各种气体作为找矿标志的作用。已查明，许多易挥发

组分和气体与多种矿床密切伴生，可以作为良好的找矿标志，见表 1-8。

表 1-8　易挥发性找矿指示元素

气　体	矿床类型
汞蒸气(Hg)	银、铅－锌硫化物矿、铈－铜硫化物矿、铀矿、金矿、锡、钼矿、多金属(汞、砷、锑、铋、铜)矿、黄铁矿
二氧化硫(SO_2)	所有硫化物矿床
硫化氢(H_2S)	所有硫化物矿床
二氧化碳和氧(CO_2,O_2)	所有硫化物矿床、金矿床
卤素(F、Cl、Br、I)	铅－锌硫化矿、斑岩铜、钼矿
惰性气体:He、Ne、Ar、Kr、Xc、Rn	铀－镭矿、汞硫化矿、黄铜矿、钾矿
烃气 HC_4、C_2H_2 等有机金属化合物$(CH_3)_2Hg$、AsH_3 等及其衍生物	汞硫化合物、多金属硫化矿、铜矿、铀矿、几乎全部硫化矿、金－砷矿
氮氧化物(N_2O、NO_2)	硝酸盐矿床

指示元素的特征含量范围指的是对某一地区进行系统(或一定数量样品)的化探测量，其结果经过数学处理，求得指示元素的含量变化范围。如果能够利用某元素的含量范围区分不同地质体，指示矿化(矿体)存在或指出找矿方向的就称为“**特征含量**”，也就是说当表 1-6、表 1-7 化学元素达到一定含量范围才具有找矿的指示意义。

(二) 指示元素的组合关系

指示元素的组合关系，包括定性组合和定量(半定量)组合两方面的内容。定性组合关系见表 1-6、表 1-7，这里不再赘述。现着重介绍指示元素的定量(半定量)组合关系。

指示元素的定量(半定量)组合关系主要表现为元素之间的数学特征值及该数值的空间分布规律。现分别举例说明如下。

1．简单含量关系

我国某地利用 Ni、Cu、Co 三个指示元素之间的含量关系区分矿异常和非矿异常。Ni＞Cu＞Co 为矿异常：Ni＞Co＞Cu 表现为非矿异常(图 1-7)。利用这一指标已发现了若干重要的新矿体，扩大了矿区的储量。

2．比值

单元素的比值：东北某地曾对前震旦系岩层中充填的铅锌矿床做过较详细的研究，发现只有铅含量升高，不一定与工业矿体有关。矿异常要具备三条指标，即 $Pb>300\times10^{-4}\%$；$As>100\times10^{-4}\%$；$Cu/Pb<0.2$(图 1-8)。当 $Cu/Pb>0.2$ 时，经过验证为没有工业价值的含铜石英脉引起的异常。

元素对在矿床地化异常三度空间中的比值不是固定不变的，它是随空间部位(相对矿体部位)的变化而变化。有些元素对比值的空间分布有一定的规律，如图 1-9 所示，Hg/Mo、Pb/Zn 的比值随着与矿体的相对位置不同而变化。这种现象的存在，对研究成矿作用特点和指导找矿有很大的实际意义。

3．多元素组合的比值

(1) 垒乘异常及比值。将样品中一组指示元素的含量相乘的方法求得(如 Sb×As；Zn×Cu

等)的垒乘异常值。元素组乘积之间的比值$\left(\frac{Sb\times As}{Zn\times Cu}\right)$称为**垒乘异常比值**。

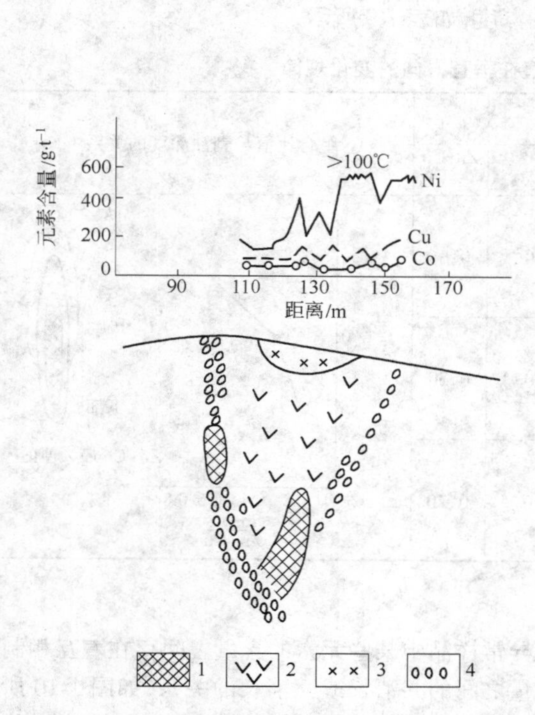

图 1-7　吉林某矿床地球化学异常剖面图

1—工业矿体；2—橄榄岩；3—辉石岩；4—破碎带

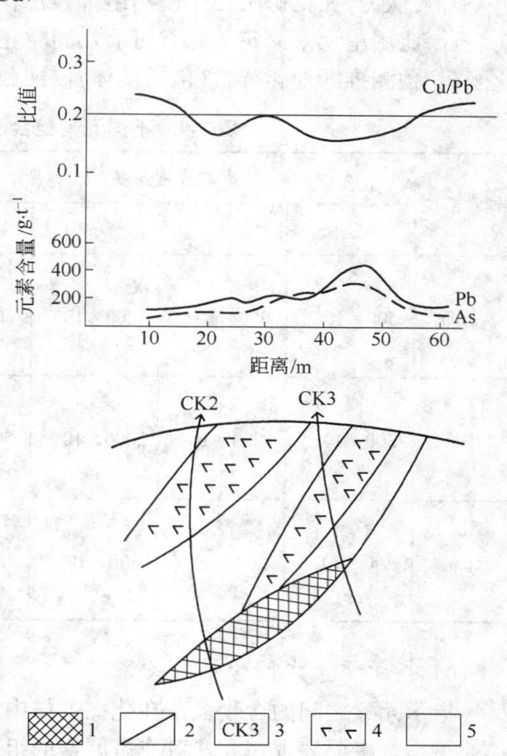

图 1-8　某地铅锌矿地化异常剖面图

1—矿体；2—断层；3—钻孔；4—煌斑岩；5—灰岩

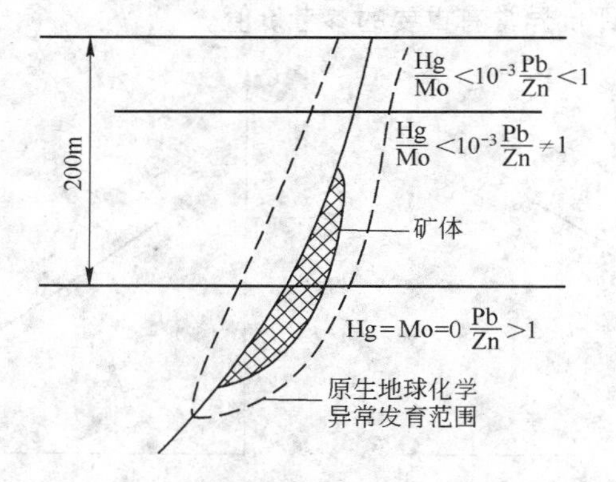

图 1-9　元素对比值应用示意图

(2) 垒加异常及比值。垒加异常即通过一组指示元素的含量相加而求得(Sb + As;Zn + Cu 等)。$\frac{Sb+As}{Zn+Cu}$的异常比值,称为**垒加异常比值**。

不论是垒乘或者是垒加异常,这种元素的组合关系并不是没有依据的任意选择。一般来说,它是按照指示元素的分带性确定的元素活动顺序来划分组合关系。活动性大、异常带宽的元素划分为一组;活动性小、异常带窄的元素归并为另一组。这种组合关系是相对的,并没有严格的分组标准。

有人认为,在找矿工作中使用组合异常较可靠些,因为它是按指示元素空间分带关系进行定向组合,比用单元素圈定的异常可靠。同时还可以利用不同元素组合的比值在垂直方向上的变化规律,预测推断地化异常(包括矿体)侵蚀截面的深度,如表 1-9 所示。

表 1-9　不同元素组合的比值在垂直方向的变化规律

异常部位	平均异常强度/%				$\frac{Sb \cdot As}{Zn \cdot Cu}$	组合比值与剥蚀深度的关系
	Sb	As	Zn	Cu		
上部	500×10^{-4}	800×10^{-4}	1000×10^{-4}	600×10^{-4}	0.66	最大值区 上部 中部 下部 Zn•Cu 最大值区 标高/m: 50, 0, −50 0.2 0.4 0.6 0.8 $\frac{Sb \cdot As}{Zn \cdot Cu}$
中部	300×10^{-4}	1000×10^{-4}	2000×10^{-4}	500×10^{-4}	0.30	
下部	200×10^{-4}	700×10^{-4}	600×10^{-4}	600×10^{-4}	0.20	

4. 指示元素之间含量的关系

指示元素之间的含量关系在化探工作中发现异常样品中某些元素的含量之间存在着互相制约的关系。主要表现在元素对或多元素的组合含量之间的共消长或互消长的关系,如图 1-10 所示。不同的矿床类型,不同的矿物组合关系,不同的元素,这种含量相关有所不同。因此,有可能利用元素含量之间的相关性,通过数学处理,确定地化异常中某些元素之间的相关系数作为找矿指标。利用这种参数对比评价异常有重要的参考价值。

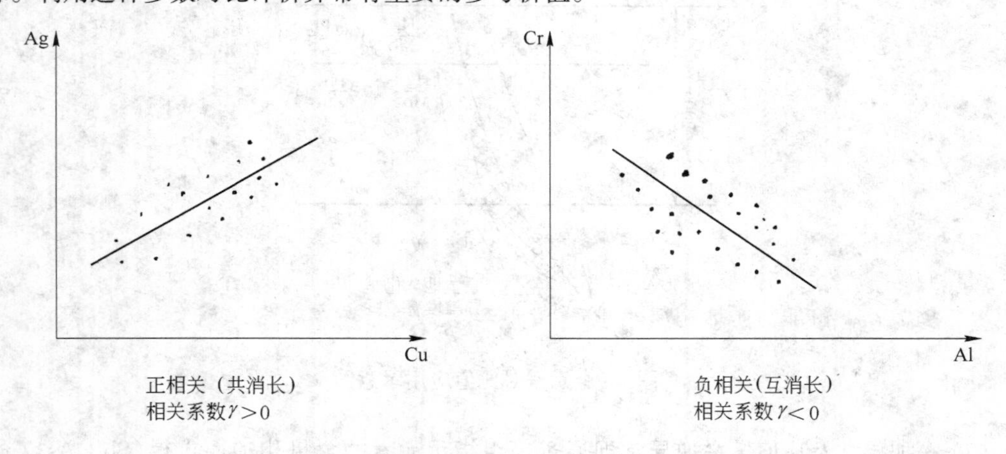

图 1-10　不同元素的相关性

除了上述常用的一些地化指标以外,还有根据不同矿床地质地化条件,测定成矿的物化条件,如测定 pH 值、Eh 值、气液包裹体、成矿温度及矿物的热发光等进行找矿。目前国内外已采用先进的电算技术,研究地化异常指示元素含量的各种数学分布形式,如进行分析数据的判别分析、趋势分析,簇群分析和因子分析等数学处理的方法,探求新的参数作为地化异常评价的指标。

二、地球化学异常评价

在找矿勘探中,应用不同的化探方法发现的种种地化异常,是否为工业矿体(床)引起的异常？值不值得进一步做验证呢？这就涉及化探工作的一个极其重要的问题,即如何评价地化异常、评价哪些内容？地化异常的评价是多方面的综合性的工作。它必须充分利用已知的地质、物探及已知矿床的化探资料与新区地化异常特点对比分类,对所发现的异常进行综合性的评价。

(一) 异常评价的地质依据

矿床和地化异常有着紧密的空间、时间及成因的联系。一般情况下,矿异常的分布与矿床的分布所受的地质控制因素有许多方面是一致的,它包括地层岩性、构造、岩浆岩、水文和第四纪地貌等因素。因此,工作地区的地质因素是异常评价的先决条件,可以作为异常评价的地质依据。

1. 地层岩性

许多矿床的形成与一定时代的地质和一定的岩性有关,例如,我国寒武系底部碳质页岩中的V、Ni、Mo、U矿床,泥盆系和寒武系不整合面上底砾岩中的重晶石脉黄铜矿床,长江中下游的矽卡岩型铜铁、铜钼矿床;南方数省含铜砂岩等均与一定时代的地层岩性有关。

沉积旋回的岩石化学特点不仅控制着某些类型的矿床,同时对元素地化背景的影响甚大,值得注意。

2. 构造

异常所处的构造类型及部位,是异常评价的重要方面之一。以目前的资料看,许多矿床特别是内生矿床的分布受一定的构造及部位控制。褶皱、断层、层理、裂隙不仅控制矿体的分布而且对矿床地化异常的发育程度影响甚大。成矿空间物质成分的研究,对于评价异常,提高化探找矿效果具有重要的实际意义。

3. 岩浆岩

找矿实践证明,许多内生及表生地化异常的分布与岩浆岩有密切关系。研究岩浆岩的岩石化学特点、结晶分异程度、时代、形态规模、内部构造、侵入深度及剥蚀深度等,对于确定找矿指示元素,预测矿床的可能赋存部位将有很大的参考价值。

4. 地貌和第四纪特点

地貌特点及第四纪的堆积类型(结构)对次生地化异常的发育和异常的迁移影响很大,化学元素的次生富集或贫化与地貌特点有一定的关系。因此,研究异常地区的地貌特点对于评价次生地化异常、寻找覆盖层下的矿床有着重要的意义。

5. 水文地质

在应用水化学找矿时,要研究工作地区的水文地质条件,即研究地下水的补给情况,移动方向及迁移的道路上可能与矿体相遇的情况,潜水面随气候季节的变化情况,裂隙水和井泉的分布等。根据地下水的酸碱度(pH值)和化学成分的组合变化规律,评价水化学异常的矿化作用性质,迎着水流方向寻找矿体。

除上述的地质依据外,在异常区往往可以发现矿床的原生露头、旧矿遗迹和见到种种围岩蚀变类型或铁帽等矿化标志。这些事实都是异常评价的重要依据。

(二) 化探依据

异常区指示元素的组合关系(包括分带性)、异常强度、异常点的集中程度、异常形态和规模大小等特点是化探对比分类的依据。一般来说,多种元素组合并且组合有一异常强度高、异常点密集、规模较大,形态规则的最有远景的异常,应首先选择布置详查或验证工作。这种情况有时也有例外现象,因此,必须紧密配合地质、物探进行综评。

不同的地化异常类型,评价的内容和方法有所不同,有关的内容将在找矿方法及最后一章介绍。

第五节 勘查地球化学特点及应用范围

一、勘查地球化学特点

从目前的各种地质找矿方法来看,勘查地球化学具有如下的特点:

(1) 勘查地球化学是以研究与成矿有关的物质成分作为找矿的基础,它所观测的不单是一些地质现象,或者是地质体(包括矿体)的若干物性参数。化探观测的是化学元素和其他地化参数,有些指示元素本身就是成矿元素或者为伴生元素,因此,可以说化探是一种直观的找矿方法。

(2) 勘查地球化学可以通过揭露原(同)生地化异常和次生地化异常,达到寻找岩石中埋藏不太深的盲矿和寻找第四纪覆盖层下面的隐伏矿体。目前发展的航空气测方法对于森林地带和草原覆盖地区的普查找矿具有十分广泛的前景。

(3) 勘查地球化学工作的野外设备较为简单轻便,采样速度快,随着样品分析方法的改进(如直读光谱、中子活化、原子吸收光谱和现场分析的 X 射线荧光分析仪等)和计算机数据处理的采用,化探已成为一种多、快、好、省的找矿方法。

二、勘查地球化学应用范围

勘查地球化学方法现在还在发展之中,目前已应用于普查勘探各个阶段,对于不同的矿床类型采用不同的找矿方法,不同的找矿方法有着不同的应用范围。

(1) 岩石地球化学找矿法。这种方法用于普查勘探的各个阶段,研究区域岩石地化特点,地表和深部的地球化学填图、岩体含矿性评价、构造含矿性评价、矽卡岩含矿性评价。研究矿体(床)原(同)生地化异常的组合和分带特点,确定找矿指标,面积性分散露头岩石地化测量,评价次生地化异常以解决深部盲矿的找矿问题。

(2) 残坡积层地化找矿和水系底沉积地化找矿法。这两种方法在大面积普查或初步勘探工作中使用很广泛,为寻找覆盖层下隐伏矿床的重要化探方法。目前着重研究矿床指示元素的次生分散模式、采样层位、样品粒度和采样密度等问题。为了扩大化探寻找隐伏矿床的应用范围,有些国家正在研究试验在大面积外来堆积层(如冰川堆积层、黄土高原、黄土平原、沼泽和草原等)地区的化探找矿方法。

(3) 气体地球化学找矿。气体地化找矿是通过研究并确定某些易挥发元素(Hg、Cl、Br、I 等)或气体(如 H_2S、CO_2)等与矿化的伴生关系,从而利用它作为找矿的标志。这种方法使用于苔原覆盖层、森林地区的航空气体找矿和进行矿区构造填图,划定有利矿化富集的断裂交错点,寻找深部盲矿体和圈出已知矿化带的延伸地段。在国外,这种方法的使用已有些成果,我国也正在加紧试验。

(4) 稳定同位素地球化学找矿法。目前这种找矿法处于初步实验阶段,国外已有应用稳定同位素比值作为化探手段的找矿实例,如应用 Pb^{206}/Pb^{207} 比值,圈定铅锌矿区的矿化范围指出找矿方向。利用稳定同位素 S^{32}/S^{34}、O^{16}/O^{18} 比值等研究多金属矿床的成因,追索圈定矿化可能位置,研究矿床的剥蚀深度等已取得了初步的找矿效果。

(5) 水化学找矿法。它是研究成矿元素和伴生元素在矿床周围的土壤水、地下水及地表水中所形成的地化异常，是一种基础的找矿方法。水化学找矿法主要应用于地形切割水系发育的地区，寻找多金属硫化矿床和某些稀有金属矿床等。

(6) 生物地球化学找矿法。这种方法的研究程度和找矿效果较其他方法为差，找矿远景还不十分明确，应用还不普遍。在一定的条件下(如新的覆盖地区)，可以利用生物地化异常来确定矿床分布的地段。据报道，利用生物地球化学找矿方法来寻找 Fe、Mn、Cu、Pb、Zn、Co、Ni、Mo、W 等矿床有一定的找矿效果。

第二章　岩石地球化学测量

岩石地球化学找矿是应用岩石地球化学测量了解岩石中元素的分布,总结元素分散与集中的规律,研究其与成岩、成矿作用的联系,并通过发现异常与解释评价异常来进行找矿的。

岩石地球化学找矿可利用岩石地球化学测量中发现的广大地区的异常来研究地球化学省,对范围广大的地区进行找矿预测。岩石地球化学找矿也可根据所发现的区域异常,评价各时代的地层及侵入体的含矿性,圈定有远景的成矿区。但是岩石地球化学找矿更直接的是通过发现局部异常和查明矿床原生晕,进而达到寻找盲矿体的目的。原生晕在空间分布上往往和矿体有联系,规模上比矿体大,特别是热液矿床的原生晕,沿着控矿构造方向延伸更大,根据原生晕可寻找深部数十米至数百米的矿体(见图 2-1)。

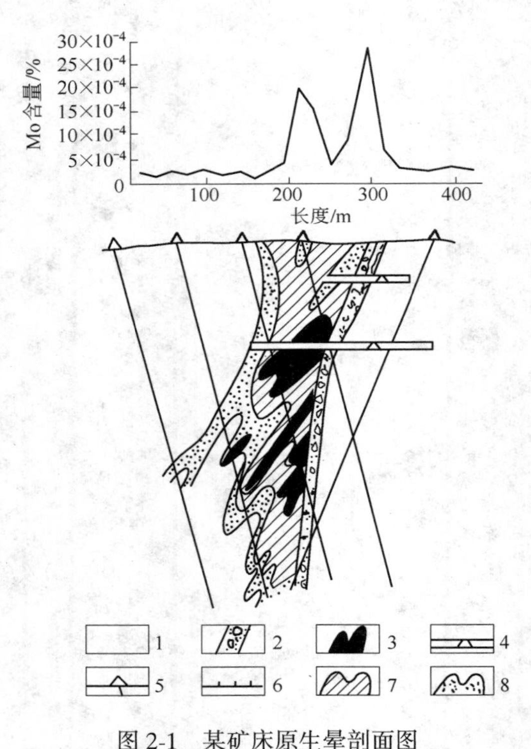

图 2-1　某矿床原生晕剖面图

1—霏细岩; 2—破碎带和角砾岩化带; 3—矿体; 4—坑道; 5—钻孔; 6—地表取样点;
7—Mo 含量大于背景值 10 倍; 8—Mo 含量为背景值 3～10 倍

因此,为了能更好地进行岩石地球化学找矿,必须要认识矿床原生晕的形成、特征及应用等有系统的规律性。

各种类型的矿床都存在着原生晕。但是,目前应用和研究较多的还是与热液矿床有关的原生晕。因而本章讨论的内容多是与热液矿床原生晕有关的内容。

第一节 热液矿床原生晕的形成

除矿体外原生晕也是成矿作用的产物。成矿作用是一个复杂的过程,关于原生晕的形成更是缺乏深入的研究。根据目前一般的看法,成矿溶液沿着构造通道自深处向上进入上层围岩,由于物理化学环境的改变,促使金属组分从溶液中析出,在成矿有利部位,大量沉淀聚集,形成了矿体。同时成矿溶液还对矿体围岩产生影响:一方面是改变围岩的矿物组成和结构构造,产生近矿围岩蚀变现象;另一方面是使成矿有关组分带入和围岩某些组分释出,改变围岩的元素分布,特别是改变围岩中微量元素的分布,形成原生晕。

近矿蚀变围岩与原生晕,在成因上有密切的联系,在空间上紧密伴生,只不过近矿蚀变围岩是岩石的矿物组成和结构构造的宏观变化,而原生晕一般是指微量元素含量的变化,因而原生晕的分布范围可较近矿蚀变围岩更大。

含矿溶液中的成矿有关组分是以什么方式迁移进入围岩,是一个重要的成晕理论问题。要了解成晕问题,首先要研究成晕过程中元素的迁移。

一、成晕元素的迁移方式

目前一般认为微量元素除少数情况下呈气相迁移外,主要呈液相迁移,在围岩中微量元素的液相迁移主要有渗透和扩散两种方式。

(一) 渗透迁移

渗透迁移是由于压力差而造成的。当围岩中存在着压力差时,作为溶质成矿有关的组分与溶液一起沿着岩石的裂隙和孔隙流动而产生迁移。地壳不同深度的压力差是促使含矿溶液沿构造通道向上部岩层迁移的主要原因,而构造活动时岩层破裂产生的局部压力差,则能引导含矿溶液离开主要通道向围岩裂隙中压力低的各个方向迁移。

(二) 扩散迁移

扩散迁移就是由于浓度差引起成矿有关组分的迁移。当含矿溶液与围岩粒间溶液接触时,因为两者的浓度不同,成矿有关的组分由原来浓度高的成矿溶液,向浓度低的围岩粒间溶液方向迁移,直到浓度达到平衡为止。

元素迁移方式不同,所形成的原生晕特征也不一样。

元素的渗透迁移是以裂隙和孔隙的发育为重要条件,所形成的原生晕具有沿裂隙带和渗透性岩层延伸的特点,成晕规模较大。由于岩石中裂隙和孔隙分布不均匀,成晕元素的含量呈跳跃式的变化。

元素的扩散迁移可以在致密状的岩石中发生。扩散迁移成晕的特点是成晕元素含量沿扩散方向下降很快,自中心高浓度处(或矿体)向四周呈几何级数下降,因而成晕规模较小。

在原生晕的形成过程中,经常是这两种方式的迁移都存在,只是因地质条件的不同而有所侧重。一般是沿构造线方向以渗透迁移为主,在矿体两侧致密岩石中以扩散迁移为主;初期含矿溶液上升以渗透为主,后期含矿溶液流动停滞,则以扩散为主。

二、元素在溶液中的存在形式及活动性

金属硫化物在水中的溶解度一般是很小的,在迁移过程中不可能以简单离子形式大量地进行搬运。近年来的研究工作说明,成矿溶液中有色金属、黑色金属、稀有金属以及放射性元素等在溶液中多以络合物形式存在。由于金属络合物在水溶液中易溶且比较稳定,通过热液作用不

仅可将成矿元素大量迁移到有利地段形成矿体，而且在更大范围内形成矿床的原生晕。不同元素在溶液中的络合物稳定性是不同的。如秋林的实验研究说明，Mn、Co、Ni、Zn、Fe、Pb、Cu、Ag、Au、Hg等元素在富硫含氧溶液中可能呈三氧硫酸盐络合物$[Me(S_2O_3)_m]^{n-}$的形式存在和迁移，他还研究了溶液中这些元素的稳定性，得出元素活动性增大序列如下：

$$Mn \longrightarrow Co \longrightarrow Ni \longrightarrow Zn \longrightarrow Fe \longrightarrow Pb \longrightarrow Cu \longrightarrow Ag \longrightarrow Au \longrightarrow Hg$$

除此之外，重金属HS^-络合物$[Me^{x+}(HS^-)]^{x-n}$也是重金属元素在溶液中可能存在的形式之一。据研究，有关元素及其络合物在溶液中的稳定性(即元素活动性增大序列)如下：

$$Fe \longrightarrow Co \longrightarrow Zn \longrightarrow Pb \longrightarrow Cd \longrightarrow Cu \longrightarrow Hg$$

从两项络合物研究结果对比可以看出，元素的活动性序列基本相同(除Fe外)，元素的活动性大，说明其迁移能力强，成晕规模上可能较大，成晕的分布上可能离构造通道较远。对元素活动序列的研究，不仅对研究元素从热液中析出的顺序，而且对研究成晕的规模、空间的分布都是有意义的。但是，目前关于这方面的工作还是初步的，对成矿溶液中元素存在的形式，还有许多不同意见，在此不一一列举了。

三、元素的沉淀

成矿有关元素在含矿溶液中的络合物，在溶液的物理化学条件变化时发生分解，通过各种方式形成难溶化合物的沉淀，引起这种含矿溶液物理化学条件变化的因素有：

(1) 含矿溶液进入开阔断裂带，外部压力降低，挥发物质气化逸出，造成有关物质沉淀；

(2) 热液随远离岩浆而冷却；

(3) 热液与围岩相互作用，改变了溶液的成分或pH值及Eh值；

(4) 在近地表处氧化使络合物分解；

(5) 与下渗的地下水相遇而起化学反应。

凡此种种因素均可使溶液中易溶并形成络合物的元素发生沉淀，使围岩中元素含量增高而成晕。有一种情况需要说明的是，溶液与围岩相互作用，溶液中某些元素沉淀的同时，围岩中另一些元素活化转入溶液，而使岩石中这些元素含量降低。这些由围岩转入溶液中的元素，经过一段迁移，在物理化学条件发生变化时，在新的场所析出，使岩石中元素含量增高。在矿体及其附近某些元素含量降低形成“负异常”；而在矿体相邻地段，这些元素含量增高，形成“正异常”，因而成矿元素的沉淀而成晕，往往伴随围岩组分活化、迁移，析出。围岩组分这种再分配的结果，使得矿体附近出现与围岩组分有关的原生晕。需要说明的是，含矿溶液中的组分不仅来自矿体处及其附近的围岩，深部岩浆分异形成的残余溶液及在变质作用中原生水及挥发组分所形成的热液在上升过程中，或大气降水渗透至地壳深处加热、环流途中，都要与围岩反应，吸收部分围岩组分，这就是热液组分的所谓围岩侧分泌来源。不同来源的元素的成晕特征、规律等问题，目前研究不多，尚有待深入研究。

四、影响元素迁移的因素

(一) 含矿溶液的性质

含矿溶液性质对元素迁移的影响是明显的。含矿溶液中元素的原始浓度越大，则与围岩的浓度差越大，因而元素的扩散迁移作用越强，元素的渗透迁移相对减弱。实验证明，溶液温度增高，元素的扩散速度加大。热液系统的压力，直接影响元素渗透迁移的能力，在岩石中的压力差越大，越有利于元素的渗透迁移。至于热液系统压力的大小与深度有密切的关系，一般认为距地表浅，压力小；距地表深，压力大。目前热液系统的压力与热液作用的深度，大多仍靠间接资料推断、对比。如根据上覆岩层厚度、岩体特征(包括岩体大小、形态、结构构造、围岩捕掳情况等)推断、对比热液作用(包括成矿作用)的深度和压力。特别是矿床形成深度的地球化学标志,对了解原生晕形成深度、热液系统压力有重要参考意义。如浅成矿床(上覆岩层厚度小于1 km),矿体常呈锥状急剧尖灭,矿石成分复杂(某些矿床混有大量硫盐),元素垂直分带不明显,金属含量高低变化较大;中深和深成矿床(上覆岩层厚度分别为1～2 km和2 km以上),矿体延深大(1～2 km或更大),矿石成分简单(多为金属硫化物),元素的垂直分带明显,金属含量较为均匀等。

(二)构造

成矿有关元素在围岩中迁移、成晕过程中,构造特别是断裂构造有着重要的影响。断裂的影响首先表现在它为含矿溶液活动提供了通道,使含矿溶液能借以上升,并在围岩中进行渗透、扩散。其次由于构造的活动,还能改变局部地段的物理化学条件,促使含矿溶液中的成矿元素沉淀。例如断裂的活动,使含矿溶液系统外部压力降低,溶液中的CO_2、H_2S及其他易挥发化合物迅速从溶液中逸出,从而改变溶液成分、压力和pH值。如二价金属常呈$Me(HCO_3)_2$;而溶于水溶液中CO_2的逸出使压力降低,pH值增高,HCO_3^-浓度降低,Ca、Mg、Fe、Mn、Sr、Ba等则呈碳酸盐沉淀。正因为如此,热液矿床的原生晕一般都出现在构造裂隙(如断裂、破碎带、接触带、节理、层理、片理等)比较发育的地带。

(三)围岩性质

围岩性质对成晕的影响也是明显的,主要表现为岩石的化学性质及物理性质对元素迁移的影响。一般情况下,岩石的化学性质活泼,有利元素富集而形成富矿,从而限制了元素迁移,不利于形成规模较大的矿床原生晕。例如,碳酸盐围岩,因为易于和含矿溶液发生化学反应,并且由于$CaCO_3$的颗粒表面的吸附物质,逐渐使孔隙阻塞,影响扩散迁移,因此石灰岩中原生晕一般规模不大;反之,不利于形成富矿但有利于成规模较大的矿床原生晕。

岩石的物理性质首先反映在机械性质方面,如脆性岩石,裂隙易于发育,有利于元素渗透迁移,形成规模较大的晕;塑性岩石即使产生裂隙也容易封闭,使元素渗透迁移受限制。根据现有资料可将各种岩石按脆性大小排列如下:古老石英脉、霏细岩、石英岩与花岗岩类、中酸性喷出岩、砂岩、辉长岩、辉绿玢岩、石灰岩、蛇纹岩、页岩、泥灰岩。从机械性质考虑,石灰岩、蛇纹岩、页岩、泥灰岩等对形成较大规模的晕是不很有利的。其次,物理性质对成晕的影响还反映在孔隙性质方面,岩石孔隙率大,孔隙间连通情况好,则有利于元素的渗透迁移;反之,孔隙率小,连通情况差,则对元素的渗透迁移不利。各种岩石的孔隙率见表2-1。

表2-1 各种岩石的孔隙率

岩 石	平均孔隙率	测 定 数	岩 石	平均孔隙率	测 定 数
花岗岩	1.00	50	古生代砂岩	10.00	110
喷出岩	2.00	19	中、新生代砂岩	20.00	683
大理岩	1.00	7	片麻岩	1.00	2
石灰岩	3.00	7	石英岩	1.00	5
页 岩	4.00	14			

由表可见,沉积岩的孔隙率一般比较大,特别是碎屑岩更大,有利于元素渗透迁移,可能形成规模较大的晕。页岩孔隙率可达4%,但孔隙间连通情况不好,透水性差,往往形成"隔挡层"。

由上所述,热液矿床原生晕的形成问题是一个很复杂的问题。原生晕的形成,既受元素及其化合物地球化学性质的控制,又受构造、岩性条件及含矿溶液物理化学条件(主要是温度、压力、浓度)的影响。如同热液矿床的形成一样,热液矿床原生晕的形成问题研究很不够,目前热液矿床原生晕形成机理的研究已逐渐引起人们的重视，它不仅可以加深对热液矿床原生晕的找矿效果，而且会促进对各类矿床原生晕的研究，推动岩石地球化学找矿的发展。

第二节　岩石地球化学测量的应用

岩石地球化学测量在我国从1958年开始试验应用，现在已经成为内生矿床方面寻找盲矿体的重要方法之一。岩石地球化学测量所适用的矿产类型比较广泛，有铜、铅、锌、钼、锡、钨、汞、锑、铀、金、银、镍、铂、铬、钒、铌、钽等。近年来，在寻找内生成因的铁矿和非金属矿产方面也开展了试验工作。

岩石地球化学测量目前主要应用于矿产的普查评价阶段。对有矿化、蚀变或物探、化探异常的找矿远景地段，进行岩石地球化学找矿工作，可寻找盲矿体，并对矿化蚀变带或物化探异常区的找矿远景作出评价。在普查找矿阶段，岩石地球化学找矿可用以评价地质体（岩体、地层、断裂带、蚀变岩等）的含矿性。

岩石地球化学测量也经常用于正在勘探或已开采的矿区，通过钻孔和坑道的原生晕研究寻找盲矿体，扩大矿区的远景。

一、矿化带的评价与盲矿体的寻找

评价矿化带、寻找盲矿体是岩石地球化学找矿的主要任务。在评价矿化带，寻找盲矿体工作中要应用原生晕的规律，要研究评价指标，要研究晕的分带性，要研究盲矿体矿石类型和预测矿化规模。

（一）成矿成晕过程的研究与评价指标的建立

研究成矿成晕过程，建立评价指标，指导盲矿体寻找。在进行岩石地球化学测量，寻找盲矿体时，一般说来要根据元素组合、含量特征、分布规律，并结合地质条件，对非矿异常还是容易识别的，关键是区别含矿异常与无矿异常。在区分含矿异常与无矿异常时往往要结合地质条件来应用评价指标。仅仅利用统计的方法建立评价指标，虽然在找矿工作中也能起一定作用，但局限性较大。通过研究成矿（成晕）过程，区分主要成矿阶段与非主要成矿阶段形成的异常的特点，建立评价指标，有利于从本质上反映含矿异常与非矿异常的区别。青城子铅锌矿原生晕研究工作较好地说明了这一点。该矿床金属硫化物主要有方铅矿、闪锌矿、黄铁矿、毒砂、黄铜矿等。成矿共经历了五个阶段，其中第二个成矿阶段为主要成矿阶段，铅矿体即为此阶段所形成，并伴随闪锌矿、毒砂及少量黄铜矿，其他成矿阶段均有方铅矿化、闪锌矿化、黄铜矿化，方铅矿少而黄铜矿相对较多，但无毒砂。特别是晚期热液阶段，在石英－碳酸盐脉中仅含少量黄铜矿。因而认为Pb、Zn异常仅能反映矿化作用的存在，Pb、Zn、As的异常可能指示矿体的存在。根据Cu、Pb在各成矿阶段的含量变化，在异常评价中还采用了Cu/Pb比值这一指标。Pb高Cu低，比值小，反映了主要成矿阶段地球化学特点；相反，Cu高Pb低，比值大，是非主要成矿阶段，特别是晚期热液阶段的特点。经过对几十个含矿与非矿异常的统计，确定$Pb>300$ g/t、$As>100$ g/t、$Cu/Pb<0.2$为含矿的异常指标。从而使异常评价工作走向深入，为扩大矿床远景起了良好的推动作用。

（二）晕分带性的研究与剥蚀程度的确定

研究晕的分带性，确定剥蚀程度，指导找盲矿体。判断含矿地段的剥蚀程度，对深入评价异常地段，寻找深部的盲矿体有着重要的意义。为了判断含矿地段的剥蚀程度，深入评价异常，必须对已知矿体的原生晕的分带性进行研究，确定原生晕的前缘与尾晕的地球化学标志。当矿体尾晕尚未被工程揭露时，则要查明在垂直方向上近矿和远矿的地球化学标志。

福建某热液脉状铜矿就是运用了原生晕分带的规律，判断含矿地段的剥蚀程度，改变了原来的评价意见，在地表矿化弱的地段找到了隐伏较深的工业矿体。该铜矿已知矿体产于断裂带及其两侧羽状裂隙中（图 2-2），因经过古代长期开采，认为已经是“硐老山空”。1965 年采用地质、物探、化探相结合的综合方法进行重新评价。

化探工作采用了岩石地球化学测量和土壤地球化学测量相结合的方法，并查明了地球化学异常具有明显的分带现象。据研究，确定 Pb、Zn、Ag 是远矿指示元素，Sn、As 是近矿指示元素。

从地表地质观察，矿区南部老硐密布，矿化强烈，可以圈出一个长 550 m 的矿化富集带；矿区北部地表矿化微弱，偶见斑点状黄铜矿化，因而初步判断主矿体分布在矿区南部。但是根据岩石地球化学测量成果分析，矿区南部如 3 线剖面（图 2-3），出现的是近矿指示元素 Sn(As) 的高；矿区北部如 14 线剖面，则是出现远矿指示元素 Pb(Zn、Ag) 的高含量异常，说明剥蚀程度较浅，结合激电异常强度大而宽缓的特征，推测深部有盲矿体的存在。验证钻孔先在矿区南部施工，打了两钻孔，见矿不好，转移到矿区北部，在三条剖面线上接连打到盲矿体，从而肯定了矿区的工业开采价值。

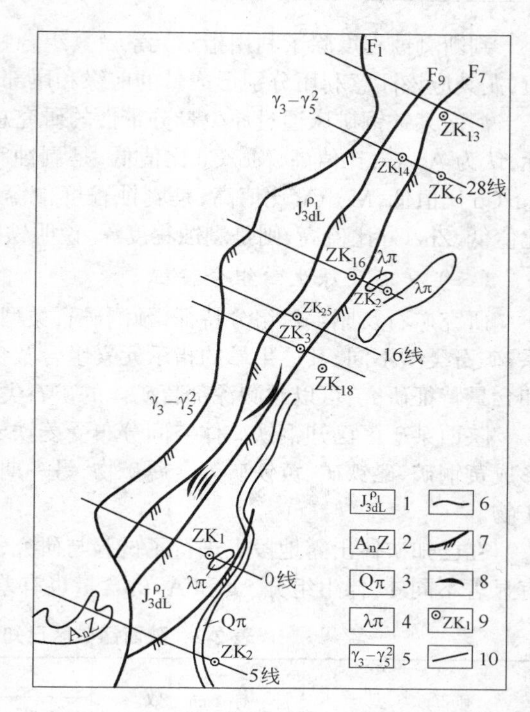

图 2-2　某铜矿床地质平面图

1—流纹质晶屑凝灰熔岩；2—云母石英片岩；3—石英斑岩；4—流纹斑岩；5—白云母花岗岩；6—地质界限；7—压扭性断裂及编号；8—地表矿体；9—见矿钻孔及编号；10—勘探线

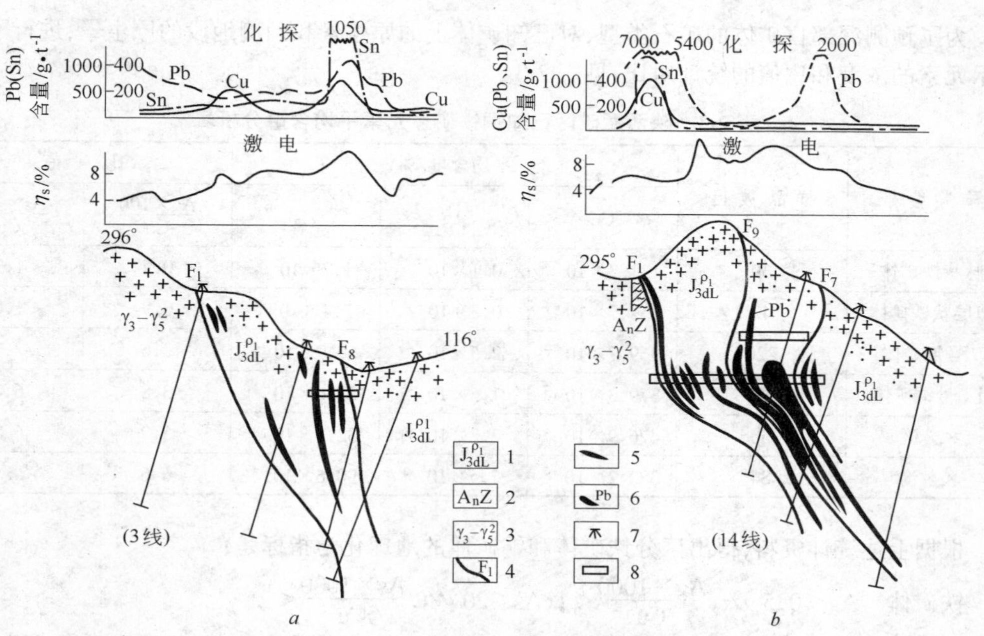

图 2-3　某铜矿床 3 线与 14 线地球化学剖面对比图

1—流纹质晶屑凝灰熔岩；2—云母石英片岩；3—白云母花岗岩；4—压扭性断裂及编号；5—铜矿体；6—铅锌矿体；7—钻孔；8—水平坑道

判断剥蚀程度除了利用指示元素及其组合特征作标志外，也可以利用指示元素对的含量比值，尤其应该注意利用分别形成晕的前缘和尾部的两类元素含量的比值。

河南某铁铜矿床通过原生晕分带性的研究总结出适应本矿区的判断剥蚀程度的元素比值指标，认为 Ag/Cu 比值高，Mo/Cu 比值低，是剥蚀程度浅的标志，说明剥蚀面位于铜矿体的上部；Ag/Cu 比值低，Mo/Cu 比值高，是剥蚀程度中等的标志，说明剥蚀面位于铜矿体的尾部；Mo/Cu 比值低，Zn/Cu 比值高，则是剥蚀程度深，说明铁矿体也已经被剥蚀。

（三）*矿石及原生晕组分特征*

研究矿石及原生晕组分特征，预测矿石类型。原生晕的组分与矿床的矿石类型有密切的关系，矿石类型不同，其原生晕的指示元素组合及含量特征也不一样。通过原生晕的指示元素组合和含量特征研究，可以预测深部盲矿体的矿石类型。

陕西某矿区已知铜铁矿体空间分布受菱铁千枚岩岩层的控制。矿化分两期，一期为铁矿化，形成黄铜矿、磁铁矿、黄铁矿等金属矿物；另一期为铅锌矿化，形成方铅矿、闪锌矿、黄铁矿等金属矿物。

在已知矿体出露地段上进行了试验与研究，根据矿石样品分析，铜矿石与铁矿石除铜的含量有显著不同外，伴生组分 Ag 和 As 的含量也有差别，见表 2-2。

表 2-2　陕西锰矿区已知铜铁矿多元素化学分析表

矿石类型	样品数	化学分析平均含量/%		
		Cu	Ag	As
块状磁铁富矿	12	58.3×10^{-4}	0.1×10^{-4}	1.7×10^{-4}
条带磁铁贫矿	22	381×10^{-4}	0.3×10^{-4}	3.1×10^{-4}
浸染状铜矿	19	$>2000\times10^{-4}$	7.0×10^{-4}	46.9×10^{-4}

为了预测深部盲矿体的矿石类型，对已知矿体上的原生晕和预测地段的原生晕，进行了主要指示元素的浓度和比值的统计对比，见表 2-3。

表 2-3　陕西锰矿区已知铜铁矿多元素平均含量分析表

异常编号	样品数目	平均含量/%			比　值	
		Cu	Ag	As	$\frac{Ag\times100}{Cu}$	$\frac{As\times100}{Cu}$
脉状铁矿体	39	131.3×10^{-4}	0.1×10^{-4}	1.7×10^{-4}	0.7	1.3
似层状铁矿体	42	352.7×10^{-4}	0.3×10^{-4}	3.4×10^{-4}	0.9	1.0
7号铜矿体	220	969.7×10^{-4}	2.5×10^{-4}	19.9×10^{-4}	2.6	2.1
I_1号铜矿体	133	379.3×10^{-4}	1.5×10^{-4}	25.6×10^{-4}	3.8	6.4
××区	50	476.9×10^{-4}	2.8×10^{-4}	32.3×10^{-4}	5.9	6.8
××沟	84	383.2×10^{-4}	2.5×10^{-4}	90.6×10^{-4}	6.6	23.6

根据上述统计资料，得出区分铁矿体和铜矿体的地球化学指标是：

铁矿体　$Ag<0.5\ g/t,\ \frac{Ag\times1000}{Cu}<1,\ As<20\ g/t,\ \frac{As\times1000}{Cu}<2$

铜矿体　$Ag>0.5\ g/t,\ \frac{Ag\times1000}{Cu}>1,\ As>20\ g/t,\ \frac{As\times1000}{Cu}>2$

同时认为，Pb、Zn 的强异常是铅锌矿体的反映，具体指标是 Pb>80 g/t、Zn>100 g/t。矿区东部一带异常的 Ag 和 As 含量及元素对比值显著地高于上述铁矿异常指标，推断盲矿体可能为铜矿体。此外，还有较大的 Pb、Zn 异常，含量较高（一般在 200～300 g/t 之间），推断有铅矿体的分布。钻孔验证获得与预测一致的结果。

(四) 原生晕的形成机理

研究原生晕的形成机理，预测深部矿化规模。推断深部矿体的规模是一个比较复杂的问题，苏联巴尔舒科夫等人，在研究某锡石硫化物矿床形成机理的基础上，提出了根据氟晕中的氟量高低定量地预测深部矿化规模的方法，可供研究参考。

该方法的根据是，锡在碱性热液中是以 $Sn(OH_xF_{6-x})^{2-}$ 氟－氢氧络离子的形式存在并迁移，当溶液由碱性向中性过渡，pH 值达到 7.5～8.0 时，络离子发生分解，形成锡石硫化物矿床。与此同时，络离子中的氟也就被释放出来，以类质同像的形式进入蚀变矿物绢云母、绿泥石中去。因而矿脉上方或其脉旁蚀变围岩中氟含量的高低，间接标志着下面锡矿体中锡含量的高低，蚀变围岩中氟量越高，相应的其下部矿体的锡量也就越大。如果统计计算证明围岩中的氟含量和矿脉中的锡量存在着正相关关系，就可以根据这种关系进行深部矿化规模的预测，方法步骤如下：

(1) 用下式求出“围岩蚀变晕”中氟的平均含量：

$$F_{cp}=\frac{c_1l_1+c_2l_2+\cdots+c_nl_n}{l_1+l_2+\cdots+l_n}-C_\varphi$$

式中 F_{cp}——“围岩蚀变晕”中氟的平均含量，%；

$l_1,l_2,\cdots,l_n$——每个样品刻槽取样长度，m；

$c_1,c_2,\cdots,c_n$——每个样品中氟的含量，%；

C_φ——未蚀变岩石中氟的背景值，%。

计算 F_{cp} 时，一般要取矿脉两侧的平均值。

(2) 用下式求出矿脉中氟的平均含量：

$$F_p=\frac{c_1l_1+c_2l_2+\cdots+c_nl_n}{l_1+l_2+\cdots+l_n}$$

式中 F_p——矿脉中氟的平均含量，%；

$l_1,l_2,\cdots,l_n$——矿脉中每个样品刻槽取样长度，m；

$c_1,c_2,\cdots,c_n$——矿脉中每个样品氟的含量，%。

(3) 用下式求出蚀变岩石和矿脉中氟的平均含量之差 ΔF：

$$\Delta F=F_{cp}-F_p$$

(4) 根据实际资料统计，计算 ΔF 值与矿脉线储量的相关关系。

经计算得出研究矿床 ΔF 值与矿脉线储量 Q_{lin} 的相关系数 $r=0.09$，证明确实存在正相关关系，见图 2-4。

(5) 根据线储量与 ΔF 值之间的相关方程，求下伏矿体的线储量：

$$Q_{lin}=9.5+5.2\Delta F$$

根据实际验证应用本方法时，由于矿体成分的复杂性和不均匀性，以及各个矿床形成条件的不同，预测储量的误差可能达 40%～50%。

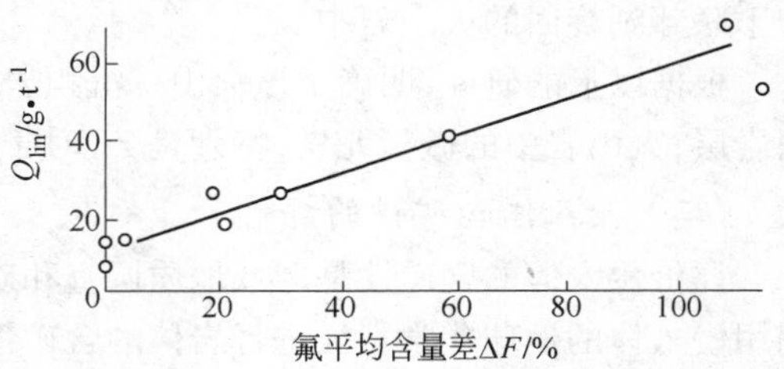

图 2-4 ΔF 与矿脉线储量的相关关系

虽然上述方法的实际应用受到矿床类型等条件的限制，但是从这一实例可以得到启示，若加强原生晕形成机理的研究，可以为深部矿化规模的预测提供科学的依据。

二、成矿地质条件和地质体的含矿性

研究区域成矿地质条件和评价各种地质体的含矿性，是区域地质调查的重要任务，也是岩石地球化学找矿的一项重要任务。岩石地球化学测量在区域地质调查中，可用于评价地层、侵入体、断裂构造及蚀变岩石等的含矿性。

(一) 地层的含矿性的评价

在区域地质调查工作中，结合地层剖面测量，沿剖面系统采集岩石地球化学样品，可以查明地层中元素分布特征。其成果不仅能作为地层划分对比和沉积环境分析的一种标志，而且也是评价区域地层含矿性的重要依据。

通常把测区剖面中成矿元素在某一层位的富集，看成是成矿有利层位的重要指示。但是在评价地层含矿性时，不仅要把由于岩性差异而造成的背景变化与地球化学异常区别开来，而且更重要的是要研究元素分布变化规律，找出地球化学演化与矿化富集作用的内在联系。加拿大地盾苏必利尔的火山－沉积岩系的含矿性评价可以作为实例。

研究区的火山－沉积岩系属于太古代，包括两个从基性到酸性演化的火山活动旋回，即伍曼湖旋回和联邦湖旋回。已知在酸性火山岩中有块状锌－铜硫化物矿床产出，其成因认为与火山喷发有关。岩石地球化学研究的任务就是在含矿岩层与和它岩性相似的无矿岩层之间，找出地球化学的区别标志，评价两个火山－沉积旋回的含矿性。

在研究对比两个旋回岩层的地球化学特征时，考虑到许多元素在岩层中的分布是随二氧化硅的含量而变化，因此相互对比的岩类是以二氧化硅含量相似作为条件。采取统计检验方法确定出两个旋回的火山岩存在着明显的地球化学差异：伍曼湖旋回的中性和酸性火山岩以 K_2O、CO、Ni、Cr、V、MgO、Mn 和 Cu 的含量相对较高为特征；而联邦湖旋回的中性和酸性火山岩，则以 Zn 和 Fe_2O_3 含量相对较高为特征。

在两个旋回中，Zn 的演化规律也有很大差别。在联邦湖旋回中，从基性火山岩到晚期的中性和酸性火山岩 Zn 的平均含量增高，分别为 $105\times10^{-4}\%$、$134\times10^{-4}\%$、$128\times10^{-4}\%$；在伍曼湖旋回中，从基性和中性火山岩到晚期的中酸性火山岩 Zn 的平均含量降低，分别为 $79\times10^{-4}\%$、$74\times10^{-4}\%$、$63\times10^{-4}\%$。两个旋回中的中性和酸性火山岩类之间，Zn 的分布差异可能反映了分异作用物理－化学条件的不同。因此，可以认为在联邦湖旋回晚期火山岩类中 Zn 含量的增高可以作为富 Zn 的有色金属矿床的成矿有利标志。

矿床地球化学研究的结果与上述一致。产于两个旋回中的矿床也有地球化学差别，联邦湖旋回中的矿床与伍曼湖旋回中的矿床相比，具有富含 Zn 的特点，并且已知有工业意义的矿床只产于联邦湖旋回的火山岩中。

根据以上的研究，明确了该火山－沉积岩带具有找矿远景的是联邦湖旋回的中性和酸性火山岩层；火山岩中的微量元素，特别是 Zn 对于评价地层锌铜矿床的含矿性有重要的意义。

(二) 侵入体含矿性的评价

评价侵入体的含矿性是区域地质调查和矿产普查的重要任务之一。近年来国内外普遍注意利用侵入体的地球化学特征进行岩体的含矿性评价。

岩浆中成矿有关元素的原始含量及岩浆演化过程中是否趋向集中，对内生矿床的形成有重要的影响，一般认为侵入岩中成矿有关元素的同生含量偏高是有利于成矿的重要标志。

我国长江中下游一带矽卡岩矿区侵入体含矿性评价试验说明了这一点。表 2-4 表明，伴有工业意义铜矿床的侵入体普遍含铜较高，平均铜含量在 20×10^{-4}% 以上；而无铜的工业矿化的侵入体普遍含铜较低，平均铜含量在 20×10^{-4}% 以下。

表 2-4　长江中下游花岗岩侵入体中铜的含量

含矿类型	岩体编号	主体岩相	取样情况	样品数	铜含量变化范围/%	铜的平均含量/%	备　注
无工业矿化侵入体	1	闪长斑岩	接触带100 m内钻孔中	10	<(10～30)×10^{-4}	16×10^{-4}	有非工业矿化半定量分析
无工业矿化侵入体	2	闪长斑岩	不　明	15	(6～33)×10^{-4}	18×10^{-4}	定量分析
				64		17×10^{-4}	
含有铁矿床的侵入体	3	花岗岩	按侵入体各岩相取代表性样品	20	(7～15)×10^{-4}	10×10^{-4}	定量分析
含有铁矿床的侵入体	4	花岗闪长斑岩	取自接触带500 m以内	52	(40～60)×10^{-4}	16×10^{-4}	有非工业矿化半定量分析
含有铁矿床的侵入体	5	花岗闪长斑岩	取自接触带500 m以内	13	<(10～40)×10^{-4}	19×10^{-4}	有非工业矿化半定量分析
含有铜矿床的侵入体	6	闪长岩	侵入体内大致均匀采样	135	(3～80)×10^{-4}	21×10^{-4}	定量分析
				29	<(10～70)×10^{-4}	20×10^{-4}	半定量分析
含有铁铜矿床的侵入体	7	花岗闪长斑岩	侵入体内大致均匀采样	22	<(10～75)×10^{-4}	23×10^{-4}	半定量分析
含有黄铁矿床的侵入体	8	石英闪长岩	侵入体中心，钻孔及地表取样	13	(20～60)×10^{-4}	37×10^{-4}	有非工业矿化半定量分析
含有铜矿床的侵入体	9	花岗闪长斑岩	在侵入体内均匀取样	46	(18～80)×10^{-4}	39×10^{-4}	定量分析
含有铜矿床的侵入体	10	花岗闪长斑岩	钻孔取样	18	(2～120)×10^{-4}	49×10^{-4}	半定量分析

评价岩体的含矿性，可以采用岩体地球化学踏勘的方法，按不同岩体分别采样，根据成矿有关元素的平均含量和组合特征，判断有无成矿有利的岩体。

评价侵入体含矿性所应用的地球化学指标，近年来有所发展，从过去单纯依据元素含量平均值，扩大到同时利用元素含量的方差和比值，选用的指示元素不仅有成矿有关的各种金属元素，还包括了与成矿关系密切的挥发分元素和矿化剂元素。

国外某些稀有金属矿区研究工作表明，含矿花岗岩体由于强烈的喷气分异作用和高温交代作用（云英岩化作用），造成岩体上部微量元素分布极不均匀。含矿花岗岩与无矿花岗岩相比，锂和锡的平均含量略高一些，但方差值却高达 9 倍和 18 倍，见表 2-5。

表 2-5　含矿花岗岩与无矿花岗岩中锂、锡元素含量的方差值比较

花岗岩类	岩体含矿情况	Li		Sn	
		$\bar{x}$	σ^2	$\bar{x}$	σ^2
再生花岗岩类	无矿的中生代黑云母花岗岩和淡色花岗岩	47	100	4.3	0.7
	可能含矿的中生代黑云母花岗岩和淡色花岗岩	64	710	7.4	12.6
刚玉奥长淡色花岗岩类	可能含矿的花岗岩	74	880	9.4	54

注：$\bar{x}$ 为算术平均值，10^{-4}%；σ^2 为均方差。

在利用元素比值方面，能够反映岩体挥发分含量的 Ba/Rb 比值受到重视。据研究，在挥发分含量高的岩浆分异时，Ba 的含量减少而 Rb 的含量增多。因此，含矿的花岗岩体以很低的 Ba/Rb 比值为特征。表 2-6 列举了斯洛伐克和蒙古的一些资料，说明含矿花岗岩的 Ba/Rb 比值较无矿花岗岩要低 50 倍至 80 倍。

表 2-6　国外含矿花岗岩的 Ba/Rb 的比值

岩体含矿情况		平均含量/%		
		Ba	Rb	Ba/Rb
斯洛伐克	戈尔斯基花岗岩体（无矿）	2200×10^{-4}	150×10^{-4}	15
	鲁道霍尔花岗岩体（含矿）	150×10^{-4}	580×10^{-4}	0.26
蒙　古	再生花岗岩类（无矿）	640×10^{-4}	250×10^{-4}	2.5
	刚玉奥长淡色花岗岩类（含矿）	20×10^{-4}	640×10^{-4}	0.03

评价基性、超基性侵入体的含矿性所用的指示元素，除 Ni、Co、Cr、Cu 等成矿元素外，目前国内外普遍注意岩体硫含量的测定。这是因为岩浆型铜、镍、钴的硫化物矿床的形成，除了与原始岩浆含有足够的金属元素和具备有利地质构造条件外，也与硫的富集程度有关。在贫硫的环境里，镍进入硅酸盐晶格构造，不利于矿床的形成。

表 2-7 为加拿大地质中的超基性岩体的 Cu、Ni、Co、S 平均含量统计资料。根据 Cu、Ni 储量或开采量，岩体分为三类：储量在 5000 t 以上者为"含矿"超基性岩，储量在 5000 t 以下者为"小矿"超基性岩，只含少量硫化物者为"无矿"超基性岩。从表 2-7 可以看出，含矿性好的岩体不仅表现为 Cu、Ni，Co、S 的平均含量很高，同时还反映出 S/Ni 比值的增高。

表 2-7　不同含矿性的超基性岩体的岩石地球化学特征

岩体含矿性	样品数	平均含量/%				S/Ni
		Cu	Ni	Co	S	
"含矿"超基性岩	372	439×10^{-4}	1875×10^{-4}	83.5×10^{-4}	5820×10^{-4}	3.1
"小矿"超基性岩	91	52.2×10^{-4}	842×10^{-4}	43.5×10^{-4}	1770×10^{-4}	2.1
"无矿"超基性岩	66	25.9×10^{-4}	579×10^{-4}	43.9×10^{-4}	590×10^{-4}	1.0

（三）断裂构造含矿性的评价

含矿溶液沿着断裂运移，在断裂本身及其近旁围岩中所形成的地球化学异常，是评价断裂构造含矿性的重要标志。

应用岩石地球化学测量方法评价断裂构造的含矿性，做法简易，效果较好。通常是沿断裂进行采样，以断裂的充填物（断层泥，构造角砾岩）和近旁的蚀变岩为样品，按断裂的发生时期、体系和力学性质,分别统计样品的分析结果,然后根据各组断裂的地球化学特征作出相应的评价。

广东潭水－石菜地区 1∶50000 区测工作中应用了岩石地球化学测量方法,进行区域断裂构造的含矿性评价。取样分析资料的统计结果表明,测区内的加里东期、华里西——印支期和燕山期断裂,各有其地球化学特点。其中燕山期断裂以异常点多、元素组合复杂、含量高,而有别于其他期断裂,而且与燕山期侵入岩的地球化学特征有共同性。因而认为燕山期断裂是燕山期后热液的主要通道,是本测区的成矿有利构造。

在矿区内,应用岩石地球化学测量方法研究断裂构造,不仅可以区分成矿前、成矿期和成矿后的构造、并且可以在控矿的断裂构造内找出盲矿体赋存的有利部位。例如辽宁某铅锌矿区(图2-5),有一条 1000 多米长的近南北向断裂,过去一向认为是成矿后的,无找矿意义。为了重新评价其含矿性,沿断裂带布置了十几条短剖面的岩石地球化学测量,结果发现了清晰的 Pb、As 异常,应属于控矿的成矿前断裂,钻孔验证打到了盲矿,为矿区扩大了找矿方向。这个矿区的试验研究还表明,沿断裂带走向方向指示元素的含量变化是与深部矿化发育程度有关。断裂带中成矿主要元素异常含量显著增高的部位,常常表明盲矿体的赋存位置。

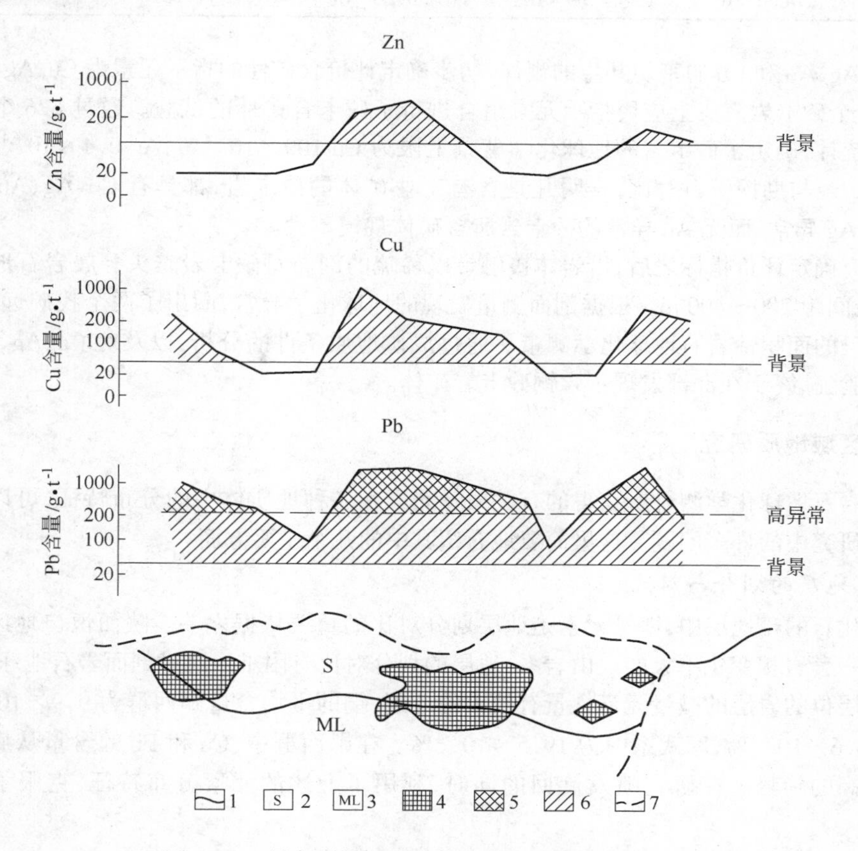

图 2-5 1 号断裂带地球化学纵剖面图(青城子铅矿)

1—地层界线; 2—云母片岩; 3—大理岩; 4—铅矿体; 5—强异常; 6—弱异常; 7—断裂带纵投影边界

(四) 蚀变岩石含矿性的评价

应用岩石地球化学测量的方法,研究蚀变岩石的微量元素组分及含量特征,有助于蚀变岩石含矿性的评价,安徽某矽卡岩矿区的试验,取得了很好的评价效果。

该矿区围绕花岗闪长岩体的接触带有一系列矽卡岩露头分布。为了对这些矽卡岩露头的找矿意义作出评价,首先进行已知含矿矽卡岩的地球化学取样,确定地球化学评价标志。根据研究,含铜矽卡岩矿石中除成矿主要元素 Cu 外,还有 Ag、Au、Zn、In 等伴生,其中 Au、Ag 的含量随 Cu 的晶位增高而增高,而且 Au/Cu、Ag/Cu 比值均在一个不大的范围内变化,见表 2-8。通过 Ag、Au 赋存状态的研究,查明它们主要富集在黄铜矿、斑铜矿中,进一步证明 Ag、Au 与 Cu 有密切的关系。

表 2-8　含铜矽卡岩矿石中 Cu、Ag、Au 的含量统计

元素 / 矿体号	元素平均含量/%			元素含量比值	
	Cu	Ag	Au	$\frac{Ag\times100}{Cu}$	$\frac{Au\times100}{Cu}$
Ⅰ	13000×10^{-4}	13.29×10^{-4}	0.74×10^{-4}	1.02	0.57
Ⅱ	25800×10^{-4}	16.41×10^{-4}	1.03×10^{-4}	0.64	0.40
Ⅲ	7300×10^{-4}	12.35×10^{-4}	0.36×10^{-4}	1.69	0.49
Ⅳ	7000×10^{-4}	7.09×10^{-4}	0.22×10^{-4}	1.01	0.31

根据 Ag、Au 和 Cu 的密切共生的规律,初步确定评价含矿性的指示元素为 Cu、Ag、Au 三种。

在 28 个矽卡岩露头上应用指示元素组合进行了矽卡含矿性的试验。通过 626 个样品的分析和含量统计,确定了矽卡岩的地球化学背景上限为 Cu 100×10^{-4}%、Ag 0.4×10^{-4}%、Au 1.0×10^{-4}%。经与勘探资料对比,查明凡是含有工业矿体的矽卡岩,都具有 Cu、Ag、Au 的综合异常;有 Cu、Ag 异常,而无 Au 异常的矽卡岩所含矿体规模不大。

在研究确定评价指标之后,沿岩体接触带以稀疏的剖面对矽卡岩露头开展岩石地球化学测量,剖面线间距 200～400 m。根据剖面测量发现的地球化学异常,圈出了两个找矿远景地段,开展大比例尺的面积性岩石地球化学测量。通过成矿地质条件的分析,以及对 Cu、Ag、Au 综合异常的钻探验证,终于在深部发现了含铜矽卡岩矿体。

三、区域地质研究

通过岩石地球化学测量所获得的有关微量元素在各种地质体中的分布特征,可以帮助解决区域地质研究中的许多问题。这里简要地介绍其中的几个主要方面。

(一) 地层的划分与对比

在无化石的哑地层中,微量元素是地层划分对比的重要依据之一。陕西恒口地区的震旦－寒武系为一套岩相变化不大的火山岩系,地层的划分对比有困难。通过剖面岩石地球化学测量,查明不同层位的岩层的微量元素含量有较大的差别,铜的平均含量郧西群为 9.9×10^{-4}%,耀岭河群为 26.6×10^{-4}%,寒武系中为 19.5×10^{-4}%。在郧西群中,Cu 和 Pb 的含量从底部到顶部有明显增高的趋势。在研究喷发旋回的同时,利用了上述的元素分布特征,克服了分层上的困难。

(二) 沉积环境的分析

成岩环境对岩层中微量元素的含量和分布有显著影响,可以利用岩层中微量元素的含量和分布特征,分析岩相和沉积条件。

湖北某地区地层剖面岩石地球化学测量结果,发现元古界神农架群中微量元素的分布具有规律性变化,即元素含量随碎屑岩粒度的变细而递增,可能是一种稳定环境下的海侵过程的反映。但在马槽园组砾岩、砂砾岩、板岩、白云岩内,微量元素分布杂乱,与碎屑岩粒度无一定关系,认为这是缺乏分选的山间盆地沉积环境的反映。

(三) 侵入体的划分、对比和成因分析

不同时代的侵入体在微量元素分布特征上常有差别,例如,华南花岗岩类所含微量元素是随着时代的不同,而呈现有规律的变化(表 2-9):花岗岩体由老至新,铁族元素 V、Cr、Co、Ni 的含量逐渐降低,稀有元素含量逐渐增高,亲硫元素 Cu、Zn 的总趋向是随时代变新而降低,而 Pb 的含量变化不明显。微量元素的上述分布特征,不仅是区域地质调查时划分和对比岩体的一种标志,而且有助于花岗岩体的成因解释。据研究,华南各时代花岗岩主要是花岗岩化和再生作用所形成,从雪峰期花岗岩到燕山期花岗岩之间存在着某种成因联系,微量元素分布变化所显示的继承性和发展性就是理论解释依据之一。

表 2-9　华南不同时代花岗岩的微量元素含量分布(单位:%)

元　素	酸性岩的平均含量	雪峰期	加里东早期	加里东晚期	印支期	燕山早期	燕山晚期
V	40×10^{-4}	50×10^{-4}	30×10^{-4}	30×10^{-4}	30×10^{-4}	15×10^{-4}	10×10^{-4}
Cr	25×10^{-4}	16×10^{-4}	20×10^{-4}	15×10^{-4}	15×10^{-4}	约8×10^{-4}	—
Ni	8×10^{-4}	10×10^{-4}	10×10^{-4}	约8×10^{-4}	约8×10^{-4}	约5×10^{-4}	—
Co	5×10^{-4}	10×10^{-4}	10×10^{-4}	约5×10^{-4}	—	—	—
U	3.5×10^{-4}	0.45×10^{-4}	2.74×10^{-4}	0.89×10^{-4}	4.71×10^{-4}	6.9×10^{-4}	17.9×10^{-4}
W	1.5×10^{-4}	1.9×10^{-4}	1.3×10^{-4}	2.1×10^{-4}	2.5×10^{-4}	7.6×10^{-4}	6.0×10^{-4}
Sn	3.0×10^{-4}	7.4×10^{-4}	5.4×10^{-4}	9.7×10^{-4}	8.7×10^{-4}	25×10^{-4}	12×10^{-4}
Be	5.5×10^{-4}	1.55×10^{-4}	1.8×10^{-4}	4.0×10^{-4}	7.4×10^{-4}	9.8×10^{-4}	4.5×10^{-4}
Mo	1.0×10^{-4}	1.1×10^{-4}	0.20×10^{-4}	2.0×10^{-4}	0.45×10^{-4}	2.3×10^{-4}	0.43×10^{-4}
Cu	20×10^{-4}	28×10^{-4}	23×10^{-4}	20×10^{-4}	13×10^{-4}	16×10^{-4}	12×10^{-4}
Pb	20×10^{-4}	19.3×10^{-4}	18.1×10^{-4}	14.8×10^{-4}	16.3×10^{-4}	21×10^{-4}	11×10^{-4}
Zn	60×10^{-4}	38.5×10^{-4}	28.9×10^{-4}	20×10^{-4}	18.5×10^{-4}	14.2×10^{-4}	13.6×10^{-4}
Nb	20×10^{-4}	—	$<30\times10^{-4}$	$<30\times10^{-4}$	$>30\times10^{-4}$	$>30\times10^{-4}$	$>30\times10^{-4}$
Ta	3.5×10^{-4}	—	—	—	4×10^{-4}	5×10^{-4}	$>8\times10^{-4}$
Zr	200×10^{-4}	150×10^{-4}	114×10^{-4}	125×10^{-4}	158×10^{-4}	160×10^{-4}	155×10^{-4}
Ga	20×10^{-4}	15×10^{-4}	13×10^{-4}	23×10^{-4}	18×10^{-4}	22×10^{-4}	21×10^{-4}
Li	40×10^{-4}	39×10^{-4}	34×10^{-4}	23×10^{-4}	30×10^{-4}	41×10^{-4}	30×10^{-4}
Sr	300×10^{-4}	9 个不同时代花岗岩体的平均含量为 230×10^{-4}					
Ba	830×10^{-4}	14 个不同时代花岗岩体中的平均含量为 860×10^{-4}					

(四) 变质岩原岩类别的判断

深变质的岩石由于物质成分和结构构造的强烈改造,而难于判断它的原岩类别。例如,变质岩系中的角闪岩,有原始岩浆成因的,也有原始沉积成因的。解决这一问题,除了根据岩石化学成分和产出地质位置的研究外,也可以利用岩石地球化学测量资料。例如,可以根据岩石的微量元素组合特征,区别角闪岩的成因;Cr、Ni、Ti 的富集,同时尼格里“K”值低的角闪岩是属于岩浆岩的变质产物;而有 Li、Rb、Cs 及 B 的富集的角闪岩,则是沉积岩变质的产物。一些元素对的比值也有同样的意义:Sr/Ba 比值大于 1,是原始岩浆成因的角闪岩的特征,原始沉积成因的角闪岩为 0.5~0.7;Fe/V 比值原始岩浆成因的高于原始沉积成因的,Ca/Sr 比值则相反。

第三章　土壤地球化学测量

土壤地球化学找矿是应用土壤地球化学测量了解土壤中元素的分布，总结元素的分散与集中的规律，研究其与基岩中矿体的联系，通过发现土壤中的异常与解释评价异常来进行找矿的。这里所指的土壤，主要是残坡积的地表疏松覆盖物，同时也包括塌积的、冰积的、湖成的、风成的以及有机成因的地表疏松覆盖物。

在土壤地球化学找矿中，可利用土壤地球化学测量中发现的区域异常来寻找成矿区，甚至可通过地球化学省来预测广大地区内的找矿远景。但是对找矿更直接的是通过发现局部异常，查明矿床的次生晕，进而找到疏松覆盖物下的矿体。

矿床的次生晕是表生带的产物。在表生带，压力小（常压），温度低而变化大（昼夜变化及季节变化），常处于大气圈游离氧、二氧化碳的作用下，水源丰富且具有不同的酸碱度，并有生物及有机质参加作用，因而其物理化学环境和地壳内部迥然不同。在地壳深部形成的岩石、矿物进入表生带后，由于物理化学条件的巨大变化，必然会发生变化和分解，一部分元素被溶液带出，一部分元素组成在地表条件下稳定的化合物。岩石、矿物的风化形成了土壤，并使大量的矿体露头遭到覆盖，给找矿工作带来了困难；同时也使得成矿物质产生迁移，形成矿床次生晕，为找矿工作提供了线索。为了有效地进行土壤地球化学找矿，学习与研究风化作用与土壤、次生晕的形成与特征等有关问题是很有必要的。

第一节　风化与土壤

一、风化作用

风化作用可分为以下三种类型：

(1) 物理风化。物理风化是使岩块崩解破碎，但并不伴随化学成分及矿物成分变化的一种风化作用。在地下深处形成的岩块，在上升进入表生带过程中，由于外部压力减小，在内部应力作用下，形成一系列的裂隙与节理。气温的变化引起岩石的热胀与冷缩，水在岩石中冻结而膨胀，甚至霜的作用、裂隙中水溶液的结晶等都会使岩块遭受到进一步的破坏。块状岩石正是在这种物理作用下由整块变为碎块、由大块变为小块、由岩石碎块分解为单矿物碎块的。

(2) 化学风化。岩石在遭受物理风化的同时还发生化学风化，使岩石的化学成分、矿物成分及岩石结构发生根本的变化，以致完全改变了矿物岩石的面貌。

化学风化实质上是在水的作用下矿物岩石的分解，因而在岩石的化学风化过程中，水及水中溶解的氧和二氧化碳气体有重要作用。化学风化中所发生的化学过程是复杂的，包括水化、水解、氧化、溶解、酸的作用、胶体的形成、交换反应等。但是一般认为岩石组分部分被带走，部分结晶成褐铁矿（$Fe_2O_3 \cdot nH_2O$）。这样由含铁、铝的硅酸盐组成的岩石，经过风化就部分转变为二氧化硅、氢氧化铁而残留下来。

(3) 生物风化。生物风化不仅是植物根系的生长可扩大岩石的裂隙，加速物理风化，更重要的是植物分泌的有机酸，大大地增强了岩石的化学分解；植物的呼吸，影响在化学风化中起重要作用的氧、二氧化碳的循环;细菌与真菌在许多有机氧化反应中使植物残骸逐渐解体,最后形成二氧化碳和水;土壤细菌的活动可产生有机酸类及其他化合物参与化学风化作用。生物风化的实质是因生物作用而产生的物理风化和化学风化。

需要说明的是,这三种类型的风化作用不是孤立的。当岩石产生裂隙和崩解时,表面积增大,增强地表水、氧、二氧化碳对岩石矿物的分解。生物风化直接或间接地促进了物理风化,特别是化学风化的进行。因为环境不同,各种风化所起作用的大小相对地有所不同。如在极干旱的沙漠和气温很低的两极以及许多高山地区,物理风化作用占主要地位。而其他气候带和其他地形条件下,化学风化则占优势。

二、土壤及其形成

土壤是在岩石风化的基础上通过成壤作用逐渐形成的。土壤由矿物质、有机质及土壤溶液和土壤空气等部分所组成,但是,矿物质和有机质是土壤的主体和物质基础。

土壤矿物质,包括原生矿物(如石英、云母等)和次生矿物(如高岭石、蒙脱石等)两大类,不同气候带不同类型的土壤中,土壤的矿物成分不完全相同。土壤的有机质,包括非腐植质(如蛋白质、碳水化合物、脂肪等)和腐植质两类有机物质。腐植质是微生物活动的产物,一般不易为微生物所分解,是土壤有机质的主体。

在岩石矿物风化和成壤过程中,可溶性碱及二氧化硅、三氧化二铁、三氧化二铝等相继成为游离状态,并且产生各种不同的次生矿物。同时由于有机质的分解和腐植质的形成,产生各种无机酸和有机酸及其盐类。在这些物质的基础上,通过淋溶和淀积两方面的作用,逐渐形成土壤发生层。

在土壤发生层的上层,由于下渗水流的作用,不仅可溶性碱,而且胶状氧化物及二氧化硅和黏土质点等成分,均随水下淋。由于植物残体的聚积和细菌分解作用,下渗水具有更强的淋蚀作用。这样在上层就形成淋滤层(或称溶解层),通常以A表示。因此在A层中,上部为富含有机质的暗色层(A_1),下部由于黏土矿物、铁锰氧化物及有机质大量被淋滤(包括微量元素)而成浅色层(A_2)。浅色层主要由砂(二氧化硅)组成并含有一定数量的黏土,黏性差、较松散为A_2层的另一特点。A_2层厚度大多小于30 cm,在气候潮湿的情况下,土壤发育成熟,A_1层与A_2层均可见。但在干旱地区或成壤不充分的地段,A_2层可能缺失。

由A层淋提下来的氧化物及黏土质点,在其下淀积,因而在淋提层下出现淀积层,简称为B层。在B层因更富含黏土,黏性强,具有黏土结构,铁、锰氧化物的存在而使土层呈黄褐色、棕褐色。至于有机质很可能在A层即完全分解为二氧化碳与水,但也可以转移至B层。除了可通过下渗水将上层物质转移至B层外,有时下伏层位中的可溶性物质靠地下水循环也可带至B层淀积下来。

在B层以下为淋溶和淀积作用均不发育的C层。在C层含有风化程度不等的、部分被分解的岩石,C层是形成A层、B层土壤的“母质”,故有母质层之称。在C层有机物含量最少,所含黏土也往往比B层少,并比B层颜色浅,有时尚部分保留原岩的结构构造。

由上所述可以看出,土壤的形成和土壤剖面的分层是一个统一过程。尽管B层与A层同时形成,但往往在A层很明显之处才能辨认。因此,成壤作用不充分的土壤,分层界线模糊不清,在A层之下甚至缺失B层。成壤作用充分的成熟土壤的理想剖面如图3-1所示。

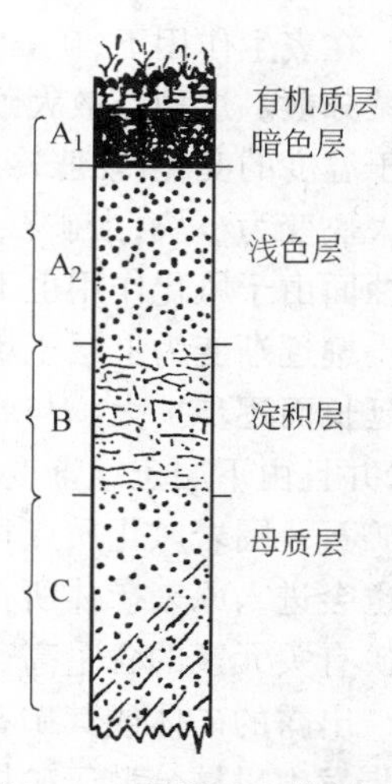

图3-1　理想的土壤剖面
(示意主要层位)

在成壤过程中，由于物质的淋提和淀积，微量元素也进行再分配。耐风化矿物中的元素，容易在A层中富集。可溶金属元素或黏土等胶体吸附的元素，从A层移出，部分在B层中与含水的铁、锰氧化物及黏土一起聚集。如赞比亚红土剖面上某些元素在土壤层位中的变化，除碱金属随深度而增加，钴、镍变化很小外，其他元素均在B层中富集，见图3-2。

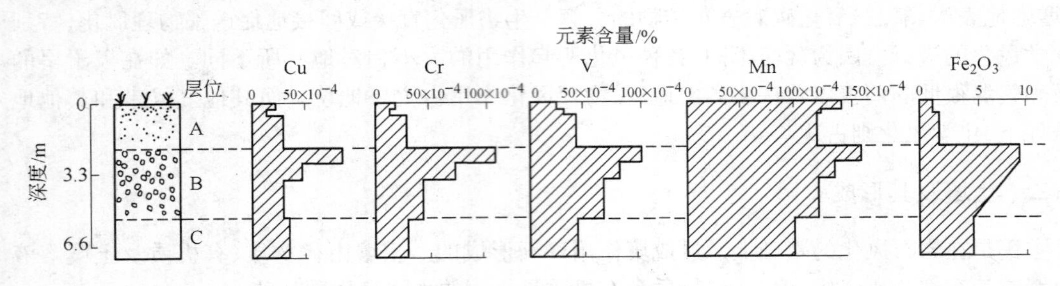

图3-2　土壤剖面中元素分布图

需要说明的是，微量元素不仅在不同层位的土壤中分布不均匀，而且在同一层位不同粒度的土壤中的含量也不一致。其原因是，元素在风化、成壤过程中的行为状态不同。很显然，耐风化矿物中的元素与在黏土或铁、锰氧化物上成吸附离子的易溶金属元素相比，后者肯定富集于更细粒的土壤中。这些情况，对矿化地区或无矿化地区都是存在的，而且对土壤地球化学找矿来说有重要意义，这一问题有关章节还要讨论。

第二节　矿床次生晕的形成

一、成矿元素的次生分散

地下深部形成的矿体、矿化及原生晕，与围岩一样在表生带经受各种风化作用。其中的元素随着矿物的破碎或溶解，都会向外迁移产生次生分散而形成次生晕。成矿有关元素的次生分散可分为机械分散和水成分散。要了解次生晕的形成，就要了解机械分散与水成分散。

（一）机械分散

在表生作用下，矿石中成矿元素呈固相（原生矿物、难溶的次生矿物）迁移而形成的分散称为**机械分散**。这种分散大致可归结为矿石的破碎和矿石的质点位移。矿石和岩石一样，在表生带由于温度的变化（热胀冷缩、水的冻结和融化、盐类的结晶和溶解）、植物根系作用等，矿体破碎，由大块变为小块，由矿石碎块分解为单一矿物的碎块。地表面由于剥蚀作用不断下降，矿体风化侵蚀面由于风化作用也不断下降，矿石风化质点好像逐渐离开矿体风化侵蚀面进入土壤，并由下层土壤逐渐变为上层土壤。在这一过程中，矿石质点分布的范围，随风化作用的加强和持续时间的延长而逐步扩大。与此同时，矿体附近围岩的风化质点，也好像渐渐离开风化基岩而进入土壤，并且由下层土壤渐变为上层土壤。在这一过程中，基岩风化质点分布的范围也逐渐扩大。由于矿石及围岩风化质点相互迁移的结果，矿石质点必然由原矿体向外迁移；矿体附近围岩风化质点也会进入原来矿体所在位置。这样就使得矿体附近上覆土壤中，由于有矿石的风化质点存在，成矿有关元素的含量高于远离矿体处正常岩石所形成土壤中元素的含量（见图3-3）。

出露的矿体或其矿石风化质点，由于冰川、风的作用及地表水的冲刷，均可促使矿石物质进一步发生机械分散于矿体附近地段。根据研究，这种矿石质点的成矿元素含量增高的现象，可指示附近有矿体存在（图3-4、图3-5、图3-6）。

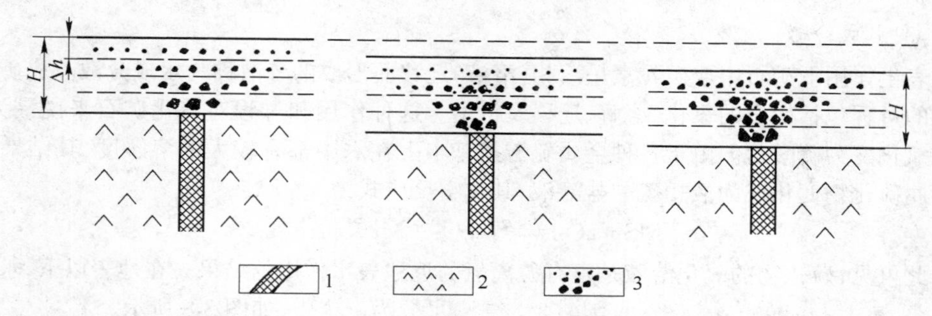

图 3-3　风化剥蚀与矿床分散晕形成关系示意图

1—矿体；2—围岩；3—矿石质点

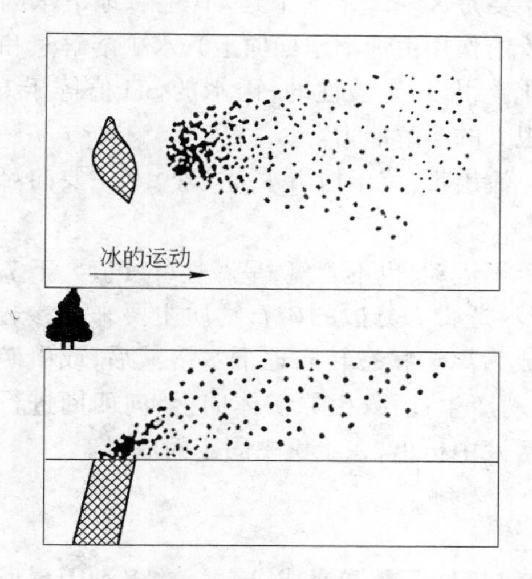

图 3-4　冰的搬运与次生晕的形成示意图

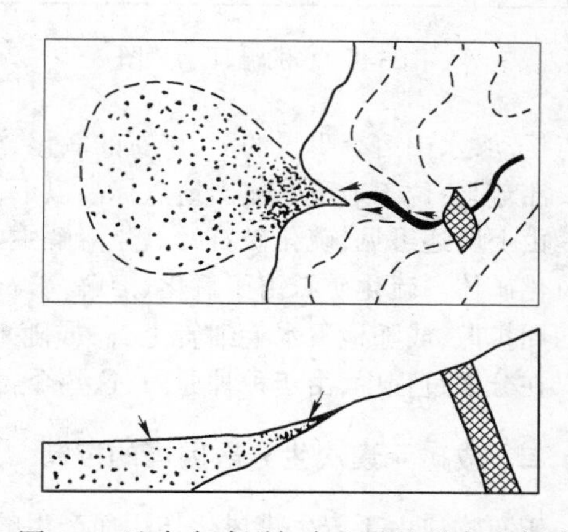

图 3-5　地表水冲刷与次生晕的形成示意图

在机械分散过程中，有时重力起着明显的作用。例如地形具有一定坡度的情况下，由矿体破碎而产生的矿石质点，在重力作用下随着坡积层而向下滑动，越接近地表面，下滑的速度和距离越大，这样分析坡积层土壤中成矿有关元素含量增高处，也同样能指示附近隐伏矿体存在，如图 3-7 所示。

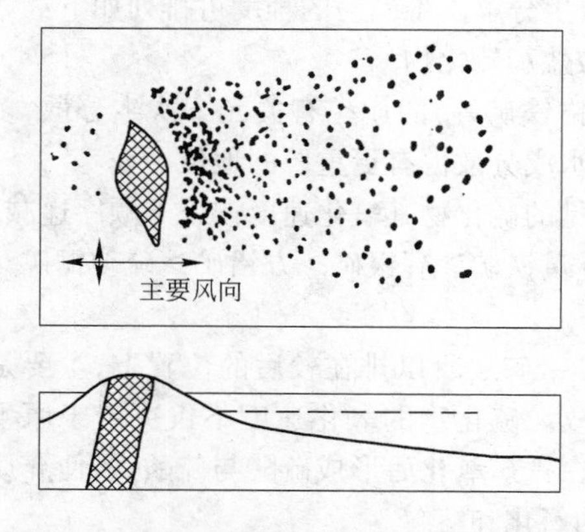

图 3-6　风的搬运与次生晕的形成示意图

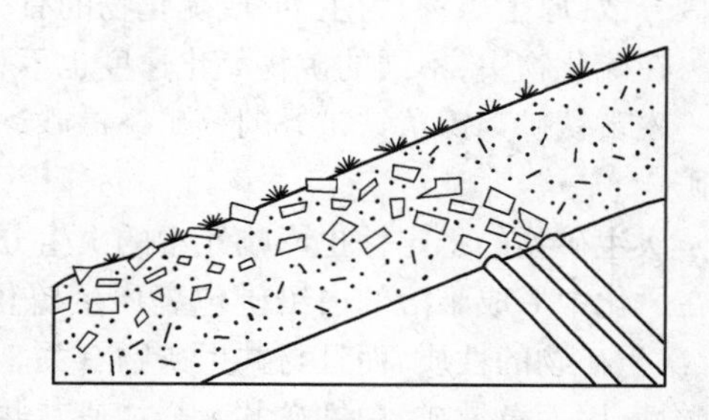

图 3-7　坡积作用与次生晕的形成示意图

(二) 水成分散

在表生作用下矿石中成矿元素呈液相(溶液)迁移而形成的分散称为**水成分散**。成矿物质水成分散的过程包括矿石的氧化、溶解、迁移及析出。这种作用和过程对硫化矿石来说最为典型。硫化物氧化变为硫酸盐。由于各种金属硫酸盐基本上在水中都有较大的溶解度,其结果是呈固态的金属硫化物变化成为液相硫酸盐溶液,其化学反应式为:

$$MS + 2O_2 \longrightarrow MSO_4 \quad M:二价金属$$

由此可见,硫化物的氧化溶液是富有游离氧的近地表水作用的结果。在地表以下,水的循环可分为三个带,如图 3-8 所示。

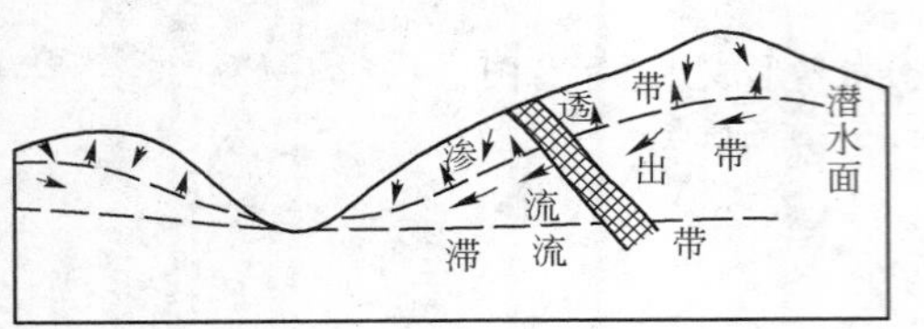

图 3-8 水的循环示意图

渗透带:位于地表与地下水面之间,水的运动主要是大气降水向下运动(也有地下水因毛细管的作用由地下水面向上),水中溶解氧和二氧化碳很多,是酸性的(雨水的 pH 值等于 6),有很大的溶解能力。

流出带:位于地下水面之下,水主要向流出地点运动,水中溶有少量的氧,矿石的氧化、溶解不充分。

滞流带:位于地下水流出地点标高以下,水基本上不运动,也不含氧,呈碱性(pH 值大于 7)。

由上所述可见,硫化矿石的氧化溶解主要产生于渗透带。分散的矿石物质主要来自渗透带的风化矿体。硫化矿石由于氧化、溶解,矿石中元素成为离子状态转入地下水溶液后,或由矿体向四周扩散,或随地下水毛细管上升,或随地下水流动产生迁移,由原矿体向上、向四周进行分散。在分散过程中,由于种种原因,这些金属离子由溶液中析出,在土壤中固定而成晕。

二、成矿元素次生分散因素的控制

矿石物质由于表生带风化作用而产生的次生分散(机械分散和水成分散),受多种因素所控制,如元素本身的性质、物理化学环境、气候及地形条件、生物的作用等。

(一) 矿物性质

矿石中元素的次生分散是矿石矿物风化的结果,所以矿物耐风化能力必然影响元素的次生分散。一般说来,内生条件下形成的矿石矿物,其结晶条件越接近表生条件,其耐风化能力越强。硫化物最不稳定,最容易氧化、溶解。各类矿物根据次生分解由难到易的程度可排列如下:

氧化物＞硅酸盐＞碳酸盐和硫化物

在一般情况下,氧化物(如锡石、黑钨矿、白钨矿、铬铁矿等)的成矿有关元素次生分散,多以机械分散(原生矿物)为主,形成硫化物的有关元素则水成分散占有更重要的地位。

在硫化物中,不同的矿物氧化速度也不一样。常见的硫化物其氧化速度按以下顺序递减:

磁黄铁矿＞镍黄铁矿＞闪锌矿＞毒砂＞黄铜矿＞黄铁矿＞辉银矿＞方铅矿＞硫砷铜矿＞辉钼矿

次生矿物的稳定性也影响元素的次生分散。如方铅矿之所以排在较后的位置上,主要是因为在风化中形成难溶的白铅矿包裹原生硫化物的缘故。硫化物的氧化速度不仅决定于原生矿物、次生矿物的性质,而且与共生矿物有关。黄铁矿、白铁矿氧化后形成硫酸与硫酸铁,使介质成强酸性,因而黄铁矿、白铁矿共生会加速其共生矿物的氧化和溶解。

(二) 物理化学环境

物理化学环境对元素次生分散的影响,主要反映在氢离子浓度、氧化还原电位等对元素在水溶液中溶解度和迁移能力的控制。

大多数金属元素的溶解度及其化合物的稳定性与水中 pH 值关系密切。地表水的 pH 值一般为 4.5~8.5,土壤为 4.0~9.0,在氧化的硫化物附近 pH 值常低于 2.0,而在干旱地区土壤中碱度可以较高。在自然环境中只有碱金属如 K^+、Na^+(在较小程度上还有碱土金属如 Ca^{2+})在所有天然介质 pH 值变化范围内,都可作为电离的阳离子而溶解,而大多数金属元素只在酸性溶液中呈阳离子溶解、迁移,并随着溶液 pH 值增高而趋于呈氢氧化物或碱式盐而沉淀。某些元素氢氧化物开始沉淀的 pH 值环境可见表 3-1。因此,当硫化矿床氧化形成的强酸被稀释、中和时,从硫化矿床中带出的金属趋向从溶液中析出并浓集于新沉淀的次生矿物中。

表 3-1 次生环境下元素活动对比表

相对活动性	环境条件			
	氧化的	酸性的	中性到碱性的	还原的
很高	Cl.I.Br S.B	Cl.I.Br S.B	Cl.I.Br S.B Mo.V.U.Se.Re	Cl.I.Br
高	Mo.V.U.Se.Re Ca.Na.Mg.F.Sr.Ra Zn	Mo.V.U.Se.Re Ca.Na.Mg.F.Sr.Ra Zn Cu.Co.Ni.Hg.Ag.Au	Ca.Na.Mg.F.Sr.Ra	Ca.Na.Mg.F.Sr.Ra
中等	Cu.Co.Ni.Hg.Au As.Cd	As.Cd	As.Cd	
低	Si.P.K Pb.Li.Pb.Ba.Be Bi.Ge.Cs.Ti	Si.P.K Pb.Li.Pb.Ba.Be Bi.Ge.Cs.Ti Fe.Mn	Si.P.K Pb.Li.Pb.Ba.Be Bi.Ge.Cs.Ti Fe.Mn	Si.P.K Fe.Mn
很低,不活动	Fe.Mn Al.Ti.Sn.Te.W Nb.Ta.Pt.Cr.Zr Th.TR	Al.Ti.Sn.Te.W Nb.Ta.Pt.Cr.Zr Th.TR	Al.Ti.Sn.Te.W Nb.Ta.Pt.Cr.Zr Th.TR Zn Cu.Co.Ni.Hg Ag.Au	Al.Ti.Sn.Te.W Nb.Ta.Pt.Cr.Zr Th.TR S.B As.Cd Mo.V.U.Se.Re Ca.Na.Mg.F.Sr.Ra Zn Cu.Co.Ni.Hg.Ag.Au Pb.Li.Pb.Ba.Be Bi.Ge.Cs.Ti

溶液中 pH 值对氧化还原电位有很大的影响。氧化还原电位(Eh,单位为 V)反映一个体系的氧化能力。pH 值增大时,Eh 值随之降低,因而同一氧化反应在碱性环境中比在酸性环境中容易进行。一定条件下一种离子在某种氧化态可以是易溶的,但在另一氧化态则可以是极难溶的。许多元素的溶解与沉淀主要是受 Eh 值和 pH 值的综合影响所支配。正是基于这种考虑,有人提出了一个在次生环境下的元素活动性经验资料(见表 3-1),这一资料根据不同的环境条件下(氧化的、还原的、酸性的、中性的及碱性的)的活动性,对元素进行了分类。元素的活动性是一个非

常复杂的问题,影响因素也非常多。表 3-1 所考虑的因素虽然还不够全面,但它是以控制元素在水溶液中活动性的基本环境条件为依据的,因而有利于不同环境条件下具体应用。当然在具体应用中,还可以研究其他各种因素的影响,进一步弄清元素活动性方面的规律。

在表生环境中,广泛发育的各种胶体对元素的次生分散有很大影响。Si、Al、Fe、Mn、As、Zr、V 等元素的化合物在水中溶解度很小,形成胶体溶液(溶胶)而迁移。在这些胶体物质沉淀时,其上吸附的元素随之固定下来。在氧化带中 Si、Al、Fe、Mn 等元素的含水氢氧化物、氧化物以及各种黏土矿物是胶体作用的典型产物。

无机胶体质点多数是晶质的,表面键性未饱和,带有过剩的正电荷或负电荷,带有正电荷的胶体称为**正胶体**,带有负电荷的胶体称为**负胶体**。表生带中常见的正胶体有 $Zn(OH)_3$、$Ti(OH)_3$、$Cr(OH)_3$、$Al(OH)_3$、$Fe(OH)_3$。这些正胶体可从介质中吸附阴离子,如 $H_2VO_4^-$、$H_3VO_7^-$、CrO_4^{2-}、PO_4^{3-}、AsO_4^{3-} 等络阴离子。某些元素如 As、Sb、Cd、Cu、Pb 的硫化物,SiO_2、MnO、V_2O_5、SnO_2 和某些自然元素(S、Ag、Au 等)都是负胶体,氢氧化铁有时也带负电荷。这些负胶体能从介质中吸附 Cu、Pb、Zn、Co、Ni、Li、K、Ba 等数十种元素的阳离子。

腐植质也是一种负胶体,它可从介质中吸附 Ca、Mg、Al、Cu、Ni、Co、Zn、Ag、Be 等元素,此外还可能吸附 Mo、V、U、Pb 等元素。

黏土矿物(高岭土、蒙脱石等)也是一种负胶体,它是一些金属元素(如 Cu、Ni、Co、Ba、Zn、Pb、Au、Ag、Hg、V 等)阳离子的一种很好的吸附剂。负胶体(尤其黏土矿物的)不仅具有从介质中吸附阳离子的能力,而且还有交换吸附阴离子的能力。土壤中次生异常的形成往往是黏土胶体中代换性钙、钠、钾等离子,为土壤水溶液中成矿有关元素置换的结果。

自然界中的负胶体较正胶体分布更为广泛。在这些胶体中,对地球化学找矿意义更大的为铁、锰氢氧化物,腐植质及黏土等胶体。胶体吸附能力的强弱决定于水溶液中阳离子浓度,电价、原子量和离子半径。水中阳离子浓度越大,电价越高,被吸附的能力越强,同价离子中被吸附的能力随原子量和离子半径的增加而增加(在普通离子中氢是一个例外)。但是成晕元素的吸附更大程度上决定于土壤中次生矿物成分,蒙脱石类吸附和离子交换能力远高于高岭石类。土壤中以蒙脱石为主时,则容易大量吸附金属离子,形成明显的次生异常。不同黏土矿物对不同阳离子的吸附能力不同,二价阳离子被蒙脱石吸附的顺序为:

$$Pb > Cu \geqslant Cd > Ba > Mg > Hg$$

而高岭石吸附的顺序为:

$$Hg > Cu > Pb$$

(三) 生物的作用

生物对成矿物质的次生分散也有深刻影响。特别是植物生长的影响更为显著。微生物的作用和动物的活动也一定程度地影响这种分散。

植物的生长影响元素的分散一方面是根系放出大量 CO_2,使根尖表面及围绕其四周的溶液酸度较高,使矿物分解;另一方面更主要的是植物生长的本身就伴随元素的迁移。由于植物生长的需要,通过根系由土壤中吸收大量被分解了的物质;由于植物营养的需要,所吸收的物质在体内运动,分布于各部分组织中。当树叶、树枝落地腐烂时,所生成的大部分可溶性产物被移入地下水、地表水中,其中一部分可重新被植物吸收,或在 B 层土壤中与 Fe、Mn、Al 共沉淀。这样,植物就像一个“水泵”,不断从地下深处吸取元素,又不断地使这些吸取上来的元素回到地面进入土壤。这种生物地球化学循环(见图 3-9)的结果,使一些元素由风化基岩向上层土壤(A 层、B 层)转移,形成分散。

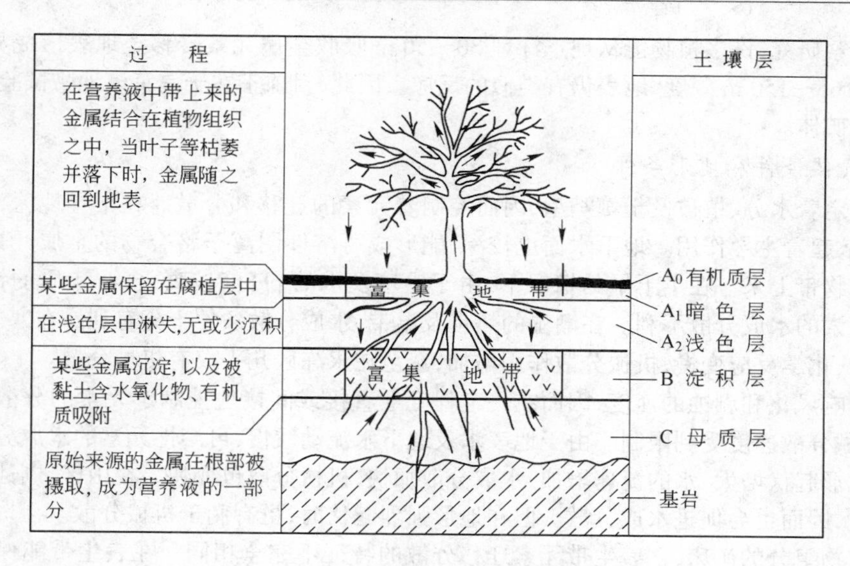

图 3-9　生物的地球化学循环

现已查明，植物为了营养的需要，不仅吸收 N、K、P、S、Ca 及 Mg，而且也吸收一些微量元素，其中包括 Cu、Co、Ni、Pb、Zn、As、Sn、Be、Mo、Fe、Ag、Au、Mn 等，因而使这些元素在生物地球化学循环中进行分散。

在这种生物地球化学循环中元素向上分散的距离，实际上就是植物根系的穿插深度，在深根系植物（湿地植物）的作用下，即使矿体为运积层所覆盖，若沉积缓慢，厚度不大，在运积覆盖层上仍可有矿床次生晕形成（图 3-10*a*）。若矿体上迅速沉积很厚的运积层，特别是其上生长的浅根的干地植物，其生存并不依赖地下水而靠雨水渗透，则在上部运积层中次生晕难以形成（见图 3-10*b*）。

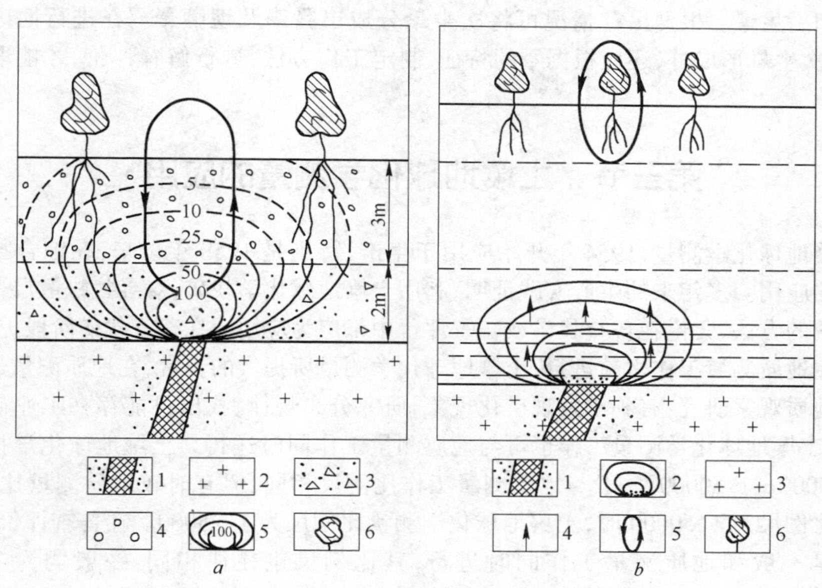

图 3-10　运积层上植物与次生晕形成图

a：1—矿体及原生晕；2—围岩；3—残积层；4—运积层；5—等含量线；6—植物；
b：1—矿体及原生晕；2—等含量线；3—围岩；4—毛细管水上升范围；5—元素循环范围；6—植物

根据观察研究，许多植物能从地下深埋30～50 m吸收金属元素转移至地表形成异常，甚至矿体在地下65～150 m深度，地表仍有类似的反应。因此，目前正在干旱荒漠地带试验用以寻找地下深处的矿体。

（四）气候条件和地形条件

气候决定着水分、植被及土壤类型，因而控制着元素的迁移和分散。在干旱地区，水及植被少，机械分散起着主导作用。地下水面也较深，能形成可溶性阴离子络合物的金属元素，只可能被深根系植物带上来。在半干旱的情况下，由于土壤及水的pH值较高，含石灰质的钙质土多，对可溶性元素的水成分散不利。在潮湿的热带及温带，水成分散条件十分有利。在寒冷地区，生物活动减弱，化学反应变慢，机械分散作用增加，甚至在永冻区几乎仅有机械分散。

地形影响风化和剥蚀的速度，因而在一定程度上直接或间接地控制了元素的分散。如在平坦地区，机械分散速度受到限制。由于地表水及地下水流动缓慢，可溶性元素的水成分散的速度也缓慢。地形起伏增大，水的流速增加，水成分散加快，机械分散也变快。在山区，剥蚀超过了化学风化速度，因而也会促进水成分散。但在地形强烈起伏时，更有利于机械分散。

不同矿物组分的矿床，在表生带元素迁移分散的特征不完全相同。在表生带能保持稳定的原生矿物或次生矿物的金属矿床（如锡石、白钨矿、黑钨矿、铬铁矿、辰砂、自然金、铂）机械分散是主要的分散形式。水成分散则是硫化矿床上最常见的分散形式。但是机械分散及水成分散二者并不是完全孤立的，往往相互伴生，交替出现。因此，次生晕的成晕过程往往是机械分散和水成分散综合作用的结果。不同矿床成晕过程中二者所起的作用主次不同而已。但是即使对硫化矿床而言，水成分散也不过是成晕过程中一度起了较大的作用，在元素一旦由溶液中析出，成为吸附离子或次生矿物固定于土壤颗粒上以后，即开始随着土壤固体质点进行机械分散。因而可以说对金属矿床总的说来都是以机械分散为主。这一点在研究分析次生晕时是应当考虑的。

根据成晕矿石质点主要分散方式的不同可将次生晕分为机械分散晕、盐分散晕。根据分散营力的不同可将次生晕分为**水成晕**、**风成晕**、**冰成晕**、**生物晕**。根据成晕与成壤时间可将次生晕分成**同生晕**和**后生晕**。根据出露情况可将次生晕分成**出露晕**及**埋藏晕**。在进行地球化学找矿时，除了考虑次生晕形成外，还应根据晕的特征，制定工作方法，进行解释评价，才能取得更大的成效。

第三节　土壤地球化学测量的应用

我国土壤地球化学测量，1954年开始应用于生产，特别是1958年以来，在综合找矿中更是得到了普遍的应用。多年来的生产实践证明，利用土壤地球化学找矿，对寻找松散层覆盖下的矿体是一种有效的方法，无论在普查找矿或普查评价中都广为应用。在普查找矿阶段，土壤地球化学测量有的在地质测量工作之前进行，土壤地球化学测量所提供的异常，在地质测量过程中能针对性地进行地质观察研究，有利于发现矿化现象，研究分布规律，找出可能存在工业矿体的远景地段。但是，土壤地球化学测量工作也可与地质测量工作同时进行。土壤地球化学找矿工作比例尺为1∶200000～1∶50000，一般与地质测量工作比例尺相同，但有时较地质测量比例尺略大，即地质测量比例尺为1∶50000时，土壤地球化学测量比例尺为1∶25000。在普查评价阶段，土壤地球化学测量一般和地质测量工作同时进行，其比例尺也往往相同，一般均为1∶10000～1∶5000，在矿体小时可为1∶2000。

土壤地球化学找矿所能寻找的矿产种类也较多，对一般有色金属（Cu、Pb、Zn、As、Sb、Hg、W、Sn、Mo、Ni、Co等）、贵金属（Au、Ag）、黑色金属（Cr、Mn、V）及某些非金属（P）等矿种均可采用。

土壤地球化学找矿在区域普查找矿、矿区及其外围找矿等方面都有重要作用。土壤地球化学测量主要用于寻找被覆盖的矿体，有时也可用于间接指导寻找盲矿。

一、被覆盖矿体的寻找与矿石类型、矿化规模的预测

在应用土壤地球化学测量进行找矿过程中，不仅要根据所发现的异常去寻找被覆盖的矿体，而且还要对矿石类型、矿化规模进行预测。

（一）评价指标的确定，含矿异常与无矿异常的区分

在成矿地质条件研究的基础上，利用评价指标和评价标志来确定含矿异常、无矿异常和与矿无关的非矿异常，评价其含矿性，是地球化学找矿中基本的工作方法，也是土壤地球化学找矿中基本的工作方法。

非矿异常的确定往往不是很困难的，但是含矿异常与无矿异常的区分则不是很容易的。在土壤地球化学找矿中，为了区分上述不同性质的异常，常从各方面进行研究统计，确定评价标志，建立评价指标。

1. 矿石的表生变化的研究，含矿异常的评价标志的确定

矿体次生晕是矿体（及其原生晕）表生风化的产物，其形成与矿石变化有关。因此研究矿石的表生变化，有利于建立含矿异常在组分方面的标志，以区分含矿异常与无矿异常。如前述广东某钴矿床属黄铁矿化含钴石英脉型矿床，据研究原生矿石中砷与钴含量呈正相关。由于风化作用，矿石氧化溶解，钴被带出，矿体上方土壤中钴含量低，而砷成为稳定的臭葱石（$FeAsO_4 \cdot 2H_2O$）被保留下来。因此选择砷为指示元素来找钴矿（详见次生晕特征部分）。

但是工作中发现，在含有铁质条带或褐铁矿的围岩中也有砷的异常，干扰了找矿工作。为了区别钴矿脉及含铁质条带围岩上的异常，对钴矿脉氧化带的褐铁矿及其残留黄铁矿进行了分析（见表 3-2）。

表 3-2　钴矿脉氧化带褐铁矿中有关金属元素含量表

矿带位置	样品数	平均含量/%				
		Co	As	Cu	Bi	Pb
Ⅰ	8	10×10^{-4}	6060×10^{-4}	940×10^{-4}	640×10^{-4}	450×10^{-4}
Ⅱ	10	$<10\times10^{-4}$	4250×10^{-4}	420×10^{-4}	550×10^{-4}	200×10^{-4}
Ⅲ	5	10×10^{-4}	2600×10^{-4}	1740×10^{-4}	520×10^{-4}	260×10^{-4}
Ⅳ	5	—	2000×10^{-4}	230×10^{-4}	30×10^{-4}	1700×10^{-4}
Ⅴ	3	$<10\times10^{-4}$	2360×10^{-4}	380×10^{-4}	110×10^{-4}	440×10^{-4}
Ⅵ	3	—	2700×10^{-4}	200×10^{-4}	30×10^{-4}	200×10^{-4}

经分析，钴矿脉氧化带中残留黄铁矿的金属元素含量为：$w(Co)=0.1\%\sim0.2\%$，$w(As)=0.8\%\sim3\%$，$w(Cu)=0.08\%\sim0.25\%$，$w(Pb)=0.008\%\sim0.06\%$，$w(Bi)=0.08\%\sim0.2\%$。将此分析结果对比表 3-2 可以看出，在风化过程中钴大量淋失，但仍保留了较高的含量，铅在个别矿带甚至有富集。钴矿脉的次生晕应有 As、Cu、Bi、Pb 异常组合。

与此同时也对各种岩石进行了分析（见表 3-3）。

表 3-3　各种岩石中有关元素含量表

位置	岩石名称	元素的含量/%					
		C	As	Cu	Bi	Pb	Zn
打银坑	含铁质页岩	10×10^{-4}	200×10^{-4}	80×10^{-4}	$<30\times10^{-4}$	50×10^{-4}	100×10^{-4}
田新村后	淋滤铁帽	10×10^{-4}	800×10^{-4}	110×10^{-4}	6×10^{-4}	70×10^{-4}	140×10^{-4}
田新村后	含铁质砂岩	—	800×10^{-4}	50×10^{-4}	—	10×10^{-4}	$<100\times10^{-4}$
田新村后	铁染的花岗斑岩	20×10^{-4}	730×10^{-4}	40×10^{-4}	10×10^{-4}	20×10^{-4}	160×10^{-4}
ZK14	粉砂岩	20×10^{-4}	—	60×10^{-4}	—	20×10^{-4}	$<100\times10^{-4}$
ZK20	安山岩	10×10^{-4}	—	30×10^{-4}	—	50×10^{-4}	$<100\times10^{-4}$
ZK20	凝灰岩	10×10^{-4}	—	50×10^{-4}	—	10×10^{-4}	$<100\times10^{-4}$
ZK20	页　岩	$<10\times10^{-4}$	—	30×10^{-4}	—	—	$<100\times10^{-4}$
ZK20	长石砂岩	20×10^{-4}	—	50×10^{-4}	—	10×10^{-4}	$<100\times10^{-4}$
ZK20	石英砂岩	10×10^{-4}	—	30×10^{-4}	—	—	—

表 3-3 说明围岩中砷的异常主要来自铁质条带或铁染物质，但是这些砷含量较高的“含铁质”岩石中 Cu、Bi、Pb 含量并不高，说明由“含铁质”岩石形成的砷异常，并不伴随有 Cu、Bi、Pb 异常，因而认为 As、Cu、Bi、Pb 组合异常是含矿异常的标志。结合异常延长方向（矿脉沿控矿构造方向分布，而铁质条带顺层分布，方向不同），区分含矿的异常及无矿的异常，取得了较好的成果。

2．矿体及矿化、蚀变岩石的组分特征的研究

矿化、蚀变类型不同，形成的异常组分也不同，即使同一矿床成矿阶段不同，所形成的异常也具有不同的组分特征，可据此确定原生异常评价指标，这一问题在上一章已有讨论。次生晕是矿体及其原生晕风化的产物，也可用类似方法确定评价指标，用于评价土壤中的次生异常。

例如，陕西某铅锌矿，在铅锌矿中含有铜的矿物，在铅锌矿体上方土壤中，除了铅的异常外，还有铜的微弱异常。在含有铜矿化的硅化大理岩中含有少量的铅，在其上方土壤中除形成铜的异常外，还有铅的弱异常。因此，在试验工作中，在研究铅锌矿体及含铜硅化大理岩的这种组分特征后，可确定在该矿床上，铅含量大于铜的异常是铅锌矿体形成的；相反，铅的含量小于铜的异常，可能是含铜硅化灰岩所引起的。

3．统计对比异常内指示元素的线金属量，确定评价指标

单位长度的线金属量是指沿剖面线异常内单位长度地段土壤中元素的平均含量，即

$$M=\frac{c_1x_1+c_2x_2+\cdots+c_nx_n}{x_1+x_2+\cdots+x_n}$$

式中　c_1、…、c_n——剖面线上异常内各样品某元素的含量；

x_1、…、x_n——剖面线上异常内各样品所代表的地段（即采样间距）；

M——剖面线上异常范围内某元素的线金属量。

利用这种方法确定评价指标时，分别统计含矿的和无矿的异常地段土壤中元素的线金属量，以此来确定区分含矿异常和无矿异常的线金属量指标。表 3-4 为湖北某地区矽卡岩型铜矿床上次生晕内的铜及银线金属量及其见矿情况统计资料。

表 3-4　湖北某地区矽卡岩型铜矿床上次生晕内的铜及银线金属量及其见矿情况

矿　区	剖　面	单位长度线金属量(M)/g·t^{-1}		浮土覆盖下的矿化程度
		Cu	Ag	
铜汞山	2	9953	7.9	矿体出露地表
冯家山	10	6357	21.44	挖探槽见矿
石头嘴	18	5550	253	挖探槽见矿
石头壳	2	2013	1.09	挖探槽见矿
东角山	222	3522	1.24	挖探槽见矿
铜山口	9	7120	6.33	矿体出露地表
东角山	200	271	0.33	挖探槽不见矿
铜　井	K26	2406	0.38	挖探槽见矿化
赤马山	11	828	—	挖探槽见矿化(深部有盲矿)
石头嘴		545	—	火成岩中见黄铁矿化
东角山	208	2996	0.58	挖探槽见矿化
千家湾	$Ⅰ_1$-89	300	0.09	挖探槽见小条褐铁矿
千家湾	Ⅱ-98	2594	0.17	地表基岩矿化(深部有盲矿)
千家湾	$Ⅲ_1$-114	1445	0.24	地表基岩有矿化
千家湾	$Ⅲ_2$-114	2207	0.23	地表基岩有矿化
千家湾	$Ⅲ_3$-114	4664	0.39	地表基岩有矿化
千家湾	$Ⅳ_1$-136	612	0.06	地表基岩有矿化
千家湾	Ⅴ-143	802	0.08	地表基岩有矿化
千家湾	$Ⅵ_2$-159	1196	0.17	地表见矿化(深部无矿)
千家湾	$Ⅶ_1$-164	2488	0.31	地表见矿化(深部无矿)
千家湾	$Ⅶ_1$-176	928	0.07	地表基岩矿化(深部有盲矿)
千家湾	Ⅷ-194	1040	0.16	地表基岩矿化(深部有盲矿)

根据上述资料,认为线金属量铜大于 2000、银大于 1 者属含矿的异常。据当地经验,在残坡积层厚度在 2 m 左右时,可利用这一指标找到松散层覆盖以下的矿体。根据这种指标评价只能说明有无被覆盖矿体,并不涉及有无盲矿体的存在。

需要说明的是,以异常的线金属量来区分含矿的与无矿的异常是建立在统计基础上的,其可靠性视参加统计线段的代表性而定。其次,线金属量与平均含量、最高含量一样,受各种因素所控制,在应用时应尽量地结合地质条件。

土壤地球化学测量中,有时以统计对比的方法,利用异常内元素的最高含量或平均含量来确定区分含矿异常与无矿异常的指标。利用异常内元素的最高含量作评价指标,未考虑到异常内元素的次生分散因素;利用异常内的平均含量作评价指标,在样品数很少、分布很不均匀的情况下,可能夸大个别样品的作用。因此,目前评价指标方面多用线金属量(或面金属量)。

(二) 晕的分带性的研究

晕的分带性不仅是含矿异常的标志,而且可以用于预测矿床、矿石类型。预测矿床、矿石类型方面,可通过研究矿石的物质成分、确定有关评价指标来进行,这一点对土壤地球化学找矿来说,条件允许时也可以应用。但是也可通过研究次生晕的分带性,来进行矿床、矿石类型的预测。

如广东省某地区,土壤地球化学找矿工作中发现了含量高、规模大的 W、Sn、Bi、Pb、Zn、Cu、Sb、As 等元素的次生异常,并显示出明显的水平分带(见图 3-11)。

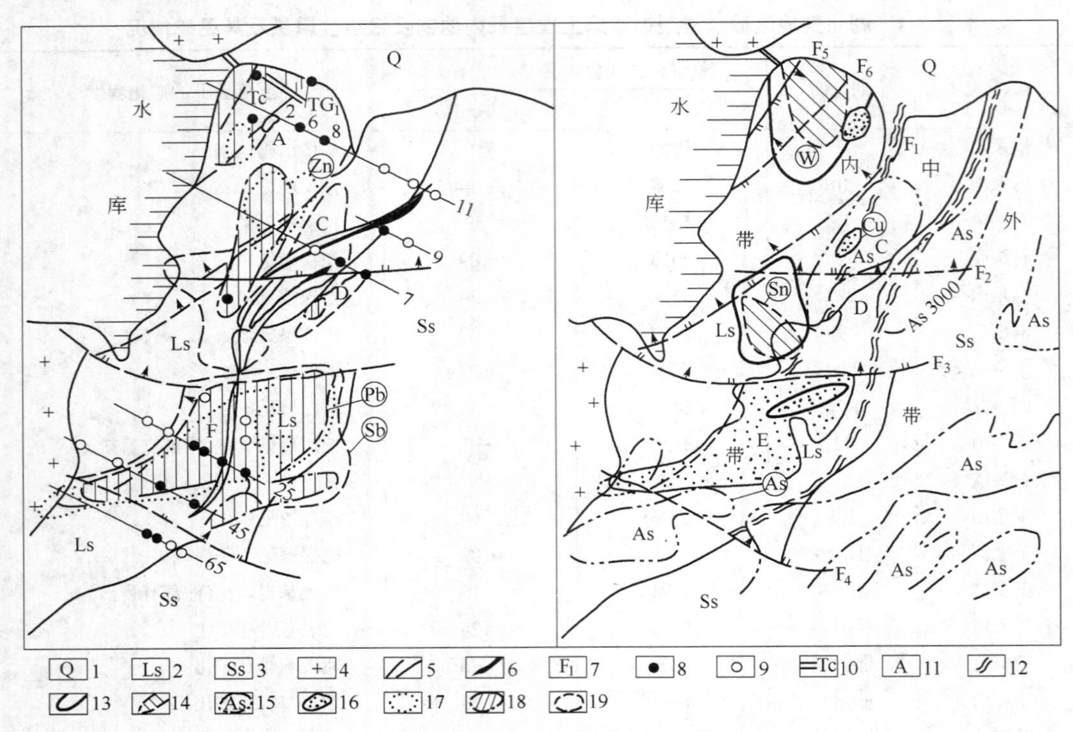

图 3-11　广东某矿区次生晕分带图

1—冲积层；2—灰岩；3—砂岩；4—花岗岩；5—微晶闪长岩；6—铅锌矿矿脉；7—断层；8—见矿钻孔；9—未见矿钻孔；10—探槽；11—异常号；12—分带界限；13—W80×10^{-4}%；14—Sn200×10^{-4}%；15—As3000×10^{-4}%；16—Cu300×10^{-4}%；17—Bi500×10^{-4}%；18—Pb1000×10^{-4}%；19—Sb500×10^{-4}%

内带位于花岗岩与灰岩接触带附近，异常由W、Sn、Bi、Pb所组成，其特点是W、Sn含量高，规模大，甚至在土壤中钨的含量局部可达工业品位。中带分布于灰岩上，Pb、Cu、Sb各异常含量较高，分布与规模基本上一致。外带分布于砂岩中，以As异常为主，含量可高达3000×10^{-4}%以上，局部地段有Pb异常。各带围绕花岗岩呈弧形分布。根据上述情况推测，内带异常主要由钨－锡矿床所形成，由于钨的含量很高，估计矿体埋藏浅；中带异常中可能为铅锌及多金属矿床；外带尚需进一步研究。以后的验证工作查明，在内带异常中找到了工业价值较大的钨矿床（图3-12）。在中带异常中也根据预测找到了浸染一致密块状的铅锌及多金属的盲矿体。

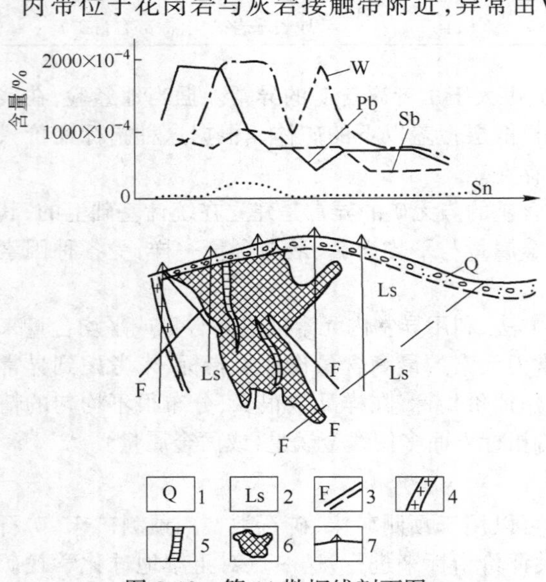

图 3-12　第 11 勘探线剖面图

1—第四系；2—灰岩；3—断层；4—花岗岩；5—微晶闪长岩脉；6—氧化钨矿体；7—钻孔

（三）晕中元素异常含量的研究与矿化规模的预测

研究晕中元素的异常含量，可预测矿

化规模。异常含量中任何一点的指示元素的含量(C_x)由两部分组成:因岩石风化质点形成的正常含量部分(C_0)和因矿石风化质点而叠加的异常含量部分(ΔC),即:

$$C_x = C_0 + \Delta C$$

在土壤地球化学测量中预测矿体矿化规模,正是以上述认识为依据的。利用测线资料进行矿化规模预测的计算公式如下:

$$M_L = qCh = \sum (C_x - C_0)\Delta x$$

式中　M_L——测线上叠加的某成晕元素含量总和;

C——测线处矿石中某元素的含量;

h——测线上矿体的厚度;

Δx——测线上各采样点间距;

q——比例系数,风化过程中元素在表生带富集时大于1,贫化时小于1。

在具体工作时,可在剖面上从矿体及土壤中采取样品进行分析,确定 q 的经验数值,然后用于未知地段评价形成异常的原生矿体的矿化规模(即测线上矿体品位与厚度的乘积)。在条件有利时可分别预测矿体在测线上的厚度和品位。

在地形复杂、矿体厚度与元素含量变化较大时,评价晕的含矿性、预测矿体矿化规模的工作一般不在单个测线上进行,而是在整个异常范围内进行。此时的计算公式为:

$$M_S = qCh = \sum (c_x - c_0)\Delta S$$

式中　M_S——晕内叠加的某成晕含量总和;

ΔS——各采样点间距与测线间距的乘积。

利用这种方法预测矿化规模时,需注意的重要问题一是 q 的经验数值的代表性,仅以个别少数剖面为依据偏差可能较大;二是矿床矿石类型应相同,不能将致密块状矿石上试验结果用于浸染状矿石上。在新区,没有已知矿体供试验时,只好以叠加成晕的总金属量来相对评价矿化规模。

(四) 地质体含矿性的研究与区域找矿远景的评价

岩石地球化学找矿在区域调查中,可用于研究区域地层、侵入体、断裂构造等地质体的含矿性,评价区域找矿远景。这些方面的工作在土壤地球化学测量中,也可相应地进行。

1. 地层的含矿性

地层的层位不同,其形成古气候、古地理条件不同,物质的来源也不一样。这不仅使不同层位的地层中可赋有不同的沉积矿产,而且也可伴生有不同的原生异常。因此,不同层位的地层,在表生作用下所形成的次生异常,可能具有不同的特点,并能指示赋存的沉积矿产。如湖北某地1:200000土壤地球化学测量中,发现异常的分布有明显的规律性,Cu异常分布于元古界神农架群槽河组中,Pb、Zn异常分布于震旦系灯影组中,V、Mo(Ni)异常分布于神农架群台子组及寒武系水井沱组中,Pb异常出现于震旦系陡山沱组及寒武系水井沱组中。上述异常的分布反映了区内地层的含矿性,并据此圈定了成矿远景区。实践证明,这些异常分布与矿产特征相吻合。事实说明应用土壤地球化学异常可研究地层含矿性。

2. 断裂的含矿性

断裂及附近围岩的地球化学特征,在土壤中必然会有所反映,根据断层上的土壤,也可研究断层的含矿性。由于土壤地球化学测量的采样,不像岩石地球化学测量那样受岩石出露情况限制,因而更有利于用以研究区域断裂的含矿性。

在土壤地球化学测量中研究断裂的含矿性,可结合区域找矿工作同时进行。根据测区内异常带的分布,研究构造对矿化的控制,根据异常带的元素组合及变化,评价断裂带中可能的矿化类型。图 3-13 即反映了广西某地区 1:50000 土壤地球化学找矿成果。图上沿断裂有 Sn、Pb、Cu 异常分布，明显地反映了断裂对异常的控制。F_3 断裂北部，异常以 Sn 为主；南部，以 Pb 为主，F_1 断裂上则是铜的异常。异常的分带反映了矿化的分带，各断裂的各种异常可能有相应的矿产，为找矿预测提供了资料。

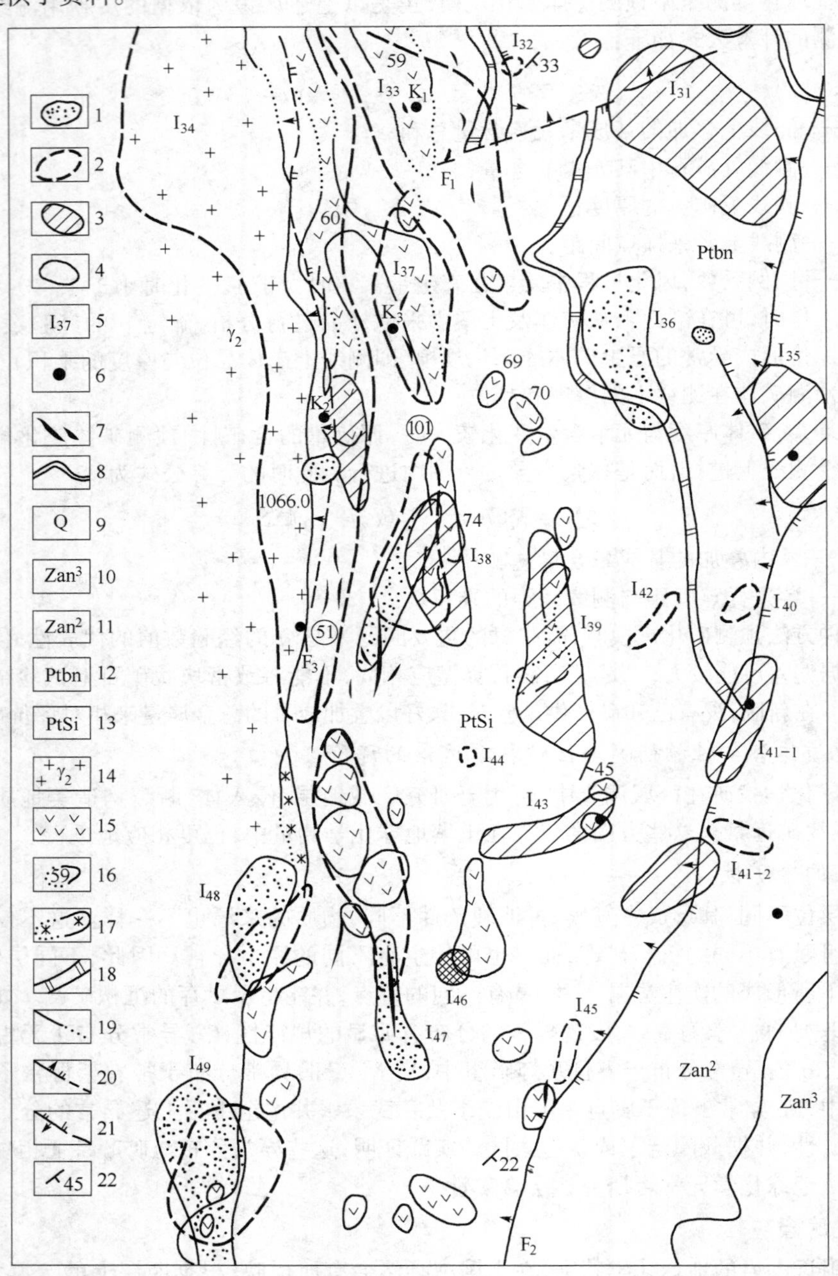

图 3-13　地质化探平面图

1—Pb 异常；2—Sn 异常；3—Cu 异常；4—W 异常；5—异常编码；6—矿点编号；7—铜锡矿脉；8—河流；9—第四系；10—震旦系南沱组第三段；11—震旦系南沱组第二段；12—b 组元古界板溪群；13—a 组元古界四堡群；14—花岗岩；15—基性超基性岩；16—岩体编号；17—电气石云英岩脉；18—大理岩；19—地质界线；20—正断层；21—逆断层；22—岩层产状

值得说明的是，研究断裂的含矿性，除了结合区域土壤地球化学找矿外，也可以专门进行。如湖北某地堑东部断裂带含矿性的快速评价即为一例。

1971 年，为了迅速弄清 60 km 长的断裂带的含矿性，专门以土壤地球化学找矿方法开展了评价工作，以线距 100 m、点距 20 m 的网度进行采样，剖面长度控制在断裂带两侧 600 m 范围内。工作成果见图 3-14、图 3-15。

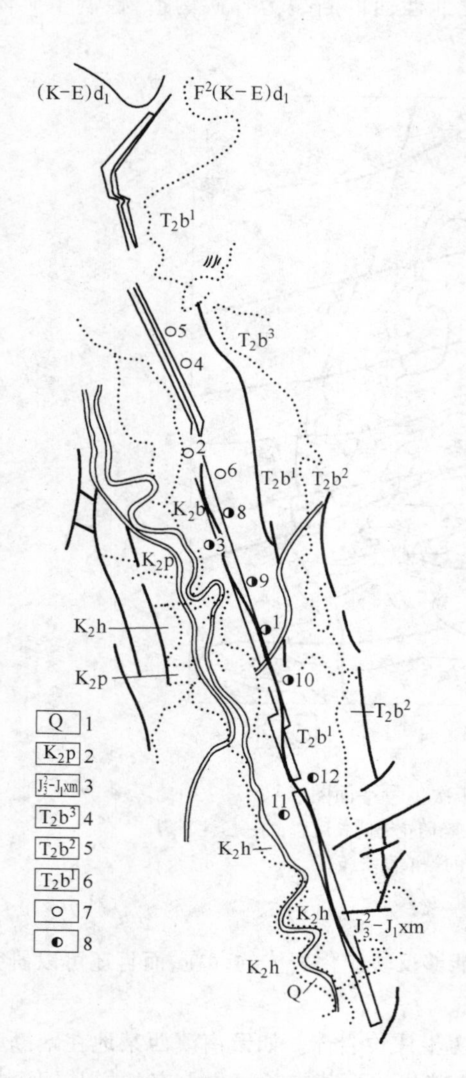

图 3-14　鄂西某地地质示意图

1—第四系；2—白垩系红花套砂岩组；3—侏罗系下煤组；4—三叠系巴东组上段；5—巴东组中段；6—巴东组下段；7—铜矿点；8—锌银矿点

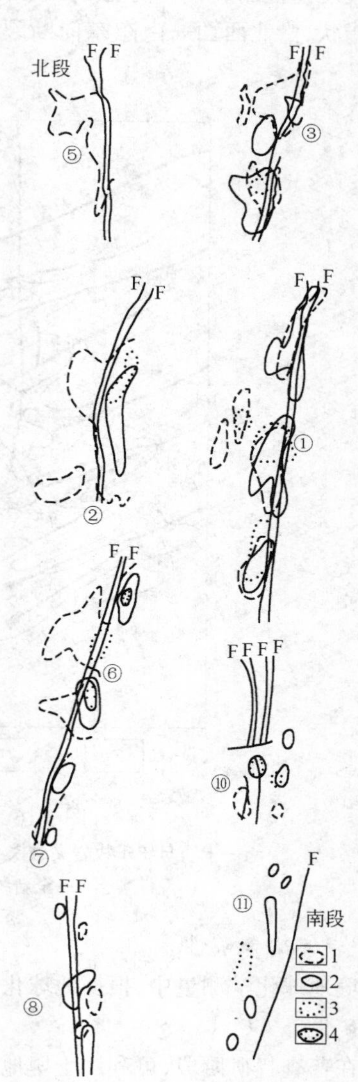

图 3-15　鄂西某地地质平面图

1—Cu 异常；2—Zn 异常；3—Ag 异常；4—Pb 异常

经过上述工作，查明沿断裂带地球化学异常断续分布，各异常呈雁行排列，分布于断裂带的转折弯曲部位。沿断裂带各异常有分带现象，如北段茶林子以 Cu 为主，中段三宝山一带有 Cu、Pb、Zn、Ag 组合的异常；南段雷家冲一带，以 Zn、Ag 为主。在北段找 Cu，中段、南段找 Pb、Zn 是有希望的。通过上述工作不仅找到了几个有价值的矿点，而且证明沿地堑东部断裂带为一有希望的多金属成矿带。

在研究断裂的含矿性方面，土壤地球化学测量不仅可以查明区域构造对成矿的控制，而且可查明矿区构造对成矿的控制。图 3-16 为江西某钼矿床次生晕平面图。钼的次生晕分布于北西西向压性压扭性断裂带与南北向压性断裂复合处，反映了构造对矿化岩体的控制。次生晕的边缘呈手指状，沿北西西—南东东向断裂延伸，反映了北西西的断裂为容矿构造，控制了矿体的分布。

图 3-16　江西某钼矿床次生晕平面图

1—上震旦统千枚岩夹磁铁石英岩；2—燕山晚期花岗闪长斑岩；3—压性断裂；4—全新统冲积层；5—钼的等浓度线(g/t)

3．岩体的含矿性

土壤地球化学测量中，根据地球化学异常不仅能够反映矿化岩体的存在，而且还可以研究岩体的含矿性。

如在普查找矿阶段，可利用土壤地球化学异常初步评价岩体。如云南滇西某地在踏勘中在小龙潭岩体上发现了 Cu、Mo、Pb、Ag 的综合异常，在矿化的石英二长斑岩上有的样品铜含量大于 1000 g/t，随即为圈定岩体上的次生晕，沿米字形剖面采取样品，经过分析大致圈定了异常轮廓，并发现 Cu、Mo、Pb 晕有明显的分带现象(见图 3-17)。根据次生晕的特征及地质条件分析，认为该岩体可能含有斑岩型铜矿，后经钻探验证，终于见到了铜钼矿体。

二、铁帽组分与找矿评价

铁帽并非土壤，关于铁帽的评价，严格说来不属于土壤地球化学测量。但由于铁帽与土壤中次生异常的形成都与表生作用有关，所以在此一并讨论。

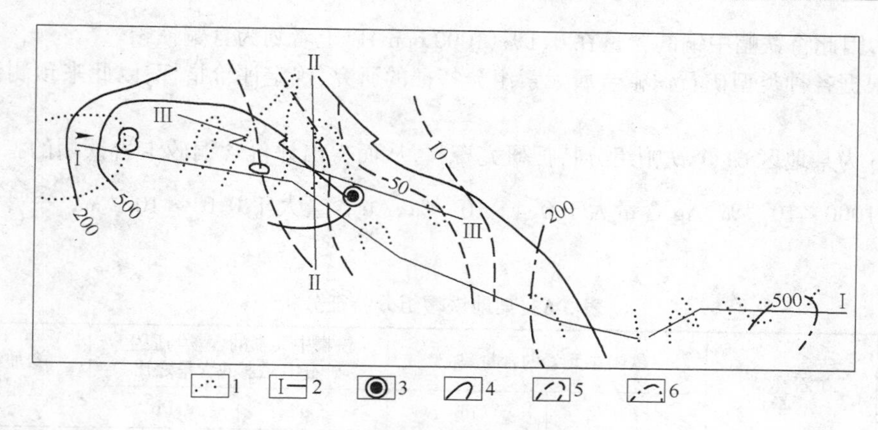

图 3-17　小龙潭地区地球化学异常图

1—岩体露头界线；2—踏勘剖面；3—已施工钻孔；4—铜量等值线；5—钼量等值线；6—铅量等值线

铁帽含矿性评价中，根本问题是根据铁帽组分特征预测原生矿石的组分、含量和矿石类型。目前地球化学找矿工作中用的评价铁帽的方法有：

(1) 根据铁帽和原生矿石中各金属元素含量及残留比例的研究，预测原生矿石中元素含量和矿石的类型。表 3-5 为长江中下游某些矽卡岩型矿床上铁帽分析及统计资料。

表 3-5　长江中下游某些矽卡岩型矿床上铁帽分析及统计资料

铁帽的类型	元素含量/%				其　他
	Cu	Ag	Au	Pb	
含铜矽卡岩型	$>1000\times10^{-4}$	Cu—Ag 相关 $\frac{\text{Ag 含量}\times1000}{\text{Cu 含量}}=0.6\sim1.5$	普遍出现异常含量($>0.01\times10^{-4}$)	$<100\times10^{-4}$	普遍可测出 Mo、Co 含量，经常出现 W、Sn、Bi
含铜黄铁矿型	$>1000\times10^{-4}$	相关程度较上述差	普遍出现异常含量	$>100\times10^{-4}$	有时出现 W、Sn、Bi
含铅锌黄铁矿型	$<300\times10^{-4}$	Ag 及 Mn 含量高	含量较低	$>3000\times10^{-4}$	普遍测出 Sb 的异常含量，普遍未测出 W、Bi
含金黄铁矿型	$(300\sim800)\times10^{-4}$		$>0.4\times10^{-4}$		W、Sn、Bi 一般不出现
黄铁矿型	$<100\times10^{-4}$	大部分观测的元素含量都比较低			

由表 3-5 可知：各种类型矿石所形成的含铜铁帽均残留有相当多的金属元素。矿石类型相同，残留量比例相近。铜在含铜矽卡岩矿石中，一般为 40%左右，在含铜黄铁矿矿石中为 30%左右。铅在铁帽中的残留比例在 50%以上。根据铅矿石边界品位 0.5%(5000 ppm)，铁帽中铅含量的平均值在 0.3%(3000 ppm)以上者可划为铅锌矿石。经试验研究确定了各元素在各类型矿石形成铁帽过程中的残留比例后，就可根据各未知矿点上铁帽有关元素的含量，推算原生矿石的原始含量，确定矿石类型。如铜矿石要求边界品位为 0.3%(3000 ppm)，在铜矿石中残留比例不

低于25%，因此将铁帽中铜的含量在0.1%（1000 ppm）以上者划为含铜铁帽。

（2）根据各种类型矿石铁帽金属元素组分特征的研究，确定评价指标，以此来预测铁帽的矿石类型。

表3-6为某地区61个铁帽组分特征研究资料，从而得出评价含铜矽卡岩铁帽的指标，即Cu含量大于$1000\times10^{-4}\%$，Ag含量大于$0.4\times10^{-4}\%$，Au含量大于$0.01\times10^{-4}\%$，$\frac{\text{Ag含量}\times1000}{\text{Cu含量}}>0.6$。

表3-6　某地铁帽组分特征分析

矿床代号	矿石类型	铁帽中元素的含量/%		铁帽中元素的含量与原生矿石中元素的含量之比		参加统计的铁帽样品数
		Cu	Pb	Cu	Pb	
1	含铜矽卡岩	7080×10^{-4}	78×10^{-4}	0.44	0.61	56
2	含铜矽卡岩	3340×10^{-4}	39×10^{-4}	0.32	0.81	21
3	含铜矽卡岩	3720×10^{-4}	26×10^{-4}	0.43	—	5
4	含铜黄铁矿	2820×10^{-4}	178×10^{-4}	0.28	0.57	17
5	含铜黄铁矿	2420×10^{-4}	43×10^{-4}	0.30	0.70	32
6	含铜黄铁矿	3890×10^{-4}	52×10^{-4}	0.31	—	7
7	含铜黄铁矿	3270×10^{-4}	537×10^{-4}	0.27	—	12
8	含铜铅锌黄铁矿	1820×10^{-4}	1660×10^{-4}	0.23	0.81	64

（3）利用多元统计分析的方法评价铁帽。一般认为，多元统计分析的方法能考虑多种影响因素，能提供更多的信息，能更好地划分铁帽类型，评价其含矿性。这一方法在有关章节另行讨论。

三、地质问题与间接找矿

土壤地球化学测量不仅在区域性的或在矿区及外围找矿工作中广泛应用，而且可研究地质问题，间接指导找矿。

（一）岩体、岩相带

不同类型的岩浆岩，富集不同的元素，因而在不同类型岩体上的土壤中，也富含不同的元素，在土壤地球化学测量中，可用以指导圈定岩体，填绘地质图。

在基性、超基性岩中，Cr、Ni、Co富集，因而可利用土壤中Cr、Ni、Co含量增高的现象，圈定基性、特别是超基性岩体或岩相带。

又如在酸性岩中有Mo的富集，利用土壤中Mo的含量增高，可以圈定酸性岩体（见图3-18）。但是值得说明的是，利用土壤地球化学测量资料圈定岩体时，不总是利用岩体上方土壤中某种元素含量普遍增高的特点，而有时是根据岩体接触带上某些元素含量增高现象，如图3-19所示。

（二）断裂构造

由于断裂及其两侧围岩的地球化学特征，一定程度上可通过土壤反映出来，因而研究土壤地球化学的特征，条件有利时根据异常的线形延伸或突然中断，结合地质情况可追索断裂构造。如某金银矿床追索断裂即为一例，见图3-20。

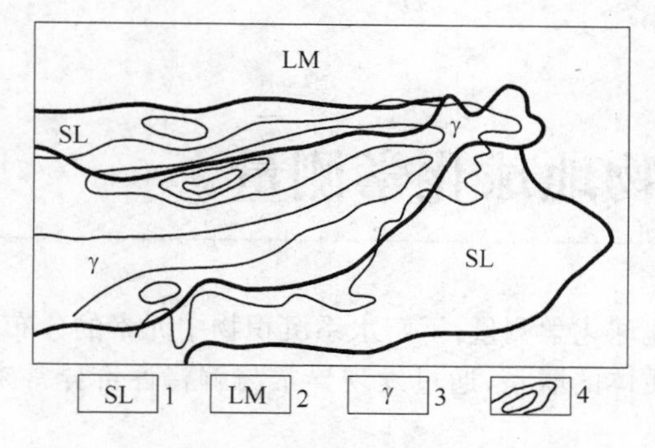

图 3-18　某矽卡岩钼矿次生晕平面图

1—页岩；2—灰岩；3—花岗岩；4—钼等含量线

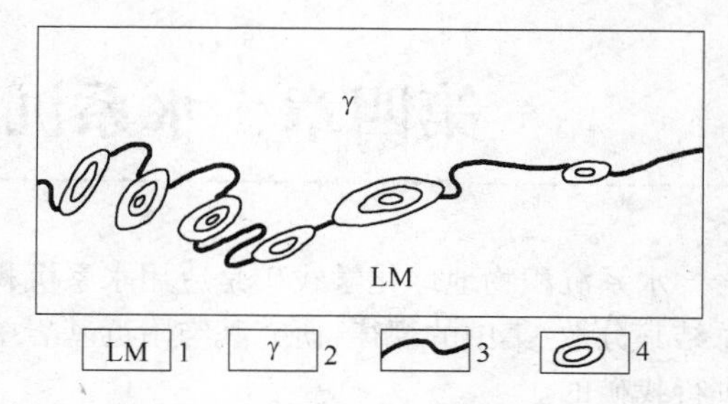

图 3-19　接触带次生异常分布图

1—灰岩；2—花岗岩；3—接触带；4—铅等含量线

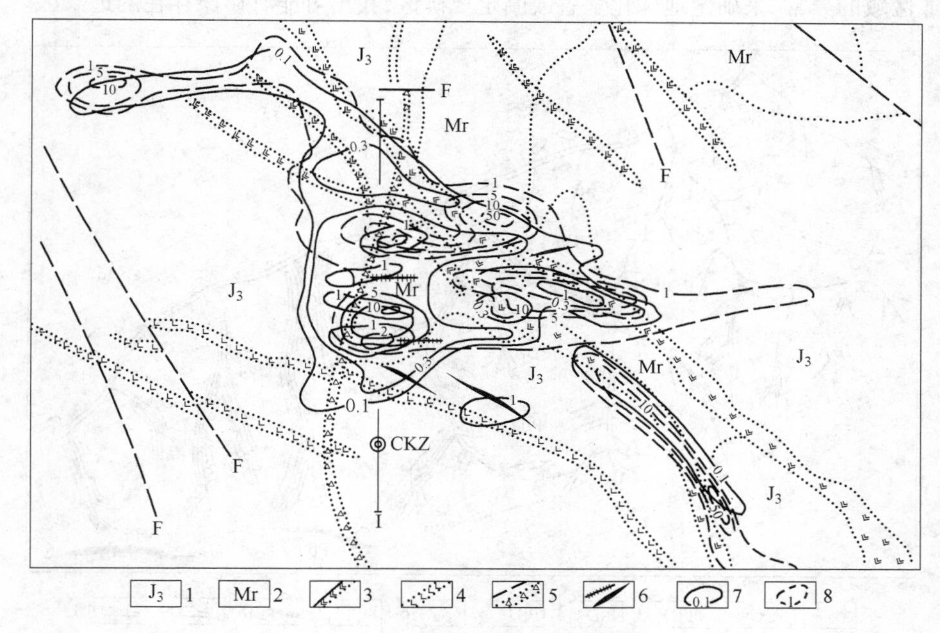

图 3-20　某金银矿次生晕平面图

1—上侏罗系；2—片麻岩类；3—霏细斑岩；4—煌斑岩；5—断裂；6—含 Au 石英脉及含 Au 褐铁矿脉；7—Au 等含量线；8—Ag 等含量线

该矿片麻岩中的矿体呈脉状，受近东西向断裂所控制。Au、Ag 高含量带（Au 含量大于 $1\times10^{-4}\%$，Ag 含量大于 $5\times10^{-4}\%$）可反映疏松沉积物覆盖断裂中控制的矿脉。低浓度带的等浓度线围绕高含量带，并显著地向东呈线状延伸。虽然地表并未见控矿的东西向断裂向东延展，但据次生晕的分布说明断裂向东侧伏。正是基于这种分析，在已知矿脉以东地下深处，经钻探证实有控矿断裂的存在，并在其中发现工业矿体。

还需要说明的是，矿床次生晕基本呈东西向延展，但从矿脉向西突然中断、边界整齐、呈南北向晕的这一特征不仅反映了南北向断裂的存在，而且说明断裂有可能是成矿后的，或者是能阻挡矿化西延的成矿前断裂。

第四章　水系沉积物地球化学测量

水系沉积物地球化学找矿是应用水系沉积物地球化学测量，了解水系沉积物中元素的分布，总结其分散、集中的规律，研究其与附近基岩中地质体的联系，通过发现异常与解释评价异常来进行找矿的。

水系沉积物地球化学找矿中，可根据所发现的局部异常，查明矿床分散流进而找到矿，如图4-1所示。但是，水系沉积物地球化学找矿，常常是利用水系沉积物地球化学测量中所发现的广大地区或区域的异常，来确定地球化学省或圈定成矿区，找出可能有矿床存在的远景区。

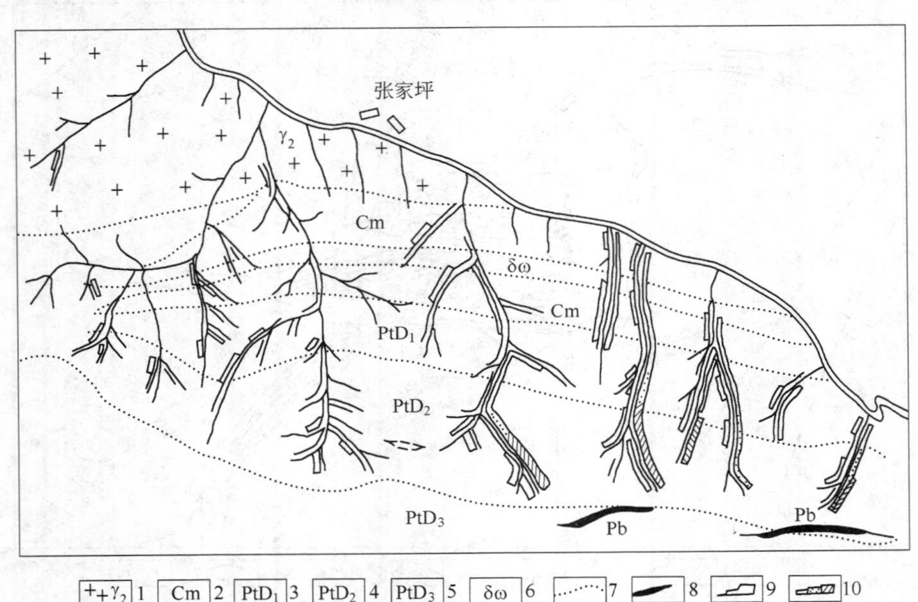

图 4-1　某地分散流成果图

1—黑云母花岗岩；2—钙质片岩夹大理石；3—块状大理岩；4—薄层大理岩；5—钙质片岩；6—闪长玢岩；7—地质界线；8—铅锌矿体；9—Cu40～60 g/t，61～100 g/t，>100 g/t；10—Pb40～60 g/t，61～100 g/t，>100 g/t

第一节　分散流的形成

分散流和次生晕都是在表生作用下形成的，因此二者有许多共同点。

首先，分散流与次生晕具有共同的物质来源，即都是矿体及其原生晕在表生作用下，与矿石组分有关的元素，迁移、分散所形成；

其次，分散流与次生晕的形成作用基本相同，在形成过程中，既可有与物理风化作用有关的机械分散，又可有化学风化作用下的水成分散，而且都是以机械分散为主。

第三，分散流与次生晕都是表生作用下形成的，因而都受气候因素所控制。

但是，分散流的形成也有其特殊之处：

第一，形成分散流的物质，不仅是如同次生晕那样可来自地表的矿体及原生晕，也可以来自地下的盲矿体及其原生晕，甚至还可来自次生晕，即次生晕内的物质组分，进一步迁移、分散，在水系沉积物中形成分散流（见图 4-2）；

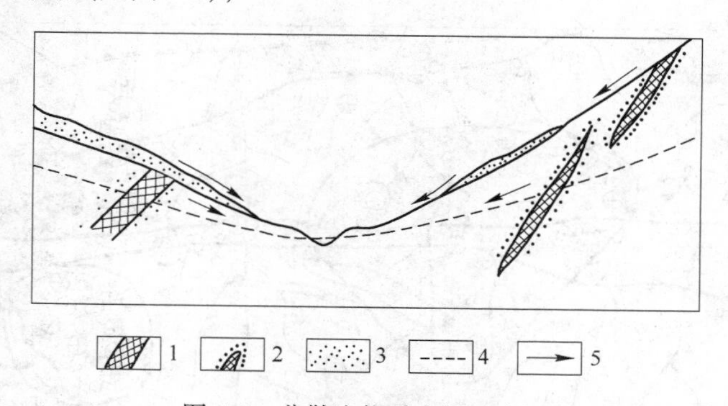

图 4-2　分散流物质来源示意图

1—矿体；2—矿体及原生晕；3—松散层；4—地下水面；5—物质搬运方向

第二，形成作用方面，虽然分散流、次生晕都可有机械分散和水成分散，但分散流的机械分散并不像次生晕那样由于气候变化所造成，而主要是由于水动力的冲刷、搬运，矿石物质进入水系，并在水系内进一步分散而形成分散流；

第三，气候对分散流形成的控制，不仅如同次生晕那样反映在年平均温度、年降雨量方面，而且还反映在季节性气温变化和降雨量上，因为季节性气温及降雨量变化，对形成分散流物质的冲刷搬运影响很大。

第二节　水系沉积物地球化学测量的应用

水系沉积物地球化学测量，是通过系统采集水系沉积物为样品，测定其中微量元素的含量，通过发现水系沉积物中所形成的异常来进行找矿的。它可寻找 Cu、Pb、Zn、W、Sn、Mo、Cr、Ni、Hg、Sb、Au、Ag、P 等矿产。近年来对找 Nb、Ta、Be 等稀有金属也取得了一定效果。

水系沉积物地球化学找矿工作比例尺一般为 1∶200000～1∶25000。在区域地质调查中，往往先于相应比例尺的地质测量，这样做的优点是水系沉积物地球化学测量的成果可以为以后填图时研究测区矿产分布和部署矿产调查指示方向，为解决地层、侵入岩及构造等问题提供一定的区域地球化学参考资料。当然，在实际工作中，水系沉积物地球化学测量也有与相应比例尺的地质测量同时进行的。水系沉积物地球化学测量还常常与重砂测量相互配合，相互验证、补充，以提高找矿效果。

水系沉积物地球化学找矿，适合在地形切割剧烈、水系发育的山区进行，而在地形平坦、水系不发育的地区，其应用效果受到限制。

水系沉积物地球化学找矿不仅能找到有成矿远景的地区，为成矿预测及基础地质研究提供资料，而且方法简单，效率高，用于大规模扫面，有利于迅速查明广大地区矿产资源远景，对找矿来说可起到战略侦察的重要作用。

一、在区域找矿中的应用

水系沉积物地球化学测量，主要是在普查找矿阶段用于区域找矿。

区域找矿中，水系沉积物地球化学测量首先是通过发现异常来进行的。如秦岭某地，水系沉积物地球化学找矿中，发现 Cu-5 号异常，正位于花岗岩接触带附近，异常区附近已知有矽卡岩型铁铜矿点分布。因此，该异常的发现为进一步找寻矽卡岩型铜矿及铁铜矿床指出了远景地区(见图 4-3)。

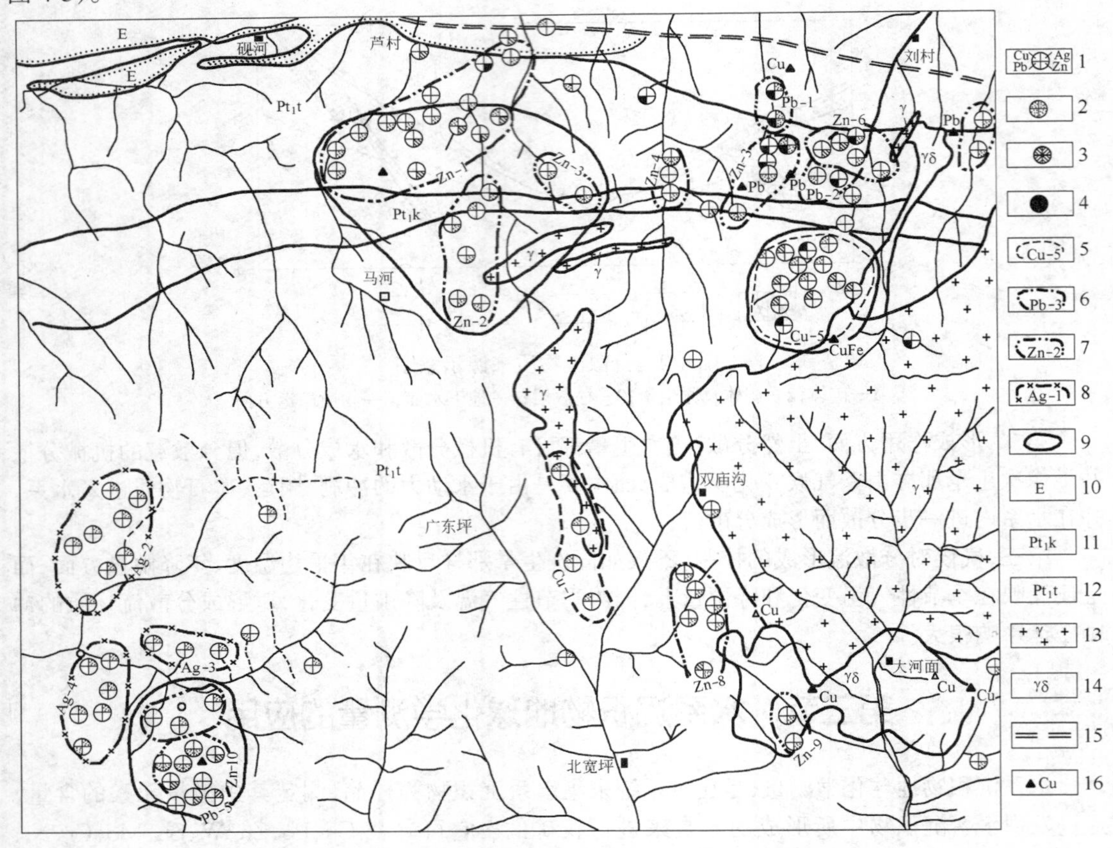

图 4-3　陕西秦岭分散流成果图

1—各元素含量标注区间；2—Ag<0.1～0.14 g/t，Cu40～45 g/t，Pb20～25 g/t，Zn90～130 g/t；3—Ag0.15～0.29 g/t，Cu45～50 g/t，Pb26～30 g/t，Zn131～200 g/t；4—Ag>0.29 g/t，Cu>50 g/t，Pb>30 g/t，Zn>200 g/t；5—铜分散流及编号；6—铅分散流及编号；7—锌分散流及编号；8—银分散流及编号；9—Cu、Pb、Zn 远景区；10—第三系；11—阳起石片岩、角闪片岩；12—云母石英片岩、石英岩、硅化大理岩；13—肉红色中粗粒花岗岩；14—花岗闪长岩；15—断裂带；16—矿点及矿种

在水系沉积物地球化学找矿中，区域性异常有重要意义。一些地球化学省或某些成矿带，往往是在地质研究基础上，根据或参考区域异常来确定的。由于元素的背景值在区域内是有变化的，这种区域异常带有时实际上是元素的高背景区。近年来，在地球化学找矿中根据高背景值(高趋势值)来指导找矿的问题越来越为人们所重视。

二、在区域成矿规律研究中的应用

水系沉积物地球化学测量，不仅是要发现几个异常，为找矿提出几个远景区，而且还应研究区域中异常特征的变化和异常分布的规律，进行区域成矿规律的探讨。河南某地水系沉积物地球化学找矿成果即为一例。

该区位于伏牛山区，地形切割剧烈，水系发育，风化作用强烈。出露的地层主要为震旦系，由片岩类所组成，构造线方向主要为NW向及NWW向。中部为复向斜，其南北为复背斜。岩浆活动频繁，岩浆岩主要有加里东期碱性花岗岩、辉长岩，燕山早期的花岗斑岩，晚期的花岗岩。

水系沉积物地球化学测量所发现的异常集中分布于复向斜范围内次一级的背斜上，Mo、Cu、W组合异常反映了钼矿床的存在。钼矿床分散流的分布说明了褶皱对成矿作用的控制和NW向断裂对矿化的控制。据已知矿区研究，NW向断裂与NWW向断裂交会处成矿更有利。

分散流在空间上显示出分带性，以南泥湖—石宝沟为中心，可划分为三个带：中心带为W、Mo、Cu组合，中间带为Zn、Pb、Ag组合，边部带为As、Ba组合。凡W、Mo、Cu"高温组合区"，均有花岗斑岩出露；每一个花岗斑岩小岩体的位置上，相应地有从W、Mo、Cu组合，Pb、Zn、Ag组合到As、Ba组合分散流的分带现象，因此认为燕山早期的花岗斑岩为该区多金属矿的成矿母岩，在花岗斑岩的内外接触带为W、Mo、Cu、Fe、Sn等矿床生成的有利部位，其外侧为Pb、Zn、Ag、Cu等中温矿床生成的有利位置。

根据分散流中元素组合、控矿因素、成矿特点综合分析，在该区划分了9个地球化学区，提出了成矿预测区26个，其中一级预测区10个(6个为已知区)，二级预测区16个（见图4-4)。

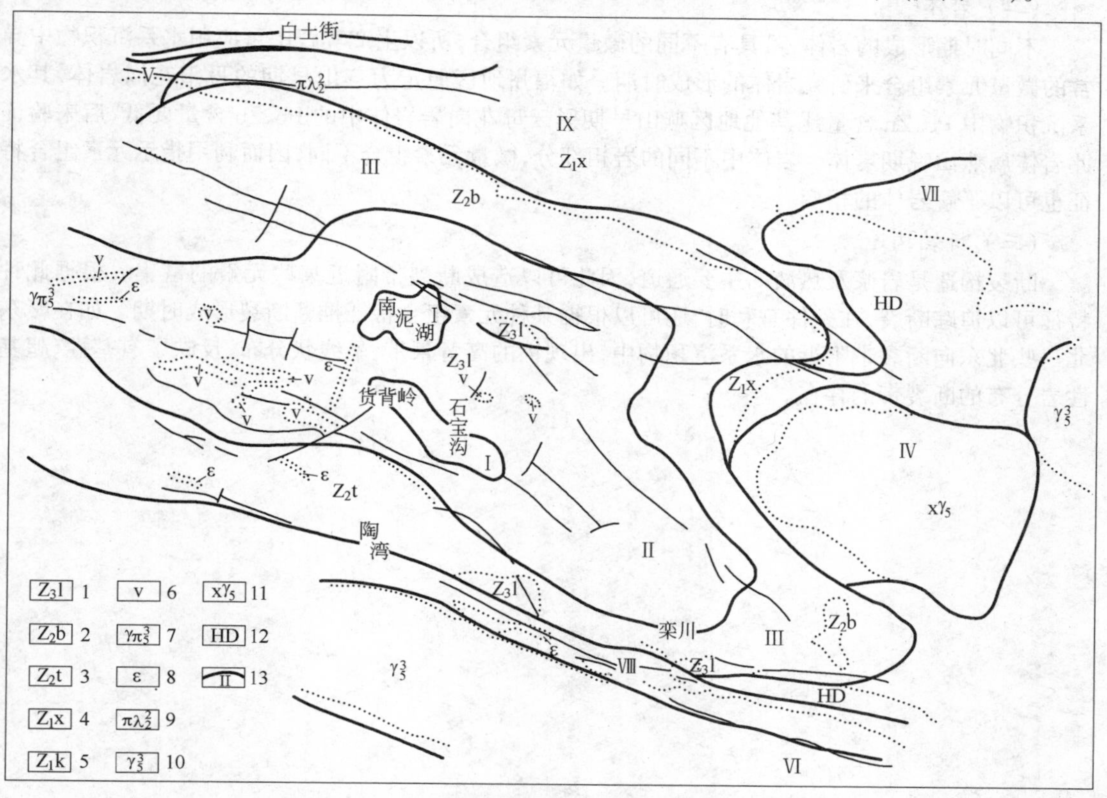

图4-4 南泥湖—石宝沟一带地球化学分区预测图

地球化学分区：Ⅰ—W、Mo、Cu、Fe高温成矿区；Ⅱ—Pb、Zn、Ag、Cu中温成矿区；Ⅲ—As、Ba、Ge、Pb、AZ低温异常区；Ⅳ—Y、La、Nb、Be、Zf稀散元素成矿区；Ⅴ—Pb、Zn、Ag、Cu碳酸盐岩成矿区；Ⅵ—W、Sn、Mo、花岗岩异常区；Ⅶ—Cu、Pb、Zn混合岩异常区；Ⅷ—Cu、Cr、Ni、Ti、Mo细碧岩异常区；Ⅸ—Fe、Cr、Ti、V中基性喷发岩异常区：1—栾川群；2—白玉沟群；3—陶湾群；4—熊耳群；5—宽坪群；6—辉长岩；7—花岗斑岩；8—正长斑岩；9—流纹斑岩；10—黑云母花岗岩；11—碱性花岗岩；12—混合岩；13—成矿预测区

由上所述可以看出，水系沉积物地球化学测量成果可以反映区域成矿规律，有利于进行成矿预测。因此，在找矿的反复实践中，在不断提高地质规律认识的基础上，应反复研究水系沉积物

地球化学测量的成果资料，不断指导找矿工作的深入。

三、在地质研究中的应用

近年来的生产实践表明，水系沉积物地球化学测量，在地质填图过程中对基础地质的研究发挥了一定的作用，对解决地层、岩石、构造等方面的问题，都提供了地球化学方面的资料。

（一）地层

一定的沉积地层，是在一定的岩相古地理环境下沉积形成的，在此特定的环境下就有特定的元素组合。因此，这种特定的元素组合就可作为地层的划分和对比的重要依据。如赣东北地区，发现水系沉积物中有 Mo、V、Ag、Cu、Zn、Ni、Co 等元素组合异常出现，而且呈条带状分布，与地层走向一致，延伸可达几十公里，甚至更远。这些元素的高含量带与寒武系下部的泥质、炭质岩石的分布地区一致。这种情况在邻近省份也有发现。这不仅为对比地层提供了依据，而且也为找矿指出了可能的含矿层位。

（二）岩体

不同时期形成的岩体，可具有不同的微量元素组合，所以生产实践中可应用水系沉积物中异常的微量元素组合来研究岩体的形成时期。如福州地区原定为燕山早期的丹阳花岗岩体，其水系沉积物中 Pb、Zn 含量比其他地区燕山早期黑云母花岗岩岩体中的 Pb、Zn 含量要低，后来验证此岩体属燕山晚期岩体。岩体中不同的岩相部分，微量元素组合不同，因而利用指示元素组合特征也可以了解岩体的相变。

（三）断裂构造

断裂构造是岩浆及热液的主要通道，因此可以造成断裂带附近某些元素的富集。根据此种特征可以追踪断裂，在条件有利时，还可以根据某种元素组合特征推断断裂形成时期。如在赣东北一些北东向断裂带附近的水系沉积物中，出现镍的高背景带，呈线状分布，反映了有基性、超基性岩分布的断裂带的存在。

第五章　水文地球化学找矿

水文地球化学测量是对天然水(包括地下水和地表水)中的元素含量、pH值、Eh值等进行系统的测定,研究它们在天然水中分布分配变化的规律,以发现其中与地球化学异常来找矿,以及解决其他问题。

第一节　天然水正常的化学成分

天然水的化学成分据现在分析技术水平能检出的元素有60种,其中:

(1) 主要离子为K^+、Na^+、Ca^{2+}、Mg^{2+}、H^+及Cl^-、SO_4^{2-}、HCO_3^-、OH^-,它们的含量决定水的"矿化度"(天然水中溶解各种物质的总量)的主要成分。

(2) 次要离子为NH_4^+、NO_2^-、NO_3^-、Br^-、I^-、F^-及各种金属离子(如Cu、Pb、Zn、Co、Ni、U等的离子)。重金属含量一般为$n\times(10^{-7}\sim10^{-5})$ g/L,稀有元素含量更少,U含量为5×10^{-6} g/L。

(3) 气体成分有O_2、N_2、CO_2、H_2S、CH_4、He、Rn等。此外,水中还含有有机物、细菌和胶体颗粒。

天然水中的各种元素主要由岩石风化后带入(其他来源有大气降水、生物、火山作用、岩浆热液等),而各种元素从岩石中带出的能力是不同的,也就是说它们迁移到水中的能力是不一样的。这种能力往往用水迁移系数K_x来表示,即

$$K_x=\frac{\text{水渣中的含量}}{\text{流域区岩石中该元素的平均含量}}$$

K_x值越大,该元素的水迁移能力越强。

注:B.B.波雷诺夫提出的水迁移系数计算公式为:

$$K_x=\frac{m_x}{an_x}$$

式中　m_x——元素x在河水中的含量,mg/L;

a——含于水中的矿物质残渣的总量,mg/L;

n_x——元素x在汇水区岩石中的平均含量,%。

上述计算公式后经A.И.彼列尔曼等改进,m_x仍为元素x在河水中的含量(mg/L),a采用500 mg/L,n_x取该元素的克拉克值。

第二节　水　　晕

矿体及其原生晕、次生晕中的元素经地表水和地下水的作用,它们中一些可溶性元素转入水中,使水中某些元素含量增高,或者水的其他化学成分发生变化(如pH值降低等),即形成水晕。

水晕形成时元素转入天然水中的作用有:

(1) 溶解。有些矿床中的成矿元素及其伴生元素容易溶于水,如盐矿中的K^+、Na^+、Br^-、I^-等很易溶于水。

(2) 氧化。有些矿床中成矿元素及伴生元素不易溶于水,但在表生带经过氧化后,却能生成易溶于水的产物。如金属硫化矿床中的许多金属硫化物(如 Fe、Cu、Pb、Zn、Co、Ni、Mo、Cd、Sb、Bi、Ag、Hg 的硫化物)在水中是很难溶的。在表生带经水和游离氧的作用,能生成可溶性的硫酸盐和硫酸。例如:

$$2FeS_2 + 7O_2 + 2H_2O \rightarrow 2FeSO_4 + 2H_2SO_4$$

$$4FeSO_4 + 2H_2SO_4 + O_2 \rightarrow 2Fe_2(SO_4)_3 + 2H_2O$$

生成的硫酸和硫酸铁是重要的溶剂,与金属硫化物反应,可使它们转变成可溶性硫酸盐。例如:

$$MeS + H_2SO_4 \rightarrow H_2S + MeSO_4$$

(Me = Cu、Fe、Ni、CO、Zn、Pb…)

$$CuFeS_2 + 2Fe_2(SO_4)_3 \rightarrow CuSO_4 + 5FeSO_4 + 2S$$

方铅矿、闪锌矿、黄铜矿与氧作用也能生成硫酸盐:

$$PbS + 2O_2 \rightarrow PbSO_4$$

$$ZnS + 2O_2 \rightarrow ZnSO_4$$

$$CuFeS_2 + 4O_2 \rightarrow CuSO_4 + FeSO_4$$

此外,硫氧细菌(thiobacillus)能将硫化物氧化为硫酸盐。

处于表生带的铀矿床中的晶质铀矿和沥青铀矿,在含 H_2SO_4 和 O_2 的水作用下能被氧化,生成可溶性的铀酰硫酸盐。例如:

$$UO_2 + H_2SO_4 + \frac{1}{2}O_2 \rightarrow UO_2SO_4 + H_2O$$

此外,许多金属硫酸盐在水中具有很大的溶解度(表 5-1),这些金属以离子(或络离子)转入水中,并且使水中富含 SO_4。硫化矿床氧化后生成的硫酸在水中亦可发生分解,生成 H^+ 和 SO_4^{2-},使水中 H^+ 和 SO_4^{2-} 增多。分解反应式为:

$$H_2SO_4 \rightarrow 2H^+ + SO_4^{2-}$$

表 5-1 若干金属硫酸盐的溶解度

硫 酸 盐	溶解度/g·L⁻¹	温度/℃
$ZnSO_4$	531.2	18
$MnSO_4$	393.0	25
$NiSO_4$	274.8	22.6
$CoSO_4$	265.8	20
$CuSO_4$	172.0	
$FeSO_4$	157.0	20
UO_2SO_4	148	
Ag_2SO_4	7.7	17
$PbSO_4$	0.04	18

(3) 电化学溶解。每一种金属硫化物同水溶液(包含有金属离子)的接触界面处都造成一种电位差,与金属的电极电位相类似(产生于金属与其盐溶液之间的电位叫做金属的电极电位);不同的硫化物与水溶液之间产生的电极电位是不同的,有的高,有的低。常见的金属硫化物电极电

位的大小如下：

高↑	白铁矿
	黄铁矿
电	黄铜矿
极	磁黄铁矿
电	毒砂
位	镍黄铁矿
	方铅矿
	辉钼矿
低	闪锌矿

因此处于溶液中的任何两种硫化物都构成一个特殊的原电池。电位低的硫化物容易失去电子构成阴极，在这里金属离子转入溶液中，而电位高的硫化物则得到电子构成阳极，金属离子变成原子停留在阳极。结果使电位低的硫化物加速氧化和溶解，同时又使电位高的硫化物的氧化受到阻碍。例如，在方铅矿—闪锌矿组合中，ZnS 电极电位较低，成为阴极，PbS 电极电位较高，成为阳极。

在阴极：

$$ZnS - 2e \rightarrow Zn^{2+} + S^0$$

在阳极：

$$PbS + 2e \rightarrow Pb^0 + S^{2-}$$

这样 Zn^{2+} 进入溶液，而 Pb 则停留在阳极。

这种电化学溶解作用在实验室的试验中得到了证明。如果将方铅矿与黄铁矿粉末一起置于水中，铅在溶液中的含量高达 50 mg/L，铁含量很少，甚至趋于零。当只有方铅矿一种粉末进行溶解时，水中含铅仅 4 mg/L，只有黄铁矿粉末进行溶解时，铁含量可达 2 mg/L。如果将方铅矿、闪锌矿、黄铜矿及黄铁矿混合在一起置于水中，溶液中含 Cu、Pb、Zn，不含 Fe，而且 Cu 含量不大，不超过 0.2 mg/L；Pb 含量为 1.4 mg/L；Zn 含量为 10 mg/L。说明电极电位愈低的硫化物溶解的数量愈大。试验前后溶液的 pH 值、SO_4^{2-} 含量无变化或变化很小。

试验还表明，这种电化学溶解不仅在中性溶液中进行，在碱性（pH 值等于 8.42）及酸性（pH 值等于 2～3）介质中也同样发生，但在酸性介质中进行得特别强烈。并且不仅在氧化环境中而且在还原环境中都可进行。这就给水化学测量寻找未出露地表遭受氧化作用的深部矿体提供了依据。

电化学作用形成的水晕与硫化矿床氧化作用形成的水晕特征不同。硫化矿床氧化作用形成的水晕的特征是：成矿主要元素及其伴生元素含量增高，SO_4^{2-} 含量增高；pH 值降低，Eh 值增高（因溶液中存在 Fe^{3+}/Fe^{2+}）。

电化学作用形成的水晕的特征是：pH 值、SO_4^{2-} 含量无明显变化，水中金属元素含量增高，且其量的多少取决于矿物的电极电位，电极电位低的含量较高。

（4）碳酸的作用。当地表水和地下水中含 HCO_3^-、CO_3^{2-} 时铀可以生成可溶性铀酰碳酸盐络合物，如 $Na_4[UO_2(CO_3)_3]$ 溶解度达 74 g/L。

（5）生物的作用。腐殖质与许多金属能生成可溶性腐殖质酸络合物。如铀酰与腐殖酸作用能生成可溶性酒腐殖酸络合物 $Na_4[UO_2(C_nH_n \cdot CO_3)_{1\sim3}]_m$、$Na_4[UO_2(C_nH_n \cdot COO)_n]$。此外一些细菌的作用可使某些金属溶解。据报道，金可由某些细菌的作用使其溶解于水中。

(6) 胶体的作用。一些成矿元素及其伴生元素在表生带可以胶体的形式存在于水中。如铀可生成胶体,带负电荷(在水的 pH 值等于 5 时稳定)。

通过以上各种作用形成的水晕,随着地表水和地下水的流动可带入河流、井泉和湖泊中,也可以在钻孔和坑道出水点中被发现(图 5-1)。

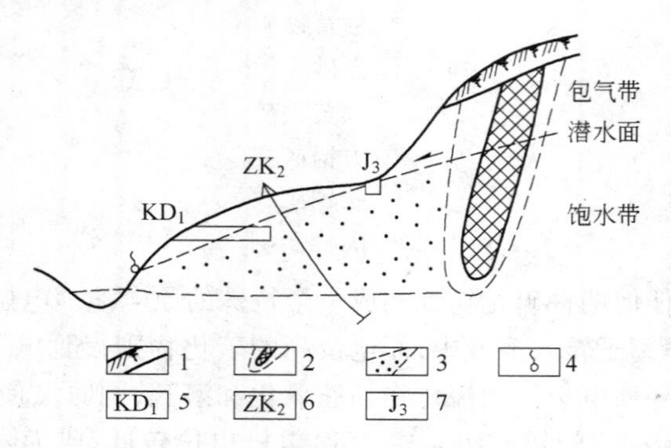

图 5-1　水晕出现位置示意图

1—浮土;2—矿体及原生晕;3—水晕;4—泉;5—坑道及编号;6—钻孔编号;7—井及编号

第六章　气体地球化学测量

气体地球化学测量是对土壤空气和大气中的某些气态的元素及化合物进行系统的测定,研究它们分布、分配和变化规律,以发现与矿有关的气体地球化学异常来找矿,以及解决其他一些问题。气体地球化学测量按其测量的位置和对象不同可分为以下几种:

(1) 土壤气体测量:抽取土壤中的气体进行分析;

(2) 地面气体测量:将灵敏而稳定的仪器装在汽车上,在合适的地形条件下,沿地面对空气成分进行分析;

(3) 航空气体测量:由装有高灵敏度仪器的飞机对大气成分进行分析。

气体地球化学测量用于寻找非放射性的金属矿产,国内外在20世纪50年代即开始试验。近十多年其发展较为迅速。它是寻找埋藏在地下的盲矿和被疏松层覆盖矿体的一种重要手段。特别是当地表被厚层风积物、冲积物、洪积物和冻碛物等外来物覆盖,其他方法难以奏效时,气体测量更具有明显的效果。它除了用于找金属矿外,也用于寻找石油、天然气、煤田和地热。气体测量还可用于发现隐伏的断裂构造以及地震预报。气体测量方法简便,速度快。尤其是航空气体测量的发展,将为快速扫面和通行困难地区的找矿工作提供十分有利的条件。因此,气体测量是一种很有发展前途的找矿方法。

第一节　气体异常形成

一、异常的形成

在化探中一些有意义的气体异常的形成归纳起来有以下几种情形:

(1) 热液成矿作用中形成的原生气晕。

成矿热液是一种成分复杂的热水溶液,除了包含有许多成矿元素和伴生元素,还包含一些气体组分。根据矿物包裹体研究的资料,这些气体有水蒸气、H_2S、CO_2,SO_2、HCl、CH_4等。成矿热液运移过程中,在有利条件下形成各种元素的矿床。在矿床形成的同时,成矿热液中一些气体组分可以被封闭在矿石和围岩的孔隙内,形成原生气晕。如前苏联乌拉尔的黄铁矿、多金属钛磁铁矿和金矿床中氮、二氧化碳、氢、甲烷、氩和氦在成矿过程中起了重要的作用,后来它们被封闭在矿石和围岩中;北高加索中部的一些黄铜矿矿床上在矿体附近围岩中发现了浓度较高的H_2S的原生气晕,在克拉斯诺达尔的汞矿床发现CO_2和H_2的原生气晕,并且CO_2和H_2的浓度与岩石中汞含量成正比关系。这种原生气晕中的气体组分被通向地表的断层裂隙勾通时,或矿体和围岩在地表遭到破坏时,就可释放出来聚集在土壤层中和逸散到大气中形成异常。

(2) 在表生带中矿床经氧化还原和生物作用形成的次生气晕。

例如,硫化矿床氧化可产生H_2S、SO_2和CO_2的气晕:在表生带硫化矿床中的黄铁矿氧化后可生成硫酸和硫酸铁,硫酸和硫酸铁作用于硫化物,则有硫化氢和二氧化硫的形成。

例如：

$$ZnS + H_2SO_4 \rightarrow ZnSO_4 + H_2\uparrow$$

$$FeS_2 + Fe_2(SO_4) \rightarrow 3FeSO_4 + 2S$$

$$2S + 2O_3 \rightarrow 2SO_2\uparrow$$

另外有机质和厌氧细菌的作用，也可以使硫酸根还原为 H_2S：

$$SO_4^{2-} + 8e + 10H^+ \xrightarrow{\text{细菌}} H_2S + 4H_2O\uparrow$$

$$H_2SO_4 + (2C) \longrightarrow H_2S + 2CO_2$$

硫化矿床氧化后生成的硫酸或硫酸盐，如遇岩石或矿石中的碳酸盐矿物或地下水中的重碳酸盐便生成 CO_2。如硫化矿床由上述氧化还原反应生成的 H_2S、SO_2、CO_2 常常聚集在矿体上方的土壤空气和大气中形成异常。

另一方面硫化矿床氧化过程中要消耗 O_2，因而使这些矿床上方土壤空气和大气中 O_2 含量减少，使之低于区域背景。若取 CO_2 与 O_2 的比值，则是大大超过区域背景含量，而成为一个明显地指示硫化矿床存在的标志。

又例如汞气晕的形成。汞可存在于原始岩浆中，在岩浆结晶过程中，一部分汞可以类质同像的形式进入岩石中，形成高度分散；另一部分汞则聚集在热液中，在热液成矿作用中，高中温阶段汞不形成独立矿物沉淀，主要以类质同像或机械混入的形式进入到许多金属矿物和脉石矿物中。因此，从高温到低温热液矿床往往都含有汞（表 6-1）。

表 6-1　某些矿物中汞的含量（%）

矿物	含量	矿物	含量
黝铜矿 $Cu_2Sb_4S_{13}$	$(100\sim1000)\times10^{-7}$	自然银 Ag	$(1\sim100)\times10^{-7}$
砷黝铜矿 $(Cu、As、Sb)_xS_y$	$(5\sim500)\times10^{-7}$	重晶石	$(0.2\sim200)\times10^{-7}$
闪锌矿	$(0.1\sim200)\times10^{-7}$	白铅矿	$(0.1\sim200)\times10^{-7}$
雄　黄	$(0.2\sim150)\times10^{-7}$	白云石	$(0.1\sim50)\times10^{-7}$
黄铁矿	$(0.1\sim100)\times10^{-7}$	萤　石	$(0.01\sim50)\times10^{-7}$
方铅矿	$(0.04\sim70)\times10^{-7}$	方解石	$(0.01\sim20)\times10^{-7}$
黄铜矿	$(0.1\sim40)\times10^{-7}$	菱铁矿	$(0.02\sim30)\times10^{-7}$
斑铜矿	$(0.1\sim30)\times10^{-7}$	石　英	$(0.01\sim2)\times10^{-7}$
白铁矿	$(0.1\sim20)\times10^{-7}$	软锰矿	$(1\sim1000)\times10^{-7}$
磁黄铁矿	$(0.1\sim5)\times10^{-7}$	褐铁矿	$(0.1\sim500)\times10^{-7}$
辉钼矿	$(0.1\sim5)\times10^{-7}$	赤铁矿	$(0.02\sim0.05)\times10^{-7}$
毒　砂	$(0.1\sim3)\times10^{-7}$	磁铁矿	$(0.1\sim0.5)\times10^{-7}$
雄　黄	$(0.1\sim3)\times10^{-7}$	锡　石	$(0.1\sim450)\times10^{-7}$
镍黄铁矿	46×10^{-7}	黑钨矿	0.1×10^{-7}
自然金	$(1\sim100)\times10^{-7}$	辉锑矿	$(0.1\sim150)\times10^{-7}$

注：数据来自原冶金工业部物探公司有关资料。

此外，许多热液矿床（如 Fe、Sn、W，Au、Cu、Pb、Zn、Sb、Hg、U 等）形成时，部分热液和汞蒸气可沿微裂隙扩散渗透数百米，甚至数公里远处生成范围宽广的汞的原生晕。

由于有机质，黏土和铁锰氢氧化物可大量吸附汞，因而在一些沉积矿床中（如铁、锰、煤）以及石油、天然气田中也伴生有汞。

在表生带中，辰砂能溶于中性和酸性水中，在矿物中呈类质同像或机械混入物或被吸附的汞也都可以转入溶液。通常汞离子（Hg^{2+}）是汞在溶液中的稳定形式。但如果被某种物质（如 Fe^{2+}

及有机物等)还原成亚汞离子,就会发生不均衡反应,立即生成自然汞与汞离子以达平衡:

$$[Hg_2]^{2+} \underset{还原}{\overset{氧化}{\rightleftharpoons}} Hg^0 + Hg^{2+}$$

甚至在下渗的地下水中含有足够量的 Fe^{2+} 或有机质时,它能使原生硫化物中的 Hg^{2+} 变成 Hg^+ 而有 Hg^0 从硫化物中析出。

辰砂氧化时也能生成自然汞:

$$HgS + O_2 \longrightarrow Hg + SO_2$$

自然汞的挥发性强,即使在常温下亦可不断产生汞蒸气。

因此,在表生带中热液矿床和某些沉积矿床及其原生晕中的汞通过上述反应产生自然汞,并可不断释放汞蒸气到土壤空气中和大气中形成异常。

再如气态有机金属化合物或络合物异常的形成。一些金属(如 Hg、As 等)在表生带能与有机质形成气态的有机金属化合物或络合物。例如,植物从含汞的土壤中吸收汞,通过新陈代谢,不断向大气排放汞的有机蒸气。这种有机汞蒸气在太阳光的照射下,能迅速转化成游离汞蒸气,因而在一些矿床的上方大气中形成有机金属化合物的气晕。

(3) 由放射性元素衰变产生的气晕。

在自然界,放射性元素或伴有放射性元素的矿床(包括其原生晕和次生晕)中的放射性元素,如 U、Th 等会产生放射性衰变现象。在衰变过程中生成氦气和氡气。这些氦气和氡气运移到地表,在矿体上方的土壤气和大气中形成气晕。

(4) 由断裂构造形成的气体异常。

在地壳中无论是由原始成矿热液中带来的气体组分,还是由矿床形成后遭受氧化还原作用以及放射性衰变产生的气体组分,它们都可沿着断层和裂隙运移,如果当这种断裂延伸到地表时,就能在断裂上方的土壤气和大气中形成某些气体组分的异常,而断裂本身可以是不含矿的。其异常强度有时比矿体引起的异常值还高,但其宽度较窄(图 6-1)。因此,气体异常能反映断裂构造的存在。

(5) 由现在构造运动形成的气体异常。

土壤和岩石中的气体分布与构造活动有密切关系。前苏联一些研究者对一系列气体组分(如 CO_2、CH_4、He、Rn 和 Hg)的长期观察结果表明,在构造活动相对静止时期,它们是稳定的,其流量和成分变化不大。然而,当出现构造活动时,气体的流量及其同位素组成都发生显著和快速的变化。例如,1966 年 7 月 12 日高加索北部某汞矿床,在地震时土壤中二氧化碳流量增高两倍(图 6-2),同时,二氧化碳中碳的同位素组成发生变化,^{13}C 的比例在地震那天从正常值 2.92% 下降到 2.37%,观测点的地震强度为里氏震级 4～5 级。上述观测结果说明,气流随着岩石动力负

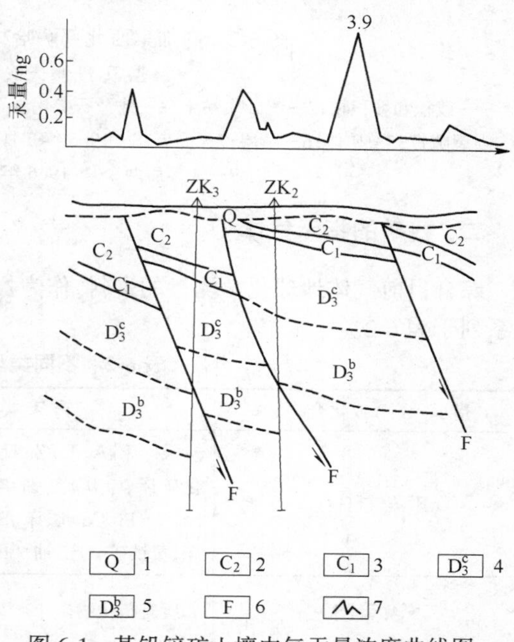

图 6-1　某铅锌矿土壤中气汞量浓度曲线图
(据田俊杰,1997 年)
1—第四系;2—白云岩、白云质灰岩;3—灰岩、白云岩;4—灰岩、夹泥灰岩;5—花斑状灰岩;6—断层;7—壤中气汞量浓度曲线

荷的增加而增长，在地震时达到最大值。因此，对于地震带内的气流和气体同位素做长期系统的观测，有助于预报地震发生的时间和位置。

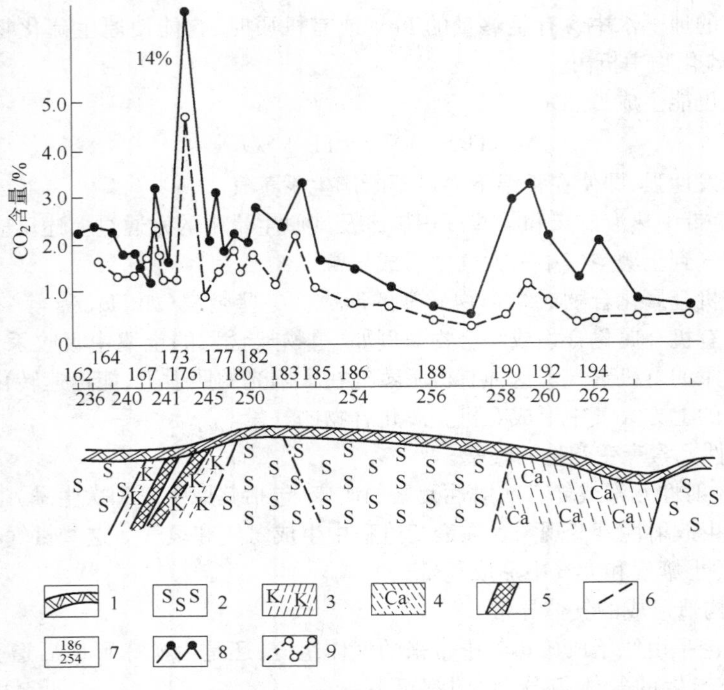

图 6-2　高加索西北部萨哈林斯克土壤气中二氧化碳含量

（据 Л. Н. 奥夫钦尼科夫等，1972 年）

1—残积和坡积物；2—粉砂质黏土；3—地开石矿化岩石的褶皱带和强裂隙带；4—方解石矿化岩石的褶皱带和强裂隙带；5—矿体；6—断层；7—测点；8—1966 年 7 月 12 日阿那巴地震前 8～12 h 土壤气中的二氧化碳含量；9—地震后两个月（1966 年 9 月 10 日）的二氧化碳含量

二、找矿的指示气体

综合目前气体地球化学测量的资料，作为找矿标志的气体组分和所指示的矿床类型之间的关系列于表 6-2。

表 6-2　不同类型矿床的指示气体

指示元素（或化合物）	矿床类型	测定方法
汞蒸气(Hg)	汞矿床、Ag-Pb-Zn 硫化矿床、Zn-Cu 硫化矿床、金矿床、铀矿床、多金属（Hg、As、Sb、Bi、Cu）矿床、Sn-Mo 矿床、银矿床、黄铁矿矿床、油气田、煤田、地热田	测汞仪（原子吸收型、金膜电阻型）、中子活化分析法、原子吸收光谱法、石英晶体微天平法
二氧化硫(SO_2)	所有硫化物矿床	比色法、相关光谱法、气相色谱法、质谱法、电导率法
硫化氢(H_2S)	所有硫化物矿床	比色法、气相色谱法、质谱法、荧光法
二氧化碳(CO_2)	所有硫化物矿床、金矿床、煤田	气相色谱法、质谱法、电导率法
氟(F)、氯(Cl)、溴(Br)、碘(I)和卤化氢(F、Br、I 的氢化物)	Rb-Zn 硫化物矿床、斑岩铜矿床、金矿床	离子选择电极法、质谱法、相关光谱法、荧光法

续表 6-2

指示元素（或化合物）	矿床类型	测定方法
惰性气体(He、Ne、Ar、Kr、Xe、Rn)	U-Ra 矿床、Th 矿床、Hg 的硫化物矿床、黄铜矿矿床、钾盐矿床	质谱法、放射性化学法、气相色谱法
碳氢化合物(CH_4)	Hg 的硫化物矿床、多金属硫化物矿床、Cu 矿床、U 矿床、油气田、煤田	气相色谱法、质谱法
金属有机化合物[$(CH_3)_2Ag$、AsH_3等]及其衍生物	可能包括所有硫化物矿床、Au-As 矿床	气相色谱、质谱分析、相关光谱
氮的氧化物(N_2O、NO_2)	硝石矿床	气相色谱、相关光谱

尽管可以利用的找矿指示气体很多，但是目前在生产上主要是通过发现土壤气体中汞的异常来找矿，其他尚处于试验研究阶段。

第二节 土壤气汞测量

一、汞在各种天然物质中的含量

汞在地壳中含量比较低，不同的岩石汞含量亦有所差异。岩浆岩中碱性岩的汞含量最高，沉积岩中以页岩特别是碳质页岩、沥青质页岩的汞含量最高。土壤中富含有机质的土壤的汞含量较高。天然水和空气中也都存在微量的汞。各种天然物质中汞的正常含量见表 6-3。

表 6-3 汞在各种天然物质中的正常含量

类 别	平均含量/%	类 别	平均含量/%
地 壳	0.08×10^{-4}	森林土壤	$(0.1\sim0.29)\times10^{-4}$
超基性岩	$0.01(0.168)\times10^{-4}$	开垦土壤	$(0.03\sim0.07)\times10^{-4}$
基性岩	$0.09(0.028)\times10^{-4}$	黏土质土壤	$(0.03\sim0.07)\times10^{-4}$
碱性岩	$0.09\ (0.45)\times10^{-4}$	砂质土壤	$(0.001\sim0.029)\times10^{-4}$
花岗岩	$0.08(0.062)\times10^{-4}$	天然水	$(0.01\sim0.1)\times10^{-7}$
页 岩	$0.4\ (0.437)\times10^{-4}$	温 泉	$(0.1\sim0.5)\times10^{-7}$
砂 岩	0.03×10^{-4}	大 气	0.01 ng/m^3
碳酸岩	0.04×10^{-4}		

注：括号内数据来源于伍宗华等人的资料。

以上是汞正常分布的情况。然而在含汞矿床上方的土壤空气和大气中汞则相对浓集，形成汞气晕。

二、土壤汞气晕的特征

土壤汞气晕的特征是：

(1) 汞含量可高于背景几倍、几十倍，甚至上百倍(表 6-4、表 6-5)。

(2) 地表土壤中汞气异常与下伏矿体之间的距离可比汞的原生晕范围大。

(3) 地表所测得的土壤气异常的范围，大体上与矿体在地表的投影位置相吻合。

表 6-4 某些矿床汞气晕特征

(据田俊杰,1997 年)

矿床类型	矿体埋深	覆盖情况	土壤中气汞量测量结果
大厂锡-多金属矿	300 m左右	厚度不大	背景 0.04~0.07 ng,矿体上方异常高于背景值十几倍
金厂峪金矿		残坡积物	背景 0.17~0.2ng,矿体上方异常可达 6 ng
石碌铁矿	已露天开采	残坡积亚黏土,厚 1~10 m	背景值 0.2 ng,矿体上异常极大值大于 10 ng,断裂有异常
伏牛山矽卡岩铜矿	50~60 m	亚黏土,厚 10~30 m	背景值 0.27 ng,矿上异常可达 3 ng,矿体上盘断层上也具异常
富家坞斑岩铜矿		疏松沉积物,厚 0.5~1 m 有机质甚多	背景值 0.09~0.16 ng,矿上异常大于 0.4 ng,断层上有异常
小铁山铜铅锌矿	几十至几百米	风成黄土,厚数米至十几米	背景值 0.1 ng,矿上异常 0.3~2.0 ng
石青硐铜铅锌矿	数十米	黄土厚数米至数十米	背景值小于 0.01 ng,矿上方大于 0.02 ng,异常清晰连续
凡口铅锌矿	100~200 m	亚黏土,稻田覆盖厚 20~40 m	背景值 0.1 ng,矿上异常达 0.4~7 ng,或更高断裂上异常明显
玉兰汞矿	断裂含矿	不发育	背景 0.06~0.08 ng,矿上异常可达 2 ng

表 6-5 某些铀矿床汞气晕特征

(据核工业部北京三所,1975~1978 年)

矿床编号	地质时代	赋矿岩石	矿床类型	矿体埋深 /m	背景值	异常特征		
						峰值/$\times 10^{-11}$g·L^{-1}	衬度	宽度/m
02	S_2^1	硅灰岩	单铀	30~200	7	>600	>85.7	40~100
01	S_2^2	硅灰岩	单铀	0~100	6	>600	>100	10~70
05	S_3^2	硅灰岩	单铀	60~100	7	540	77.1	30~40
03	$\in_{2+3}$	灰岩硅化带	单铀	30~200	7	>450	64.3	30~60
04	K_2	白云岩	铀-汞-钼	50~200	504 断层南 11	>600	54.5	10~30
					北 50	>1200	24	30~100
06	C_{2+3}	灰岩、粉砂岩	铜-铀	20~300	9	>630	>70	50~100
07	P_1	硅质板岩	揭露点	$n \sim n \times 10$	9	428	47.6	10~30
10	J_3K_2	粉砂岩	铜-铀	40	4	8.8 偏高值	2.2	30~40

三、土壤中汞气晕的控制因素

土壤中汞气晕的形成和产出受以下一些因素的控制:

(1) 地质因素。

1) 矿床中汞含量的高低:一般说来在其他条件相同的情况下,矿床中汞含量高,则所形成土壤和大气中汞异常强度较高。

2) 矿体及围岩孔隙和裂隙发育程度:矿体和围岩孔隙、裂隙越发育,连通性越好,越有利于土壤和大气中汞气异常的形成。

3）矿体埋藏深度和产状：矿体埋藏深度增大，异常随之减弱。矿体产状陡，异常较强，宽度较窄（图 6-3*a*）。矿体产状平缓，异常发育较宽，但较弱（图 6-3*b*）。在倾斜矿体上盘异常下降缓慢，下盘异常急剧消失（图 6-3*c*）。

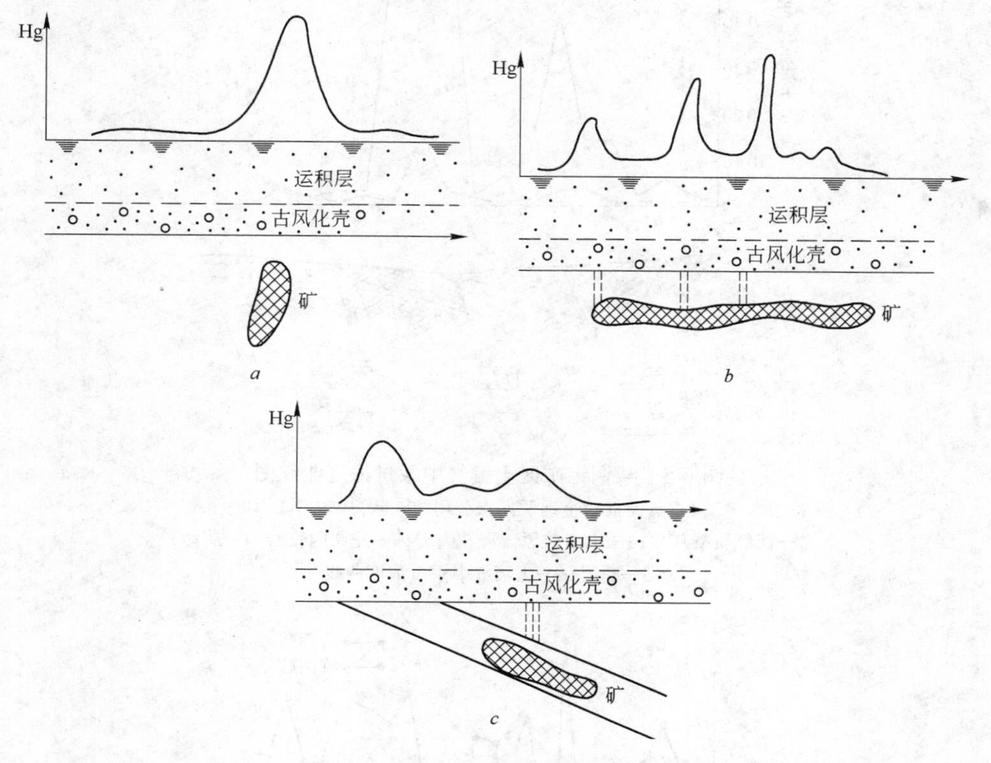

图 6-3　汞气晕与矿体产状的关系

a—矿体宽度较窄；*b*—矿体发育较宽；*c*—矿体下盘异常消失

（2）土壤的性质和厚度。土壤的性质和厚度对汞气异常有明显影响。土壤孔隙是汞气储存的空间，因此土壤中孔隙发育，特别是非毛细管孔隙发育，有利于汞异常的形成。土壤层厚度较大（几米到几十米）有利于汞蒸气在土壤中保存。土壤层太薄，汞气易于逸散到大气中去，使土壤气中汞气异常减弱。

（3）取样深度。由于近地表土壤空气中汞蒸气容易逸散到大气中，汞含量低，因而选择合适的深度采样测定有利于发现汞气异常。

（4）气候条件。主要是温度和降雨的影响，温度增高有利气体异常含量的增高。例如，在甘肃黄土区的试验，地温 14～16℃时土壤气中测得的汞量比地温 21～24℃时测得的为低（图 6-4）。在黑龙江某铜钼矿区 8 月份测得的土壤气中汞量浓度比 6 月份的低（图 6-5）。

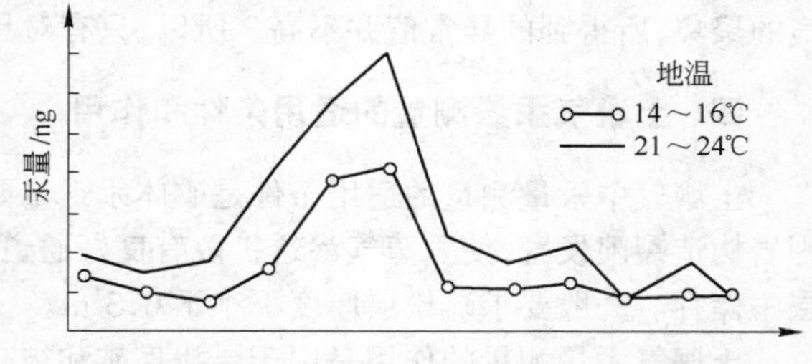

图 6-4　不同地温下土壤气中汞量的变化

（据田俊杰，1977 年）

降雨会使土壤气中汞量降低。如某地雨后测得的土壤气中汞异常强度较晴天测得的为低（图 6-6）。这是由于土壤非毛细管孔隙雨后被水饱和气体被挤出，以及部分汞溶于土壤水中所致。

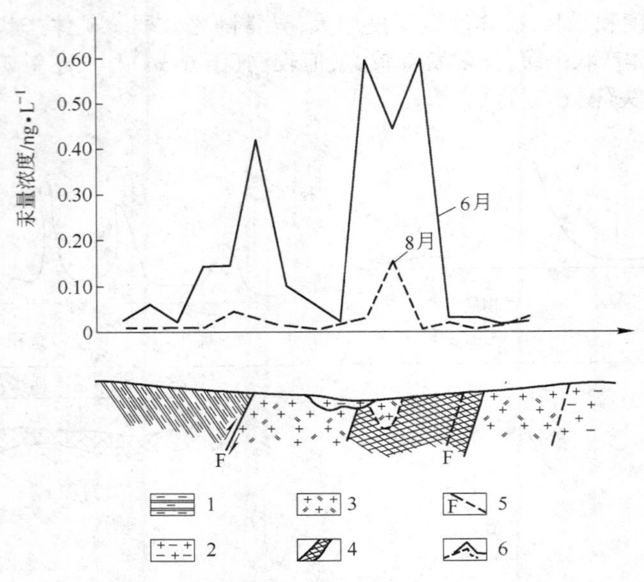

图 6-5 某铜钼矿区土壤气中汞量浓度曲线图

(据黑龙江冶金地质勘探公司 706 队,1977 年)

1—流纹质凝灰岩;2—中粗粒黑云母花岗岩;3—花岗闪长岩;4—矿体;

5—断层;6—土壤气中汞量浓度曲线

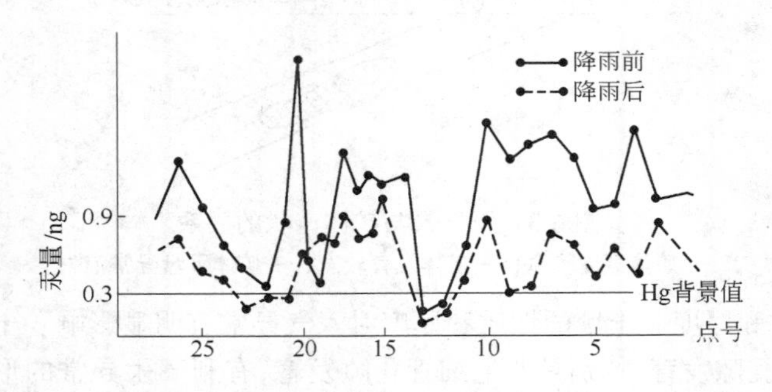

图 6-6 降雨对土壤气中汞量的影响

(据田俊杰,1977 年)

以上所述说明,影响土壤中汞气异常的因素是多方面的,应注意全面分析。尤其是在具体情况下要弄清哪些因素起着主导作用。例如,矿床中汞含量高,一般说所形成的土壤气中汞异常值较高。但如果土壤层很薄,不利于游离汞蒸气的保存;或者土壤很致密,孔隙不发育,不利于汞蒸气的聚集,所得到的异常值并不高。所以,只有对具体情况做具体分析方可得出正确的结论。

四、土壤气汞量测量的适用条件和作用

土壤气中汞量测量的适用条件是矿体汞含量要高于围岩,且有一定规模并不断释放游离汞,围岩构造裂隙发育,使汞蒸气渗透扩散有良好通道,疏松层厚度不能太小,以利于汞蒸气在疏松层中储存。一般要求疏松层厚度不小于 0.3 m。

土壤气汞量测量的作用是用于寻找盲矿和被疏松层覆盖的矿体,特别是寻找被厚层外来疏松层覆盖的矿体(如用于冲积平原区、黄土区、沙漠区的找矿),此外用于发现隐伏断裂构造及地震预报等。

第七章 化探野外工作方法

目前，一个完整的化探工作包括踏勘、试验、工作设计、采样、样品加工处理、分析、资料整理、异常解释评价与验证直到提交报告的全过程，是一个有组织、有计划、有步骤调查研究的过程，涉及很多人员协同工作，不但是技术工作，也是组织管理工作。

从踏勘到样品加工处理，即样品送分析以前这一段常称为野外工作。这一章就是讲这个阶段的工作方法。

第一节 踏勘、试验与工作设计

在接受任务后首先应收集、熟悉工作区及邻近地区已有的地质矿产找矿勘探开采地形地貌气候植被疏松物覆盖情况、水系分布测绘等资料，在此基础上进行现场踏勘，检查验证前人的成果，补充收集所需的资料。在这一过程中常常要采集1～2套有代表性的岩石矿石标本和样品进行鉴定分析，以了解矿物及元素共生组合特点，且有助于指示元素的选择。

在开展化探工作缺乏依据或为了选择合适的方法与技术，以及研究化探找矿种的特殊问题时，可先进行试验。试验工作有以下几种：

(1) 方法试验：是解决化探方法的有效性。通过试验了解异常发育的基本特征，确定何种化探方法最适用。

(2) 技术试验：是解决某些具体的工作方法和技术，以达到经济合理的目的。如采用怎样的采样和样品加工处理方法，选择哪些指示元素和分析方法等才比较适宜。

方法试验和技术试验常在踏勘阶段一并进行。

(3) 专题试验：是解决某些专门性的问题所进行的试验，如为解决工作中碰到的疑难问题所进行的试验、新的化探方法的试验等，这种试验进行的时间视需要而定。

在踏勘试验工作的基础上编制工作设计。工作设计对工作的目的任务、化探方法选择的依据、工作方法、质量要求、工作量及进度计划、最后提交的成果都应阐明。工作设计是指导化探工作开展和保质保量完成任务的行动计划。工作设计编制完毕并经上级批准后即执行。

第二节 化探方法的选择

一、选择的依据

根据工作的目的任务结合工作区地质、地球化学特征、自然地理条件（地形、气候、疏松物覆盖情况、植被、水系等）和经济效益选择化探方法。

二、化探方法的选用

(1) 区域化探涉及的面积大（几百到几千平方公里或更大），其目的是迅速圈出成矿的远景区，以便进一步普查和详查。

在中低山区甚至是高寒山区水系发育时宜采用水系沉积物地球化学测量，有条件配合水化学测量；在地形平缓、残破积层分布广泛、水系不发育时才用土壤地球化学测量。

在此阶段配合少量岩石地球化学，以研究岩浆岩、地层构造的含矿性，以及计算图幅中元素的平均含量和不同地层、岩石中元素的平均含量。每个地质单元取 30～200 个样。

(2) 普查设计面积较大(几十到几百平方公里)。一般是在成矿特点基本查明的地区或已知矿区外围进行。

适于水系沉积物地球化学测量时仍使用水系沉积物地球化学测量，配合水化学测量；适于土壤地球化学测量仍用土壤地球化学测量；当基岩出露良好时，可使用岩石地球化学测量。

(3) 详查勘探在普查圈定的含矿有利地段或已知矿区的近邻进行。其目的是确切圈定矿体的位置，初步评价矿体规模，预测深部矿化趋势。

视条件使用土壤、岩石、气体地球化学测量，还可辅以水文地球化学或生物地球化学测量。

(4) 开采阶段则多用岩石地球化学测量，在地表(包括探槽、浅井)、钻孔和坑道中采样，以寻找盲矿体。

第三节　指示元素的选择

一、选择的原则

对于找矿的指示元素选择的原则是：

(1) 所选元素能够指示矿床存在的大致空间位置，或能指示找矿方向；

(2) 所选指示元素及其组合特点能够区分矿异常和非异常；

(3) 形成的地球化学异常要清晰，并且具有一定的规模，能在普查勘探中容易被发现；

(4) 选用的指示元素最好能用快速、灵敏、简便、经济的分析方法加以测定；

(5) 选择的数目在达到找矿目的的前提下尽可能少。

二、选择的方法

选择指示元素的方法有：

(1) 类比法：根据前人在不同矿床型总结出的找矿指示元素，结合矿区具体情况参照选择。

(2) 理论分析方法：以地质、地球化学理论作指导，结合具体情况进行选择。如运用不同类型岩石，矿床元素共生组合规律来选择。

(3) 扫视法：根据样品全分析的资料选择适当的指示元素。

第四节　采样布局

目前化探采样点布局主要有以下几种：

(1)“格子”采样法。在相应的地形图上划分单位采样格子，在每个单位格子内大致按采样密度布点。采样人员在野外根据实际情况可灵活加以变动。格子的大小及采样密度按工作的任务而定。在区域化探和普查中多采用这种布局(图 7-1)。

(2) 规则测网。如按方形网、矩形网、菱形网布点。

(3) 以一定的测线间距和测点间距布置采样点，测线方向垂直于矿体或构造走向。测线、测点间距一方面取决于异常的规模，另一方面也决定于工作的程度即比例尺。

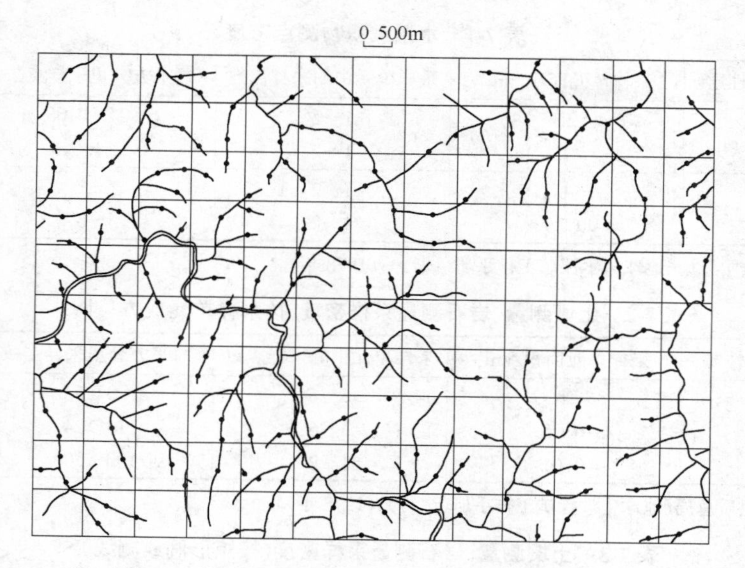

图 7-1　“格子”采样法采样布局(均匀布局)之实例

原则上讲在普查找矿时应使 1～2 条测线和 2～3个测点落于异常内;在详查时应使 3～5 条测线及 3～5 个测点落于异常范围内。

(4) 不规则测线。样品并不严格按一定的点线距采集,以能满足研究问题的需要为原则。如岩体评价采样布局,只要使样点大致均匀地分布于岩体中,使测定结果更具有代表性(图 7-2);断裂构造评价采样布局和接触带采样布局,剖面线距无一定要求,也不互相平行,但要基本上垂直异常延伸方向,以能追索异常的分布为原则(图 7-3、图 7-4)。

关于采样密度要求,现行规范如下(表 7-1～表 7-3)。

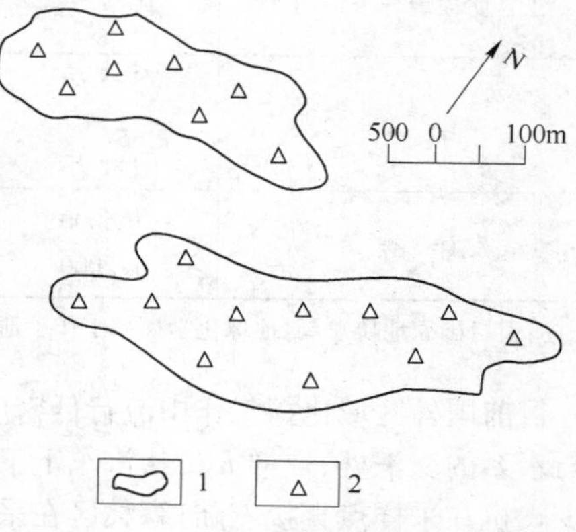

图 7-2　岩体评价的采样布局
1—岩体;2—采样点

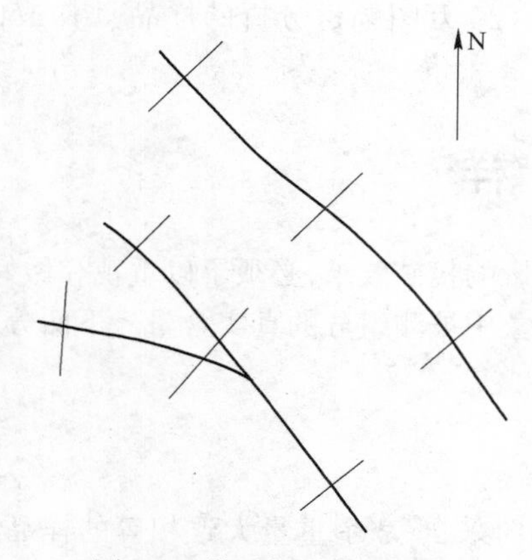

图 7-3　构造评价采样布局

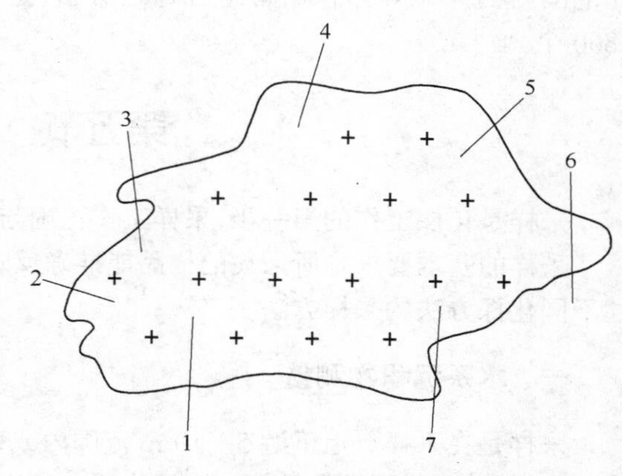

图 7-4　接触带评价采样布局
1～7—剖面线编号

表 7-1 水系沉积物测点密度

工作阶段或任务性质	采样单元面积/km^2	采样单元中的采样点数	每平方公里采样点数	相应比例尺
区域化探	25	1～2	0.04～0.08	1:50 万
	4	1～2	0.25～0.5	1:20 万
普 查	1	1～2	1～2	1:10 万
	0.25	1～2	5～8	1:5 万

注:引自国家地质总局《地球化学探矿工作手册(试行)》(1978 年)。

表 7-2 土壤测量、岩石测量采样密度(按采样单元或方格网)

工作阶段或任务性质	采样单元面积/km^2	采样单元中的采样点数	每平方公里采样点数	相应比例尺
区域化探	1	3～6	3～6	1:10 万
普 查	0.25	3～6	14～24	1:5 万
详 查	0.01	1～2	100～200	1:1 万

注:引自国家地质总局《地球化学探矿工作手册(试行)》(1978 年)。

表 7-3 土壤测量、岩石测量采样密度(按矩形网或测线)

工作阶段或任务性质	比 例 尺	采 样 间 距		每平方公里采样点数
		线距/km	点距/m	
普 查	1:5 万	0.5	100～200	10～40
	1:2.5 万	0.25	50～100	40～160
	1:1 万	0.1	20～50	200～500
详 查	1:5000	0.05	10～20	1000～2000
	1:2000	0.02	5～10	5000～10000

注:引自国家地质总局《地球化学探矿工作手册(试行)》(1978 年)。

目前国外区域化探工作中流行低密度水系采样,即几个平方公里一个点,把采样点布置在公路与水系的交汇处,取样人员从汽车上下来,向上游走 30 m 取样。有的国家用直升飞机配合,树木少飞机在采样点直接着陆;森林区在采样水系源头将取样人员用软梯或吊椅从飞机上放下来,在水系口接回。一个水系采完样后飞往下一个水系采样。

我国现行区域化探水系测量以 1 km^2为采样单位,采 1～2 个样,4 km^2作为一个分析单位,将此范围内的样品等体积制备组合样送分析,这样每个 1:20 万图幅送分析的样品只有 1500～1800 个。

第五节 采 样

采样是化探工作的第一步,采样工作正确与否,直接影响找矿效果,必须予以重视和做好。

采样的基本要求是所采集的样品能准确反映采样对象中被测组分的真实含量。下面分别叙述不同化探方法的采样方法。

一、水系沉积物测量

采样是在采样点上下游 5～10 m 范围内或垂直于流向采 2～3 个重量大致相等的样品组合成一个样品,一般要求取最新的表层物质。只当表层受到人为污染时,才考虑取较深的层位。取样物质的粒度,对于抵抗风化能力弱的矿床,如 Cu、Pb、Zn、Ni、Co、U 等的热液矿床 ,一般取淤泥、粉砂,对于抵抗风化能力强的矿床,如 Nb、Ta、稀土、W、Sn、Au、Pt 等则取细砂。样品重量为 100～150 g。注意避开氢氧化物和有机质,以及塌积物、人工搬运物、外来覆盖面物。干河谷采样应除去杂草、污物,采冲积物。

二、土壤测量

土壤采样特别要注意解决合适的层位和粒度,否则不能获得好的找矿效果。我国幅员辽阔,自然条件复杂,在不同条件下采用不同的方法。

(一) 层位

(1) 残坡积层采样一般取自土壤 B 层,通常不在 A 层取样,因为 A 层金属容易贫化,其次在某些特定条件下,在 A 层又可由生物聚积作用产生非矿异常,再其次 A 层取样因含有机质给分析带来干扰(比色分析时引起试液浑浊,光谱分析样品激发时发生样品喷溅)。当然,如经试验某些矿种 A 层采样效果更好,亦可在 A 层,甚至 A0 层采样。通常也不在 C 层采样,因效率不及 B 层高。

如青海物探队在某地起先在腐殖层(A 层)采样,有的腐殖层大于 1 m,未发现异常,后来穿过腐殖层采样,发现了异常,找到了铜矿。

(2) 外来物覆盖区,应穿过外来物采样。如江苏 814 队在冲积平原利用浅钻穿过冲积层取样,找到冲积层下的铜矿;吉林某 Cu-Ni 矿,第一次样品取出在冲积层上,未取得效果,第二次穿过冲积层取样,找到较大的矿体。

(3) 在气候炎热多雨、化学风化强烈、元素在地表发生强烈淋溶时则应考虑加大取样深度。如福建某火山岩中的 Cu-Mo 矿床,0.2～0.3 m 取样未发现异常,用土钻在 0.5 m 深处取样,发现了异常,找到了 Cu-Mo 矿床。

(4) 水田在南方经常遇到,在这种地区应穿过耕作层在残破积层取样,才能收到好的效果。如广东某地在田埂下穿过耕作层取样(深 0.5 m)发现一个水田下的大铜矿。

(二) 样品粒度

对于 Cu、Pb、Zn、Ni、Co 等硫化矿床以及热液铀矿土壤取样一般取细粒物质,如砂质土细砂土、粉砂土、黏土。它们的富集粒度为 0.1～0.5 mm。

对于 Nb、Ta、稀土、W、Sn、Au、Pt 等一般取样粒度较粗,如粗砂土。它们的富集粒度为 1～3 mm。

然而在风成物广泛分布的地区,细粒物中异常微弱,因为细粒物多为风搬运而来,而较粗的粒级中,风成物影响大大减少,如内蒙物探队发现小于 120 网目(小于 0.1 mm)细粒物质异常微弱,40～120 网目(0.3～0.1 mm)异常最清晰。

(三) 样品重量

样品重量应根据指示元素富集粒度大小、元素分布的均匀程度及分析所需样品重量来确定。富集粒度较细的样品重量为 50～100 g,富集粒度较粗的样品重量为 100～200 g。保证过最佳自然粒度的筛孔后样品重量不小于 20 g。

三、岩石地球化学测量

采样对象是地表基岩(包括浅井和探槽中的基岩)、岩芯、坑道中的岩石。应注意采集风化很微弱、未被污染的岩石。有时也采集断层泥和裂隙充填物。对于研究岩石中元素正常含量的样品应避开矿化影响的岩石,对于找矿的样品应采集受成矿作用影响的岩石。

地表和坑道采样是在采样点附近(一般是直径 1 m 范围内)采若干小块岩石(一般 5～7 块)

合为一个样品。

钻孔岩芯采样是在每个采样点上下共 1 m 范围内采取 5～7 块岩石合为一个样品。一般采样点间距是 2～5 m。

岩石样品重量为 150～200 g,对于断层泥和裂隙充填物为 20 g 以上(如 50～100 g)。

四、水文地球化学测量

水样用 500～1000 mL 的洁净的带塞玻璃瓶(或聚乙烯瓶)盛放。采样时预先用待测水将瓶冲洗 2～3 次,之后将瓶徐徐放入水面下 0.5 m 处直接取水(瓶口背着水流方向),避免水面悬浮物进入水样,同时还要避免水底沉积物进入水样。水样不要盛满,留一定空隙(10～20 mL),以免受热瓶塞被冲掉。盛好水样后将瓶塞紧,贴上标签。井、泉、钻孔、坑道水样应取新鲜溢出水,避免取停滞水。

水质简易分析水样取 500～1000 mL。水质全分析水样取 2000～3000 mL。分析金属元素的水样取 1000 mL,并应加 1 mL 1∶1 HCl 使其酸化,以防金属离子沉淀或被吸附。对于送光谱分析的水样,分析前要先经过浓缩,浓缩的方法有:

(1) 蒸干法:所得干渣应不少于 0.1 g;

(2) 共沉淀法:用 $CaCO_3$、CdS 作沉淀剂,沉淀物烘干,送光谱分析;

(3) 离子交换法。

对于水温、pH 值、SO_4^{2-} 含量、Cl^- 含量、重金属总量,可在野外用轻便水质分析箱及时测定。

定点:1∶2.5 万及更小比例尺的化探工作,一般先将设计的采样点标在地形图上,并编上点、线号,采样时适当变动。点线距变动范围不大于原设计规定数的 20%,采样密度应不变。样点在野外作适当标记。1∶1 万及更大比例尺常用测量仪器定点(测网法或控制测网法)。当用控制测网法时,由一控制点闭合另一控制点的方向差应不大于线距的 20%,距离差应不大于控制点距的 10%,测线方向变动不得超过 20°,并不得与相邻测线相交。

取样点详细记录,各种化探方法都有统一的记录格式。

第六节 样品加工处理

样品加工的目的是:去除水分、杂质,选取所需粒度,使样品均匀化。

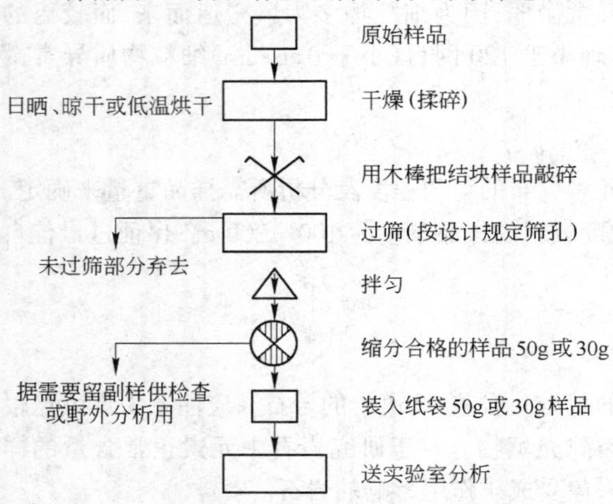

图 7-5 水系沉积物样品及土壤样品的加工流程

样品加工时要防止污染,应做到:

(1) 矿样和化探样分开加工;

(2) 每加工完一个样品要进行清洁工作;

(3) 加工样品最好按测线上测点的顺序进行,即使相邻样品有污染也不致造成假异常(在自然界实际上并不存在的异常);

(4) 不能随便更改加工方案,对疏松物样品第一次过筛前不要碾磨,以保存原始粒度;

(5) 不能用金属铜筛,而用尼龙筛。

水系沉积物样品及土壤样品的加工流程如图 7-5 所示。岩石样品的加工流程如图 7-6 所示。

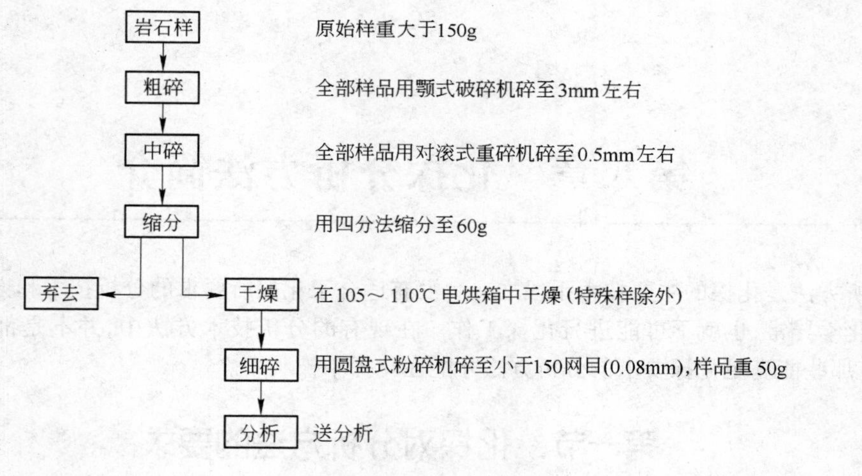

图 7-6　岩石样品的加工流程

第八章　化探分析方法简介

分析方法是化探的主要技术手段之一。没有适合于化探所要求的分析技术和方法就无法发现地球化学异常，也就不可能进行化探工作。在现有的分析技术方法中，并不是都能适用于化探，只有那些能满足化探要求的分析方法才能在化探中被利用。

第一节　化探对分析方法的要求

由于化探工作中样品数量大、分析项目多、元素含量低而变化范围大，有一定的时间要求，因此对分析方法提出了一些特殊要求。

一、高灵敏度

灵敏度是指分析方法能测出样品中某些元素含量的下限。

化探样品中指示元素多是微量或超微量的，一般含量下限是 10^{-6}级或 10^{-9}级。因此没有高灵敏度的分析方法，就不能发现异常，或者使异常的真实规模及形态不能完全显示出来。例如，过去化探工作中很难发现金异常，因为它在异常中的含量很低（平均含量为 10^{-9}级），而原有的一般分析方法检测不出。近几年来我国对金的分析已有突破，可检测出样品中 0.001×10^{-6}的金含量，可通过直接发现金的异常来找金矿。

通过化探对分析方法灵敏度的要求是要能测出元素在当地的背景含量。区域化探是在全球背景的基础上去发现异常，因此它以元素在地壳中的平均含量作为对分析方法灵敏度的要求。具体要求见附录 5。

二、足够的精密度和准确度

精密度（重现性）是指对某一样品多次检测结果的彼此符合的程度。

精密度一般以两次分析结果的相对偏差 δ 来表示。

$$\delta=\frac{|c_1-c_2|}{c_1+c_2}\times100\%$$

式中　c_1——第一次分析结果；

　　　c_2——第二次分析结果。

在化探中将发射光谱分析，按相对偏差的大小分为：

定量分析	$\delta<5\%$
近似定量分析	$\delta=5\%\sim20\%$
半定量分析	$\delta=20\%\sim50\%$
定性分析	$\delta>50\%$

当对一样品分析次数较多时，精密度也可用标准离差（S_x）或对数标准离差（$S_{\lg x}$）和相对标准离差(RSD)来表示。

$$S_x = \sqrt{\frac{1}{N-1}\sum_{i=1}^{N}(c_i - \bar{c})^2}$$

$$\mathrm{RSD} = \frac{S_x}{\bar{c}} \times 100\%$$

式中　c_i——第 i 次分析结果；

$\bar{c}$——分析结果的平均值；

N——分析次数。

对数标准离差及其相对标准离差则先将含量转换为对数后按上式计算。

根据工作任务的不同，有时要求达到定量，有时则只要求达到半定量即可。

准确度指测定结果与样品中真实含量接近的程度。

准确度在实际工作中，往往是将测定的结果与被人们认为与真实含量相近似的定量分析结果(或采用标准样)对照，以一定的误差形式表示。如用标准样品多次分析的平均值与其最佳估计值之差的相对误差(RE%)(当误差成正态分布时)，或对数偏差平均值($\Delta \lg c$)(当误差呈对数正态分布时)来表示。

$$\mathrm{RE}\% = \frac{\bar{c} - c_s}{c_s} \times 100\%$$

$$\bar{c} = \frac{\sum_{i=1}^{N} c_i}{n}$$

式中　$\bar{c}$——标准分析结果的平均值；

c_s——标准样品最佳估计值；

c_i——标准样品第 i 次分析结果；

N——分析次数。

$$\Delta \lg c = \frac{\sum_{i=1}^{N}(\lg c_i - \lg c_s)}{N}$$

式中　$\lg c_i$——标准样品第 i 次分析结果的对数值；

$\lg c_s$——标准样品最佳估计值的对数值；

N——分析次数。

化探样品分析准确度的要求应以能满足完成各种地质找矿目的的需要为原则，不恰当的追求高准确度会导致工效降低，使化探失去迅速评价的优点。

区域化探为了使数据便于在全国范围内甚至在世界范围内对比和供各方面利用，准确度和精确度要求更高些。如果化探的目的只是局限在不大的范围内发现异常和找到矿床，就无需提出过高的准确度要求，而可以允许分析中存在一定的甚至是显著的误差。只要分析方法具有一定的精密度，具体要求见附录6、7。

三、分析方法快速、简便、经济、轻便

化探要求分析方法能快速地测定样品中各种元素的含量，而且要求操作简便、成本低，分析的仪器设备尽可能便于携带，便于野外现场分析使用，这样才能使大量的样品迅速得到所需的分析结果，以便及时对工作区的找矿前景作出评价，或指导山地工程的布置以追索矿体。按现行规范，分析结果力求在收到样品后的一个月提出。

第二节　化探常用的分析方法简介

一、比色分析

比色分析是在一定条件下，使试剂(显色剂)与试液中待测元素反应生成有色溶液，通过眼睛和标准有色溶液(又称标准色阶)对比，以确定待测元素的含量；或者通过仪器(如光电比色计或分光光度计)测定有色溶液对某一波长的光的吸光度(A)，来求得待测元素的含量。

$$A = \lg \frac{I_0}{I}$$

式中　I_0——入射光强度；

I——透过光强度。

根据朗伯－比尔定律：

$$A = KCb$$

即一束单色光通过均匀溶液时，其吸光度与溶液的浓度(C)和厚度(b)的乘积成正比。当测定的条件固定，则吸光度只与溶液的浓度有关(图 8-1)。

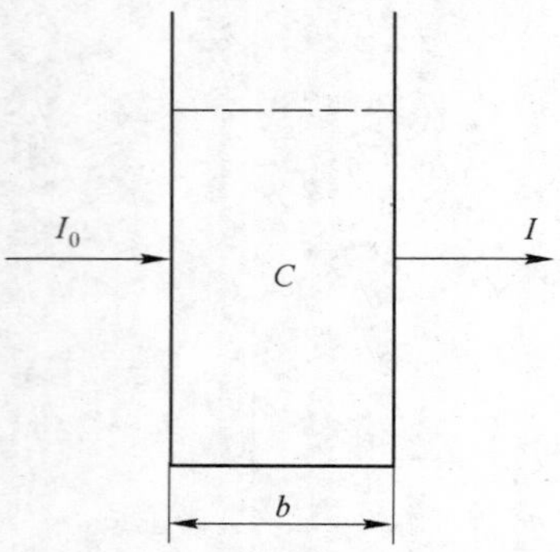

I_0　C　I　b

图 8-1　光吸收示意图

用眼睛比较溶液颜色深浅以确定元素含量的方法，称为目视比色法，只能达到半定量。

用光电比色计或分光光度计来测定元素含量的方法，称为光电比色法，可以达到定量的要求。

比色分析的优点是灵敏度高，可分别检出 0.1～0.01 μg/mL 的含量，设备比较简单，操作简便，分析速度快，一般野外驻地，甚至现场都可以应用。可测元素达 30 多种，如 Cr、Ni、Co 、Fe、Mn、V、W 、Ti、Sn、Bi、Mo、Be、Nb 、Ta、Cu、Pb、Zn 、Sb、Hg、Se、Te、Ge、Cd、Au、 Ag、Pt、、Pd、F、Cl、I、P、U 等。

二、斑点分析

斑点分析是用试剂与被测元素在固定面积的滤纸上发生化学变化，生成有色沉淀(即色斑)，然后将其和已知含量的标准色斑进行比较来确定被测元素的含量。

该方法灵敏度较高，可检出 0.n～0.0n μg/mL 的含量，设备简单、操作简便、效率高、成本低，适于野外半定量分析。主要用于分析 As、Cu、Ni、Pb、Ag 等元素。

三、纸色层分析

纸色层分析是利用某种溶剂溶解滴在滤纸上的试液中的被测元素后，沿滤纸毛细孔上升时，不同元素迁移的距离不同，有的迁移远，有的迁移近(称为色层分离)。当用显色剂使各元素显色，即得色层谱，将其与标准色谱对比即可确定元素得含量。

该法灵敏度为 0.0n μg/mL ，设备简单、成本低、操作简便、快速，适于野外化探样品的半定量分析。该法可同时测定 2～4 种元素，尤其适于对那些经常共生且性质相似得一组元素的同时测定，如 Cu-Co-Ni、Cu-Co-Ni-Zn、Cu-Zn-Pb、Cu-Pb-Zn-Ni、Nb-Ta、U 等。

四、偏提取与冷提取分析

(一) 偏提取分析

偏提取分析是用弱的溶剂溶出样品中某种元素的一部分，然后对这部分元素进行测定。

化探中使用偏提取分析技术，只测定样品中与异常有关的那一部分元素的量，可以提高异常的衬度和规模，以及区分异常的成因（是盐晕或是机械晕等）。

例如，俄罗斯某铀矿区，背景区花岗岩中铀主要含在副矿物中，若以2%的苏打溶液（加入H_2O_2）处理样品只能提取出少量的铀，然而在异常区与矿化有关叠加在围岩上的铀则成独立矿物（沥青油矿、铀黑等）形式，这些矿物易溶于加入H_2O_2的苏打溶液。于是利用上述溶剂做偏提取分析，得到该区铀的异常下限为2×10^{-6}，而依据样品全铀分析结果，异常下限则为16×10^{-6}。偏提取分析得出铀的原生晕在矿上延伸300 m，可达地表，然而依据全铀分析结果，原生晕在矿上延伸180 m，在地表无异常显示。

该区背景区花岗岩中铅主要呈类质同像混入物赋存于钾长石中，而异常区的铅则是呈极细粒的方铅矿产出。同样用偏提取分析技术，即用1:50（体积比）的盐酸（加入少量NaCl，使浓度达1 g/L）处理样品，使方铅矿生成易溶的$Na_2(PbCl_4)$转入溶液，这样测得铅的异常下限为10×10^{-6}。用光谱分析样品中的铅的总量，异常下限为100×10^{-6}。依据偏提取分析圈出的原生晕比铅总量圈出的原生晕宽度大3倍，在矿上延伸距离，前者比后者大10倍。

（二）冷提取分析

冷提取分析也是一种偏提取分析，只不过提取分析是以柠檬酸铵或稀酸等作溶剂。在常温下将样品中一部分待测元素提取到溶液中，并在不分离样品残渣的情况下进行测定（常用比色法或斑点比色法）。

所测出的元素，主要是由矿物分化后转入溶液中而后被吸附或离子交换吸附存在于黏土、淤泥中的离子；或者是不稳定的次生矿物部分，提取量一般约为样品中总量的5%～20%（个别地区可能更高一些）。

尽管提取率低，但提取的恰是形成异常的那部分含量，因而异常更明显。

冷提取分析可供化探人员在采样点或驻地快速测定样品中指示元素的含量，及时发现异常，方法简便，现能半定量分析Cu、Pb、Zn、Co、Ni、As、Ag、Au、U、Mo、Sn、W等十余种元素，用的较多的是铜和$\sum M$（重金属总量，即以Zn为主的Zn、Cu、Pb、Bi、Cd等一组金属总量）。我国生产有LT-3型冷提取分析箱，可供野外驻地分析，还设有供野外采样点使用的就地分析包，作追索矿化或检查异常用。可分析Cu、Co、Ni、As、Mo、P和重金属总量。

五、原子发射光谱分析

原子发射光谱分析基本原理：任何元素的原子都是由带正电的原子核和围绕它高速旋转的带负电的电子组成，最外层的电子称为价电子。在正常情况下，原子处在最低的能量状态，称为基态。当基态原子受到外加能量（热能、电能等）激发时，它的外层电子从低能量向高能级跃迁，此时原子处于激发状态。这一状态下价电子并不稳定，大约在10^{-8} s内便要恢复到较低的能量状态或基态，同时以光的形式释放出多余的能量。由于各种元素原子结构是一定的，每种元素都能发射某些特征波长的谱线（如铜有327.39 nm、282.44 nm、297.83 nm；铅有283.31 nm、280.2 nm、266.31 nm各条谱线），根据元素特征谱线的有无，就可确定该元素是否存在；根据特征谱线（通常是挑选最强且不受干扰的谱线）的强度就可确定元素的含量。

光谱分析仪器主要有光源、分光系统、检测系统三部分组成（图8-2）。

化探中大多数仪器光源使用电弧光源，近些年开始使用等离子光源。分光装置过去用棱镜，而当前已逐步为光栅所取代。检测系统过去一直使用照相方法，而当前用光电倍增管直读装置的光电直读发射光谱仪得到广泛应用。这种光电直读发射光谱仪是将分光后的光通过出射狭缝作用于光电倍

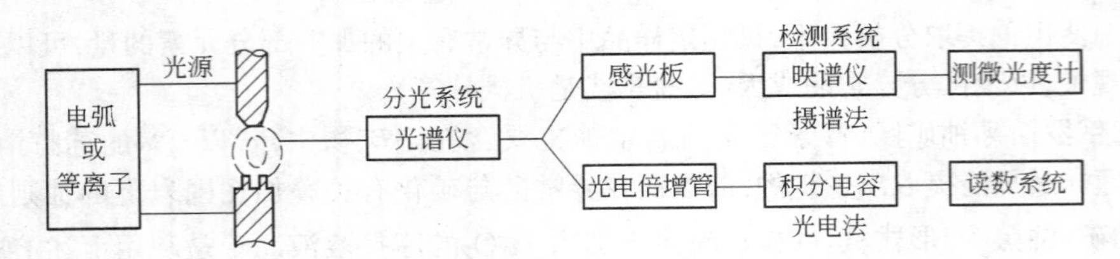

图 8-2　发射光谱分析仪器示意图

增管,将光能转变为电信号,由积分电容器存储,当曝光终止时,逐个测量积分电容器上的电压,由此电压的大小测定元素含量的度量,并经电子计算机直接换算成含量由打字机自动打出。

发射光谱分析的特点是能同时测定多种元素,样品中的主要、次要元素均可一次测出。目前理论上已能测 70 多种元素,灵敏度为$(0.1\sim100)\times10^{-6}$,方法简便,不需对样品进行化学处理即可直接测定,分析效率高。近来新型等离子直读发射光谱灵敏度有很大提高,其效率为一个五人小组每天能分析 16 种元素的 200～300 个化探样品。

所以发射光谱分析是化探中广泛使用的半定量－定量分析手段。

六、原子吸收光谱分析

原子吸收光谱分析基本原理:每一元素的原子具有吸收该元素本身发射的特征谱线的性能。分析某一元素时,用能产生该元素特征的光源(如以该元素制作的空心阴极灯)。当这种光源发射的光通过被测元素的基态原子蒸气时,光就被吸收。其吸收的量与样品中被测元素的含量成正比,通过测量光源发射的光通过原子蒸气被吸收的量即可测得元素的量。

原子吸收光谱仪由光源、原子化装置、单色器和检测系统四部分组成(图 8-3)。

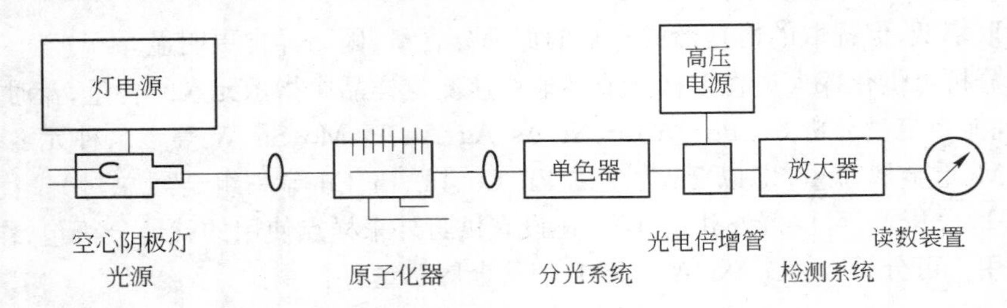

图 8-3　单光束原子吸收光谱分析仪示意图

光源的作用是发射被测元素的特征谱线;

原子化器的作用是产生原子蒸气;

单色器的作用是将被测元素的分析线与其他谱线分开;

检测系统(包括检测器、放大器和读数装置或记录装置)。

原子吸收光谱分析的特点是灵敏度高(一般可达 10^{-6}级),准确度和精密度均高,分析速度快,分析范围广,可测定 70 多种元素。最广泛用于化探样品的定量分析。

近几年开始发展无火焰原子吸收光谱(用石磨炉及钽舟电热原子化器),它具有更高的灵敏度(许多原子可达 10^{-9}级),并有能用粉末样品直接测定的优点,但精度稍差些。

先进的原子吸收光谱带有电子计算机,能自动控制和自动打印出结果。

七、测汞仪

利用汞蒸气对汞原子灯发出的 253.7 nm 波长的光的吸收,其吸收的量与汞原子蒸气浓度成正比，通过测定被吸收的量即可测出汞的含量。这种仪器又称冷原子吸收光谱仪。其灵敏度可达10^{-9}级（一般光谱和比色法测汞只能达10^{-6}级）。

此外汞蒸气和金膜接触时，能被金膜迅速吸附而成一种固溶体，此时金膜的电阻值立即增加，电阻量的增加与所吸附的汞量成正比（百毫微克级），只要测量电阻值的增量就可测出气体中的汞含量。金膜在150℃下加热10 min，所吸附的汞就可释放出来。

我国已有海洋三所等单位研制并正式生产这种携带式金膜测汞仪，可在野外采样点直接测定汞蒸气浓度。

八、荧光分析

物质的分子或原子，经入射光照射以后，其中某些电子被激发至较高的能级。当它们从高能级跃迁至低能级时，如发射出比入射光波长更长的光，则这种光称为荧光。

物质发射的荧光的波长与它的化学组成及结构有关。在一定条件下，荧光的强度与物质的浓度有关。利用荧光强度来测定物质的量，就构成荧光分析法。随着激发源的不同（如可以是紫外线、激光、γ射线、X射线、β射线的高能α粒子和质子等），有不同的荧光分析方法。

（一）荧光光度分析

利用紫外线照射物质所产生的荧光强度来确定该物质的浓度。

荧光光度分析在化探中用于铀的测定。将含铀样品和氟化钠制成珠球，用紫外线照射后用固体荧光光度计测量荧光强度，或在荧光灯照射下与标准珠球比较荧光强度确定其铀含量，此法称珠球荧光分析法，其灵敏度可达$1\times10^{-10}\sim1\times10^{-9}$ g/L（即$(0.1\sim1)\times10^{-6}$）。

据报道加拿大设计了一种激光荧光分析仪——U_{A-3}型分析仪，测液体中铀，每次测量只需5～6 mL样品，灵敏度为0.05×10^{-9}，每小时可测30个样品。

（二）原子荧光分析

某元素的基态原子蒸气，在吸收元素发射的特征波长的光线以后，从基态激发至激发态，当这些原子由激发态跃迁至基态时就发射出荧光。各种元素的原子所发射的荧光波长是不同的，且荧光强度与试样中该元素在原子化器中的基态原子成正比，故可用测定荧光强度来测定试样中元素的含量。

原子荧光光谱仪由光源、原子化器、单色器、检测系统组成（图8-4）。

该方法灵敏度（10^{-6}级，甚至10^{-9}级）高、选择性好、干扰小、操作简单。

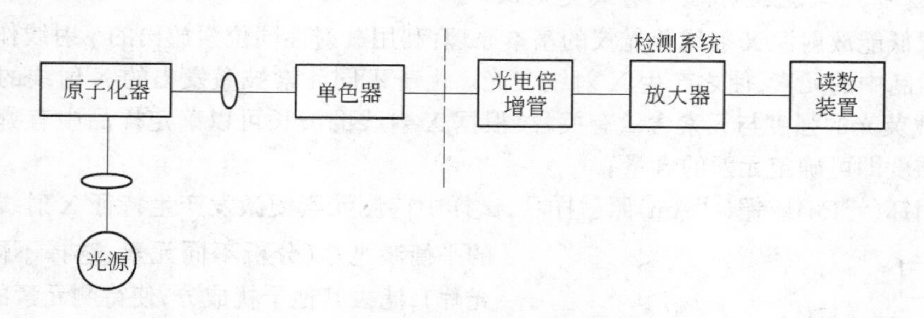

图8-4　原子荧光分析仪器示意图

（三）X射线荧光分析

X射线荧光分析基本原理：当X射线（初级X射线）照射待测样品中的各种元素时，X射线中的光子便与样品的原子发生碰撞，并使原子中的一个内层电子被轰击出来，此时原子内层电子空位，将由能量较高的外层电子来补充，同时以X射线形式释放出多余的能量，这种次级X射线叫做X射线荧光(图8-5)。各种元素所发射出来的X射线荧光的波长是特定的,决定于它们的原子序数,X射线荧光强度与元素含量有关。于是根据X射线荧光波长即可确定有哪些元素存在,根据谱线的强度即可确定元素的含量。

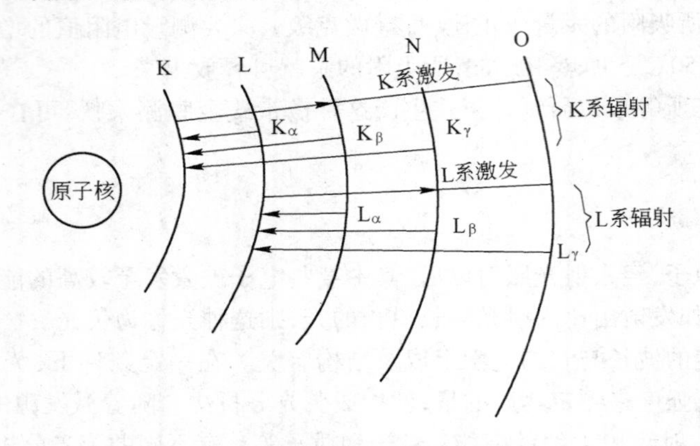

图8-5　特征X射线产生示意图

X射线荧光光谱仪主要由光源、分光系统、检测系统组成(图8-6)。

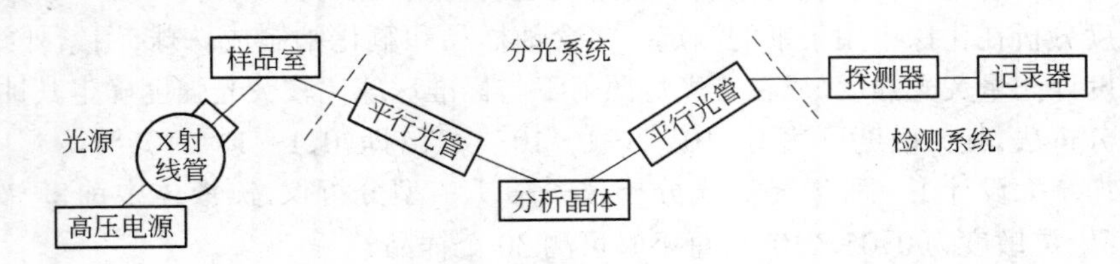

图8-6　X射线荧光光谱仪示意图

该方法的特点:X射线荧光的谱线简单,易于鉴别,干扰也很小,故方法选择性较高,不仅适用于微量组分(10^{-6})的测定,也适用于高至接近100%的含量组分的测定,且具有相当高的准确度。该方法不损坏样品,故同一试样可重复进行分析。目前不少X射线荧光光谱仪配有电子计算机,使分析工作自动化,可在数分钟内同时测定30多种元素含量。

适用于原子序数5(B)、6(C)、8(O)、9(F)～92(U)的元素测定。

(四)携带式低能放射源X射线荧光仪

携带式低能放射源X射线荧光仪的基本原理:利用放射性同位素放出的γ射线作为激发源,照射激发样品中的元素,使之产生X射线荧光。由于不同元素被激发出的X射线的波长不同,并且X射线荧光的强度与元素含量有关,故根据X射线的波长可以确定样品中有哪些元素,根据谱线的强度即可确定元素的含量。

如利用钚(^{238}Pu)或镅(^{241}Am)照射样品,试样中待测元素便激发产生特征X射线,选择合适的平衡激光片(分析不同元素,选择不同的平衡滤光片),滤去其他干扰成分,使待测元素的特征X射线通过,照射到由碘化钠晶体与光电倍增管组成的闪烁晶体探测器上,闪烁器的主要功能是将辐射能转变成电脉冲信号,通过脉冲幅度分析器和显示装置(定标器、石英钟计时器及数字电路等),最后以数字显示出待测元素的含量(图8-7)。

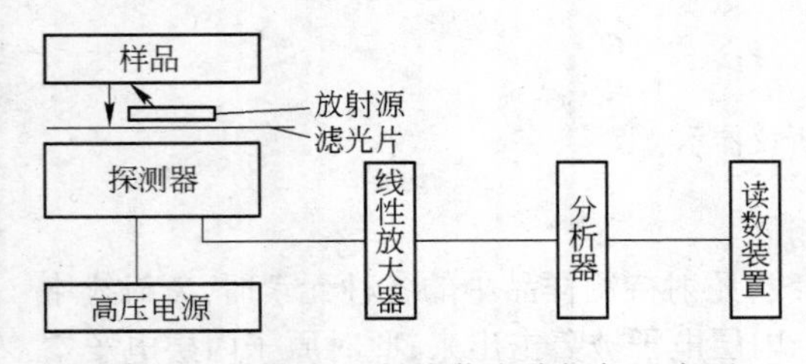

图8-7　携带式X射线荧光分析仪示意图

这种仪器可以制作得比较轻便，待测元素从原子序数 22(Ti)到 92(U)，分析误差在 ±10%以下，一般在 ±0.5%以内。分析速度快，一、两分钟就能分析一个样品，样品不需经任何处理，对岩石/粉末以至液体都可直接进行分析，可以在地表露头、探槽、浅井、坑道表面以及钻孔岩心上直接测定元素含量。但该仪器目前灵敏度还不高，对大多数元素分析灵敏度在 0.n% ~ 0.0n%之间，对于圈定矿化地段，确定矿与非矿的界限是十分不利的，还不能满足化探工作的需要，只能用于化探高异常的检查。国内已有重庆地质仪器厂生产的 HYX-1 型轻便 X 射线荧光仪，主机重 7 kg，探头重 1.5 kg，能测 Fe、Mn、Cr、Co、Ni、Cu、Pb、Zn、W、Sn、Mo、Ba、Sb、Ag 等十几个元素。

据说改进后的仪器，使用 Si(Li)半导体探测器和轻便多道脉冲幅度分析器，灵敏度已提高到 $(1\sim10)\times10^{-6}$，可以对化探样品进行分析。

九、极谱分析

极谱分析是一种特殊条件下的电解分析，它用滴汞电极来电解被分析物质的稀溶液，并根据得到的电压电流曲线，以半波电位(扩散电流一半所对应的电位)确定何种元素存在，以极限扩散电流(扩散电流减去残余电流)确定元素的含量(图 8-8、图 8-9)。

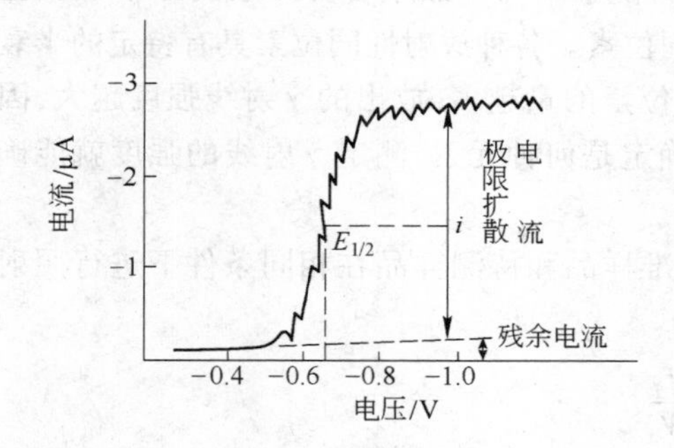

图 8-8　极谱示意图

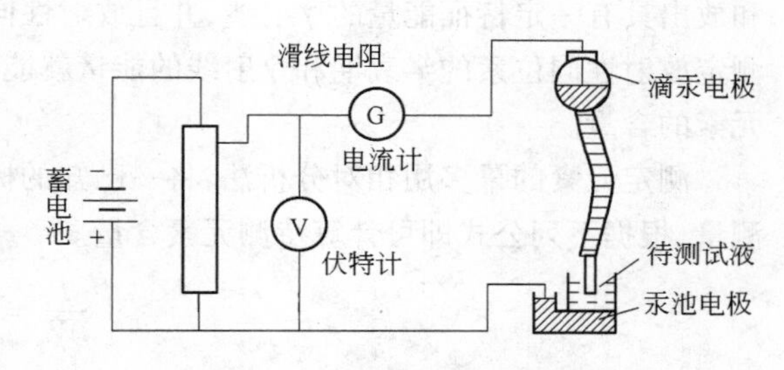

图 8-9　极谱分析仪示意图

该方法的灵敏度一般可达 1 μg~1 mg/L，新的极谱技术可提高 3~4 个数量级，甚至提高 6 个数量级(如催化极谱法测铂族元素)，相对误差约 2% ~5%，一份试液(只需几毫升)可同时测几个组分，并且试液可多次重复测定。

十、离子选择性电极

离子选择性电极是一种电位分析法，简单地说是把一对电极(一个叫指示电极，其电位随被测离子浓度变化，另一个叫参比电极，电位不受溶液组成变化的影响，具恒定值，起电压传递作用)插入待测溶液。当把两电极连接起来，构成一个原电池时，二极间的电位差完全取决于溶液中待测离子的浓度(电位差和离子浓度的对数成线性关系)，如图 8-10 所示。

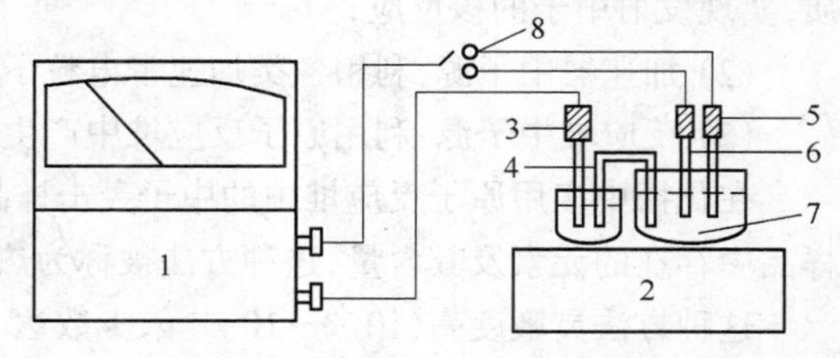

图 8-10　离子选择性电极测定装置示意图

1—离子计；2—磁力搅拌器；3—甘汞电极；4—盐桥；5—氟电极；6—氯电极；7—搅拌棒；8—转换开关

如测金属阳离子用该离子选择性电极作指示电极，则：

$$\Delta E=\frac{0.05916}{n}\lg(M^{n+})$$

式中　(M^{n+})——n 价金属阳离子 M 的浓度。

如测阴离子用该离子选择性电极作指示电极，则

$$\Delta E = -\frac{0.05916}{n}\lg(X^{n-})$$

式中　(X^{n-})——n 价阴离子 X 浓度。

于是测定两电极间的电位差，即可求得被测离子的浓度。

为了测各种离子，可以制作各种离子的指示电极，它的电极的膜电位只与溶液中该离子的浓度对数成线性关系，故称为离子选择性电极，如氯离子选择性电极，其膜电位只与溶液中氯离子浓度有关等。因此用不同的离子选择性电极就可测定溶液中相应的离子浓度。现在能制作的离子选择性电极有数十种，可测 30 多种离子。

该方法灵敏度高，有的可达 10^{-9}级，设备较简单，测定速度快，测定离子与干扰离子一般不需要进行分离。化探中 F、Cl、Br、I 的测定即用此法。

十一、中子活化分析

中子活化分析的基本原理：用中子束照射样品，使中子与样品中各种元素的原子核发生反应，而使样品中各种元素被活化，生成各种放射性同位素。各种放射性同位素具有特定的半衰期和放出具有一定特征能量的 γ 射线，并且放射性同位素的量越多，放出的 γ 射线强度越大，因此测定放射性同位素的半衰期和 γ 射线的能量就能确定是何种元素，测定 γ 射线的强度就能确定元素的含量。

测定元素的量多用相对分析法：将一已知的标准样品和待测样品在相同条件下进行照射和测量，根据下列公式即可计算待测元素含量。

$$\frac{I_s}{W_s} = \frac{I_x}{W_x}$$

式中　I_s——标样的放射性强度；

W_s——标样中元素含量；

I_x——待测样品中放射性强度；

W_x——待测样品中元素的含量。

中子活化分析目前使用的中子源分为三大类：

(1) 同位素中子源：利用放射性同位素核衰变放出的具有一定能量的射线去轰击某些靶物质，实现发射中子的核反应；

(2) 加速器中子源：利用各类加速带电粒子去轰击某些靶核，可以引起发射中子的核反应；

(3) 反应堆中子源：利用原子反应堆中产生的中子源。

在化探中多用原子反应堆中的中子轰击样品，然后测量它们的 γ 射线的能量和强度，以确定样品中存在的元素及其含量，这种方法被称为热中子活化分析。

这种方法灵敏度高（10^{-6}～10^{-11} g，少数达 10^{-13}或 10^{-14} g），精确度、准确度都极佳，能分析 80 余种元素，对样品无破坏。但由于费用昂贵，测定时间较长，在化探分析中目前仅用于标准样品的定值，分析其他分析方法灵敏度不够的元素，以及检查其他分析方法误差等。

国外的动向有车载中子活化分析－野外流动实验室（加拿大）、地面中子活化分析（美国、俄罗斯）、海底中子活化分析（美国），直接对地面和海底进行测定。

第三节　分析方法的选择

选择分析方法主要依据工作的目的和任务、工作区的地球化学特点、样品的性质和分析方法本身的特点以及经济效益等。

工作的目的和任务决定分析项目多少,灵敏度、精密度和准确度的要求。

工作区的地球化学特点决定元素分布,有哪些元素、含量高低的范围。

样品的性质,如水样、气体样或固体样,不同的样品可用不同的方法。

方法本身特点,如能达到的灵敏度、精密度、准确度、测程、操作是否简便等。

经济效益是指人力、物力、财力、时间是否节省。

综合以上因素选择适当的分析方法。

例如:为了完成区域化探样品的分析,往往由于分析项目多,灵敏度、精度、准确度要求比较高,所以常需多种方法配合,以辽宁实验室为例(表 8-1)。

表 8-1　辽宁地矿局中心实验室区域化探样品采用的分析方法

采用方法	测定元素	需要人员	工作效率	质　量　情　况
XRF 法 (日本 3080)	Na、K、Mg、Al、Si、Ca、Fe、P、Ti、V、Cr、Mn、Co、Ni、Cu、Zn、Sr、Y、Zr、Nb、Ba、Pb、Th	5 人 (包括制样工 1 名)	按左栏配备人数测定 37 种元素,平均每一工作日可完成 50～60 个样品 工作效率:一个图幅(2000 样品),37 个元素,32 人需 40 个工作日	按 1983 年全年四个图幅 5500 个样品统计: 1. 数据报出率 100%; 2. 一级标样合格率 97.6%; 3. 二级标样合格率 98.7%; 4. 重复分析标样合格率 99.3%。 各种方法的相对标准差: XRF　4.63% AAS、ICP-P、COL、POL、ISE　13%～18% AAN(测镉)、AFS、OES　21%～25% AAN(测金)
ICP-P 法	B、Be、La	5 人 (包括工人 1 名)		
OES 法	Ag、Sn	4 人		
POL 法	Mo、W	4 人		
ISE 法	F	4 人		
AAN 法	Au、Cd	6 人		
AFS 法	As、Bi、Hg、Sb	4 人		
AAS 法	Li	2 人	工作效率:2000 样品,2 个元素,6 个人,需 40 个工作日	
COL 法	U	4 人		

注:XRF—X 射线荧光光谱;ICP-P—等离子粉末光谱分析法;OES—发射光谱法;POL—极谱法;ISE—离子选择电极法;AAN—石墨炉原子吸收法;AFS—原子荧光光谱法;AAS—原子吸收光谱法;COL—比色法。

近期获悉美国联合仪器公司生产了一种等离子质谱元素分析系统(SCIEX-ELAN-ICP/MS 型元素分析系统)可分析 75 种元素,灵敏度分别达$(1.01～10)\times10^{-9}$(表 8-2),并可快速测定同位素比值。分析精度约为 0.5%,测程可达 6 个数量级,无需稀释即可测定同一样品中宏量和微量组分,预计将这种分析系统用于化探样品分析,可取得更大的地质找矿效果和更好的经济效益。

表 8-2　等离子质谱元素分析系统检出限

ng·mL^{-1}(10^{-9})
(36,10s积分)

ⅠA	ⅡA	ⅢB	ⅣB	ⅤB	ⅥB	ⅦB	Ⅷ	Ⅷ	Ⅷ	ⅠB	ⅡB	ⅢA	ⅣA	ⅤA	ⅥA	ⅦA	0
H																	He
0.06 Li	0.1 Be											0.08 B	50 C	N	O	▨ 30* F	Ne
0.06 Na	0.10 Mg											0.1 Al	10 Si	2* P	▨ 1* S	▨ 1* Cl	Ar
1* K	5 Ca	0.08 Sc	0.06 Ti	0.03 V	0.02 Cr	0.04 Mn	0.2 Fe	0.01 Co	0.03 Ni	0.03 Cu	0.08 Zn	0.08 Ga	0.08 Ge	0.4 As	1 Se	100 Br	Kr
0.02 Rb	0.02 Sr	0.01 Y	0.03 Zr	0.02 Nb	0.08 Mo	Tc	0.05 Ru	0.02 Rh	0.06 Pd	0.04 Ag	0.07 Cd	0.01 In	0.03 Sn	0.02 Sb	0.04 Te	0.01 I	Xe
0.02 Cs	0.02 Ba	0.01 La	0.03 Hf	0.02 Ta	0.06 W	0.06 Re	0.01 Os	0.06 Ir	0.08 Pt	0.08 Au	0.08 Hg	0.05 Tl	0.02 Pb	0.06 Bi	Po	Ar	Rn
Fr	Ra	Ac															

0.01 Ce	0.01 Pr	0.01 Nd	Pm	0.04 Sm	0.02 Eu	0.04 Gd	0.01 Tb	0.04 Dy	0.01 Ho	0.02 Er	0.01 Tm	0.03 Yb	0.01 Lu
0.02 Th	Pa	0.02 U	Np	Pu	Am	Cm	Bk	Cf	Es	Fm	Md	No	Lr

*μg·mL^{-1}

▨ 负离子型

第九章　化探中常用的数据处理方法

第一节　回归分析方法

一、回归分析

回归分析简单地说就是研究变量(指标)之间关系的一种统计方法,也就是要建立一个变量和另一个变量(或几个变量)之间的数学表达方式。

自然界中各种事物都是普遍联系和互相制约着的,各种现象在其整个发展过程中实际上都受许多因素的影响。科学的任务就在于考察和研究他们之间联系的规律,并加以利用。从数学观点来看,就是各变量之间是互相联系、互相依存的,因而它们之间存在一定的关系。

人们通过各种实践,发现变量之间的关系可分成两种类型。

(一) 确定性关系

例如,电路中的欧姆定律,就是一种确定性关系,用 V 表示电压,R 表示电阻,I 表示电流,根据欧姆定律有 $V=IR$,若三个变量中有两个已知,另一个变量就可以完全确定。再譬如,物理学中一定量的理想气体的体积 V、压强 p 与绝对温度 T 之间也有如下确定性关系,$pV=RT$,(R——常数)。变量之间这种确定性关系,自然界还有很多,也可称为**函数关系**。

(二) 相关关系

在许多实际问题中,由于变量之间关系的复杂性,人们无法获得变量之间精确的数学表达式,同时也由于各变量之间还受到其他偶然因素的影响,它们之间关系具有不确定性。例如,原生晕强度与矿体远近之间的关系,或者化探样品中某些元素含量之间的关系等都具有不确定性。那么,是否这种不存在确定关系的变量间就无规律可寻呢?那也不是,大量的偶然性中蕴藏着必然性的规律。也就是说,对于偶然条件,我们只要经过多次反复试验,就可能发现隐藏在随机性后面的统计规律性,这种统计规律称做**回归关系**;有关回归关系的计算方法和理论通称为**回归分析**,它是数理统计的一个重要分支,在生产与科研中有着广泛的应用。

在化探工作中应用回归分析主要解决以下几个问题:

第一,确定几个特定变量之间是否存在相关关系,若存在则要求得出它们之间合适的数学表达式;

第二,根据一个或几个变量,预测或控制另一个变量(指标)的取值,并且要知道这种预测或控制可达到的精度;

第三,从影响着某一个量的许多变量中,找出哪些变量的影响是显著的,哪些是不显著的。

因此,回归分析对化探中研究指示元素的关系、推断解释具有实用意义。

二、一元线性回归

(一) 散点图与回归直线

在化探中,我们往往要研究指示元素之间的关系,这首先要从最简单的两个元素之间的情况出发。譬如,为了找铂,想用砷作指示,就需知道铂与砷是否存在相关关系,通过观测或试验,可以得到关于铂与砷的若干数据,我们的目的是找出能描述这两个元素之间关系的定量表达式。

例 1 在某铂矿氧化带内的探槽中,采取了 18 个样品,分析其中铂与砷含量,其结果列于表 9-1。

表 9-1 铂与砷含量

样 品	1	2	3	4	5	6	7	8	9	10	11	12	13	14	15	16	17	18
Pt	0.39	0.49	0.65	0.78	0.31	0.78	13.4	2.05	4.60	0.07	1.91	0.13	1.67	0.02	0.06	0.02	0.02	0.02
As	2.5	6.0	3.5	3.5	3.5	4.5	11.0	10.0	5.0	2.0	4.0	1.0	6.0	1.0	3.5	3.5	1.0	0.5

由于铂与砷含量服从对数正态分布,所以计算时将其取对数,以 Y 表示 $\log w(\mathrm{Pt})$,X 表示 $\log w(\mathrm{As})$。为了避免负值,将铂含量以 $10^{-6}\%$ 为单位,即将表 9-1 中铂含量乘以 100 再取对数,其结果列于表 9-2。

表 9-2 $\log w(\mathrm{Pt})$ 与 $\log w(\mathrm{As})$

项 目	1	2	3	4	5	6	7	8	9	10	11	12	13	14	15	16	17	18
Y	1.59	1.69	1.81	1.89	1.49	1.89	3.13	2.31	2.66	0.85	2.28	1.15	2.22	0.30	0.78	0.30	0.30	0.30
X	0.4	0.78	0.54	0.54	0.54	0.65	1.04	1.00	0.70	0.30	0.60	0.00	0.78	0.00	0.54	0.54	0.00	-0.03

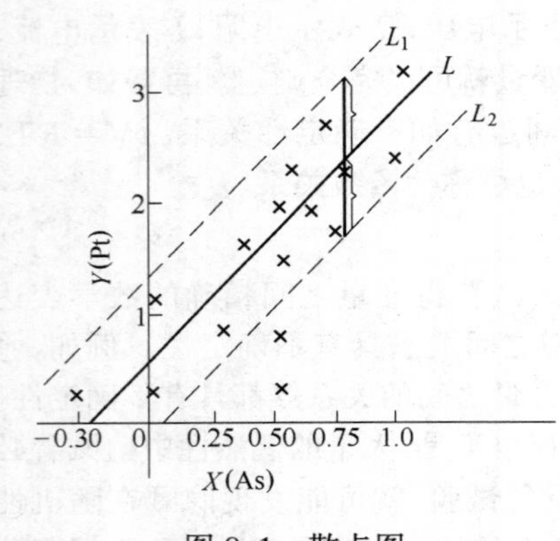

图 9-1 散点图

从表 9-2 看不出两者之间的相关关系,将数据作成散点图(见图 9-1),从散点图可看出 Y(Pt)随 X(As)的增大而增大,数据点之间大致成一直线。于是很自然想到用一条直线 L 来表示它们之间的关系

$$Y = a + bX \tag{9-1}$$

它称为 Y(Pt)对 X(As)的回归直线。回归直线公式 9-1 的斜率 b 称为回归系数,它表示当增加一个单位时,Y 平均增加的数量。对本例来说,数据点可配无数多条这样的直线,究竟用哪条直线来表示它们之间的关系好呢?这需要给出一个判断回归直线好坏的标准。一个常用的标准就是最小二乘法原理。

假定$(X_i、Y_i)(i=1、2、\cdots、n)$表示几个观测点,如果用直线

$$\dot{Y}_i = a + bX_i \tag{9-2}$$

表示这几个点间关系,则实际观测值 Y 与$\dot{Y}_i$ 就会有误差:

$$\delta_i = Y_i - \dot{Y}_i$$

最小二乘法原理就是说,对于 n 个观测点$(X_i、Y_i)$所配的无数条直线中,使误差平方和达到最小的回归直线是最好的。

$$Q = \sum_{i=1}^{n} \delta_i^2 = \sum_{i=1}^{n} (Y_i - \dot{Y}_i)^2 = \sum_{i=1}^{n} (Y_i - a - bX_i)^2 \tag{9-3}$$

因为对于 n 组观测数据来说,X_i 与 Y_i 是已知的,所以 Q 是a 与b 的二元函数。根据微积分求极值的原理。要使 δ_i 达到极小,只需要 Q 对a、b 分别求偏导数,并令此二偏导数等于零,即:

$$\left.\begin{aligned}\frac{\partial Q}{\partial a} &= -2\sum_{i=1}^{n}(Y_i - a - bX_i) = 0 \\ \frac{\partial Q}{\partial b} &= -2\sum_{i=1}^{n}(Y_i - a - bX_i)X_i = 0\end{aligned}\right\} \quad (9\text{-}4)$$

式 9-4 可写成如下形式：

$$\left.\begin{aligned}na + b\sum_{i=1}^{n}X_i &= \sum_{i=1}^{n}Y_i \\ a\sum_{i=1}^{n}X_i + b\sum_{i=1}^{n}X_i &= \sum_{i=1}^{n}X_iY_i\end{aligned}\right\} \quad (9\text{-}5)$$

用行列式方法求解 a、b，得：

$$a = \frac{\begin{vmatrix}\sum_{i=1}^{n}Y_i & \sum_{i=1}^{n}X_i \\ \sum_{i=1}^{n}X_i \cdot Y_i & \sum_{i=1}^{n}X_i^2\end{vmatrix}}{\begin{vmatrix}n & \sum_{i=1}^{n}X_i \\ \sum_{i=1}^{n}X_i & \sum_{i=1}^{n}X_i^2\end{vmatrix}} = \frac{\sum_{i=1}^{n}Y_i\sum X_i - \sum_{i=1}^{n}X\sum_{i=1}^{n}X_iY}{n\sum_{i=1}^{n}X_i^2 - \left(\sum_{i=1}^{n}X_i\right)^2}$$

$$= \frac{\sum_{i=1}^{n}Y_i\sum_{i=1}^{n}X_i^2\Big/n - \sum_{i=1}^{n}X_i\sum_{i=1}^{n}X_iY_i/n}{\sum_{i=1}^{n}X_i^2 - \left(\sum_{i=1}^{n}X_i\right)^2\Big/n} \quad (9\text{-}6)$$

$$b = \frac{\begin{vmatrix}n & \sum_{i=1}^{n}Y_i \\ \sum_{i=1}^{n}X_i & \sum_{i=1}^{n}X_iY_i\end{vmatrix}}{\begin{vmatrix}n & \sum_{i=1}^{n}X_i \\ \sum_{i=1}^{n}X_i & \sum_{i=1}^{n}X_i^2\end{vmatrix}} = \frac{n\sum_{i=1}^{n}X_iY_i - \sum_{i=1}^{n}X_i\sum_{i=1}^{n}X_iY_i}{n\sum_{i=1}^{n}X_i^2 - \left(\sum_{i=1}^{n}X_i\right)^2}$$

$$= \frac{\sum_{i=1}^{n}X_iY_i - \sum_{i=1}^{n}X_i\sum_{i=1}^{n}Y_i/n}{\sum_{i=1}^{n}X_i^2 - \left(\sum_{i=1}^{n}X_i\right)^2\Big/n} \quad (9\text{-}7)$$

由式 9-6 与式 9-7 可将 a、b 写成如下表达式：

$$\left.\begin{aligned}a &= \overline{Y} - b\overline{X} \\ b &= \frac{\sum_{i=1}^{n}(X_i - \overline{X})(Y_i - \overline{Y})}{\sum_{i=1}^{n}(X_i - \overline{X})^2} = \frac{L_{xy}}{L_{xx}}\end{aligned}\right\} \quad (9\text{-}8)$$

其中，$\overline{X} = \frac{1}{n}\sum_{i=1}^{n}X_i$，$\overline{Y} = \frac{1}{n}\sum_{i=1}^{n}Y_i$

$$L_{xx} = \sum_{i=1}^{n}(X_i - \overline{X})^2, L_{xy} = \sum_{i=1}^{n}(X_i - \overline{X})(Y_i - \overline{Y})$$

由于式 9-6、式 9-7 或式 9-8 中 X_i 与 Y_i 均为已知，故 a、b 可求得。因此，回归直线方程 $\dot{Y}_i = a + bX_i$ 即可确定。

对于例 1 的一元线性回归方程可由如下步骤求得：

第一步：列表计算，见表 9-3。

表 9-3　计算表

样　品	X	Y	X^2	Y^2	XY
1	0.4	1.59	0.16	2.53	0.64
2	0.78	1.69	0.61	2.86	1.32
⋮	⋮	⋮	⋮	⋮	⋮
18	−0.3	0.3	0.09	0.09	−0.09
$\sum$	8.65	26.90	6.26	53.29	17.28

求得：

$$\sum_{i=1}^{n} X_i = 8.65, \sum_{i=1}^{n} Y_i = 26.90, \sum_{i=1}^{n} X_i Y_i = 17.28$$

$$\sum_{i=1}^{n} X_i^2 = 6.26, \sum_{i=1}^{n} Y_i^2 = 53.29, X = 0.48, Y = 1.49$$

第二步：将上述数据代入式 9-7 与式 9-8，得：

$$b = \frac{17.28 - (8.65 \times 26.90/18)}{6.26 - (8.65^2/18)} = 2.1$$

$$a = 1.49 - 2.1 \times 0.48 = 0.48$$

第三步：写出回归方程

$$\dot{Y}_i = 0.48 + 2.1X_i \tag{9-9}$$

（二）相关系数

从上面计算看出，对任何一组观测点（X_i、Y_i）（$i = 1$、2、…、n），均可按所述方法配一条直线。如果观测的数据完全是无规律可循的散点，要用所述方法配一条直线，显然是毫无实际意义的。因此要问，在什么场合下配的回归直线才有意义呢？也就是所配的回归直线在多大程度上反映 X 和 Y 间的真实联系呢？为此，必须给出一个定量指标来描述 X 和 Y 间线性关系的密切程度。

显然，若 X 和 Y 间线性关系密切，则大多数观测点都位于回归直线的周围，即观测值 Y 和回归值 $\dot{Y}$ 之差的平方和 $Q = \sum_{i=1}^{n} \delta_i^2 = \sum_{i=1}^{n}(Y_i - \dot{Y}_i)^2 = \sum_{i=1}^{n}(Y_i - a - bX_i)^2$ 应很小。因此，很自然想到要从影响 Q 值大小的各种因素中去寻找该定量标志。

将式 9-8 中的 a 表达式代入 Q 中，并利用式 9-8 中 b 的表达式，则有

$$Q = \sum_{i=1}^{n}(Y_i - \overline{Y} + b\overline{X} - bX_i)^2$$

$$= \sum_{i=1}^{n}[(Y_i - \overline{Y}) - b(X_i - \overline{X})]^2$$

$$= \sum_{i=1}^{n}(Y_i - \overline{Y})^2 - 2b\sum_{i=1}^{n}(Y_i - \overline{Y})(X_i - \overline{X}) + b^2\sum_{i=1}^{n}(X_i - \overline{X})^2$$

$$= \sum_{i=1}^{n}(Y_i - \overline{Y})^2 - 2b^2\sum_{i=1}^{n}(X_i - \overline{X})^2 + b^2\sum_{i=1}^{n}(X_i - \overline{X})^2$$

$$= \sum_{i=1}^{n}(Y_i - \overline{Y})^2 - b^2\sum_{i=1}^{n}(X_i - \overline{X})^2$$

从数理统计知道,X 和 Y 的均方差为

$$\sigma_x^2 = \frac{1}{n-1}\sum_{i=1}^{n}(X_i - \overline{X})^2, \sigma_y^2 = \frac{1}{n-1}\sum_{i=1}^{n}(Y_i - \overline{Y})^2$$

因此,$Q=(n-1)\sigma_y^2-(n-1)b^2\sigma_x^2=(n-1)\sigma_y^2\left(1-\frac{b^2\sigma_x^2}{\sigma_y^2}\right)$

在上式中第一因子$(n-1)\sigma_y^2$ 仅反映 Y 的离散程度,不能反映 X 和 Y 间线性关系的密切程度。对于第二个因子$\left(1-\frac{b^2\sigma_x^2}{\sigma_y^2}\right)$由于

$$Q = \sum_{i=1}^{n}(Y_i - \dot{Y}_i)^2 \geqslant 0 \text{ 及}(n-1)\sigma_y^2 \geqslant 0$$

故有$\left(1-\frac{b^2\sigma_x^2}{\sigma_y^2}\right)\geqslant 0$ 即 $0\leqslant\frac{b^2\sigma_x^2}{\sigma_y^2}\leqslant 1$。显然,若$\frac{b^2\sigma_x^2}{\sigma_y^2}$越接近 1,则 Q 值越小,即 X 和 Y 间线性相关越密切;若$\frac{b^2\sigma_x^2}{\sigma_y^2}$越接近于 0,则 Q 值越大,于是可认为 X 和 Y 间线性关系不密切。因此,我们就取$\frac{b^2\sigma_x^2}{\sigma_y^2}$作为描述 X 和 Y 间线性关系相关密切程度的一个定量指标。记成:

$$r^2 = \frac{b^2\sigma_x^2}{\sigma_y^2} \tag{9-10}$$

式中,r 称为相关系数,经过简单换算,式 9-10 可改写成如下形式:

$$r = \frac{\sum_{i=1}^{n}(X_i - \overline{X})(Y_i - \overline{Y})}{\sqrt{\sum_{i=1}^{n}(X_i - \overline{X})^2\sum_{i=1}^{n}(Y_i - \overline{Y})^2}} \tag{9-11}$$

式中,r 的绝对值越接近于 1,X 和 Y 间线性关系越好。若 r 接近于 0,就可认为 X 和 Y 没有线性关系。

对于一个具体问题来说,计算得到的相关系数 r 的绝对值多大才能断定 X 与 Y 可能存在线性关系呢?也就是 r 的绝对值大到什么程度时才可配以回归直线近似表示 X 与 Y 间的关系呢?我们说相关系数 r 大小的程度与样品个数是有关的。对给定的样品个数可查相关系数检验表(表 9-4)。当实际算得的 r 值大于表 9-4 的值时,X 与 Y 是线性相关的,所配回归直线才有意义。对例 1,$n=18$,查表 9-4 中 $n-2=16$ 的一行,相应的相关系数为 0.59(1%)。按表 9-3 计算的值,代入式 9-11 中计算,得:

$$r = \frac{\sum_{i=1}^{n}X_iY_i - \sum_{i=1}^{n}X_i\sum_{i=1}^{n}Y_i}{\sqrt{\left[\sum_{i=1}^{n}X_i^2 - \left(\sum_{i=1}^{n}X_i^2\right)^2\Big/n\right]\left[\sum_{i=1}^{n}Y_i^2 - \left(\sum_{i=1}^{n}Y_i\right)^2\Big/n\right]}}$$

$$= \frac{17.28 - \frac{1}{18}\times 8.65\times 26.90}{\sqrt{\left(6.36 - \frac{8.65^2}{18}\right)\left(53.39 - \frac{26.92^2}{18}\right)}} = 0.81$$

所以 $r=0.81>0.59$

可见铂与砷线性关系密切，得出配的回归直线方程 9-9 是有意义的。

表 9-4　相关系数检验表

$n-2$	5%	1%	$n-2$	5%	1%	$n-2$	5%	1%
1	0.997	1.000	16	0.468	0.590	31	0.325	0.418
2	0.950	0.990	17	0.456	0.575	32	0.304	0.393
3	0.878	0.959	18	0.444	0.561	33	0.288	0.372
4	0.811	0.917	19	0.433	0.549	34	0.273	0.354
5	0.754	0.874	20	0.423	0.537	35	0.250	0.325
6	0.707	0.834	21	0.413	0.526	36	0.232	0.302
7	0.666	0.798	22	0.404	0.515	37	0.317	0.283
8	0.632	0.765	23	0.396	0.505	38	0.205	0.267
9	0.002	0.734	24	0.388	0.406	39	0.195	0.254
10	0.576	0.708	25	0.381	0.487	40	0.174	0.228
11	0.553	0.684	26	0.374	0.478	41	0.159	0.208
12	0.532	0.661	27	0.367	0.470	42	0.183	0.181
13	0.514	0.641	28	0.361	0.4463	43	0.113	0.148
14	0.497	0.623	29	0.355	0.456	44	0.098	0.128
15	0.482	0.606	30	0.349	0.449	45	0.062	0.081

（三）一元线性回归的方差分析

上面我们讨论了两个变量之间是否存在相关关系与它们之间的数学表达式，下面要讨论的是根据一个变量值（或几个变量）来预测（或控制）另一个变量的取值，而且知道这种取值达到什么精度。

1. 方差分析

变量 Y 在 n 次观测值中总的波动大小可以用下面总离差平方和 L_{yy} 来衡量：

$$L_{yy}=\sum_{i=1}^{n}(Y_i-\overline{Y})^2$$

回归的意思是要将这一总波动中的一部分归因于自变量的影响，除去这一部分影响后，剩余部分将是随机因素的影响，所以可将 L_{yy} 分解成两部分：

$$L_{yy}=\sum_{i=1}^{n}(Y_i-\overline{Y})^2=\sum_{i=1}^{n}[(Y_i-\dot{Y}_i)+(\dot{Y}_i-\overline{Y})]^2 \tag{9-12}$$

式 9-12 的几何意义，见图 9-2。对式 9-12 右边以二项式展开，得：

$$L_{yy}=\sum_{i=1}^{n}[(Y_i-\dot{Y}_i)^2+2(Y_i-\dot{Y}_i)(\dot{Y}_i-\overline{Y})+(\dot{Y}_i-\overline{Y})^2]$$

因为

$$\sum_{i=1}^{n}(Y_i-\dot{Y}_i)(\dot{Y}_i-\overline{Y})=0$$

所以

$$L_{yy}=\sum_{i=1}^{n}(Y_i-\dot{Y}_i)^2+\sum_{i=1}^{n}(\dot{Y}_i-\overline{Y})^2$$

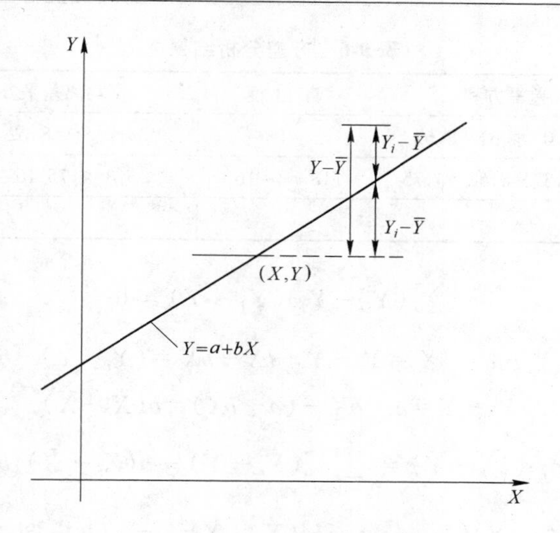

图 9-2　式 9-12 几何意义

令
$$U = \sum_{i=1}^{n}(\dot{Y}_i - \overline{Y})^2 = \sum_{i=1}^{n}[(a + bX_i) - (a + b\overline{X})]^2$$
$$= b^2L_{xx} = b\frac{L_{xy}}{L_{xx}}L_{xx} = bL_{xy} = \frac{L_{xy}^2}{L_{xx}}$$

称 U 为**回归平方和**,它反映了 X 和 Y 的线性变化的影响。

$Q = \sum_{i=1}^{n}(Y_i - \dot{Y}_i)^2$ 称**剩余平方和**。

由此可见,总离差平方 L_{yy} 和可分解成回归平方和 U 与剩余平方和 Q 两部分,即
$$L_{yy} = U + Q$$

回归效果的好坏取决于在总离差平方和中所占的比例,即:
$$\frac{U}{L_{yy}} = \frac{L_{xy}^2}{L_{xx}L_{yy}}$$

将上式与式 9-11 比较可见,形式上是完全一致的。若定义:
$$C = \frac{U}{L_{yy}} = r^2$$

式中,C 为回归直线的拟合度,则 r 越大,回归效果越好,所以通过方差分析可以检验回归效果的好坏。以上结果可归纳在下列方差分析表(表 9-5)中。

表 9-5　一元线性回归方差分析表

方差来源	离差平方和	自由度	平均离差平方和	F
回　归	$U = bL_{xy}$	1	$S_\nu^2 = U$	$F = \frac{S_\nu^2}{S_Q^2}$
剩　余	$Q = \sum_{i=1}^{n}(Y_i - \dot{Y}_i)^2$	$n-2$	$S_Q^2 = Q/(n-2)$	
总离差	$L_{yy} = \sum_{i=1}^{n}(Y_i - \overline{Y})^2$	$n-1$		

在给定信度 α 条件下,若计算所得的 $F > F_\alpha$,则认为回归效果显著。

对于例 1,其方差分析结果列于表 9-6。

表 9-6 方差分析结果

方差来源	离差平方和	自由度	平均离差平方和	F
回 归	$U=2.0\times4.31=8.62$	1	$S_v^2=8.62$	$F=\dfrac{8.62}{0.3}=28.73$
剩 余	$Q=13.37-8.62=4.75$	$18-2=16$	$S_Q^2=4.75/16\cong0.3$	
总离差				

$$\sum_{i=1}^{n}(Y_i-\dot{Y}_i)(\dot{Y}_i-\overline{Y})=0$$

因为 $Y_i-\dot{Y}_i=Y_i-a-bX_i=Y_i-\overline{Y}+b\overline{X}-bX_i=(Y_i-\overline{Y})-b(X_i-\overline{X})$

证明 $\dot{Y}_i-\overline{Y}=a+bX_i-(a+b\overline{X})=b(X_i-\overline{X})$

所以 $\sum_{i=1}^{n}(Y_i-\dot{Y}_i)(\dot{Y}_i-\overline{Y})=\sum_{i=1}^{n}\{[(Y_i-\overline{Y})-b(X_i-\overline{X})]b(X_i-\overline{X})\}$

$$=\sum_{i=1}^{n}[b(Y_i-\overline{Y})(X_i-\overline{X})-b^2(X_i-\overline{X})^2]=bL_{xy}-bL_{xx}=0$$

$$F_\alpha=0.05(1,16)=4.49$$

$$F>F_\alpha=0.05$$

也说明式 9-9 的回归方程的回归效果显著。

2. 回归直线的精度

在例 1 中由于砷含量和铂含量间是相关关系，给定了砷含量，不能精确得到铂含量，但由于回归方程式 9-9 可用砷含量来预测铂含量。然而实际观测值 Y(Pt)离回归值 $\dot{Y}$(Pt)到底差多少呢？也就是用回归方程来进行预测的精度如何呢？为了研究这种预测的可靠程度，要利用 Y 的剩余均方差：

$$S=\sqrt{\frac{1}{n-2}\sum_{i=1}^{n}(Y_i-\dot{Y}_i)^2}=\sqrt{\frac{L_{yy}-L_{xy}b}{n-2}}=\sqrt{\frac{(1-r^2)L_{yy}}{n-2}}$$

$$L_{yy}=\sum_{i=1}^{n}(Y_i-\overline{Y})^2$$

式中，S 表示 Y 围绕其预测值 $\dot{Y}$ 的离散程度愈靠近 $\dot{Y}$ 的地方，Y 出现的机会愈多，离 $\dot{Y}$ 愈远的地方，Y 出现的机会就愈少，而且 Y 的取值是以 $\dot{Y}$ 为中心对称分布的。

在例 1 中，经过计算得到：

$$S=0.398$$

由数理统计知道，Y 落在预测值(平均值) $\dot{Y}$ 上下范围内的概率为 95%。因此，在回归直线 L(图 9-1)上下各 $2S$ 处做两条平行线 L_1 及 L_2(见图 9-1 中虚线)：

$$L_1: Y=a+bX+2S=1.352+1.98X$$

$$L_2: Y=a+bX-2S=-0.240+1.98X$$

可以预料在全部可能出现的 Y 值中，约有 95% 的点会落在这两条虚线 L_1 及 L_2 所夹的范围内。从图 9-1 看出仅两个点不在 L_1 及 L_2 所夹范围内，与计算结果基本符合。

对某些不在此二虚线所夹范围内的实测值，就要研究数据在观测分析上有无问题，或者就要考虑有无新的地质情况出现。例 1 中铂与砷相关比较密切，可能是由于氧化带中砷铂矿的稳定性高。有两个点在 L_2 之下，表示砷含量很高，就要注意有无含砷的其他矿物出现。如果点出现在 L_1 之上，表示铂含量很高，就要注意有无不含砷的铂矿物或其他因素出现。

三、一元非线性回归

上节中讨论了由观测数据作出的散点在一条直线附近的情况。但在某些问题中，有时两个变量之间并不一定是线性关系，而是某种曲线关系。

例 2　在实验中测得某种液体的热容量 Y 和温度 X 的数据如表 9-7 所示。

表 9-7　某种液体热容量与温度的数据

X	5	10	15	30	25
Y	1.0029	1.0013	1.0001	0.9990	0.9981
X	30	35	40	45	50
Y	0.9999	0.9978	0.9987	0.9987	0.9996

将表 9-7 中数据做出散点图(图 9-3)，可以看出 X 与 Y 的关系大致为一条二次抛物线：

$$Y = a + bX + cX^2$$

根据最小二乘法原理知道，使误差平方和

$$Q = \sum_{i=1}^{n}(Y_i - \dot{Y}_i)^2 = \sum_{i=1}^{n}(Y_i - a - bX_i - cX_i^2)^2$$

达到最小的回归曲线是最好的。

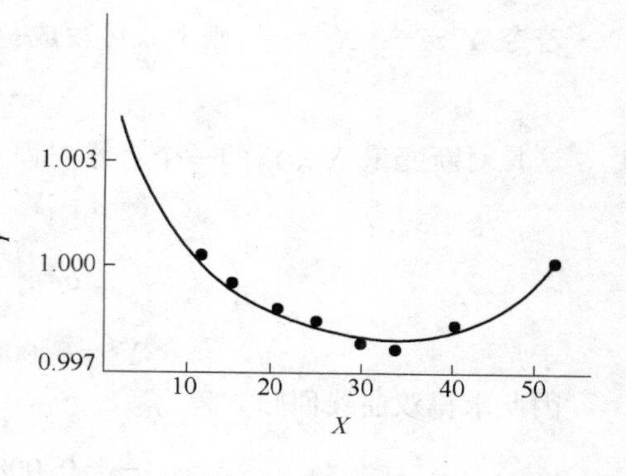

图 9-3　散点图

由微积分中求极值的方法知道，a、b、c 必须满足下列条件：

$$\frac{\partial Q}{\partial a} = 0, \frac{\partial Q}{\partial b} = 0, \frac{\partial Q}{\partial c} = 0$$

即

$$\begin{cases} an + b\sum_{i=1}^{n}X_i + c\sum_{i=1}^{n}X_i^2 = \sum_{i=1}^{n}Y_i \\ a\sum_{i=1}^{n}X_i + b\sum_{i=1}^{n}X_i^2 + c\sum_{i=1}^{n}X_i^3 = \sum_{i=1}^{n}X_iY_i \\ a\sum_{i=1}^{n}X_i^2 + b\sum_{i=1}^{n}X_i^3 + c\sum_{i=1}^{n}X_i^4 = \sum_{i=1}^{n}X_i^2Y_i \end{cases}$$

将表 9-7 中数据代入上面方程组后得到：

$$\begin{cases} 10a + 275b + 9625c = 9.9936 \\ 275a + 9625b + 378125c = 274.6625 \\ 9625a + 378125b + 15833125c = 9575.063 \end{cases}$$

解此联立方程组，最终得到：

$$a = 1.0048,\ b = -4.17\times10^{-4},\ c = 6.25\times10^{-6}$$

因此，得到热容量与温度间的曲线相关方程为：

$$Y = 1.0048 - 4.17\times10^{-4}X + 6.25\times10^{-6}X^2$$

例 3　假设取了 13 个样品，测得其 Y 值与 X 值列于表 9-8 中。

根据表 9-8 做出散点图(图 9-4)，可以看出 X 与 Y 的关系大致为一条双曲线。

表 9-8　X 与 Y 值

X	Y	X	Y
2	106.42	11	110.59
3	108.20	14	110.60
4	109.58	15	110.90
5	109.50	16	110.76
7	110.00	18	111.00
8	109.93	19	111.20
10	110.49		

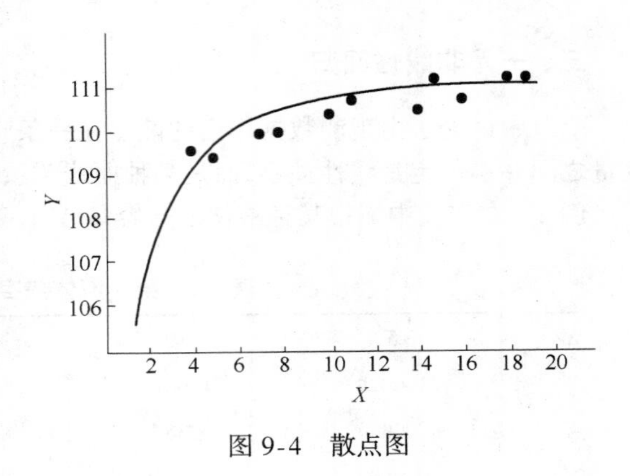

图 9-4　散点图

$$\frac{1}{\dot{Y}}=a+b\,\frac{1}{X}$$

若令 $Y'=\frac{1}{\dot{Y}}$、$X'=\frac{1}{X}$,则上式可写成:

$$Y'=a+bX'$$

这是对新变量 X'、Y'的一个直线方程,因而可用一元线性回归中的方法求得

$$a=Y'-bX'=0.008966$$

$$b=\frac{L_{x'y'}}{L_{x'x'}}=0.0008302$$

于是
$$Y'=0.008966+0.0008302X'$$

因此求得双曲线回归方程为

$$\frac{1}{\dot{Y}}=0.008966+0.0008302\,\frac{1}{X}$$

像在一元线性回归中那样,用如下相关系数 R:

$$R^2=1-\frac{\sum_{i=1}^{n}(Y_i-\dot{Y})^2}{\sum_{i=1}^{n}(Y_i-\overline{Y})^2}$$

作为衡量配曲线好坏的定量指标。在例 3 中计算得 $R^2=0.9726$。R^2 的值很大,表明配的双曲线是合适的。

像在一元线性回归中那样,用剩余均方差 $S=\sqrt{\sum_{i=1}^{n}(Y_i-Y)^2/(n-2)}$ 作为用曲线回归方程预测 Y 值精度的标准。在本例中计算得 $S=0.23$,$2S=0.46$,说明用回归曲线$\frac{1}{Y}=0.008966+0.0008302\,\frac{1}{X}$预测时,95%的误差在 0.46 以内。

四、多元线性回归

在化探工作中,我们往往不只是研究两个变量之间关系,而是多个,譬如研究 Au 与 Ag、As、Pb、Cu 等的定量关系,从数学角度说,即研究变量 Y 与变量 X_1、X_2、…、X_p 之间的定量关系,这就称做多元回归问题。多元回归中我们着重讨论简单而又一般的多元线性回归问题,因为多元非线性回归问题也可化为多元线性回归问题。多元线性回归分析的原理与一元线性回归分析完全相同,只是在计算上要复杂,一般要用电子计算机进行。现从三个变量的二元线性回归讨论,再推广到一般形式的多元线性回归。

（一）二元线性回归方程的建立

假设在地球化学岩石测量中采取了 n 个样品,测量了其中三个元素,分别用 X_1、X_2 与 Y 表示,列表如表 9-9 所示。

表 9-9　X_1、X_2 与 Y 表

X_1	$X_1^{(1)}$	$X_1^{(2)}$	…	$X_1^{(n)}$
X_2	$X_2^{(1)}$	$X_2^{(2)}$	…	$X_2^{(n)}$
Y	$Y^{(1)}$	$Y^{(2)}$	…	$Y^{(n)}$

根据表 9-9,可配一平面方程

$$Y = a_0 + a_1X_1 + a_2X_2 \tag{9-13}$$

由最小二乘法原理知道,使误差平方和

$$Q = \sum_{i=1}^{n}(Y_i - \dot{Y})^2 = \sum_{i=1}^{n}(Y_i - a_0 - a_1X_{1i} - a_2X_{2i})^2$$

达到最小,得到的回归平面是最好的。由微积分求极值原理知道,a_0、a_1、a_2 应满足如下条件:

$$\frac{\partial Q}{\partial a_0} = 0, \frac{\partial Q}{\partial a_1} = 0, \frac{\partial Q}{\partial a_2} = 0$$

即有

$$a_0 n + a_1\sum_{i=1}^{n}X_{1i} + a_2\sum_{i=1}^{n}X_{2i} = \sum_{i=1}^{n}Y_i \tag{9-14}$$

$$a_0\sum_{i=1}^{n}X_{1i} + a_1\sum_{i=1}^{n}X_{1i}^2 + a_2\sum_{i=1}^{n}X_{1i}X_{2i} = \sum_{i=1}^{n}X_{1i}Y_i \tag{9-15}$$

$$a_0\sum_{i=1}^{n}X_{2i} + a_1\sum_{i=1}^{n}X_{1i}X_{2i} + a_2\sum_{i=1}^{n}X_{2i}^2 = \sum_{i=1}^{n}X_{2i}Y_i \tag{9-16}$$

由式 9-14 可得:

$$\bar{Y} = a_0 + a_1\bar{X}_1 + a_2\bar{X}_2 \tag{9-17}$$

则

$$a_0 = \bar{Y} - a_1\bar{X}_1 - a_2\bar{X}_2 \tag{9-18}$$

将式 9-18 代入式 9-15,得

$$\sum_{i=1}^{n}X_{1i}(\bar{Y} - a_1\bar{X}_1 - a_2\bar{X}_2) + a_1\sum_{i=1}^{n}X_{1i}^2 + a_2\sum_{i=1}^{n}X_{1i}X_{2i} = \sum_{i=1}^{n}Y_iX_{1i}$$

$$a_1\left[\sum_{i=1}^{n}X_{1i}^2 - \frac{\left(\sum_{i=1}^{n}X_{1i}\right)^2}{n}\right] + a_2\left[\sum_{i=1}^{n}X_{1i}X_{2i} - \frac{\sum_{i=1}^{n}X_{1i}X_{2i}}{n}\right]$$

$$= \sum_{i=1}^{n}X_{1i}Y_i - \frac{\sum_{i=1}^{n}X_{1i}\sum_{i=1}^{n}Y_i}{n}$$

$$a_1\sum_{i=1}^{n}(X_{1i} - \bar{X}_1)^2 + a_2\sum_{i=1}^{n}(X_{1i} - \bar{X}_1)(X_{2i} - \bar{X}_2) = \sum_{i=1}^{n}(X_{1i} - \bar{X}_1)(Y_i - \bar{Y}) \tag{9-19}$$

将式 9-14 代入式 9-12,同样可得:

$$a_1\sum_{i=1}^{n}(X_{1i} - \bar{X}_1)(X_{2i} - \bar{X}_2) + a_2\sum_{i=1}^{n}(X_{2i} - X_2)^2$$

$$= \sum_{i=1}^{n}(X_{2i}-\bar{X}_1)(Y_i-\bar{Y}) \tag{9-20}$$

令

$$L_{11}=\sum_{i=1}^{n}(X_{1i}-\bar{X}_{1i});L_{22}=\sum_{i=1}^{n}(X_{2i}-\bar{X}_2)^2$$

$$L_{12}=L_{21}=\sum_{i=1}^{n}(X_{1i}-\bar{X}_1)(X_{2i}-\bar{X}_2)$$

$$L_{1Y}=\sum_{i=1}^{n}(X_{1i}-\bar{X}_1)(Y_i-\bar{Y});L_{2Y}=\sum_{i=1}^{n}(X_{2i}-\bar{X}_2)(Y_i-\bar{Y})$$

则式 9-19 与式 9-20 可写成如下形式:

$$\left.\begin{aligned} a_1L_{11}+a_2L_{12}=L_{1Y} \\ L_{11}L_{21}+a_2L_{22}=L_{2Y} \end{aligned}\right\} \tag{9-21}$$

用行列式解联立方程 9-21,得

$$a_1=\left|\frac{\begin{matrix} L_{1y} & L_{12} \\ L_{2y} & L_{22} \end{matrix}}{\begin{matrix} L_{11} & L_{12} \\ L_{21} & L_{22} \end{matrix}}\right|=\frac{L_{1y}L_{22}-L_{12}L_{2y}}{L_{11}L_{22}-L_{12}^2} \tag{9-22}$$

式 9-22 分子分母同除 $L_{11}L_{22}$,有

$$a_1=\frac{\dfrac{L_{1Y}L_{22}-L_{12}L_{2Y}}{L_{11}L_{22}}}{1-\dfrac{L_{12}}{L_{11}L_{22}}}=\frac{\dfrac{L_{1Y}}{L_{11}}-\dfrac{L_{12}L_{2Y}}{L_{11}L_{22}}}{1-r_{12}^2}$$

$$=\frac{\left(\dfrac{L_{1y}}{\sqrt{L_{11}}\sqrt{L_{11}}\sqrt{L_{yy}}}-\dfrac{L_{12}L_{2y}}{\sqrt{L_{11}}\sqrt{L_{11}}\sqrt{L_{22}}\sqrt{L_{22}}\sqrt{L_{yy}}}\right)\sqrt{L_{yy}}}{1-r_{12}^2}$$

$$=\frac{r_{1y}-r_{12}r_{2y}}{1-r_{12}^2}\times\frac{\sqrt{L_{yy}}}{\sqrt{L_{11}}} \tag{9-23}$$

令

$$S_y=\sqrt{L_{yy}},S_{x1}=\sqrt{L_{11}}$$

则

$$a_1=\frac{r_{1y}-r_{12}r_{2y}}{1-r_{12}^2}\times\frac{S_y}{S_{x1}} \tag{9-24}$$

同理可得

$$a_2=\frac{r_{2y}-r_{12}r_{1y}}{1-r_{12}^2}\times\frac{S_y}{S_{x2}} \tag{9-25}$$

其中,r_{1y}是 Y 对 X_1 的简单相关系数,r_{2y}是 Y 对 X_2 的简单相关系数,r_{12}是两个自变量 X_1、X_2 的简单相关系数,S_y、S_{x1}、S_{x2}为 Y 及 X_1、X_2 的均方根离差平方和。

根据式 9-24、式 9-25、式 9-18 即可求出 a_0、a_1、a_2,并代入式 9-9 中得到方程,称为 Y 对 X_1、X_2 的复回归方程,它描绘了变量 X_1、X_2 与 Y 间得线性相关关系,a_1、a_2 称为复回归系数。

(二) 复相关系数

像一元线性回归一样,可用 Y 与 X_1、X_2 的复相关系数来描绘 X_1、X_2 与 Y 的线性相关是否密切。

因为

$$r^2=\frac{U}{L_{yy}}$$

所以复相关系数也可写成如下形式

$$R=\sqrt{\frac{U}{L_{yy}}} \tag{9-26}$$

式中，R 为复相关系数；U 为二元回归平方和；L_{yy}为二元总离差平方和。

与一元线性回归相同，L_{yy}也可以分解为两部分：

$$\begin{aligned} L_{yy} &= \sum_{i=1}^{n}(Y_i-\overline{Y})^2 = \sum_{i=1}^{n}[(Y_i-Y_1)+(Y_i-\overline{Y})]^2 \\ &= \sum_{i=1}^{n}(\dot{Y}_i-\overline{Y})^2+\sum_{i=1}^{n}(Y_i-\dot{Y}_i)^2 \\ &= U+Q \end{aligned}$$

二元线性回归时，回归平方和 U 可展开成如下形式：

$$\begin{aligned} U &= \sum_{i=1}^{n}(Y_i-\overline{Y})^2 = \sum_{i=1}^{n}(Y_i-\overline{Y})[(Y_i-\overline{Y})-(Y_i-\dot{Y}_i)] \\ &= \sum_{i=1}^{n}(Y_i-\overline{Y})(Y_i-\overline{Y})-\sum_{i=1}^{n}(\dot{Y}_i-\overline{Y})(Y_i-\dot{Y}_i) \end{aligned}$$

因为已证明 $\sum_{i=1}^{n}(\dot{Y}_i-\overline{Y})(Y_i-\dot{Y}_i)=0$

所以 $U=\sum_{i=1}^{n}(\dot{Y}_i-\overline{Y})(Y_i-\dot{Y}_i)=\sum_{i=1}^{n}[(a_0+a_1x_1+a_2x_2-a_0-a_1\overline{X}_1-a_2\overline{X}_2)](Y_i-\overline{Y})$

$$\begin{aligned} &= \sum_{i=1}^{n}[a_1(X_{1i}-\overline{X}_1)+a_2(X_{2i}-\overline{X}_2)](Y_i-\overline{Y}) \\ &= a_1L_{1y}+a_2L_{2y} \end{aligned} \tag{9-27}$$

$$L_{1y}=\sum_{i=1}^{n}(X_{1i}-\overline{X}_1)(Y_i-\overline{Y}),\quad L_{2y}=\sum_{i=1}^{n}(X_{2i}-\overline{X}_2)(Y_i-\overline{Y})$$

将式 9-27 代入式 9-26，得

$$R=\sqrt{\frac{a_1L_{1y}+a_2L_{2y}}{L_{yy}}} \tag{9-28}$$

将式 9-24 与式 9-25 的 a_1、a_2 代入式 9-28，则

$$\begin{aligned} R &= \sqrt{\frac{\frac{r_{1y}-r_{12}r_{2y}}{1-r_{12}^2}\times\frac{S_y}{S_{x1}}\times L_{1y}+\frac{r_{2y}-r_{12}r_{1y}}{1-r_{12}^2}\times\frac{S_y}{S_{x2}}\times L_{2y}}{L_{yy}}} \\ &= \sqrt{\frac{(r_{1y}-r_{12}r_{2y})\sqrt{L_{yy}}L_{1y}}{(1-r_{12}^2)L_{yy}}\times L_{1y}+\frac{(r_{2y}-r_{12}r_{1y})\sqrt{L_{yy}}L_{2y}}{(1-r_{12}^2)L_{yy}}} \\ &= \sqrt{\frac{r_{1y}^2+r_{2y}^2-r_{12}r_{1y}r_{2y}-r_{12}r_{1y}r_{2y}}{1-r_{12}^2}} \\ &= \sqrt{\frac{r_{1y}^2+r_{2y}^2-2r_{12}r_{1y}r_{2y}}{1-r_{12}^2}} \end{aligned} \tag{9-29}$$

由于 R 是一个随机变量，服从一定概率分布，因此求得 R 后，只有当 R 值大于某一置信界限的理论 R 值时，才能判定 Y 与 X_1、X_2 关系密切，这可用查表进行检验，或用 F 检验来判断。

$$F=\frac{U/m}{Q/(n-m-1)} \tag{9-30}$$

式中，U 为回归离差平方和；Q 为剩余离差平方和；m 为自变量数；n 为样品数。

式 9-30 也可写成如下形式：

$$F=\frac{L_{yy}R^2}{mS_e^2}$$

式中，S_e^2 为平均剩余离差平方和。

第一自由度 $\nu_1=m$，第二自由度 $\nu_2=n-m-1$。

若查 F 检验表：

$F>F_\alpha=0.01(\nu_1,\nu_2)$则表示 Y 与X_1、X_2 关系密切。反之，则关系不密切。

像一元线性回归一样，回归方程 9-13 的精度由平均剩余离差平方和来估计，S_e 的计算公式为：

$$S_e^2=\frac{Q}{n-m-1}$$

所以

$$S_e=\sqrt{\frac{Q}{n-m-1}}=\sqrt{\frac{L_{yy}-U}{n-m-1}}=\sqrt{\frac{L_{yy}(1-R^2)}{n-m-1}}$$

例 4　在某多金属矿床上取 25 个样品。分析得出金、银、铅的品位如表 9-10 所示，其中 Pb、Ag 品位分别以 X_1(%)、X_2(g/t)表示，金品位以 Y(g/t)表示。

表 9-10　金、银、铅品位表

Y(Au)/g·t^{-1}	X_1(Pb)/%	X_2(Ag)/g·t^{-1}	Y(Au)/g·t^{-1}	X_1(Pb)/%	X_2(Ag)/g·t^{-1}
47.5	2.234	30.50	67.3	2.734	31.50
55.5	2.074	30.80	68.1	2.710	31.94
60.4	2.250	31.62	65.4	2.274	31.56
61.9	2.420	31.81	66.8	2.850	32.50
70.2	2.584	31.50	65.1	2.824	32.44
66.8	2.518	31.81	71.3	2.584	34.00
62.4	2.492	34.81	73.9	2.614	32.75
56.6	2.774	31.75	70.2	2.830	34.69
68.6	2.616	33.69	69.5	2.844	33.06
67.6	2.700	32.62	50.9	2.230	29.75
53.8	2.764	31.94	46.3	2.066	30.37
60.5	2.760	32.75	66.1	2.844	33.00
63.6	2.644	32.00	—	—	—

其求解步骤如下：

第一步：列表计算

$$\sum Y,\sum X_1,\sum X_2,\sum Y^2,\sum X_1^2,\sum X_2^2,\sum X_1Y,\sum X_2Y \text{ 与 } \bar{X}_1,\bar{X}_2,\sum X_1,(\sum X_1)^2,(\sum X_2)^2$$

第二步：根据式 9-11 求出各变量间的简单相关系数，得

$$r_{x_1y}=0.654,\ r_{x_2y}=0.604,\ r_{x_1x_2}=0.629$$

第三步：代入式 9-17、式 9-24、式 9-25，求得

$$a_0=-48.414,\ a_1=2.702,\ a_2=9.506$$

第四步：写出二元线性回归方程

$$\dot{Y}=-48.414+2.702X_1+9.506X_2 \tag{9-31}$$

第五步：求复相关系数

根据式 9-29，得

$$R_{yx_1x_2}=\sqrt{\frac{0.654^2+0.604^2-2\times0.626\times0.654\times0.604}{1-0.626^2}}$$
$$=\sqrt{0.4891}=0.699$$

因为
$$F=\frac{U/m}{Q/(n-m-1)}$$

经计算 $L_{yy}=100730.45, Q=685.55$

所以
$$U-L_{yy}-Q=656.04$$

$$F=\frac{656.04/2}{685.55/(25-2-1)}=10.53$$

查 F 分布表，$F_\alpha=0.05(2,22)=2.56$

所以 $F>F_\alpha=0.05(2,22)$

式 9-31 表示得出二元回归方程回归效果显著，复相关系数说明金与银、铅相关关系密切。

第六步，求预测精度

因为上面已求得剩余离差平方和，所以

$$S_e^2=\sqrt{\frac{Q}{n-m-1}}=\sqrt{\frac{685.55}{22}}=5.58$$

于是 $2S_e=11.16$，用式 9-31 来预测时，95%的误差不会超过 11.16。

（三）偏相关系数

与一元线性回归不同，在多变量的情况下，变量之间的相关关系是很复杂的，这是因为任何两个变量之间都可能存在着相关关系，仅计算每两个变量间的简单相关系数往往不能正确说明此两个变量间的真正关系，因为此时所有变量都在变化，互相影响着。因此，要真正说明每两个之间的相关关系，必须除去其他变量的影响，所以偏相关系数是用来度量 $m+1$ 个变量 $Y, X_1, X_2, \cdots, X_m$ 之中任意两个变量之间的线性相关，这种线性相关是指在除去其余 $m-1$ 个变量的影响后，Y 与某一个自变量 X_m 的相关关系。

为了求得偏相关关系的表达式，我们现在介绍偏回归平方和的计算公式。我们知道，回归平方和 U 是所有自变量对 Y 的影响（总贡献），所以自变量越多，回归平方和就越大。若在所有变量中去掉一个变量，则回归平方和只会减少，不会增加，减少的数值越大，说明变量在回归中起的作用越大。我们称取消一个变量后回归平方和减少的数值叫做对这个变量的偏回归平方和 P_k。

$$P_k=\frac{a_k^2}{C_{kk}} \tag{9-32}$$

式中，a_k 为第 K 个回归系数；C_{kk} 为正规方程系数矩阵的逆矩阵主对角线上的元素。

式 9-32 的证明如下：

因为
$$U=\sum_{i=1}^{m}a_iL_{iy} \qquad (i=1,2,\cdots,m)$$

从 m 个变量中去掉一个变量 K，重新计算剩下的 $m-1$ 个回归系数，设为 $\bar{a}_i$，则 $m-1$ 个自变量的回归平方和为 $\bar{U}$，所以偏回归平方和

$$P_k=U-\bar{U}$$
$$=\sum_{\substack{i=1,\\ i\neq k}}^{m}a_iL_{iy}-\sum_{i=1}^{m}\bar{a}_iL_{iy}=\sum_{\substack{i=1,\\ i\neq k}}^{m}(a_i-\bar{a}_i)L_{iy}+a_kL_{ky}$$

因为 $$\bar{a}_i = a_i - C_{ik}a_k/C_{kk}$$

所以 $$P_k = \sum_{\substack{i=1,\\ i\neq k}}^{m} \frac{C_{ik}a_k}{C_{kk}}L_{iy} + a_kL_{ky}\left(\frac{C_{ik}}{C_{kk}}\right) = \frac{a_k}{C_{kk}}\left(\sum_{\substack{i=1,\\ i\neq k}}^{m}C_{ik}L_{iy} + C_{kk}L_{ky}\right)$$

$$= \frac{a_k}{C_{kk}}\sum_{i=1}^{m}C_{ik}L_{iy} = \frac{a_k^2}{C_{kk}}$$

下面我们来导出偏相关系数的公式：

因为 $$U = \sum_{\substack{i=1,\\ i\neq k}}^{m}a_iL_{iy} = L_{yy} - Q$$

$$\bar{U} = \sum_{i=1}^{m}\bar{a}_iL_{iy} = L_{yy} - Q'$$

$$P_k = U - \bar{U} = Q' - Q$$

式中 L_{yy}——总离差平方和；

Q——剩余离差平方和；

Q'——偏剩余离差平方和。

令偏相关系数 $$R_k^2 = \frac{P_k}{Q'} = \frac{P_k}{Q+P_k} = \frac{a_k^2}{C_kQ + a_k^2}$$

所以 $$R = \sqrt{\frac{a_k^2}{C_{kk}Q + a_k^2}} = \frac{a_k}{\sqrt{C_{kk}Q + a_k^2}} \tag{9-33}$$

式 9-33 中 a_k 是某自变量的回归系数，在二元线性回归时，式(9-33)各符号的具体表达式如下：

$$Q = L_{yy} - a_1L_{1y} - a_2L_{2y}$$

当数据标准化时，则

$$Q = 1 - a'_1r_{1y} - a'_2r_{2y}$$

两个变量的相关矩阵 R 为

$$R = \begin{pmatrix} 1 & r_{22} \\ r_{21} & 1 \end{pmatrix}$$

R 的逆矩阵为 R^{-1}

$$R^{-1} = \begin{pmatrix} \dfrac{1}{1-r_{12}^2} & \dfrac{-r_{12}^2}{1-r_{12}^2} \\ \dfrac{-r_{21}^2}{1-r_{12}^2} & \dfrac{1}{1-r_{12}^2} \end{pmatrix}$$

所以 $$C_{11} = C_{22} = \frac{1}{1-r_{12}^2}$$

$$a'_1 = \frac{r_{1y} - r_{12}r_{2y}}{1-r_{12}^2},\ a'_2 = \frac{r_{2y} - r_{12}r_{2y}}{1-r_{12}^2}$$

所以 Y 对 X_1 的偏相关系数 R_{yx_1,x_2} 可写成如下形式：

$$R_{yx_1,x_2} = \frac{\dfrac{r_{1y} - r_{12}r_{2y}}{1-r_{12}^2}}{\sqrt{\dfrac{1}{1-r_{12}^2}(1 - a'_1r_{1y} - a'_2r_{2y}) + a'^2_1}}$$

$$=\frac{\dfrac{r_{1y}-r_{12}r_{2y}}{1-r_{12}^2}}{\sqrt{\dfrac{1}{1-r_{12}^2}\left[1-\dfrac{r_{1y}-r_{12}r_{2y}}{1-r_{12}^2}\times r_{1y}-\dfrac{r_{2y}-r_{12}r_{1y}}{1-r_{12}^2}\times r_{2y}\right]+\dfrac{r_{1y}^2-2r_{1y}-r_{2y}r_{12}+r_{12}^2r_{2y}}{(1-r_{12}^2)^2}}}$$

$$=\frac{r_{1y}-r_{12}r_{2y}}{\sqrt{1-r_{12}^2-r_{1y}^2+r_{12}r_{1y}+r_{2y}-r_{2y}^2+r_{12}r_{1y}r_{2y}-2r_{12}r_{1y}r_{2y}+r_{12}^2r_{2y}^2}}$$

$$=\frac{r_{1y}-r_{12}r_{2y}}{\sqrt{1-r_{12}^2-r_{2y}^2+r_{12}^2r_{2y}^2}}=\frac{r_{1y}-r_{12}r_{2y}}{\sqrt{(1-r_{12}^2)(1-r_{2y}^2)}} \tag{9-34}$$

式 9-34 表示固定 X_2 时 X_1 与 Y 之间的线性相关的密切程度。

同样可得到 Y 对 X_2 的偏相关系数：

$$R_{yx_2,x_1}=\frac{r_{2y}-r_{1y}r_{12}}{\sqrt{(1-r_{1y}^2)(1-r_{12}^2)}} \tag{9-35}$$

式 9-35 表示固定 X_1 时 X_2 与 Y 之间的线性相关的密切程度。

根据例 4 的数据和已求得的简单相关系数，代入式 9-34 与式 9-35，求得：

$$R_{yx_1,x_2}=\frac{0.654-0.604\times0.629}{\sqrt{(1-0.604^2)(1-0.629^2)}}=0.44$$

$$R_{yx_2,x_1}=\frac{0.604-0.654\times0.629}{\sqrt{(1-0.629^2)(1-0.654^2)}}=0.35$$

（四）多元线性回归

1. 多元线性回归方程的建立

假定影响的因素共有 m 个，X_1、X_2、…、X_m 共作了 n 次试验。如果 Y 和 $X_k(k=1,2,\cdots,m)$ 间存在线性相关，则配以线性回归方程：

$$\dot{Y}=a_0+a_1X_1+a_2X_2+\cdots+a_mX_m \tag{9-36}$$

根据最小二乘法原理知道，使误差平方和

$$Q=\sum_{i=1}^{n}(Y_i-\dot{Y}_i)^2=\sum_{i=1}^{n}(Y_i-a_0-a_1X_{1i}-a_2X_{2i}-\cdots-a_mX_{mi})^2$$

达到最小的线性回归方程是最好的，故分别求 Q 对 $a_0,a_1,a_2,\cdots,a_m$ 的偏导数，令它等于零，得出 $a_0,a_1,a_2,\cdots,a_m$ 的正规方程，如：

$$\frac{\partial Q}{\partial a_0}=2\sum_{i=1}^{n}[Y_i-(a_0+a_1X_{1i}+a_2X_{2i}+\cdots+a_mX_{mi})]$$

$$=2\sum_{i=1}^{n}(y_i-a_0-a_1X_{1i}-a_2X_{2i}-\cdots-a_mX_{mi})=0$$

得

$$na_0+a_1\sum_{i=1}^{n}X_{1i}+a_2\sum_{i=1}^{n}X_{2i}+\cdots+a_m\sum_{i=1}^{n}X_{mi}=\sum_{i=1}^{n}Y_i \tag{9-37}$$

$$\frac{\partial Q}{\partial a_0}=0$$

得

$$a_0\sum_{i=1}^{n}X_{1i}+a_1\sum_{i=1}^{n}X_{1i}^2+a_2\sum_{i=1}^{n}X_{1i}X_{2i}+\cdots+a_m\sum_{i=1}^{n}X_{1i}X_{mi}$$

$$=\sum_{i=1}^{n}X_{1i}Y_i \tag{9-37a}$$

$$\vdots$$

$$\frac{\partial Q}{\partial a_m}=0$$

得 $$a_0\sum_{i=1}^{n}X_{mi}+a_1\sum_{i=1}^{n}X_{1i}X_{mi}+a_2\sum_{i=1}^{n}X_{2i}X_{mi}+\cdots+a_m\sum_{i=1}^{n}X_{mi}^2=\sum_{i=1}^{n}X_{mi}Y_i \quad (9\text{-}37b)$$

由式 9-37 可求出 a_0

$$a_0=\overline{Y}-a_1\overline{X}_1-a_2\overline{X}_2-\cdots-a_m\overline{X}_m \quad (9\text{-}38)$$

将式 9-38 代入式 9-37a 得：

$$(\overline{Y}-a_1\overline{X}_1-a_2\overline{X}_2-\cdots-a_m\overline{X}_m)\sum_{i=1}^{n}X_{1i}+a_1\sum_{i=1}^{n}X_{1i}^2+a_2\sum_{i=1}^{n}X_{1i}X_{2i}+\cdots+a_m\sum_{i=1}^{n}X_{1i}X_{mi}$$

$$=\sum_{i=1}^{n}X_{1i}Y_i$$

$$a_1\left(\sum_{i=1}^{n}X_{1i}^2-\sum_{i=1}^{n}X_{1i}\sum_{i=1}^{n}X_{1i}/n\right)+a_2\left(\sum_{i=1}^{n}X_{1i}X_{2i}-\sum_{i=1}^{n}X_{1i}X_{2i}/n\right)+\cdots+$$

$$a_m\left(\sum_{i=1}^{n}X_{1i}X_{mi}-\sum_{i=1}^{n}X_{1i}X_{mi}/n\right)$$

$$=\sum_{i=1}^{n}X_{1i}(Y_i-\overline{Y})$$

$$\left.\begin{aligned}
&a_1\sum_{i=1}^{n}(X_{1i}-\overline{X}_1)^2+a_2\sum_{i=1}^{n}(X_{1i}-\overline{X}_1)(X_{2i}-\overline{X}_2)+\cdots+a_m\sum_{i=1}^{n}(X_{1i}-\overline{X}_1)(X_{mi}-\overline{X}_m)\\
&=\sum_{i=1}^{n}(X_{1i}-\overline{X}_1)(Y_i-\overline{Y})\\
&\quad\text{同理可得：}\\
&a_1\sum_{i=1}^{n}(X_{1i}-\overline{X}_1)(X_{2i}-\overline{X}_2)+a_2\sum_{i=1}^{n}(X_{2i}-\overline{X}_2)+\cdots+a_m\sum_{i=1}^{n}(X_{2i}-\overline{X}_2)(X_{mi}-\overline{X}_m)\\
&=\sum_{i=1}^{n}(X_{2i}-\overline{X}_1)(Y_i-\overline{Y})\\
&a_1\sum_{i=1}^{n}(X_{1i}-\overline{X}_1)(X_{mi}-\overline{X}_m)+a_2\sum_{i=1}^{n}(X_{2i}-\overline{X}_2)(X_{mi}-\overline{X}_m)+\cdots+a_m\sum_{i=1}^{n}(X_{im}-\overline{X}_m)^2\\
&=\sum_{i=1}^{n}(X_{mi}-\overline{X}_m)(Y_i-\overline{Y})
\end{aligned}\right\} \quad (9\text{-}39)$$

式 9-39 可写成如下形式

$$\left.\begin{aligned}
L_{11}a_1+L_{12}a_2+\cdots+L_{1m}a_m&=L_{1y}\\
L_{21}a_1+L_{22}a_2+\cdots+L_{2m}a_m&=L_{2y}\\
&\vdots\\
L_{m1}a_1+L_{m2}a_2+\cdots+L_{mm}a_m&=L_{my}
\end{aligned}\right\} \quad (9\text{-}40)$$

式 9-38 与式 9-40 中

$$\overline{Y}=\frac{1}{n}\sum_{i=1}^{n}Y_i,\overline{X}_k=\frac{1}{n}\sum_{i=1}^{n}X_{ki}\quad(k=1,2,\cdots,m)$$

$$L_{kj}=L_{jk}=\sum_{i=1}^{n}(X_{ki}-\overline{X}_k)(X_{ij}-\overline{X}_j)\quad(j,k=1,2,\cdots,m)$$

$$L_{ky} = \sum_{i=1}^{n}(X_{ki} - \overline{X}_k)(Y_k - \overline{Y}) \quad (k = 1,2,\cdots,m)$$

由式9-40可解出 $a_1, a_2, \cdots, a_m$，代入式9-36即得多元线性回归方程

$$\dot{Y} = a_0 + a_1X_1 + a_2X_2 + \cdots + a_mX_m$$

2．多元线性回归的方差分析

与一元线性回归一样，Y 的总离差平方和 L_{yy} 可分解为回归平方和及剩余平方和两部分：

$$L_{yy} = \sum_{i=1}^{n}(Y_i - \overline{Y})^2 = \sum_{i=1}^{n}[(Y_i - \dot{Y}_i) + (\dot{Y}_i - \overline{Y})]$$

$$= \sum_{i=1}^{n}[(Y_i - \dot{Y}_i)^2 + 2(Y_i - \dot{Y}_i)(\dot{Y}_i - \overline{Y}) + (\dot{Y}_i - \overline{Y})^2]$$

$$\sum_{i=1}^{n}(Y_i - \dot{Y}_i)(\dot{Y}_i - \overline{Y})$$

$$= \sum_{i=1}^{n}[(Y_i - a_0 - a_1X_1 - a_2X_2 - \cdots - a_mX_m) + (a_0 + a_1X_1 + a_2X_2 + \cdots + a_mX_m - \overline{Y})]$$

$$= \sum_{i=1}^{n}(Y_i - \dot{Y}_i)^2 + \sum_{i=1}^{n}(Y_i - \overline{Y})^2$$

$$= \sum_{i=1}^{n}(Y_i - \overline{Y} + a_0 + a_1\overline{X}_1 + a_2\overline{X}_2 + \cdots + a_m\overline{X}_m - a_0 - a_1X_1 - a_2X_2 - \cdots - a_mX_m)(\overline{Y} - a_1\overline{X}_1 + a_2\overline{X}_2 + \cdots + a_m\overline{X}_m)$$

$$= \sum_{i=1}^{n}[(Y_i - \overline{Y}) - a_1(X_1 - \overline{X}_1) - \cdots - a_m(X_m - \overline{X}_m)][a_1(X_1 - \overline{X}_1) + a_2(X_2 - \overline{X}_2) + \cdots + a_m(X_m - \overline{X}_m)]$$

$$= a_1\sum_{i=1}^{n}[(Y_i - \overline{Y}) - a_1(X_1 - \overline{X}_1) - \cdots - a_m(X_m - \overline{X}_m)](X_1 - \overline{X}_1) + a_2\sum_{i=1}^{n}[(Y_i - \overline{Y}) - a_1(X_1 - \overline{X}_1) - \cdots - a_m(X_m - \overline{X}_m)](X_2 - \overline{X}_2) + \cdots + a_m\sum_{i=1}^{n}[(Y_i - \overline{Y}) - a_1(X_i - \overline{X}_1) - \cdots - a_m(X_m - \overline{X}_m)](X_m - \overline{X}_m)$$

$$= a_1[L_{1y} - (L_{11}a_1 + L_{12}a_2 + \cdots + L_{1m}a_m)] + a_m[L_{my} - (L_{m1}a_1 + L_{m2}a_2 + \cdots + L_{mm}a_m)] = 0$$

因为

$$L_{yy} = Q + U$$

$$U = \sum_{i=1}^{n}(\dot{Y}_i - \overline{Y})^2 = \sum_{i=1}^{n}(\dot{Y}_i - \overline{Y})[(\dot{Y}_i - \overline{Y}) - (Y_i - \dot{Y}_i)]$$

$$= \sum_{i=1}^{n}(\dot{Y}_i - \overline{Y})(Y_i - \overline{Y}) - \sum_{i=1}^{n}(\dot{Y}_i - \overline{Y})(Y_i - \dot{Y}_i) = \sum_{i=1}^{n}(\dot{Y}_i - \overline{Y})(Y_i - \overline{Y})$$

$$= \sum_{i=1}^{n}[(X_{1i} - \overline{X}_1)a_1 + (X_{2i} - \overline{X}_2)a_2 + \cdots + (X_{mi} - \overline{X}_m)a_m](Y_i - \overline{Y})$$

$$= L_{1y}a_1 + L_{2y}a_2 + \cdots + L_{my}a_m$$

$$= \sum_{i=1}^{n}a_kL_{ky}$$

$$Q = L_{yy} - \sum_{i=1}^{n}a_kL_{ky}$$

回归效果的好坏，可用 U 在 L_{yy} 中所占的比例 U/L_{yy} 来衡量，也就是说，U/L_{yy} 表示了 Y 与

$X_1,X_2,\cdots,X_m$ 的线性关系密切程度。

令
$$R=\sqrt{\frac{U}{L_{yy}}}=\sqrt{1-\frac{Q}{L_{yy}}}$$
称 R 为变量 Y 与变量 $X_1,X_2,\cdots,X_m$ 复相关系数。利用方差分析，也可对 Y 与 $X_1,X_2,\cdots,X_m$ 之间的线性关系是否显著进行检验，其方差分析表的格式见表 9-11。

表 9-11　多元线性回归方差分析表

方差来源	离差平方和	自 由 度	平均离差平方和	F
回　归	$U=\sum_{i=1}^{n}a_kL_{ky}$	m	$S_\nu^2=u/m$	$F=\frac{S_\nu^2}{S_e^2}$
剩　余	$Q=\sum_{i=1}^{n}(Y_i-\dot{Y}_i)^2=L_{yy}-U$	$n-m-1$	$S_e^2=Q/(n-m-1)$	
总　和	$L_{yy}=\sum_{i=1}^{n}(Y_i-\overline{Y})^2$	$n-1$		

对于指定的显著性水平 α，当计算所得的 $F>F_\alpha$ 时，则认为回归效果显著。

利用复相关系数 R 作显著性检验时，当 R 越接近 1 时，表示 Y 与 $X_1,X_2,\cdots,X_m$ 的线性关系越密切；反之，当 R 越接近于零时，表示 Y 与 $X_1,X_2,\cdots,X_m$ 线性相关越差，甚至不相关。R 的显著性检验，对给定的显著性水平（信度）α 及自由度 $(n-2)$，可找出其临界值（查表）。当 R 值大于相应的临界值时，才说明 Y 与 $X_1,X_2,\cdots,X_m$ 线性关系密切或回归效果显著。

3. 应用多元回归方程进行预测

与一元或二元线性回归类似，为了进行预测，可利用随机因素引起的标准平均剩余离差平方和 S_e：
$$S_e=\sqrt{\frac{Q}{n-m-1}}$$
在信度 $\alpha=5\%$ 条件下，有 $P\{\dot{Y}_i-2S_e<Y_i<\dot{Y}_i+2S_e\}=95\%$

若做两个回归超平面，则：

P_1：$Y_{i1}=a_0+a_1X_{i1}+a_2X_{i2}+\cdots+a_mX_{mi}+2S_e$

P_2：$Y_{i2}=a_0+a_1X_{i1}+a_2X_{i2}+\cdots+a_mX_{mi}-2S_e$

可以预测观测数据将有 95% 的概率落在超平面 P_1 与 P_2 之间。

4. 各自变量在回归方程中的作用

在多元线性回归中，一个经常遇到的问题是如何判别在所考察的因素中，哪些是影响 Y 的主要因素，哪些是次要因素，我们可从下述两个方面进行衡量。

(1) 标准回归系数

为了判断各自变量对 Y 的影响大小，可以比较各自变量的回归系数 a_k，因为回归系数是反映 X_k 对 Y 的影响大小，它表示在其他因素不变的情况下，X_k 变化一个单位所引起 Y 平均变化的大小，因此 a_k 越大，相应的变量（因素）越重要，故比较各自变量的回归系数绝对值大小，可反映它在回归方程中的作用大小。但由于各变量取值不同，不能直接比较，因此引入标准回归系数。

当各变量的原始观测数据用下式变换时：
$$Y'_i=Y_i-\overline{Y}/\sigma,X'_i=X_{ik}-\overline{X}/\sigma_x\quad(i=1,2,\cdots,k=1,2,\cdots,m)$$

令
$$\sigma_y=\sqrt{\frac{L_{yy}}{n}}\qquad \sigma_{xk}=\sqrt{\frac{L_{kk}}{n}}$$
原始数据就成为标准化数据,这时各变量的平均值为零,均方差为1。
$$\overline{X}'=\frac{\sum_{i=1}^{n}X'_{ik}}{n}=\frac{\sum_{i=1}^{n}(X_{ki}-\overline{X}_k)}{n\sigma_{xk}}=\frac{\frac{1}{n}\sum_{i=1}^{n}X_{ik}-n\frac{\overline{X}_k}{n}}{\sigma_{xk}}=0$$
$$\sigma'=\frac{\sum_{i=1}^{n}(X'_{ik}-X_k)^2}{n}=\frac{\sum_{i=1}^{n}X'^2_{ik}}{n}=\frac{\frac{1}{n}(\sum_{i=1}^{n}(X_{ik}-\overline{X}_k)^2)^2}{\sigma_k}=1$$
所以标准化以后的回归系数与未标准化的回归系数有如下关系:
$$a'_k=a_k\sqrt{\frac{L_{kk}}{L_{yy}}}$$
因为
$$a'_k=\frac{\sum_{i=1}^{n}(X'_{ik}-\overline{X}'_k)(Y'-\overline{Y}')}{\sum_{i=1}^{n}(X'_{ik}-\overline{X}'_k)^2}=\frac{\sum_{i=1}^{n}(X'_{ik}Y'_i)^2}{\sum_{i=1}^{n}X'^2_{ik}}$$
$$=\frac{\sum_{i=1}^{n}(X_{xk}-\overline{X}_k)(Y_i-\overline{Y})/\sigma_{xk}\sigma_y}{\sum_{i=1}^{n}(X_{xk}-\overline{X}_k)(Y_i-\overline{Y})/\sigma^2_{xk}}$$
$$=\frac{\sum_{i=1}^{n}(X_{xk}-\overline{X}_k)(Y_i-\overline{Y})}{\sum_{i=1}^{n}(X_{xk}-\overline{X}_k)}\times\frac{\sigma_{xk}}{\sigma_y}=a_k\sqrt{\frac{L_{kk}}{L_{yy}}}$$
式中,a'_k 消除了各自变量取值单位不同的差异,因此 a'_k 越大,该变量对 Y 的影响就越大。

(2) 偏回归平方和

变量在回归中的作用大小,也可用偏回归平方和来衡量。数据标准化时,偏回归平方和为:
$$P_k=a^2_k/C_{kk}$$
凡是偏回归平方和 P_k 值大的,一定是对 Y 有重要影响的因素。至于偏回归平方和 P_k 值大到什么程度称作该因素是显著呢?要用 F_k 值进行检验。
$$F_k=\frac{P_k}{S^2_e}=\frac{a^2_k}{C_{kk}S^2_e}$$
当 F_k 值在一定信度 α 条件下大于表上查得的值时,则该因素的偏回归平方和是显著的,也即该变量对 Y 的作用明显,反之则不显著。对于 P_k 最小的变量,可以从多元回归方程中将它剔除,这并不影响回归效果。剔除一个变量后的多元回归方程,应将剩下的 $m-1$ 个变量重新计算新的回归系数可利用如下关系式
$$a^*_i=a_i-\frac{C_{ik}}{C_{kk}}a_k\qquad (i=1,2,\cdots,m)$$
这样再建立新的多元回归方程:
$$Y=a^*_0+a^*_1X_1+a^*_2X_2+\cdots+a^*_{m-1}X_{m-1}$$
例5 我们用某铂矿氧化带内一探槽中18个样品的Pt、As、Ag与Cu的分析结果为例,说明多元线性回归的具体计算方法。数据见表9-12。

第一步:求线性回归方程我们用 $Y(\text{Pt})$、$X_1(\text{As})$、$X_2(\text{Ag})$、$X_3(\text{Cu})$表示各元素含量(%)。根据

$$\begin{cases} S_{ii}^2 = \dfrac{1}{n}L_{ii} = X_i^2 - \overline{X}_i^2 \\ S_{ij}^2 = \dfrac{1}{n}L_{ij} = \overline{X_iX_j} - \overline{X}_i\overline{X}_j \\ S_{iy}^2 = \dfrac{1}{n}L_{iy} = \overline{X_iY_i} - \overline{X}_i\overline{Y}_i \\ S_{yy}^2 = \dfrac{1}{n}L_{yy} = Y^2 - \overline{Y}^2 \end{cases}$$

表 9-12 18 个样品的数据表

编号	Y(Pt)	X_1(As)	X_2(Ag)	X_3(Cu)
1	1.51	0.40	1.48	1.78
⋮	⋮	⋮	⋮	⋮
18	0.30	-0.30	0.00	0.78

计算得出方差与协方差,并列成方差与协方差矩阵,见表 9-13。

根据相关系数公式 9-11,求出所有相关系数,并列成相关矩阵,见表 9-14。

表 9-13 方差与协方差矩阵

项目	Y	X_1	X_2	X_3
Y	0.74	0.24	0.43	0.05
X_1	0.24	0.12	0.16	0.05
X_2	0.45	0.16	0.34	0.08
X_3	0.05	0.05	0.08	0.15

表 9-14 相关矩阵

项目	Y	X_1	X_2	X_3
Y	1	0.81	0.86	0.15
X_1	0.81	1	0.79	0.37
X_2	0.86	0.79	1	0.35
X_3	0.15	0.37	0.35	1

根据相关矩阵(表 9-14)计算其逆矩阵,见表 9-15。

表 9-15 相关矩阵的逆矩阵

项目	Y	X_1	X_2	X_3
Y	5.692	-2.282	-3.520	1.223
X_1	-2.282	3.646	-0.644	-0.781
X_2	-3.520	-0.644	4.864	-0.936
X_3	1.223	-0.781	-0.936	1.433

根据表 9-12 中数据,配以线性回归方程:

$$Y = a_0 + a_1X_1 + a_2X_2 + a_3X_3$$

根据公式

$$a = -\frac{S_{yy}}{S_{ii}} \times \frac{D'_{yj}}{D'_{yy}} \tag{9-41}$$

可计算得出回归方程中诸回归系数 a_i,其中 D'_{yy}为相关逆矩阵表 9-15 的首项,$D'_{yy} = 5.962$,而 $D'_{y1} = -2.282$,$D'_{y2} = -3.520$,$D'_{y3} = 1.223$。将方差与协方差矩阵表 9-13 中对角线上数值开平方就得 S_{yy}及 S_{ii},如 $S_{yy} = \sqrt{0.74} = 0.860$,$S_{11} = \sqrt{0.12} = 0.346$,$S_{22} = \sqrt{0.34} = 0.184$,$S_{33} = \sqrt{0.15} = 0.387$,将它们代入式 9-41 中,就得到 $a_1 = 1.00$,$a_2 = 0.61$,$a_3 = -0.47$ 及 $a_0 = 0.94$。于是求得线性回归方程为

$$\dot{Y} = 0.94 + X_1 + 0.91X_2 - 0.47X_3 \tag{9-42}$$

第二步:检验 Y 与三个自变量间的线性关系是否密切。根据

$$F=\frac{U/m}{Q/(n-m-1)}$$

计算得
$$F=\frac{0.61}{3\times 0.09}=22.20$$

查 F 表中 $F_{k,n=k-1}^{0.01}=F_{3,14}^{0.01}=5.56$，而计算出的 $F=22.20$ 远远大于它，因此回归是高度显著的。

第三步：考察每个自变量在回归中所起作用的大小，为此先列出标准化正规方程组 9-19 的系数矩阵见表 9-16。

根据表 9-16 求出其逆矩阵，见表 9-17。

表 9-16　正规方程的系数矩阵

项　目	X_1	X_2	X_3
X_1	1	0.79	0.37
X_2	0.79	1	0.35
X_3	0.37	0.35	1

表 9-17　正规方程的系数矩阵的逆矩阵

项　目	X_1	X_2	X_3
X_1	2.75	−2.08	−0.28
X_2	−2.08	2.73	−0.19
X_3	−2.08	−0.19	1.18

根据公式 9-32 求得各偏回归平方和为 $P_1=0.78, P_2=1.86, P_3=0.50$，要检验它们是否显著，必须根据公式 9-30 计算 F_j 值：$F_1=4.56, F_2=10.94, F_3=2.94$，查 F 表 $F_{1,14}^{0.01}=4.60$，由此看出，X_1(As)和 X_2(Ag)是影响 Y(Pt)的主要因素。因此，只要利用 X_1(As)和 X_2(Ag)两个元素预测 Y(Pt)就可以了。

第四步：取消一个自变量时回归系数的计算。根据第二步知道，X_3(Cu)对 Y(Pt)的影响很少。因此，可以在回归方程 9-42 中将因素 X_3(Cu)剔掉，此时 Y 对 X_1 与 X_2 的回归系数必须按下面公式计算：

$$a_j^*=a_j-\frac{D_{ij}L_{ii}}{D_{ii}L_{ij}}a_{ij}(j\text{ 不等于 }i) \tag{9-43}$$

于是

$$a_1^*=a_1-\frac{D_{12}L_{22}}{D_{12}L_{12}}a_2=2.47$$

$$a_2^*=a_2-\frac{D_{12}L_{11}}{D_{11}L_{12}}a_1=1.48$$

$$a_0^*=\overline{Y}-a_1^*\overline{X}_1-a_2\overline{X}_2=0.98$$

从而，剔除掉变量 X_3(Cu)后，新的回归方程为

$$Y^*=-0.98+2.47X_1+1.48X_2$$

五、最优回归方程的选择(逐步回归)

(一) 最优回归方程

从多元回归的讨论可知，回归方程中所包含的自变量越多，回归平方和就越大，剩余平方和越小，因此预报精度高，所以在最优回归方程中就希望包括尽可能多的变量，特别是对有影响的变量不能遗漏。但事物总是一分为二的，方程中变量太多，也有不利一面。首先，测定的元素(指标)增加，且计算量也增加；其次，方程中含有不起作用或作用极小的变量，那么剩余平方和不会由于这次变量的增加而减少多少，相互剩余平方和的自由度要减少，而使其平均剩余平方和增大，精度降低；第三，由于存在对 Y 影响不显著的变量，反而影响回归方程的稳定性，使预报效果

下降。因此最优方程中不希望包括对 Y 影响不显著的变量。

综上所述,最优回归方程就是包含所有对 Y 影响显著的变量,而不包含对 Y 影响不显著的变量的回归方程。为了建立这样一个最优方程,有如下几个途径。

方法 1:从所有可能的变量组合的回归方程,挑选最优者。

例如有 4 个变量,则 Y 与一个变量的方程可建立 4 个;Y 与两个变量的方程可建立 6 个;y 与三个变量的方程可建立 4 个;Y 与 4 个变量的方程可建立 1 个;共 15 个方程。

对每个方程及自变量做显著性检验,然后从中挑选一个方程,要求该方程中所有变量全部显著,且剩余平方和较小。用这种方法总可以找到一个最优回归方程,但工作量太大。例如有 10 个元素,则要建立 $2^{10}-1=102$ 个方程,工作量太大了。

方法 2:先建立一个全部变量的回归方程,而后逐次剔除不显著的元素(指标)。

例如
$$Y_i = b_0 + b_1X_1 + b_2X_2 + b_3X_3 + b_4X_4$$

然后对每个变量做显著性检验,剔除不显著指标中偏回归平方和最小的一个变量,重新建立方程,这样反复几次,使方程中的元素都是显著的为止。这种方法对不显著元素不多时可以采用。反之,当元素多而不起作用的元素又较多时,工作量还是较大,因为每剔除一个变量就得重新计算回归系数。

方法 3:从一个变量开始,把变量逐个列入回归方程。

这种方法是先计算各变量与 Y 的相关系数,把绝对值最大的一个元素先列入方程,对回归平方和进行检验,结论是显著之后,再找出余下的元素中与 Y 偏相关系数最大的那个元素,将它引入方程,进行显著性检验,一直到列入某元素后检验为不显著为止。但这种方法得到的方程不一定是最优的,因为各变量之间存在一定的相关关系,所以列入一个新变量之后,原来的变量就不一定仍然显著。所以这种方法工作量较小,但不能保证得到的方程为“最优”。

方法 4:逐步回归分析

这种方法的基本思想是:将元素一个个引入,引入元素的条件是该元素的偏回归平方和经检验是显著的,同时每引入一个新元素后,要对老元素逐个检验,将偏回归平方和变为不显著的元素剔除。

这种方法不需计算偏相关系数,计算比较简单,并且每一步都作检验,因而保证了最后所得的方程中所有元素都是显著的,故为“最优”回归方程。

(二) 逐步回归

1. 具体计算步骤

逐步回归的具体计算步骤如下:

(1) 给出原始数据。

(2) 给出 F_α,F 检验临界值 F_α。F_α 的给定,视具体问题而定。一般为了使最终回归方程包含较多的变量,F_α 水平不宜过高(即信度 α 不宜太小),可适当放宽些。

(3) 计算相关系数矩阵:

$$R = (r_{ij})(i, j = 1, 2, \cdots, p, y)$$

式中 r_{ij} 按公式:
$$r = \frac{S_{ij}}{\sqrt{S_{ij}}\sqrt{S_{ij}}} \qquad (i, j = 1, 2, \cdots, p, y)$$

计算,并记:
$$R^{(0)} = R。$$

(4) 逐步回归的前三步:

1) 选择第一个变量进入方程,利用 $R^{(0)}$,计算:

$$P_i^{(0)}=\frac{(r_{iy}^{(0)})^2}{r_{ii}^{(0)}}(i=1,2,\cdots,p)$$

找出偏回归平方和 $P_i^{(0)}$ 最大值的指标 $1(P_{i_{\max}}^{(0)}=P_1^{(0)})$，并计算：

$$F_1=\frac{P_1^{(0)}(n-2)}{r_{yy}^{(0)}-P_1^{(0)}}$$

若 $F_1>F_\alpha$，则把 X_1 引入回归方程，并按下面公式进行消去变换(即求解求逆紧凑方案公式)：

$$r_{ij}^{(m)}=\begin{cases}r_{1j}^{(m-1)}/r_{11}^{(m-1)} & (i=1,j\text{ 不等于 }1(\text{在 1 行上的元素})) \\ r_{ij}^{(m-1)}-r_{i1}^{(m-1)}r_{1j}^{(m-1)}/r_{11} & (i\text{ 与 }j\text{ 不等于 }1(\text{在其他行列上的元素})) \\ -r_{ii}^{(m-1)}/r_{11}^{(m-1)} & (i\text{ 不等于 }1,j=1(\text{在 1 列上的元素})) \\ 1/r_{11}^{(m-1)} & (i=1,j=1(\text{在 1 行 1 列交叉点上的元素}))\end{cases}$$

计算矩阵：

$$R^{(1)}=(r_{ij}^{(1)})$$

2）利用 $R^{(1)}$计算 $P_i^{(1)}=\frac{(r_{iy}^{(1)})^2}{r_{(1)}^1}$，并找出满足 $P_{\max}^{(1)}=P_k^{(1)}$ 的 k。若

$$F_k^{(1)}=\frac{P_k^1(n-3)}{r_{yy}-P_k^1}>F_\alpha$$

则在回归方程中引进变量 X_k，并再进行消去变换，计算矩阵 $R^{(2)}=(r_{ij}^{(2)})$。

3）由于前两步运算，回归方程中已包含两个变量，因此这一步首先要考虑已选择变量是否应剔除，如不能剔除，就考虑引进新变量，这又要分三种情况进行。

第一：若

$$F_1^{(2)}=\frac{P_1^{(2)}(n-3)}{r_{yy}^{(2)}}\leqslant F_\alpha$$

则从回归方程中剔除 X_1，并计算第三个相关矩阵 $R^{(3)}=(r_{ij}^{(3)})$

第二：若

$$F_1^{(2)}>F_\alpha$$

则不从回归方程中剔除，接着计算

$$P_i^2=\frac{(r_{iy}^{(2)})}{r_{ii}^{(2)}}\quad(i\text{ 不等于 }1,i\text{ 不等于 }k,i\leqslant p)$$

并找出满足 $P_{i_{\max}}^{(2)}=P_t^{(2)}$ 的 t，若 $F_t^{(3)}=\frac{P_t^{(3)}(n-4)}{r_{yy}^{(3)}-P_t^{(3)}}>F_\alpha$

则在第三步引进变量 X_t 入回归方程，并计算第三个相关矩阵 $R^{(3)}=(r_{ij}^{(3)})$

第三：若在下一步出现对一切 i 不等于 1、k，有 $F_t^{(3)}\leqslant F_\alpha$ 时，逐步回归就结束，并由公式

$$b_i=b_i^{(2)}=\sqrt{\frac{S_{yy}}{S_{ii}}}r_{iy}^{(2)}(i=1,2)$$

$$b_0=\bar{Y}-\sum_{i=1}^{2}B_i\bar{X}_i,\ Y=b_0+\sum_{i=1}^{2}B_iX_i$$

复相关系数

$$R=\sqrt{1-r_{yy}^{(2)}}$$

剩余标准差

$$S_y=Q_y\sqrt{\frac{r_{yy}^{(2)}}{n-3}}$$

(5) 前三步以后的逐步回归运算。

对于上述第一、第二两种情况，则在得出第三个相关矩阵 $R^{(3)}$基础上，继续进行逐步回归运

算，一般地若逐步回归工作完成到第 m 步，则在 m 步矩阵 $R^{(m)}$ 的基础上进行第 $m+1$ 步运算。仍分三种情况：

第一：首先对所有 m 步变量 $X_i(i=1,2,\cdots,p)$ 计算

$$P_y^{(m)}=\frac{(r_{iy}^{(m)})}{r_{ii}^{(m)}}$$

并找出满足 $P_{i_{\max}}^{(m)}=P_t^{(m)}$ 的 t，当 $F_t^{(m)}=\frac{P_t^{(m)}(n-1-1)}{r_{yy}^{(m)}}\leqslant F_\alpha$

则在第 $m+1$ 步从回归方程中剔除 X_1，并用消去变换公式求出 $m+1$ 步矩阵

$$R^{(m+1)}=(r_{iy}^{(m+1)})$$

第二：若 $F_i^{(m)}>F_\alpha$，则对所有 i（i 不等于 1，i 不等于 k，i 不等于 t，$i\leqslant p$）计算

$$P_i^{(m)}=\frac{(r_{iy}^{(m)})^2}{r_{ii}^{(m)}}$$

并找出满足 $P_{i_{\max}}^{(m)}=P_s^{(m)}$ 的 s，当

$$F_s^{(m)}=\frac{P_s^{(m)}(m-1-2)}{r_{yy}^{(m)}-P_s^{(m)}}>F_\alpha$$

则第 $m+1$ 步引入 X_s 进回归方程，并按消去变换公式求出 $m+1$ 步矩阵 $R^{(m+1)}$。

第三：当对一切 i 不等于 1、k、t，有 $F_s^{(m)}\leqslant F_\alpha$ 时，逐步回归结束，并给出最后结果

$$b_i=b_i^{(m)}=\sqrt{\frac{S_{yy}}{S_{ii}}}r_{iy}$$

$$b_0=\bar{Y}-\sum_{i=1}^{l}b_i\bar{X}_i,\ Y=b_0+\sum_{i=1}^{l}b_iX_i,\ R=\sqrt{1-r_{yy}^{(m)}},\ S_y=\sigma_y\sqrt{\frac{r_{yy}}{n-1-1}}$$

2．实例

（1）原始数据，见表 9-18。

表 9-18　原始数据

编 号	1	2	3	4	5	6	7	8	9	10	11	12	13	$\bar{X}_i$
X_1	7	1	11	11	7	11	3	1	2	21	1	11	10	7.46
X_2	26	29	56	31	52	55	71	31	54	47	40	66	68	48.15
X_3	6	15	8	8	6	9	17	22	18	4	23	9	8	11.77
X_4	60	52	20	47	33	32	6	44	22	26	34	12	12	30.00
$X_5=Y$	78.5	74.3	104.3	87.6	95.9	109.2	102.7	72.59	93.1	115.9	83.8	113.3	109.4	95.42

（2）求方差、协方差矩阵（不除 n），见表 9-19。

表 9-19　方差、协方差矩阵

S_{ij}	X_1	X_2	X_3	X_4	$X_5=Y$
X_1	415.23	251.08	−372.62	−290.00	775.96
X_2		2905.69	−166.54	−3041.00	2292.95
X_3			492.31	38.00	−618.23
X_4				3362.00	−2481.70
$X_5=Y$					2715.76

(3) 给出显著性水平 F_α,为方便起见,根据原始数据个数 n 及估计可能选入方差的变量数1,按 $n-1-1$ 计算自由度,当比较大时,查 F 检验临界值表所得值相差很小。本例中 $n=13$,共4个变量,估计有2~3个选入回归方程,因此自由度选为10,给定信度 $\alpha=0.10$,查 $\alpha=0.10$,$\nu_1=1,\nu_2=10$ 的 F 分布表,$F_\alpha=3.28$ 就是检验变量显著性的水平。

(4) 算出相关系数矩阵(即标准化正规方程的增广矩阵,下面再加与常数项列对称的一项)

$$R^{(0)}=\begin{bmatrix}1 & 0.2286 & -0.8241 & -0.2454 & 0.7307\\ 0.2286 & 1 & -0.3192 & -0.9730 & 0.8163\\ -0.8241 & -0.3192 & 1 & 0.0295 & -0.5347\\ -0.2454 & -0.9730 & 0.0295 & 1 & -0.8213\\ 0.7307 & 0.8163 & -0.5347 & -0.8213 & 1\end{bmatrix}$$

(5) 具体步骤。

第一步:

1) 选择第一个指标进入回归方程。

利用 $R^{(0)}$,按公式 $P_i^{(0)}=\dfrac{(r_{iy}^{(0)})^2}{r_{ii}^{(0)}}(i=1,2,3,4)$得

$$P_1^{(0)}=\frac{(r_{1y}^{(0)})^2}{r_{11}}=(0.7307)^2=0.5339$$

$$P_2^{(0)}=\frac{(r_{2y}^{(0)})^2}{r}=(0.8163)^2=0.6663$$

$$P_3^{(0)}=\frac{(r_{3y}^{(0)})^2}{r_{33}^{(0)}}=(-0.5347)^2=0.2859$$

$$P_4^{(0)}=\frac{(r_{4y}^{(0)})^2}{r_{44}^{(0)}}=(-0.8213)^2=0.6745$$

比较这4个 $P_i^{(0)}(i=1,2,3,4)$,选出最大者 $P_i^{(0)}$(此时 $i=4$),并按下式计算 F 值作显著性检验,$F_1=F_{14}=\dfrac{P_4^{(0)}(n-2)}{r_{yy}^0-P_4^{(0)}}=\dfrac{0.6745\times11}{1-0.6745}=\dfrac{0.6745\times11}{0.3255}=22.80$,因 $F_{14}=22.80>F_\alpha=3.28$,所以 X_4 显著,应被引入。

2) 由于 X_4 选入回归方程的结果,矩阵 $R^{(0)}$ 应用消去变换公式变为 $R^{(1)}=(r_{jj}^{(1)})$,其计算结果为,

$$R^{(1)}=\begin{bmatrix}0.9398 & -0.0102 & -0.8169 & 0.2454 & 0.5291\\ -0.0102 & 0.0534 & -0.1105 & 0.9730 & 0.0172\\ -0.8169 & -0.1105 & 0.9991 & -0.0295 & -0.5104\\ 0.2454 & 0.9730 & -0.0295 & 1 & -0.8213\\ 0.5291 & 0.0172 & -0.5104 & -0.8213 & 0.3255\end{bmatrix}$$

3) 求引入 X_4 后的回归方程,并做方差分析检验。

标准回归系数:$b_4^{(1)}=r_{4y}^{(1)}=-0.8213$

回归系数　$b_4=b_4^{(1)}\sqrt{\dfrac{S_{yy}}{S_{44}}}=-0.8213\sqrt{\dfrac{2715.76}{3362.00}}=-0.7382$

常数项　$b_0=\bar{Y}-b_4\bar{X}_4=95.42-(-0.7382)\times30.00=117.57$

因此得回归方程:

$$Y=111.57-0.7382X$$

其剩余平方和即 $r_{yy}^{(1)}=0.3255$,因 $F_4>F_\alpha$,所以一元线性回归的方差分析结果显著。

第二步:考虑引入第二个变量(因 X_4 刚引入,无从剔除,因此考虑引入)。

1) 计算 X_1、X_2、X_3 的偏回归平方和(其 r_{iy}为$R^{(1)}$中的元素)

$$P_1^{(1)}=\frac{(r_{1y}^{(1)})^2}{r_{11}}=\frac{(0.5291)^2}{0.9398}=0.2980$$

$$P_2^{(1)}=\frac{(r_{2y}^{(1)})^2}{r_{22}}=\frac{(0.0172)^2}{0.0534}=0.0055$$

$$P_3^{(1)}=\frac{(r_{3y}^{(1)})^2}{r_{33}}=\frac{(-0.5104)^2}{0.9991}=0.2607$$

选最大者作 $P_1^{(1)}$,做 F 检验

$$F_k(1)=F_1(1)=\frac{P_1^{(1)}(n-2-1)}{r_{yy}^{(1)}-P_1^{(1)}}=\frac{0.2980\times 10}{0.3255-0.2980}=108.36$$

由于 $F_1(1)=108.36>F_\alpha=3.28$,故将 X_1 选入回归方程。

2) X_1 进入回归方程,矩阵 $R^{(1)}$变换成 $R^{(2)}$(对 $R^{(1)}$的第一列进行消去变换)

$$R^{(2)}=\begin{bmatrix} 1.0641 & -0.0109 & -0.8693 & 0.2612 & 0.5631 \\ 0.0109 & 0.0532 & -0.1194 & 0.9756 & 0.0229 \\ 0.8693 & -0.1194 & 0.2891 & 0.1838 & -0.0505 \\ 0.2612 & -0.9756 & -0.1838 & 1.0641 & -0.6831 \\ -0.5631 & 0.0229 & -0.0505 & 0.6831 & 0.0275 \end{bmatrix}$$

3) 求引入 X_4、X_1 后的回归方程,并做方差分析检验:

标准回归系数　　$b_1^{(2)}=0.5631, b_4^{(2)}=-0.6831$

所以　　$b_1=b_1^{(2)}\sqrt{\dfrac{S_{yy}}{S_{11}}}=1.4401; b_4=b_4^{(2)}\sqrt{\dfrac{S_{yy}}{S_{44}}}=-0.6140$

$$b_0=\overline{Y}-b_1\overline{X}_1-b_4\overline{X}_4=103.10$$

所以回归方程　　$Y=103.10+1.4401X_1-0.6140X_4$

其剩余平方和为 $r_{yy}^{(2)}=0.0275$,对此二元回归方程做方差分析 F 检验

$$F=\frac{U/m}{Q/(n-m-1)}=\frac{(1-0.2750)/2}{0.0275/10}=131.8$$

当信度 $\alpha=0.05$,自由度为 $\nu_1=2,\nu_2=10$,查 F 检验表得 $F_\alpha=0.05(2,10)=4.10$,可见高度显著。

然后,计算 X_4、X_1 的偏回归平方和及相应的 F 值:

$$P_1^{(2)}=\frac{(0.5631)^2}{1.0641}=0.2980, P_4^{(2)}=\frac{(-0.6831)^2}{1.0641}=0.4385$$

$$F_1^{(2)}=\frac{(n-2-1)P_1^{(2)}}{r_{yy}^{(2)}}=\frac{2.9830}{0.0275}=108.47$$

$$F_4^{(2)}=\frac{(n-2-1)P_4^{(2)}}{r_{yy}^{(2)}}=\frac{4.3850}{0.0275}=159.45$$

所以 $F_1^{(2)}$ 与 $F_4^{(2)}$ 都大于 $F_\alpha=3.28$,故 X_1、X_4 都不应从方程中剔除。

第三步:考虑引入新变量。

1) 计算不在方程中 X_2、X_3 的偏回归平方和(其 r_{iy}为$R^{(2)}$中元素)

$$P_2^{(2)}=\frac{(r_{2y}^{(2)})^2}{r_{22}}=\frac{(0.0230)^2}{0.0532}=0.0099$$

$$P_3^{(2)}=\frac{(r_{3y}^{(2)})^2}{r_{33}}=\frac{(-0.0505)^2}{0.2891}=0.0088$$

选最大者作 $P_2^{(2)}$ 做 F 检验：

$$F_t(2)=F_2(2)=\frac{P_2^{(2)}(n-3-1)}{r_{yy}^{(2)}-P_2^{(2)}}=\frac{0.0099\times 9}{0.0176}=5.06$$

由于 $F_2(2)=5.03>F_\alpha=3.28$，故将 X_2 选入回归方程。

2）X_2 进入回归方程结果，矩阵 $R^{(2)}$ 变换成 $R^{(3)}$（对 $R^{(2)}$ 的第二列进行消去变换）

$$R^{(3)}=\begin{bmatrix} 1.0663 & 0.2044 & -0.8937 & 0.4606 & 0.5677 \\ 0.2044 & 18.7804 & -2.2423 & 18.3226 & 0.4304 \\ 0.8937 & 2.2423 & 0.0213 & 2.3714 & 0.0009 \\ 0.4606 & 18.3226 & 2.3714 & 18.9401 & -0.2632 \\ -0.5677 & -0.4304 & 0.0009 & 0.2632 & 0.0177 \end{bmatrix}$$

3）求引入 X_4、X_1、X_2 后的回归方程，并做方差分析检验：

标准回归系数	回归系数
$b_1^{(3)}=0.5677$	$b_1=1.4518$
$b_2^{(3)}=0.4304$	$b_2=0.4146$
$b_4^{(3)}=-0.2632$	$b_4=-0.2366$
	$b_0=71.65$

因此得回归方程

$$Y=71.65+1.4518X_1+0.4146X_2-0.2366X_4$$

其剩余平方和为 $r_{yy}^{(3)}=0.0177$，对此三元回归方程做方差分析 F 检验

$$F=\frac{U/m}{Q/(n-m-1)}=\frac{0.9823/3}{0.0177/9}=163.7$$

用信度 $\alpha=0.05$，自由度为 $\nu_1=3,\nu_2=9$，查 F 检验表得 $F_\alpha=0.05(3,9)=3.86$，可见高度显著。

其次，计算方程内各变量的偏回归平方和及相应的 F 值：

用公式
$$F_i(3)=\frac{(n-3-1)(b_i^{(3)})^2}{r_{yy}^{(3)}r_{ii}}$$

计算结果 $F_4(3)=1.863$，$F_1(3)=154.01$，$F_2(3)=5.03$

第四步：考虑剔除或引入新变量。

1）X_2 刚被引入不可能从方程中剔除。至于 X_4 与 X_1 上步已求出它们的偏回归平方和及其相应的 F 值，其中，$F_4(3)=1.86<3.28$，所以 X_4 应从方程中剔除。

2）X_4 剔除后，$R^{(3)}$ 矩阵变换成 $R^{(4)}$（对 $R^{(3)}$ 的第 4 列做消去变换）

$$R^{(4)}=\begin{bmatrix} 1.0511 & -0.2412 & -0.8360 & -0.0243 & 0.5741 \\ -0.2412 & 1.0551 & 0.0518 & -0.9674 & 0.6805 \\ 0.8360 & -0.0518 & 0.3183 & -0.1252 & 0.0339 \\ 0.0243 & 0.9674 & -0.1252 & 0.0528 & -0.0139 \\ -0.5741 & -0.6805 & 0.0339 & -0.0139 & 0.0213 \end{bmatrix}$$

3）X_4 从方程中剔除后的回归方程，并做方差分析检验：

标准回归系数	回归系数
$b_1^{(4)}=0.5741$	$b_1=1.4682$
$b_2^{(4)}=0.6850$	$b_2=0.6622$
	$b_0=52.58$

因此回归方程为　　　$Y=52.58+1.4682X_1+0.6622X_2$

对此方程做方差分析 F 检验：

$$F=\frac{U/m}{Q/(n-m-1)}=\frac{0.9787/2}{0.0213/10}=229.7$$

不论在 $\alpha=0.05$ 或 $\alpha=0.01$ 水平上，都高度显著。

计算方程内各变量的偏回归平方和所对应的 F 值得：

$$F_1(4)=146.52, F_2(4)=208.58$$

第五步：是否有剔除或引入变量

上面已计算出 X_1、X_2 的 F 值均大于 $F_\alpha=3.28$，故 X_1 与 X_2 均显著，没必要从方程中剔除。

再看是否还有新变量可以引入方程，计算

$$P_3^{(5)}=\frac{(0.0399)^2}{0.3183}=0.00500$$

$$P_4^{(5)}=\frac{(-0.0139)^2}{0.0528}=0.00366$$

由于 X_4 是在上一步刚被剔除的，故不需要做 F 检验就可以得知它不显著。又因 $P_4^{(5)}>P_3^{(5)}$，所以再无新变量可以引入方程，逐步回归到此结束。

最优回归方程为 $\hat{y}=52.58+1.4682X_1+0.6622X_2$

复相关系数 $R^2=1-r_{yy}^{(4)}=1-0.0213=0.9787$

剩余标准差 $S_y=\sigma_y\sqrt{\dfrac{r_{yy}^{(4)}}{13-2-1}}=2.4060$

第二节　判别分析方法

一、判别分析

判别分析是目前地质科学中广泛应用的一种多变量统计方法，是根据一个样品的两个以上的性质，判定它属于哪个母体。在地质工作中经常碰到这样一类问题：两个岩体根据它们的某些属性或特征（矿物或元素组合）来分辨哪个与成矿有关，哪个与成矿无关。两个构造，哪个是成矿构造，哪个是无矿构造。在化探工作中往往要根据异常特征区分哪个是矿异常，哪个是非矿异常等。有关这类问题涉及许多地质、构造及经济技术方面的因素，不能单靠计算方法解决，但地质条件类似时，统计方法是一种有用的手段。

在判别分析中，总是首先假定有两组样品，已知它们分属于不同两类 A 和 B，或两个母体 A 和 B。对于一个新的样品，我们来判断它属于 A 类还是 B 类？判别的依据就是上述全部样品的若干数字特征（变量）。

例如在岩石分类中，以 SiO_2 含量的百分比为标准划分为酸性岩、中性岩、基性岩、超基性岩。$w(SiO_2)>65\%$ 是酸性岩类，那么 $w(SiO_2)>65\%$ 就是判别岩石是酸性还是其他岩类的界线。但对于同一岩类中的岩石，要进一步划分不同岩石名称，单靠 SiO_2 就难以区分，而必须依靠矿物或化学成分的含量，才能看出其差别。如我国某地超基性岩体主要由橄榄岩和斜辉橄榄岩组成，它们的 SiO_2 含量都小于 45%，而 $w(Mg)/w(FeO)$ 值则有差别，如镁质超基性岩 $w(Mg)/w(FeO)$ 值平均为 7.44，斜辉橄榄岩 $w(Mg)/w(FeO)$ 值平均为 8.30，纯橄榄岩 $w(Mg)/w(FeO)$ 值平均为 6.21，可见对超基性岩的进一步定名需利用矿物或化学成分含量确定。从这个例子说明，研究岩石的化学成分越仔细，对岩石的区分和定名会越准确，这在地质工作中是众所周知的。从数学上讲，利用一种化学成分划分不同岩类是单变量判别问题，而利用多种化学成分区分岩类是多变量判别问题。

一般情况下，单变量判别标准简单，但不太准确，甚至得不出结论；多变量判别比较准确，但标准不好确定。于是人们想到，将二者的优点结合起来：根据样品的多个变量（$X_1, X_2, \cdots, X_p$），按某种运算规则（即函数关系），构成一个新的单变量 R_0，以此作为判别标准。如果函数关系 $R(X_1, X_2, \cdots, X_p)$ 选得适当，使得两个母体的 R 值大小有明显差别，从而可根据未知样品的 R 值的大小来判断它的归属，则函数 R 就叫做这个问题的判别函数。

为了说明判别函数的直观意义，下面以两个变量（X_1, X_2）为例，给以几何说明，见图（9-5）。

在平面直角坐标系中，以横轴代表变量 X_1，纵轴代表 X_2。由图可见只用 X_1 或 X_2 一个变量显然不能把两组数据很好地分开，因为在两个轴上，A 与 B 两组数据都有部分重叠。而用 X_1 和 X_2 的线性组合，则能有效地将两组数据分开。

由图看出，当 A、B 两组数据的平均值差别增大，而它们自身的离差减小，则 A 与 B 的重叠也可大大减少，亦即两者的区别就愈明显，判别函数建立的依据也就在此。

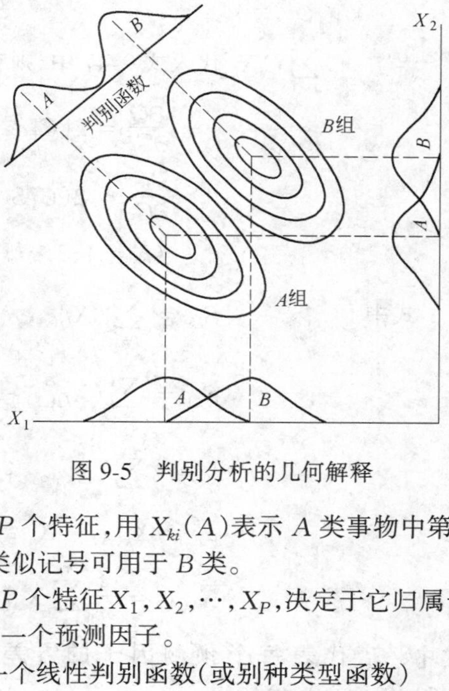

图 9-5　判别分析的几何解释

二、判别函数的建立

我们假定，已知两类事物分别用 A、B 表示，它们包含的已知样品个数分别为 n_1 与 n_2，任一样品都含有 P 个特征，用 $X_{ki}(A)$ 表示 A 类事物中第 i 个样品的第 k 个特征（$i=1,2,\cdots,n_1, k=1,2,\cdots,P$）。类似记号可用于 B 类。

现在的问题是，对于一个新的样品 X，要根据它的 P 个特征 $X_1, X_2, \cdots, X_P$，决定于它归属于 A 或 B 的哪一类。每一特征 $X_k(k=1,2,\cdots,P)$ 都称为一个预测因子。

判别分析的基本想法是利用 P 个预测因子，建立一个线性判别函数（或别种类型函数）

$$R = \sum_{k=1}^{p} C_k X_k \tag{9-44}$$

式中，C_k 是根据已知资料确定的常数。两类事物的 X_k 取值是不同的，因此 R 的值也会有差异，一类偏大，一类偏小，于是可找到一个介于中间的值 R_0，它称为预测指标。这样，对于一个未知样品，只需根据其已知的 X_k 计算出相应的 R 值，比较此 R 值和预测指标 R_{0m}，就可推断出它属于 A、B 中的哪一类。

下面讨论决定式 9-44 中系数 C_k 的方法。为了找到一个较好的预测指标 R_0，一方面我们总是希望两类事物之间 R 值差别要大，另一方面同类事物 R 值的偏离要小，满足这两方面要求，可列出如下关系式 9-45，并要求 I 值最大。

$$I = \frac{(\overline{R}_A - \overline{R}_B)^2}{\sum_{i=1}^{n_1}(R_{Ai} - \overline{R}_A)^2 + \sum_{i=1}^{n_2}(R_{Ai} - \overline{R}_B)^2} \tag{9-45}$$

式中，$\bar{R}_A$ 与 $\bar{R}_B$ 表示 A、B 两类事物 R 的平均值，R_{Ai} 表示 A 类中第 i 个样品对应的 R 值，R_{Bi} 含义相同。根据多元函数求极值知道，应该有：

$$\frac{\partial I}{\partial C_k} = 0 \tag{9-46}$$

记
$$Q = (\bar{R}_A - \bar{R}_B)^2, F = \sum_{i=1}^{n_1}(R_{Ai} - \bar{R}_A)^2 + \sum_{i=1}^{n_2}(R_{Ai} - \bar{R}_B)^2 \tag{9-47}$$

则式 9-46 变成

$$\frac{\partial I}{\partial C_k} = \frac{F\dfrac{\partial Q}{\partial C_k} - Q\dfrac{\partial F}{\partial C_k}}{F^2} = 0 \qquad (k = 1,2,\cdots,P) \tag{9-48}$$

从式 9-47 得到

$$\frac{1}{I} \times \frac{\partial Q}{\partial C_k} = \frac{\partial F}{\partial C_k} \tag{9-49}$$

将 $R = \sum_{k=1}^{p} C_k X_k$ 代入式 9-47 中，则有

$$\left.\begin{aligned} &\frac{\partial Q}{\partial C_k} = 2(C_1 d_1 + C_2 d_2 + \cdots + C_p d_p) d_k \\ &\frac{\partial F}{\partial C_k} = 2(C_1 S_{k1} + C_2 S_{k2} + \cdots + C_p S_{kp}) d_k \\ &(k = 1,2,\cdots,p) \end{aligned}\right\} \tag{9-50}$$

式中

$$\left.\begin{aligned} &S_{kk} = \sum_{i=1}^{n_1}(X_{ki(A)} - \bar{X}_{k(A)})^2 + \sum_{i=1}^{n_2}(X_{ki(B)} - \bar{X}_{k(B)})^2 \\ &S_{k1} = \sum_{i=1}^{n_1}(X_{ki(A)} - \bar{X}_{k(A)})(X_{1i(A)} - \bar{X}_{1(A)}) + \\ &\qquad \sum_{i=1}^{n_2}(X_{ki(B)} - \bar{X}_{k(B)})(X_{1i(B)} - \bar{X}_{1(B)}) \\ &d_k = \bar{X}_{k(A)} - \bar{X}_{k(B)}, (k, i = 1,2,\cdots,p) \\ &\bar{X}_{k(A)} = \frac{1}{n_1}\sum_{i=1}^{n_1} X_{ki(A)}, \bar{X}_{k(B)} = \frac{1}{n_2}\sum_{i=1}^{n_2} X_{ki(B)} \end{aligned}\right\} \tag{9-51}$$

式中，S_{kk} 代表每个预测因子的方差和，S_{k2} 代表各个预测因子间的协方差和。将式 9-50 代入式 9-49 中得：

$$\left(\frac{C_1 d_1 + C_2 d_2 + \cdots + C_p d_p}{I}\right) d_k = C_1 S_{k1} + C_2 S_{k2} + \cdots + C_p S_{kp} \tag{9-52}$$

令
$$\left(\frac{C_1 d_1 + C_2 d_2 + \cdots + C_p d_p}{I}\right) = \beta$$

则式 9-49 变成

$$C_1 S_{k1} + C_2 S_{k2} + \cdots + C_p S_{kp} = \beta d_k \qquad (k = 1,2,\cdots,p) \tag{9-53}$$

在方程组 9-53 中，β 对指标 K 来说是独立的，可令 $\beta = 1$，于是式 9-53 写成

$$\left.\begin{aligned} &S_{11}C_1 + S_{12}C_2 + \cdots + S_{1p}C_p = \bar{X}_{1(A)} - \bar{X}_{1(B)} \\ &S_{21}C_1 + S_{22}C_2 + \cdots + S_{2p}C_p = \bar{X}_{2(A)} - \bar{X}_{2(B)} \\ &\qquad\vdots \\ &S_{p1}C_1 + S_{p2}C_2 + \cdots + S_{pp}C_p = \bar{X}_{p(A)} - \bar{X}_{p(B)} \end{aligned}\right\} \tag{9-54}$$

式 9-54 可用行列式或矩阵求解 $C_1, C_2, \cdots, C_p$。

写成矩阵形式则为：

$$S \cdot C = d \tag{9-55}$$

式中
$$S = \begin{bmatrix} S_{11} & S_{12} & \cdots & S_{1p} \\ S_{21} & S_{22} & \cdots & S_{2p} \\ \vdots & \vdots & \vdots & \vdots \\ S_{p1} & S_{p2} & \cdots & S_{pp} \end{bmatrix} \quad C = \begin{bmatrix} C_1 \\ C_2 \\ \vdots \\ C_p \end{bmatrix} \quad d = \begin{bmatrix} \overline{X}_{1(A)} - \overline{X}_{1(B)} \\ \overline{X}_{2(A)} - \overline{X}_{2(B)} \\ \vdots \\ \overline{X}_{p(A)} - \overline{X}_{p(B)} \end{bmatrix}$$

从式 9-55 得到

$$C = S^{-1} \cdot d \tag{9-56}$$

于是从式 9-56 求出 $C_1, C_2, \cdots, C_p$，便得到线性判别函数

$$R = \sum_{k=1}^{p} C_k X_k$$

三、预测指标的确定

根据求得的判别函数可算出：

$$\overline{R}_A = \sum_{k=1}^{p} C_k \boldsymbol{X}_{k(A)}, \overline{R}_B = \sum_{k=1}^{p} C_k \boldsymbol{X}_{k(B)} \tag{9-57}$$

取加权平均

$$R_0 = n_1 \overline{R}_A + n_2 \overline{R}_B / (n_1 + n_2) \tag{9-58}$$

为预测指标。

对于 $\overline{R}_A$、$\overline{R}_B$ 与 R_0，可能有

$$\overline{R}_A > R_0, \overline{R}_B < R_0 \tag{9-59}$$

或者

$$\overline{R}_A < R_0, \overline{R}_B > R_0 \tag{9-60}$$

对于一个未知母体 C，如果算得其判别函数值 $R_C > R_0$，且有 $\overline{R}_A > R_0, \overline{R}_B < R_0$，则此未知母体归属于 A 类。

四、应用实例

为了说明判别分析的应用，我们以某地化探岩石样品分析所得到的三组数据为例（表 9-20），说明判别分析的计算过程和检验方法。

表 9-20　数据表

异常编号	样品数	元素平均含量		见矿情况
		Ag/g·t^{-1}	Au/g·t^{-1}	
Ⅰ	34	0.330	1.167	矿化
Ⅱ	47	0.340	1.210	见矿
Ⅲ	52	0.335	1.181	未知

根据公式 9-51 求得Ⅰ号异常元素与Ⅱ号异常元素含量平均值之差（dk）的矩阵和Ⅰ、Ⅱ号异常的方差与协方差矩阵以及逆矩阵如下：

$$dk = [-0.010 \quad -0.043]$$

$$S = \begin{bmatrix} 0.0003 & -0.0001 \\ -0.00017 & 0.00231 \end{bmatrix}$$

$$S^{-1} = \begin{bmatrix} 57178.218 & 4207.921 \\ 4207.921 & 742.574 \end{bmatrix}$$

根据矩阵方程 9-56 有

$$\begin{matrix} S^{-1} & d & = & C \end{matrix}$$

$$\begin{bmatrix} 57178.218 & 4207.921 \\ 4207.921 & 742.574 \end{bmatrix}\begin{bmatrix} -0.010 \\ -0.043 \end{bmatrix} = \begin{bmatrix} -752.72 \\ -74.01 \end{bmatrix}$$

于是解得

$$C_1 = -752.72, \qquad C_2 = -74.01$$

因而判别函数为

$$R = -752.72X_1 - 74.01X_2 \tag{9-61}$$

根据表 9-20 和公式 9-57,可求出三个异常的判别函数平均值 $\bar{R}_{\text{I}}$、$\bar{R}_{\text{II}}$、$\bar{R}_{\text{III}}$。

$$\bar{R}_{\text{I}} = -752.72 \times 0.330 - 74.01 \times 1.167 = -334.77$$

$$\bar{R}_{\text{II}} = -752.72 \times 0.340 - 74.01 \times 1.210 = -345.48$$

$$\bar{R}_{\text{III}} = -752.72 \times 0.335 - 74.01 \times 1.181 = -339.57$$

为了判别Ⅲ号异常是属于哪一类,还需根据式 9-58 求出预测指标 R_0

$$R_0 = \frac{34 \times (-334.77) + 47 \times (-345.48)}{34 + 47} = -340.98$$

因为 $\bar{R}_{\text{III}} > R_0$,且 $\bar{R}_{\text{I}} > R_0$,故判别Ⅲ号异常属于矿化异常。

(一) 函数的显著性检验

在应用判别函数分析时,应当首先检验所取得的两个已知样本的平均值是否不相同,否则判别就失去意义,为此可应用 Mahalanobis 距离:

$$D^2 = Cd \tag{9-62}$$

和 F 检验

$$F = \left(\frac{n_A + n_B - m - 1}{(n_A + n_B - 2)m}\right)\left(\frac{n_A n_B}{n_A + n_B}\right)D^2 \tag{9-63}$$

式 9-63 中 n_A 与 n_B 是已知两样本的总数,m 是变量(预测因子)的个数。自由度为 m 和 $(n_A + n_B - m - 1)$。

从上例中计算得

$$D^2 = -752.72 \times (-0.010) - 74.01 \times (-0.043) = 10.71$$

$$F = \frac{78}{158} \times \frac{1598}{81} \times 10.71 = 104.31$$

查 F 检验表:$F(2,78) = 4.89$

而计算值远远大于它,故两个已知样本的平均值是不相等的。

(二) 预测因子的计算贡献

在应用判别分析中,我们希望预测因子(变量)做到少而精,尽量选那些在不同母体中平均值相差大而各自的离散程度较小的元素,选择时,可计算各预测因子的贡献,舍去贡献小的。

为此可用如下公式

$$F_i = \frac{C_i d_i}{D^2} \tag{9-64}$$

F_i 的大小反映每个预测因子的贡献大小。

在上例中金与银的贡献如下:

$$F_{\text{Ag}} = \frac{-752.72 \times (-0.010)}{10.71} \approx 70\%$$

$$F_{Au}=\frac{-74.01\times(-0.043)}{10.71}\approx 30\%$$

可看出银的判别作用比金大。

五、相似性判别分析

相似性判别分析的依据是根据已知母体各元素(变量)在均匀化时平均值的相似性进行分类的一种统计方法。它具有两个特点;一是根据变量的实际价值将变量分为主要变量与次要变量，二是计算简单,便于手算。

其方法步骤如下:

(1) 变量选择及确定变量在相似判别分析中的价值。

变量选择可以选已知与矿有关的元素,也可以选与矿无直接关系的元素作为变量。

将已经选用的变量分为两组,一组是主要变量(主要成矿元素和特征伴生元素),另一组是次要变量(其他元素)。

(2) 数据的均匀化。

选择已知与矿有关的一组样品的各个变量的平均值作为标准,令其综合指数为1。然后把参加判别分析的各个样品(包括未知样品)的变量与标准的相应变量对比,但主要变量与次要变量的对比方法有所不同。

1) 主要变量

$$d_{ij}=\frac{X_{ij}}{X_{矿j}} \tag{9-65}$$

式中,$X_{矿j}$为已知与矿有关的一组样品第j个变量的平均值(或众值、中位数);X_{ij}和d_{ij}分别为均匀化前后的第i个样品第j个元素的原始值。

2) 次要变量

当$X_{ij}/X_{矿j}\leqslant 1$时,采用式9-65。

当$X_{ij}/X_{矿j}>1$时,采用 $d_{ij}=\dfrac{X_{矿j}}{X}$　(9-66)

(3) 求样品与标准对比的相似性综合指数。

$$D_i=\frac{1}{P}\sum_{j=1}^{P}d_{ij} \tag{9-67}$$

式中,D_i为相似性综合指数;P为变量个数;d_{ij}为均匀化后的元素值。

(4) 作相似性综合指数图。

以样品号(或子样号)为横坐标,相似性综合指数为纵坐标,根据各样品或子样求得的D_i值即可作出散点图(见实例)。

(5) 求判别指数D_0。

确定D_0的方法有许多种,这里介绍其中两种。

1)
$$D_0=\frac{1}{2}(D_x+D_y) \tag{9-68}$$

式中,D_x为已知与矿有关的一组样品中能够与非矿样品分离的最低值;D_y为非矿一组样品中能够与矿样品分离的最高值。

2)
$$D=\frac{1}{2}\left(\frac{1}{n_a}\sum_{i=1}^{n_a}D_i+\frac{1}{n_b}\sum_{i=1}^{n_b}D_i'\right) \tag{9-69}$$

式中,n_a与n_b分别为有矿和无矿组的样品数;D_i与D_i'分别为已知与矿有关组和已知非矿组样品相似综合指数。前一种多漏掉有价值的样品,后一种较可靠。

(6) 对未知样品作出评价。

例 鄂东地区七个矽卡岩中,56、83 号为含铜矿矽卡岩,58、79 号为铜矿化类型矽卡岩,98、102 号为铜、钨、钼矿矽卡岩,80 号为待判矽卡岩,各矽卡岩中 Cu、W、Mo 对数含量的平均值列于表 9-21。

表 9-21 三元素对数含量平均值表

元素 \ 岩体	56	83	80	58	79	98	102
Cu	2.9909	3.2044	2.8392	2.5316	2.5897	2.9600	3.1184
W	0.3111	0.5348	0.5956	2.4526	0.3010	3.0480	2.8395
Mo	0.5324	0.7718	0.7264	0.4893	0.2735	1.4997	1.9850

(1) 变量选择。

铜、钨、钼均参加计算,铜为评价的主要对象,定为主要变量,钨、钼为次要变量。

(2) 数据均匀化。

以已知含铜矿的 56、83 号矽卡岩的 Cu、W、Mo 含量平均值为标准。

$$\bar{X}_{Cu} = 3.10, \bar{X}_{W} = 0.42, \bar{X}_{Mo} = 0.65$$

按公式 9-65 与式 9-66 求 d_{ij}值,得表 9-22。

表 9-22 d_{ij}值

元素	岩体						
	56	83	80	58	79	98	102
	d_{ij}						
Cu	0.97	1.03	0.92	0.82	0.84	0.96	1.02
W	0.74	0.79	0.71	0.93	0.71	0.14	0.15
Mo	0.82	0.84	0.91	0.75	0.42	0.43	0.33
D_i	0.84	0.89	0.85	0.83	0.66	0.51	0.50

(3) 求 D_i 值。

按公式 9-67 求出 D_i,填在表 9-22 中最后一行。D_i 分布图如图 9-6 所示。

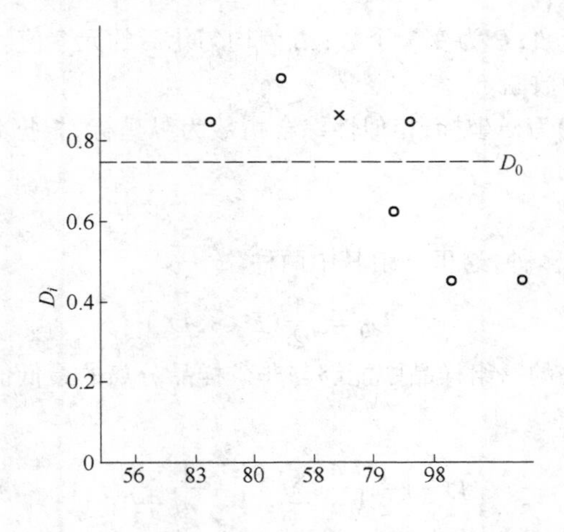

图 9-6 岩体编号

(4) 求判别指数 D_0

按公式 9-69 求得

$$D = \frac{1}{2}\left[\frac{1}{2}(0.84 + 0.89) + \frac{1}{4}(0.83 + 0.66 + 0.51 + 0.50)\right] = 0.74$$

D_0 值如图 9-6 中虚线所示。6 个矽卡岩判对 5 个,因此,计算出的 D_0 值的可靠程度为 $\frac{5}{6} = 83\%$,即用它评价未知样的类别有 83%把握。

(5) 由于 80 号样落在 D_0 线之上,故它含铜矿矽卡岩的可能性较大。

第三节　簇群分析方法

一、簇群分析

簇群分析和判别分析一样也是一种多元统计分类方法,但解决问题的前提和具体方法不一样。簇群分析是根据样品的多种变量的测定数据进行数字分类,定量地确定样品之间(或变量之间)的亲疏程度,归入不同的分类单位。

簇群分析根据分类的对象不同,可以分为两类:一类是研究样品之间关系,称为 Q 型分析;另一类是研究变量之间的关系,称为 R 型分析。

二、原始数据的处理

由于各变量的单位、量级和数值变动范围的差异可能很大,计算中往往突出了那些绝对值较大的变量。因此,在进行簇群分析之前常需将各个变量变换为量度一致的相对数值,这种变换可以有不同的方法,常用有两种,分别称为标准化和正规化。

把一个特征看作一个随机变量,所谓标准化就是:若原始数据为 X_{ij},经变换后的数据为 X'_{ij},则:

$$X'_{ij} = \frac{X_{ij} - \bar{X}_i}{\sigma_j}\begin{pmatrix}\text{变量数 } j = 1,2\cdots,m \\ \text{变量数 } i = 1,2\cdots,n\end{pmatrix} \tag{9-70}$$

式中　$\overline{X_i} = 1/n\left[\sum_{i=1}^{n} X_{ij}\right]$

$$\sigma_j = \sqrt{1/n\left[\sum_{i=1}^{n}(X_{ij} - X_j)^2\right]}$$

显然,经过标准化后,每个变量都变为平均值为零,标准差为 1 的标准化变量。

正规化的定义为:

$$X_{ij} = \frac{X_{ij} - X_{j\min}}{X_{j\max} - X_{j\min}} \tag{9-71}$$

式中,$X_{j\max}$与 $X_{j\min}$分别为第 j 个变量的最大值和最小值。因此正规化数据的变化范围是由 0 到 1 之间。

可以看出,无论是标准化或正规化,每个变量内部数值的相对关系并未变化,只是使各变量处于相同量级。

三、分类统计量

进行数字分类,需要选择合适的数量指标,以此衡量样品之间(或变量之间)的亲疏程度,形成分类系统,这个数量指标叫分类统计量。

设有 n 个样品($P_1,P_2,\cdots,P_n$),对每个样品,测量 m 个变量($X_1,X_2,\cdots,X_m$)的数据,这些数据可写成一个 $n\times m$ 阶矩阵的形式。

$$X=\begin{Bmatrix} X_{11} & X_{12} & \cdots & X_{1m} \\ X_{21} & X_{22} & \cdots & X_{2m} \\ \vdots & \vdots & \vdots & \vdots \\ X_{n1} & X_{n2} & \cdots & X_{nm} \end{Bmatrix}$$

其中每行代表一个样品对 m 个变量的测量数据,每列代表一个变量对 n 个样品的测量数据。

现从两个变量($m=2$)的简单情形出发,讨论如何选取分类统计量。在平面直角坐标系中(图 9-7),用横坐标表示变量 X_1,用纵坐标表示 X_2,于是每个样品 P_i($i=1,2,\cdots,n$)都相应于坐标平面上的一个点或一个向量。

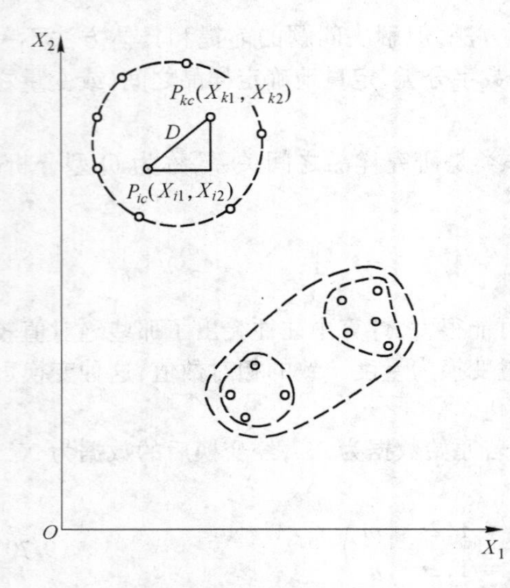

图 9-7　距离表示形式

(一) 距离系数

如果把 n 个样品看成是(X_1,X_2)平面上的 n 个点,自然可用两点之间距离 d,来衡量相应的两个样品 $P_i(X_{i1},X_{i2})$、$P_k(X_{k1},X_{k2})$之间的亲疏程度。由图 9-7 可见

$$\overline{P_{ic}}=X_{k1}-X_{i1},\overline{P_{kc}}=X_{k2}-X_{i2}$$

因为　　$d^2=\overline{PC^2}+\overline{P_k^2}$

所以 $d=\sqrt{(X_{k1}-X_{i1})^2+(X_{k2}-X_{i2})^2}$　(9-72)

在一般 m 个变量的情形下,我们也称每个样品 $P_i(X_{i1},X_{i2},\cdots,X_{im})$,($i=1,2,\cdots,n$)相当于 m 维空间的一个点。在 m 维空间坐标系统中,二点之间距离

$$d=\sqrt{(X_{k1}-X_{i1})^2+(X_{k2}-X_{i2})^2+\cdots+(X_{km}-X_{im})^2}=\sqrt{\sum_{i=1}^{m}(X_{kj}-X_{ij})^2} \quad (9\text{-}73)$$

并以此衡量两个样品之间的亲疏程度。

在实际应用时,总是把这个距离除以空间的维数,将分类统计量定义为:

$$D=\sqrt{\sum_{i=1}^{m}(X_{kj}-X_{ij})^2/m} \quad (9\text{-}74)$$

它称为两个样品 P_i、P_k 之间的距离系数。D 值反映了样品多变量数据之间偏差大小。显然,D 值越小表示两个样品之间相似性越大,反之,则两个样品的相似性越小。

对于 n 个样品,将它们之间的距离系数都计算出来,可得到下面的距离矩阵:

$$D=\begin{vmatrix} D_{11} & D_{12} & \cdots & D_{1n} \\ D_{21} & D_{22} & \cdots & D_{2n} \\ \vdots & \vdots & \vdots & \vdots \\ D_{n1} & D_{n2} & \cdots & D_{nn} \end{vmatrix} \quad (9\text{-}75)$$

这里必须指出:我们用公式 9-72 定义空间中样品点之间的距离时,这意味着我们选用的是直角坐标系,要求变量之间是正交的,也就是要求参与距离计算的变量是互不相关的。因为如果

有 n 个变量相关性很强，这表明它们反映了同一地质因素，相对降低了别的因素的作用。为此在应用距离系数进行 Q 型分析时，应先进行一下 R 型分析，在每组相关的变量中只取一个变量参加运算，而把其余变量删去，以减小计算结果所产生的偏倚。

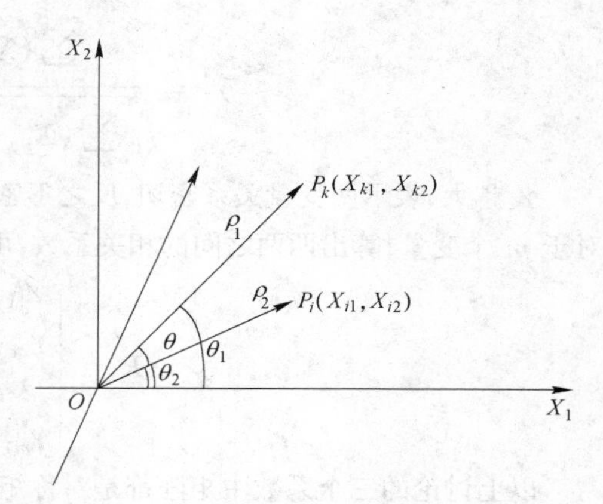

图 9-8　向量表示形式

（二）相似系数($\cos\theta$)

我们仍以 $m=2$ 的情形进行讨论。将每个样品点和坐标原点联起来，于是 m 个样品相应于平面上由原点发出的 n 个有向线段，即所谓向量。我们用每两个线段之间的夹角（或夹角余弦）来衡量样品之间亲疏（或相似）程度。由图 9-8 可见，$\overline{OP_k}$ 与 $\overline{OP_i}$ 两向量之间夹角 $\theta=\theta_1-\theta_2$，$\overline{OP_k}=\rho_1$，$OP_i=\rho_2$

$$\begin{aligned}\cos\theta &= \cos(\theta_1-\theta_2)\\ &= \cos\theta_1\cos\theta_2+\sin\theta_1\sin\theta_2\\ &= \frac{X_{k1}}{\rho_1}\frac{X_{i1}}{\rho_2}+\frac{X_{k2}}{\rho_1}\frac{X_{i2}}{\rho_2}\end{aligned}$$

因为
$$\rho_1=\sqrt{X_{k1}^2+X_{k2}^2},\ \rho_2=\sqrt{X_{i1}^2+X_{i2}^2}$$

所以
$$\cos\theta=\frac{X_{k1}X_{i1}+X_{k2}X_{i2}}{\sqrt{X_{k1}^2+X_{k2}^2}\sqrt{X_{i1}^2+X_{i2}^2}} \tag{9-76}$$

推广到 m 维空间，则可写成：

$$S_{ik}=\cos\theta=\frac{X_{i1}X_{k1}+X_{i2}X_{k2}+\cdots+X_{im}X_{km}}{\sqrt{X_{i1}^2+X_{i2}^2+\cdots+X_{im}^2}\sqrt{X_{k1}^2+X_{k2}^2+\cdots+X_{km}^2}}$$

$$=\frac{\sum_{j=1}^{m}X_{ij}X_{kj}}{\sqrt{\sum_{j=1}^{m}X_{ij}^2}\sqrt{\sum_{j=1}^{m}X_{kj}^2}} \tag{9-77}$$

由式 9-77 可知，S_{ik} 是一个大于(-1)、小于$(+1)$的值，即 $-1<S_{ik}<1$。$|S_{ik}|$ 大，表示两样品的相似性大，$|S_{ik}|$ 小，表示相似性小。

这里要指出：计算相似性系数时，数据采用标准化，结果往往产生较大的偏倚，这是由于标准化的结果使坐标原点移到样品分布空间的中心，大大地改变了样品之间夹角的互相关系。当数据采用正规化时，其数值在 0 到 1 之间，相应样品不相似到最为相似。对于 n 块标本，将两两之间相似系数都计算出来，可得到下面的相似系数矩阵：

$$S=\begin{Bmatrix}S_{11} & S_{12} & \cdots & S_{1n}\\ S_{21} & S_{22} & \cdots & S_{2n}\\ \vdots & \vdots & \vdots & \vdots\\ S_{n1} & S_{n2} & \cdots & S_{nn}\end{Bmatrix} \tag{9-78}$$

（三）相关系数

为了衡量 n 个样品所体现出来的两个变量之间的亲疏关系，自然可用它们之间的相关系数。

$$\gamma_1 = \frac{\sum_{i=1}^{n}(X_{ij} - \overline{X_j})(X_{ik} - \overline{X_k})}{\sqrt{\sum_{i=1}^{n}(X_{ij} - \overline{X_j})^2}\sqrt{\sum_{i=1}^{n}(X_{ik} - \overline{X_k})^2}} \tag{9-79}$$

γ_{ik}越大,表示两变量关系密切,反之不密切。

对于 m 个变量,算出两两之间的相关系数,可得 $m \times m$ 阶矩阵,叫做相关矩阵:

$$R = \begin{Bmatrix} \gamma_{11} & \gamma_{12} & \cdots & \gamma_{1m} \\ \gamma_{21} & \gamma_{22} & \cdots & \gamma_{2m} \\ \vdots & \vdots & \vdots & \vdots \\ \gamma_{m1} & \gamma_{m2} & \cdots & \gamma_{mm} \end{Bmatrix} \tag{9-80}$$

以上讨论的三个系数中矩阵都是对称矩阵,即

$$D_{ik} = D_{ki}, S_{ik} = S_{ki}(i,k = 1,2,\cdots,n)$$

$$\gamma_{ik} = \gamma_{ki} \quad (i,k = 1,2,\cdots,m)$$

它们的对角线元素可以是已知的

$$D_{ij} = 0, S_{ii} = 1 \qquad (i = 1,2,\cdots,n)$$

$$r_{jj} = 1 \qquad (j = 1,2,\cdots,m)$$

因此这三个矩阵不需要算出全部元素,只需算出对角线上边的三角形中的元素就可以了,这三个矩阵可简写为:

$$D = \begin{Bmatrix} 0 & D_{12} & \cdots & D_{1n} \\ & 0 & \cdots & D_{2n} \\ & & \ddots & \vdots \\ & & & 0 \end{Bmatrix} \qquad S = \begin{Bmatrix} 1 & S_{12} & \cdots & S_{1n} \\ & 1 & \cdots & S_{2n} \\ & & \ddots & \vdots \\ & & & 1 \end{Bmatrix}$$

每个矩阵需算出 $1+2+\cdots+(n-1) = \frac{n(n-1)}{2}$ 个不同元素。

$$R = \begin{Bmatrix} 1 & \gamma_{12} & \cdots & \gamma_{1m} \\ & 1 & \cdots & \gamma_{2m} \\ & & \ddots & \vdots \\ & & & 1 \end{Bmatrix}$$

共需计算出 $1+2+\cdots+(m-1) = \frac{m(m-1)}{2}$ 个不同元素。从这几个统计量的定义过程看出,可用 D_{ik} 与 S_{ik} 表示样品之间的亲疏相似程度,因此可用它们对样品进行分类,即用于 Q 型簇群分析,而对变量进行分类,则可以用 R_{ik} 或 D_{ik}、S_{ik},即用于 R 型簇群分析。

四、分类系统的形成

下面介绍应用分类统计量形成分类系统的方法。目前无论是 Q 型或 R 型簇群分析都采用两种分群方法,即一次计算形成与逐步计算形成。这里我们以相关系数进行变量分群的例子,说明分群的过程。

假设有六个变量,根据标准化数据表 9-23 计算得到如表 9-24 所示的相关矩阵。

表 9-23　标准化数据表

项　目	1	2	3	4	5	6
A	0.3738	0.8151	−1.6806	1.2045	0.2217	−0.9355
B	1.2438	−0.1837	−1.4628	1.2438	0.0164	−0.8571
C	1.2999	−0.5014	−1.4845	1.2645	−0.0773	−0.5014
D	−0.9828	1.0186	−1.6626	0.4535	0.9958	0.1770
E	1.3007	−0.0733	−0.2403	1.3052	−1.3170	−0.9751
F	−0.2605	0.8255	−0.5101	1.6682	−1.4626	−0.2605

表 9-24　相关矩阵

项　目	A	B	C	D	E	F
A	1	0.8462	0.7574	0.6431	0.5039	0.5603
B		1	0.9802	0.2419	0.7370	0.4241
C			1	0.1811	0.7210	0.3930
D				1	−0.3075	0.1998
E					1	0.6802
F						1

第一步，从相关矩阵中选出相关系数最大的一个，如 B—C 连接，见图 9-9，并按逐步加权平均，即 $B'=(B+C)/2$，计算修正数据，见表 9-25。

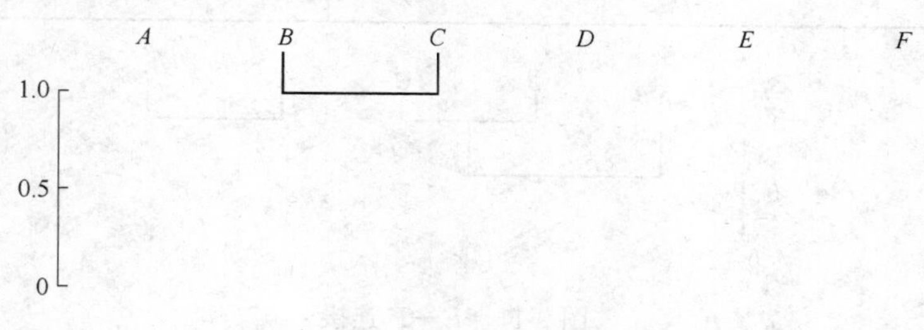

图 9-9　B—C 连接

表 9-25　修正数据

项　目	1	2	3	4	5	6
B'	1.2719	−0.3426	−1.4737	1.2542	−0.0305	−0.6793

第二步，计算 B' 与 A、D、E、F 间的相关系数，得表 9-26。选出相关系数最大的 A 与 B' 连接，见图 9-10，修正数据 $A'=(B'\times 2+A)/3$，见表 9-27。

表 9-26　相关系数

项　目	A	B'	D	E	F
A	1	0.8019	0.6431	0.5039	0.5603
B'		1	0.2116	0.7290	0.4086
D			1	−0.3075	0.1998
E				1	0.6802
F					1

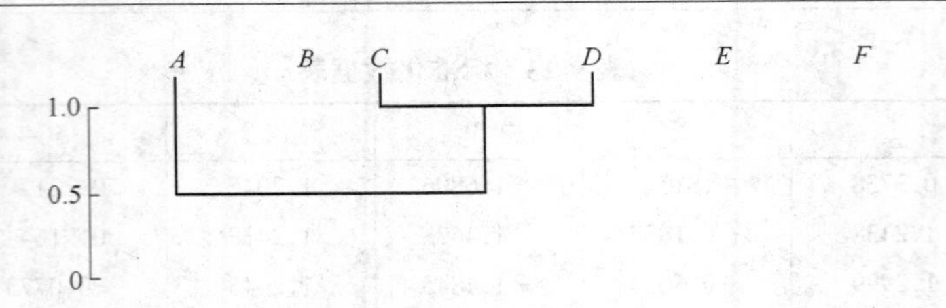

图 9-10　$A—B'$连接

表 9-27　修正数据

项　目	1	2	3	4	5	6
A'	0.9725	0.0433	-1.5427	1.2376	0.0536	-0.7647

第三步，计算 A'与D、E、F 间的相关系数，得表 9-28，选出相关系数最大得 $E—F$ 连接，得图 9-11，修正数据 $E'=(E+F)/2$，见表 9-29。

表 9-28　相关系数

项　目	A'	D	E	F
A'	1	0.3664	0.6559	0.4591
D		1	-0.3075	0.1998
E			1	0.6802
F				1

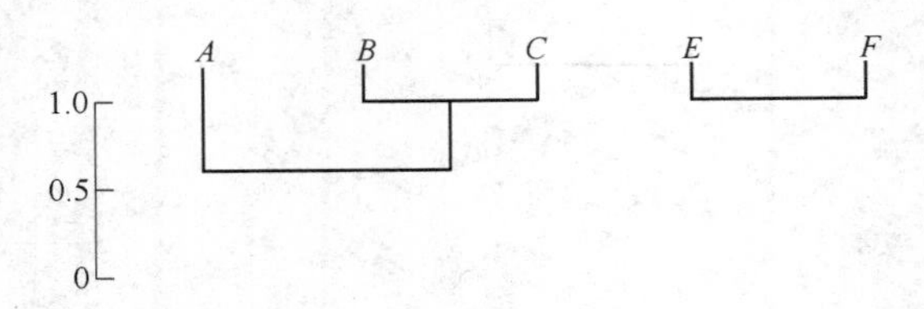

图 9-11　$E—F$ 连接

表 9-29　修正数据

项　目	1	2	3	4	5	6
E'	0.5201	0.3761	-0.3755	1.4867	-1.3898	-0.6178

第四步，再计算 E'与A'、D 间的相关系数，得表 9-30，选出相关系数最大的 $A'—E'$连接，见图 9-12。

表 9-30　相关系数

项　目	A'	E'	D
A'	1	0.5565	0.3556
E'		1	-0.0538
D			1

修正数据 $A''=(A'\times 3+E'\times 2)/5$，得表 9-31。

表 9-31　修正数据

项　目	1	2	3	4	5	6
A''	0.7915	0.1764	−1.0758	1.3372	−0.5274	−0.7059

最后一步求 A'' 与 D 间的相关系数为 0.1918，D 与 A''（即 A、B、C、E、F 组合）连接，见图 9-12。

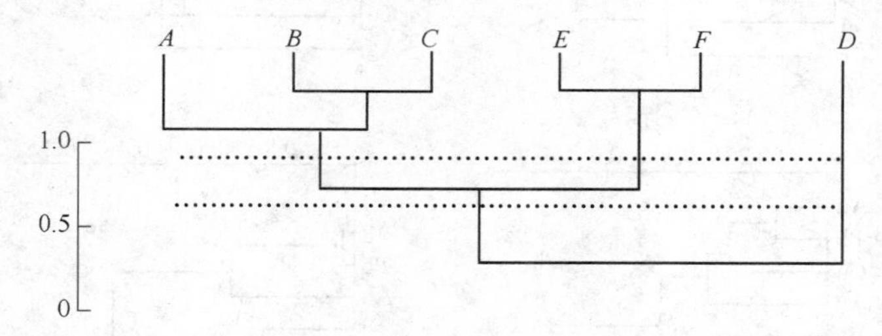

图 9-12　$A'—E'$、$A''—D$ 连接

总结以上过程可以列出表 9-32。

表 9-32　解题过程

连接顺序	连接元素		相关系数
1	B	C	0.9802
2	A	BC	0.8019
3	E	F	0.6802
4	EF	ABC	0.5565
5	D	$ABCEF$	0.1918

由图 9-12 可见，在 $R=0.2\sim0.5$ 之间画一条线，可将六个元素分成两大群：一群是由 A、B、C、E、F 组成，一群是 D。若在 $R=0.6$ 处画一条线，也可分成两大群，即 ABC、EF，线画在何处合适，要由工作地区研究的地质特征及分群后说明的地质问题而定。

五、实例

根据某院校在吉中某地发现的金矿点，为了研究矿床成因和元素组合的规律，采取了各种含金石英脉进行分析，所得分析成果应用 DJS—6 机进行 R 型簇群分析计算，作出谱系图（见图 9-13）。由图可见，在细碧玢岩与细碧玢岩凝灰岩中的石英脉，无论是用距离系数或相关系数计算元素组合都是很一致的，见图 9-13a 与图 9-13b。在 $D=0.3$ 与 $R=0.4$ 时，都可划分成两大群：(Au、Cu、Pb、Ag)与(Ni、Cr、Ba、Sr)。而在石英小脉中用两种系数计算元素的组合并不一致，用距离系数计算结果（图·9-13），说明 Au 与 Cu、Pb 距离近，关系密切；而与 Ag 距离远，不密切。图 9-13f 是用相关系数计算结果，说明 Cu、Pb、Ag 关系密切而与金不密切。石英大脉用相关系数计算的分群结果与前四个谱系一致，见图 9-13g。我们又将全部样品综合在一起进行簇群分析，得到图 9-13h 与图 9-13f 基本一致。由此试验，我们得到如下看法：

第一，簇群分析给金矿成因提供线索，由 Au 与 Cu、Pb、Ag 分群在一起，所以金的成因可能与后期热液活动有关。

第二，Au 与 Cu、Pb、Ag 关系密切，这就给化探找矿提供了找金的指示元素。

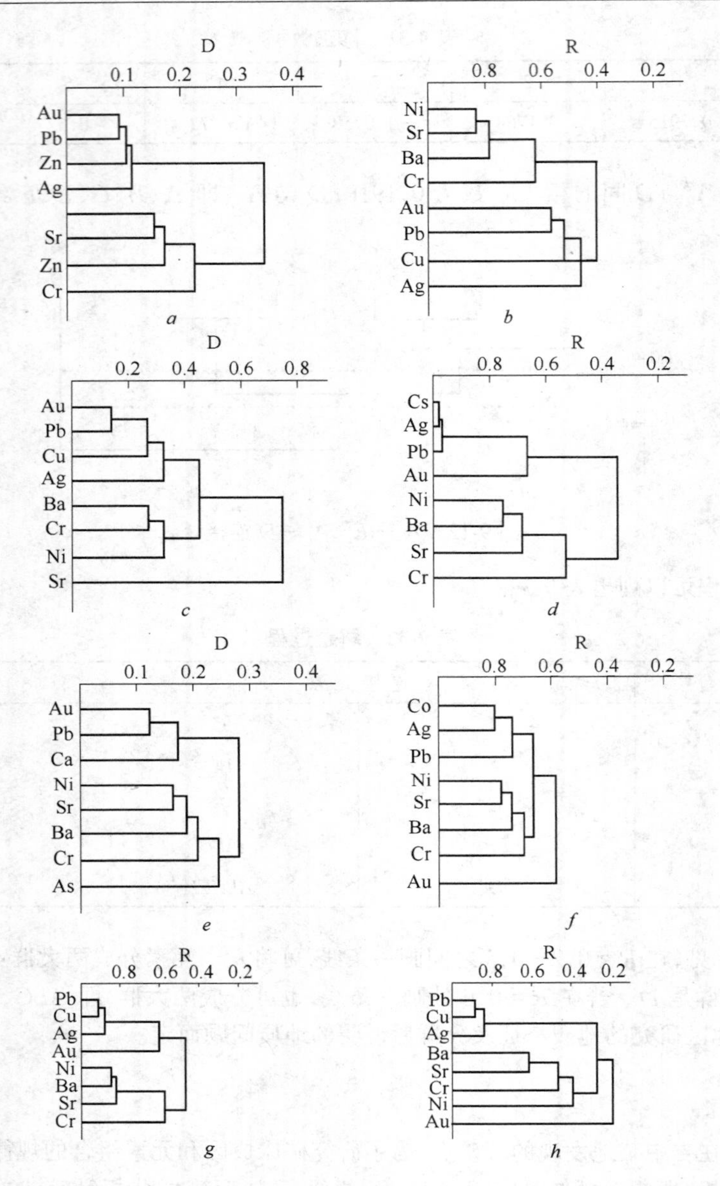

图 9-13　用距离系数计算

a、*b*—细碧玢岩中石英脉簇群分析谱系图(130 个样品)；
c、*d*—细碧玢岩凝灰岩中石英脉簇群分析谱系图(444 个样品)；
e、*f*、*g*—石英小脉簇群分析谱系图(91 个样品)；*h*—蚀变石英脉簇群分析谱系图

第三,为了使簇群分析的分群效果好,最好对来自不同地质单元的样品,分别进行簇群分析。此外研究对象在空间上分布要有一定规模,这样分群结果才能获得一定的规律性。而不同地质对象样品的综合以及样品在空间分布太小(代表性差),会使分群规律不好,这是否是一般规律,尚待进一步总结研究。总之,簇群分析结果是一种简明易懂的分类方法,其原理也易于掌握,计算少量样品(或变量)时也可用手算进行。而电算既快又较准确,还可以将谱系图直接打印出来,因此地质工作中经常遇到的分类问题可尝试应用。

第四节　因子分析方法

一、因子分析的概念

因子分析是帮助我们对大量地质观测资料进行分析和作出较为合理解释的一种多变量统计方法。它能够从大量的观测资料中，在关系复杂的情况下，寻找影响它们的共同因素和特殊因素，并以原始数据间的相关关系为基础，通过数学方法解释许多彼此间的错综复杂关系，它往往指示出某种地质上的共生组合和成因联系。用因子代替原始变量，不仅对原始变量的相关信息损失无几，而且更能反映地质现象的内在关系。

在地质工作中需要大量的地质观测资料进行解释，从而建立一个有机内在联系的系统，以此作为找矿勘探工作的理论依据。但因地质工作者难于掌握大量数据之间的错综复杂关系，只好从各个不同的角度对这些数据加以删减和强调，因此给解释工作和成因分析带来不同程度的片面性，造成地质解释和成因分析的很大出入和争论，应用因子分析方法来处理大批地质观测资料时往往可能收到较好的效果。因此，这一方法很快就成为地质学中传播最快、应用最广的一种方法。

二、主成分分析

所有现代因子分析都是以主成分作为分析的出发点。原因是主成分的推导和说明非常直观简单，同时它和因子分析之间也没有明显的差异。在某种意义上它可以看作因子分析的一个特殊情况。为了便于理解，我们将主成分与线性回归做一对照说明。

以二维问题为例。假定$(X_{1i}, X_{2i})(i=1,2,\cdots,n)$表示 n 个观测点。线性回归的基本思想在于寻求拟合于 n 个观测点(X_{1i}, X_{2i})的最佳拟合直线，使如下的距离的平方和 $Q=\sum_{i=1}^{n}\delta_i^2=\sum_{i=1}^{n}(X_{2i}-\hat{X}_{2i})^2=\sum_{i=1}^{n}(X_{2i}-a-b_{x1i})^2$ 达到最小。其中，$\hat{X}_2=a+bx_1$ 是最佳拟合的回归直线。在图 9-14 上，画出对应于一个观测点 P 的 δ_i。

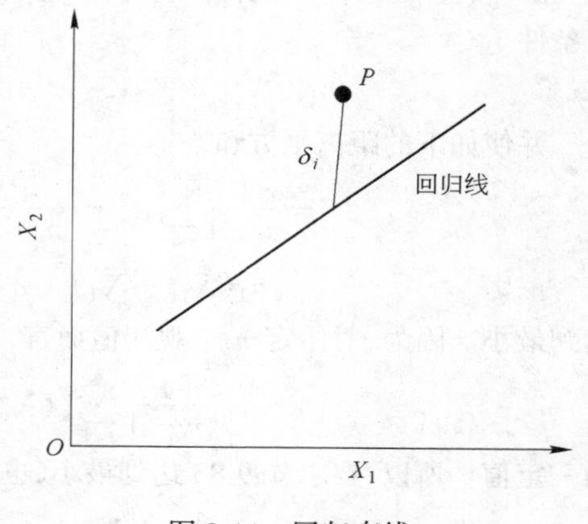

图 9-14　回归直线

主成分的基本思想在于，寻求拟合于 n 个观测点(X_{1i}, X_{2i})的最佳拟合直线，使此 n 个点到该直线的垂直距离的平方和最小。在图 9-15 上，画出对应于某一个观测点 P 的垂直距离 d_i。

从下面看到，由原始变量(X_1, X_2)线性组合的主成分就是我们所要寻求的最佳拟合直线，并且还将看到，使 n 个点(X_{1i}, X_{2i})到该直线的垂直距离的平方和最小，也就等于使该直线所代表的主成分的方差最大。仿此，我们继续寻求与第一主成分不相关，而方差为次大的第二主成分。图 9-16 显示了两个主成分间的关系。

对 m 个变量$(X_1, X_2, \cdots, X_m)$来说，我们要寻求彼此不相关，而方差由大到小依次递减的 m 个主成分。每个主成分都是 m 个原始变量的线性组合。由于排列在前面一些主成分在总方差中占的比例最大，所以在实际工作中都只选取前 $P(P<M)$个最大的主成分，而对原始总变差无

本质影响。这样就大大减少了变量的个数,抓住问题的主要矛盾,略去了作用微小的因素。因此,通过主成分分析,能够找到在整个观测值中起主要作用的一些变量的组合。下面,以二维问题为例,首先寻求第一主成分。

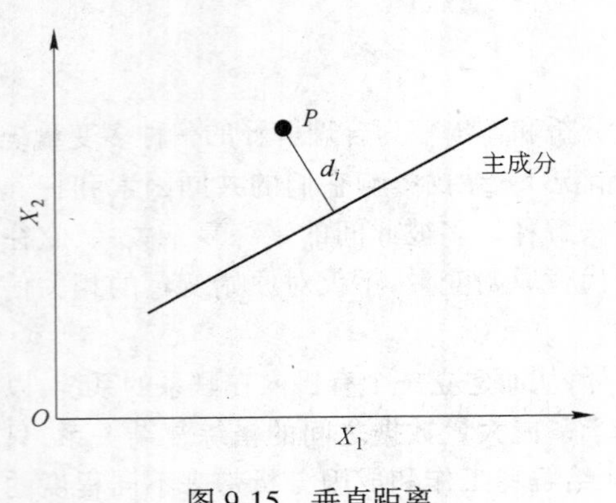

图 9-15　垂直距离

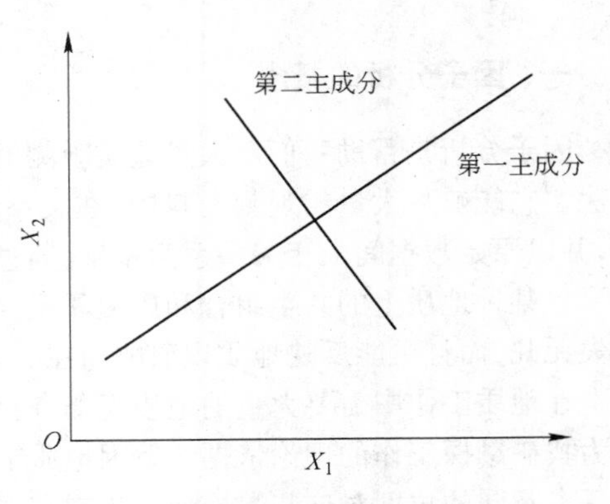

图 9-16　两主成分间关系

假定与 n 个观测点 $(X_{1i}, X_{2i})(i=1,2,\cdots,n)$ 垂直距离平方和最小的最佳拟合直线为 L。显然,此直线通过点 $(\overline{X_1}, \overline{X_2})$。如果令其方向余弦为 a_1 与 a_2,则有

$$\frac{X_1 - \overline{X_1}}{a_1} = \frac{X_2 - \overline{X_2}}{a_2} \tag{9-81}$$

当未知的 a_1, a_2 求得之后,此最佳拟合直线 L 也就被确定。那么,如何确定未知的 a_1、a_2 呢?根据平面解析几何学,点 $(X_{1i}, \hat{X}_{2i})$ 到直线 L 的距离为:

$d^2 = (X_{1i} - \overline{X_1})^2 + (X_{2i} - \overline{X_2})^2 - [a_{1i}(X_{1i} - \bar{X}_1) + a_2(X_{2i} - \bar{X}_2)]^2$,问题导致 a_1、a_2 必须满足条件

$$a_1^2 + a_2^2 = 1 \tag{9-82}$$

并使如下的距离平方和

$$D = \frac{1}{n-1}\sum_{i=1}^{n} d^2 = \frac{1}{n-1}\sum_{i=1}^{n}\{(X_{1i} - \bar{X}_1)^2 + (X_2 - \bar{X}_2)^2 - [a_1(X_{1i} - \bar{X}_1) + a_2(X_{2i} - \bar{X}_2)]^2\} \tag{9-83}$$

达到最小。因为,对给定 n 个观测值而言,下式

$$\frac{1}{n-1}\sum_{i=1}^{n}[(X_{1i} - \bar{X}_1)^2 + (X_{2i} - \bar{X}_2)^2]$$

为一定值。所以,要求式 9-83 达到最小,也就等于要求下式

$$\frac{1}{n-1}\sum_{i=1}^{n}[a_1(X_{1i} - \bar{X}_1)^2 + a_2(X_{2i} - \bar{X}_2)^2] \tag{9-84}$$

最大。式 9-84 恰恰是由原始变量 X_1、X_2 线性组合成的主成分 Z_1:

$$Z_1 = a_1(X_{1i} - \bar{X}_1) + a_2(X_{2i} - \bar{X}_2) \tag{9-85}$$

的方差。因此,所求得的 a_1 与 a_2,对应于原始观测值的最大方差部分,即第一主成分 Z_1 的方差为最大。

仿此,对于第二主成分 Z_2

$$Z_2 = \beta_1(X_1 - \bar{X}_1) + \beta_2(X_2 - \bar{X}_2) \tag{9-86}$$

在满足如下条件:

$$\left.\begin{aligned}&(1)\quad \alpha_1^2+\alpha_2^2=1\\&(2)\quad \beta_1^2+\beta_2^2=1\\&(3)\quad \alpha_1\beta_1+\alpha_2\beta_2=0\end{aligned}\right\} \tag{9-87}$$

的情况下,要求其方差

$$\frac{1}{n-1}\sum_{i=1}^{n}[\beta_1(X_{1i}-\bar{X}_1)+\beta_2(\beta_{2i}-\bar{X}_2)]^2 \tag{9-88}$$

在原始总方差中占的比例为次大。

下面就来介绍主成分中参数 α、β 的具体求法。先考虑第一主成分问题。根据上述,问题是满足条件式 9-82 的情况下,要求式 9-84 最大。由微积分知道,这是一个条件极值问题。引进拉格朗日乘数 λ,并且令

$$F=\frac{1}{n-1}\sum_{i=1}^{n}[\alpha_1(X_{1i}-X_1)+\alpha_2(X_{2i}-X_2)]^2+\lambda[1-(\alpha_1^2+\alpha_2^2)] \tag{9-89}$$

将 F 对 α_1 与 α_2 分别求导,并令偏导数等于零,于是得到:

$$\left.\begin{aligned}&\alpha_1\left[\frac{1}{n-1}\sum_{i=1}^{n}(X_{1i}-\bar{X}_1)^2-\lambda\right]+\alpha_2\frac{i}{n-1}\sum_{i=1}^{n}(X_{1i}-\bar{X}_1)(X_{2i}-\bar{X}_2)=0\\&\alpha_1\frac{1}{n-1}\sum_{i=1}^{n}(X_{2i}-\bar{X}_2)(X_1-\bar{X}_1)+\alpha_2\left[\frac{1}{n-1}\sum_{i=1}^{n}(X_{2i}-X_2)^2-\lambda\right]=0\end{aligned}\right\} \tag{9-90}$$

也可将方程组式 9-90 写成很简单的矩阵形式

$$(C-\lambda E)\alpha=0 \tag{9-91}$$

式中,E 是单位矩阵,C 是方差与协方差矩阵,α 是列矩阵:

$$E=\begin{bmatrix}1&0\\0&1\end{bmatrix}$$

$$C=\begin{bmatrix}\frac{1}{n-1}\sum_{i=1}^{n}(X_{1i}-\bar{X}_1)^2 & \frac{1}{n-1}(X_{1i}-\bar{X}_1)(X_{2i}-\bar{X}_2)\\ \frac{1}{n-1}\sum_{i=1}^{n}(X_{2i}-\bar{X}_2)(X_{1i}-\bar{X}_1) & \frac{1}{n-1}\sum_{i=1}^{n}(X_{2i}-\bar{X}_2)^2\end{bmatrix}$$

$$\alpha=\begin{bmatrix}\alpha_1\\ \alpha_2\end{bmatrix} \tag{9-92}$$

式 9-90 或式 9-91 是关于 α_1、α_2 的线性方程组。要它们有非零解,必须有

$$|C-\lambda E|=0 \tag{9-93}$$

式 9-93 称为方差与协方差矩阵 C 的特征方程,求解可得到两个特征根 λ_1 与 λ_2。置 $\lambda_1\geqslant\lambda_2$。将式 9-90 中第一式乘 α_1,第二式乘 α_2 后相加,得到

$$\lambda=\frac{1}{n-1}\sum_{i=1}^{n}[\alpha_1(X_{1i}-\bar{X}_1)+\alpha_2(X_i-\bar{X}_2)]^2 \tag{9-94}$$

由此可见,第一主成分 Z_1 的方差等于特征根 λ_1,而其最大方差也等于最大特征根 λ_1。再从式 9-83 看到,λ_1 的大小是原始数据与第一主成分 Z_1 拟合得紧密的一个量度。有了特征根 λ_1 后,通过式 9-90 可求得特征向量 α,因而最终确定第一主成分 Z_1。

对于第二主成分 Z_2 的确定,在满足条件式 9-87 的情况下,要求其方差式 9-88 为最大。因为 Z_1、Z_2 不相关,即其协方差为 0,故此条件可写成

$$\frac{1}{n-1}\sum_{i=1}^{n}[\alpha_1(X_{1i}-\bar{X}_1)+\alpha_2(X_{1i}-\bar{X}_2)][\beta_1(X_{1i}-\bar{X}_2)+\beta_2(X_{2i}-\bar{X}_2)]=0 \tag{9-95}$$

$$F=\frac{1}{n-1}\sum_{i=1}^{n}[\beta_1(X_{1i}-X_1)+\beta_2(X_{2i}-\bar{X}_2)]^2+\lambda[1-(\beta_1^2+\beta_2^2)]$$

$$-2\mu\frac{1}{n-1}\sum_{n-1}^{n}[\alpha_1(X_{1i}-\bar{X}_1)+\alpha_2(X_{2i}-\bar{X}_2)][\beta_1(X_1-\bar{X}_1)+\beta_2(X_{2i}-\bar{X}_2)] \quad (9\text{-}96)$$

式中，λ 和 μ 为拉格朗日乘数。将 F 对 β_1 与 β_2 分别求导，并令偏导数等于0，于是得到：

$$\beta_1\left[\frac{1}{n-1}\sum_{i=1}^{n}(X_{1i}-\bar{X}_1)^2-\lambda\right]+\beta_2\frac{1}{n-1}\sum_{i=1}^{n}(X_{1i}-\bar{X}_1)(X_{2i}-\bar{X}_2)$$

$$-\mu\frac{1}{n-1}\sum_{i-1}^{n}[\alpha_1(X_{1i}-\bar{X}_1)^2+\alpha_2(X_{2i}-\bar{X}_2)(X_1-\bar{X}_1)]=0$$

$$\beta_1\frac{1}{n-1}\sum_{i=1}^{n}(X_{2i}-\bar{X}_2)(X_1-\bar{X}_1)+\beta_2\left[\frac{1}{n-1}\sum_{i=1}^{n}(X_{2i}-\bar{X}_2)^2-\lambda\right]$$

$$-\mu\frac{1}{n-1}\sum_{i=1}^{n}[\alpha_1(X_{1i}-\bar{X}_1)(X_{2i}-\bar{X}_2)+\alpha_2(X_{2i}-\bar{X}_2)^2]=0 \quad (9\text{-}97)$$

将式9-97中第一式乘以 α_1，第二式乘以 α_2 后相加，并利用式9-90和式9-94得到

$$-\mu\lambda_1=0 \quad (9\text{-}98)$$

因此 $\mu=0$。可见，第二主成分 Z_2 的未知数 β_1、β_2 是对应于特征方程式9-93的第二个特征值的特征向量。这样一来，从方差与协方差矩阵 C 中，逐次选取最大的特征值和对应的特征向量，就可确定各个主成分。

上面介绍的二维主成分方法，可以毫无困难地推广多维的情形。

我们考虑 m 维空间 n 个点 $(X_{1j},X_{2j},\cdots,X_{mj})(j=1,2,\cdots,n)$ 的情形。X_{ij} 代表第 i 个变量第 j 个观测值。要确定最佳拟合直线 L：

$$\frac{X_1-\bar{X}_1}{\alpha_1}=\frac{X_2-\bar{X}_2}{\alpha_2}=\cdots=\frac{X_m-\bar{X}_m}{\alpha_m} \quad (9\text{-}99)$$

式中，未知数 $\alpha_1,\alpha_2,\cdots,\alpha_m$，必须条件满足

$$\sum_{i=1}^{m}\alpha_i^2=1 \quad (9\text{-}100)$$

并使如下的距离平方和

$$D=\frac{1}{n-1}\sum_{i=1}^{n}d_j^2=\frac{1}{n-1}\sum_{j=1}^{n}\left\{\sum_{i=1}^{m}(X_{ij}-\bar{X}_i)^2-\left[\sum_{i=1}^{m}\alpha_i(X_{ij}-\bar{X}_i)\right]^2\right\} \quad (9\text{-}101)$$

达到最小。因为，在式9-101中下式

$$\frac{n}{n-1}\sum_{i=1}^{n}\sum_{j=1}^{m}(X_{ij}-\bar{X}_i)^2$$

为一定值，所以，要求式9-101达到最小，也就是要求下式

$$\frac{1}{n-1}\sum_{j=1}^{n}\left[\sum_{i=1}^{m}\alpha_i(X_{ij}-\bar{X}_i)\right]^2 \quad (9\text{-}102)$$

最大。式9-102恰恰是由原始变量 $X_1,X_2,\cdots,X_m$ 线性组合的主成分 Z_1

$$Z_1=\sum_{i=1}^{m}\alpha_i(X_i-\bar{X}_i) \quad (9\text{-}103)$$

的方差。因此，所求的 $\alpha_1,\alpha_2,\cdots,\alpha_m$ 对应于原始观测值的最大变差，即第一主成分 Z_1 的方差为最大。

仿此，对于其他各主要成分 Z_k

$$Z_k=\sum_{i=1}^{m}\alpha_{ik}(X_i-\bar{X}_i) \qquad (k=2,3,\cdots,m) \quad (9\text{-}104)$$

在满足条件

$$\sum_{i=1}^{m} \alpha_{ij}\alpha_{ik} = \delta_{jk} \qquad \left(\delta_{ik} = \begin{cases} 1 & 当\ j = k\ 时 \\ 0 & 当\ j \neq k\ 时 \end{cases}\right) \tag{9-105}$$

的情形下,例如要求 Z_p 方差

$$\frac{1}{n-1}\sum_{j=1}^{n}\sum_{k=1}^{q}\left[\sum_{i=1}^{m}\alpha_{ik}(X_{ij}-\bar{X}_i)^2\right] \tag{9-106}$$

在原始总方差中占的比例最大。

为了确定第一主成分 Z_1 的未知系数 α_1,必须满足条件式 9-100,并使式 9-102 最大,这是多变量条件极值的问题。引进拉格朗日乘数 λ,并令

$$F = \frac{1}{n-1}\sum_{j=1}^{n}\left[\sum_{i=1}^{m}\alpha_i(X_{ij}-\bar{X}_i)\right]^2 + \lambda\left(1-\sum_{i=1}^{m}\alpha_i^2\right) \tag{9-107}$$

将 F 对各个 α_1 求导,并令各偏导数等于零,于是得到

$$\begin{aligned}
&\alpha_1\left[\frac{1}{n-1}\sum_{j=1}^{1}(X_{1j}-\bar{X}_1)^2-\lambda\right]+\cdots+\alpha_m\frac{1}{n-1}\sum_{j=1}^{n}(X_{ij}-\bar{X}_1)(X_j-\bar{X}) = 0\\
&\alpha_1\left[\frac{1}{n-1}\sum_{j=1}^{n}(X_{1j}-\bar{X}_1)(X_{2j}-\bar{X}_2)+\cdots+\frac{1}{n-1}\sum_{j=1}^{n}(X_{2j}-X_2)(X_{mj}-\bar{X}_m)\right] = 0\\
&\vdots\\
&\alpha_1\left[\frac{1}{n-1}\sum_{j=1}^{n}(X_{1j}-\bar{X}_1)(X_{mj}-\bar{X}_m)\right]+\cdots+\alpha_m\left[\frac{1}{n-1}\sum_{j=1}^{n}(X_{mj}-\bar{X}_m)^2-\lambda\right] = 0
\end{aligned} \tag{9-108}$$

式 9-108 是关于 $\alpha_1,\alpha_2,\cdots,\alpha_m$ 的线性齐次方程组。要它有非零解,必须其系数行列式等于零。用

$$C = \{c_{ij}\} = \frac{1}{n-1}\sum_{k=1}^{n}(X_{ik}-X_j)(X_{jk}-\bar{X}_j) \tag{9-109}$$

代表方差与协方差矩阵。式 9-108 有非零解,必须

$$|C-\lambda E| = 0 \tag{9-110}$$

式中,E 是单位矩阵。式 9-110 是方差与协方差矩阵 C 的特征方程。它具有 m 个实的正根。设 $\lambda_1\geqslant\lambda_2\geqslant\cdots\geqslant\lambda_n$,将式 9-108 从第 1 到第 m 方程分别乘以 α_1 到 α 后相加,得到

$$\lambda = \sum_{j=1}^{n}\left[\sum_{j=1}^{m}\alpha_1(X_{1j}-\bar{X}_j)\right] \tag{9-111}$$

由此可见,第一主成分的方差等于特征根 λ,而其最大方差也等于最大特征 λ_1。由式 9-101 看到,λ_1 的大小是此 n 个观测点与第一主成分拟合紧密的度量。有了最大特征值 λ_1,从式 9-108 可解得相应的特征向量 α,因而完全确定第一主成分 Z_1。

对于第二主成分 Z_2。它与第一主成分 Z_1 不相关的条件可表示为

$$\frac{1}{n-1}\sum_{j=1}^{n}\left[\sum_{i=1}^{m}\alpha(X_j-\bar{X})\right]\left[\sum_{j=1}^{m}\beta_i(X_{ij}-\bar{X}_i)\right] = 0 \tag{9-112}$$

令

$$F = \frac{n}{n-1}\left[\sum_{j=1}^{m}\overline{\beta_i(X_{ij}-X_i)}\right]^2+\lambda\left(1-\sum_{i=1}^{m}\beta_i^2\right)+2\mu\frac{1}{n-1}\sum_{j=1}^{n} a_i(X_{ij}-\bar{X}_i)\left[\sum_{i=1}^{m}\beta_i(X_{ij}-\bar{X}_i)\right] \tag{9-113}$$

式中　λ、μ——分别为拉格朗日乘数。

将 F 对各个 β_i 求导,并令各偏导数等于零,求解关于 β_i 的方程组就确定第二主成分。和二维时处理的方法完全一样,不难证明 $\mu=0$。因此,第二主成分的最大方差是特征方程9-110的第二大特

征值 λ_2。有了 λ_2 就可以求得相应的特征向量 β,因而完全确定第二主成分 Z_2。这样一来,从方差与协方差矩阵 C 逐步提取最大的特征值及相应的特征向量,就可以完全确定各个主成分。

例 1　某矿石元素共生组合为两个变量 X_1、X_2,其观测数据列于表 9-33,从表 9-33 计算得到方差与协方差矩阵 $\boldsymbol{C}$

$$C = \begin{Bmatrix} 20.3 & 15.6 \\ 15.6 & 24.1 \end{Bmatrix}$$

从矩阵 $\boldsymbol{C}$ 计算得到的特征值及对应的特征向量为

$$\begin{cases} \text{第一特征值 } \lambda_1 = 37.9 \\ \text{第一特征向量 Ⅰ} = \begin{Bmatrix} 0.66 \\ 0.75 \end{Bmatrix} \end{cases}$$

$$\begin{cases} \text{第二特征值 } \lambda_2 = 6.5 \\ \text{第二特征向量 Ⅱ} = -\begin{Bmatrix} 0.75 \\ 0.66 \end{Bmatrix} \end{cases}$$

因此,第一主成分 Z_1 为

$$Z_1 = 0.66(X_1 - 10.88) + 0.75(X_3 - 10.68)$$

其最大方差为最大特征值 $\lambda_1 = 37.9$。第二主成分 Z_2 为

$$Z_2 = 0.75(X_1 - 10.88) - 0.66(X_2 - 10.68)$$

其方差为第二特征值 $\lambda_2 = 6.5$。

原始数据的总方差为 20.3 + 24.1 = 44.4。变量 X_1 对总方差贡献为 20.3/44.4,约占 46%。变量 X_2 贡献其余部分,约占 54%。根据矩阵基础知识知道,一个矩阵特征值的和等于此矩阵的迹。而方差与协方差矩阵 C 的迹是总方差 44.4,所以特征值的和 37.9 + 6.5 = 44.4 也代表总方差。因为第一主成分 Z_1 的方差最大,等于 $\lambda_1 = 37.9$,所以它在总方差中占的比例最大,等于 37.9/44.4,大约 86%。第二主成分 Z_2 的方差等于 $\lambda_2 = 6.5$,仅占总方差的 54%或者 46%。如果用第一主成分 Z_1 代替原始变量时,则仅仅损失总方差的 14%,达到了简化变量而对总变差影响较小。

例 2　我们应用主成分方法研究了某一种龟化石的形态变异性,对 24 个龟壳的长、宽、高进行了测量,数据见表 9-34。

表 9-33　观测数据

X_1	X_2	X_1	X_2
3	2	12	10
4	10	12	11
6	5	13	6
6	8	13	14
6	10	13	15
7	2	13	17
7	13	14	7
8	9	15	13
9	5	17	13
9	8	17	17
9	14	18	19
10	7	20	20
11	12		

$\bar{X}_1 = 10.88, \bar{X}_2 = 10.68$

根据表 9-34,我们计算得方差与协方差矩阵为

表 9-34　数据表

X_1(长度)	X_2(宽度)	X_3(高度)	X_1(长度)	X_2(宽度)	X_3(高度)
93	74	37	116	90	43
94	78	35	117	90	41
96	80	35	117	91	41
101	84	39	119	93	41
102	85	38	120	89	40
103	81	37	120	93	44
104	83	39	121	95	42
106	83	39	125	93	45
107	82	38	127	96	45
112	89	40	128	95	45
113	88	40	131	95	46
114	86	40	135	106	47
$\bar{X}_1=113.37,\bar{X}_2=88.29,\bar{X}_3=40.71$					

$$C=\begin{Bmatrix}138.77 & 79.15 & 37.38\\ 79.15 & 50.04 & 21.65\\ 37.38 & 21.65 & 11.26\end{Bmatrix}$$

根据方差与协方差矩阵 C,可求得特征值及相应的特征向量,因此求得各主要成分为

$$Z_1=0.840(X_1-113.37)+0.492(X_2-88.29)+0.228(X_3-40.71)$$
$$Z_2=-0.488(X_1-113.37)+0.869(X_2-88.29)-0.077(X_3-40.71)$$
$$Z_3=-0.236(X_1-113.37)-0.04(X_2-88.29)+0.970(X_3-40.71)$$

因为各特征值的大小就是各主成分方差大小,将它们按大小顺序排列,并算出它们在总方差中占的比例,见表 9-35。

表 9-35　特征值表

X_1	0.840	−0.488	−0.236
X_2	0.492	0.869	−0.047
X_3	0.228	−0.077	0.970
λ	195.28	3.69	1.10
在总方差中占的比例/%	97.6	1.8	0.6

从表 9-35 看出,第一主要成分概括了总变差的大约 98%,而且所有系数都是正值。因此,第一主成分 Z_1 是龟壳尺码的普遍度量,而且包含变差的最大部分。第二主成分 Z_2 仅占总变差的约 2%,其中两个系数为负值,且第三个系数接近于 0。因此可以认为,第二主成分 Z_2 主要是由长度和宽度表示的龟壳形状的特征。第三主要成分 Z_3 在总变差中占最少,大约 1%,它主要是从长度和高度之间的差异来表示龟壳的特征。

三、因子分析的方法

在主成分分析中,我们通过对方差与协方差矩阵的研究,提取方差贡献最大的各个主成分,以达到简化变量,揭示产生变异的原因,作出合理的地质解释。在因子分析中,我们从因子模型出发,通过对实际观测值的相关矩阵的研究,提取方差贡献最大的各个主因子,以达到简化变量,

揭示产生变异的原因,作出合理的地质解释。虽然在因子分析中应用了主成分方法,但特征值计算是在标准化方差与协方差矩阵或相关矩阵基础上进行的。这不仅使每个变量处于同一量度,而且还将主成分转换成为因子。对于特征向量也采取了正规化的形式,即定义了一个单位长度的向量。因子分析用以研究一组变量之间的相关关系,称为 R 型因子分析;也可用以研究一组样品之间的相关关系,称为 Q 型因子分析。两种因子分析法的基本原理一样,区别在于研究目的和着眼点不同,同样的观测数据究竟选用 R 型还是 Q 型分析,应根据实际工作的需要和目的而定。下面我们详细介绍模型分析。

假设原始变量为 $X_1, X_2, \cdots, X_m$。由于它们之间可能相互独立、又可能相互相关,所以,我们将它们之间的关系表示为每个变量 X_i 同所谓公因子 F_i 与单因子 U_i 之间的关系:

$$\left.\begin{aligned} X_1 &= a_{11}F_1 + a_{12}F_2 + \cdots + a_{1p}F_p + C_1U_1 \\ X_2 &= a_{21}F_1 + a_{22}F_2 + \cdots + a_{2p}F_p + C_2U_2 \\ &\vdots \\ X_m &= a_{m1}F_1 + a_{m2}F_2 + \cdots + a_{mp}F_p + C_mU_m \end{aligned}\right\} \tag{9-114}$$

式中,每个公因子 F_i 与各变量 X_i 有关,它们之间是相互独立的,所以从个数上通常要比变量少 $(P < m)$。每个单因子 U_i 仅仅与相对应的一个变量有关。式 9-114 称为因子模型。公因子的系数 $a_{ij}(i=1,2,\cdots,m; j=1,2,\cdots,p)$ 是待定的,它称为第 i 个变量在第 j 个公因子上的因子负载。单因子的系数 $C_i(i=1,2,\cdots,m)$ 仅仅是使每个原始变量的方差达到 1 的补充值。下面,我们介绍利用变量之间的相关决定各因子负载。

我们假设原始变量 X_i、公因子 F_i 与单因子 U_i 均标准化,各因子相互间均独立。在此假定下,根据因子模型式 9-114,可得到变量之间的相关系数为

$$\begin{aligned} r_{ij} &= a_{i1}a_{j2} + \cdots + a_{ip}a_{jp}, i \neq j \\ r_{ij} &= a_{i1}^2 + a_{i2}^2 + \cdots + a_{ip}^2 + C_i^2, i = j \end{aligned} \tag{9-115}$$

式中,$r_{ij}(i,j=1,2,\cdots,m)$ 为变量 X_i 与 X_j 的相关系数。当 $i=j$ 时,$r_{ij}=1$。将式 9-115 写成矩阵形式为

$$R = AA' + CC' \tag{9-116}$$

式中 $\boldsymbol{R} = \begin{Bmatrix} r_{11} & r_{12} & \cdots & r_{1m} \\ r_{21} & r_{22} & \cdots & r_{2m} \\ \vdots & \vdots & \vdots & \vdots \\ r_{m1} & r_{m2} & \cdots & r_{mm} \end{Bmatrix}$ $\boldsymbol{A} = \begin{Bmatrix} a_{11} & a_{12} & \cdots & a_{1p} \\ a_{21} & a_{22} & \cdots & a_{2p} \\ \vdots & \vdots & \vdots & \vdots \\ a_{m1} & a_{m2} & \cdots & a_{mm} \end{Bmatrix}$ $\boldsymbol{C} = \begin{Bmatrix} C_1 & 0 & \cdots & 0 \\ 0 & C_2 & \cdots & 0 \\ \vdots & \vdots & \vdots & \vdots \\ 0 & 0 & \cdots & C_m \end{Bmatrix}$

式中,A' 与 C' 分别为 A 与 C 的转置。

式 9-115 第二式右端由公因子与单因子构成对同一变量 X_i 的方差总贡献。通常将公因子方差记成

$$h_i^2 = a_{i1}^2 + a_{i2}^2 + \cdots + a_{ip}^2 \quad (i = 1,2,\cdots,m) \tag{9-117}$$

令

$$R^* = R - CC' \tag{9-118}$$

从式 9-116 得到

$$R^* = AA' \tag{9-119}$$

式中,R^* 称为约相关矩阵,它与相关矩阵 R 的差异仅在于对角线元素,R 的对角线元素为 1,而 R^* 的对角线元素由公因子方差 h_i^2 构成。公式 9-119 是因子分析求解的出发点,也就是在 R^* 一致的条件下求得因子矩阵 A,使 $AA'=R^*$。但问题的关键是如何得到约相关矩阵 R^*,亦即如何估计公因子方差 h_i^2,然而还没有什么好的办法,只是给出了各种不同的近似。例如,可用变量的复相关系数

$$\mathrm{SMC}_i = 1 - \frac{1}{r_{ii}^{(-1)}}$$

来代替 h_i^2,其中 $r_{ii}^{(-1)}$是逆相关矩阵R^{-1}的对角元素。当变量个数大大超过公因子数时,此方法是有效的。今后,为方便起见,用 R 直接代替R^*进行推导。

现在,我们应用主成分方法提取各个主因子解,首先根据原始的相关关系从 R 中提取第一个主因子 F_1,使它在各变量的公因子方差中承担部分的总和最大,即方差贡献在方差总和中最大,然后消除这个因子的影响得剩余相关矩阵,再从剩余相关矩阵中提取与 F_1 不相关的第二主因子 F_2,使它对剩余的公因子方差贡献最大,这样继续下去,直到各个变量的公因子方差被分解完为止。

从因子模型(式 9-114)知道,a_{ij}^2表示同一因子F_1 对各变量 X_i 的公因子方差贡献,a_{ij}^2表示F_1对 X_1 的公因子方差贡献将同一公因子 F_j 对各变量X_i 的公因子方差总贡献记为

$$S_j = \sum_{i=1}^{m} a_{ij}^2 \qquad (j = 1\cdots p) \tag{9-120}$$

它是衡量公因子相对重要性的一个指标,称为公因子的方差贡献,我们的问题就是,在满足条件

$$R = AA' \tag{9-121}$$

的情况下,使公因子方差贡献(式 9-120)达到最大,以提取公因子 F_j。但从因子模型(式 9-114)可计算得到,公因子负载 a_{ij}就是第 i 个公因子与第 j 个公因子的相关系数。它充分描绘了变量与公因子之间的关系,所以要确定各公因子只需确定其各公因子负载。

现在,我们首先确定第一公因子 F_1 的负载 a_{i1}要求它在满足条件式 9-121,即

$$r_{ij} = \sum_{k=1}^{p} a_{i1} a_{jk} \qquad (i,j = 1,2,\cdots,m) \tag{9-122}$$

的情况下,使

$$S_1 = \sum_{i=1}^{m} a_{i1}^2 \qquad (i = 1,2,\cdots,m) \tag{9-123}$$

达到最大。这是一个条件极值问题。采取熟知的拉格朗日乘子法,令

$$2T = S_1 - \sum_{i,j=m}^{m} \mu_{ij} r_{ij} = S_1 - \sum_{i,j=1}^{m} \sum_{k=1}^{p} \mu_{ij} a_{ik} a_{jk} \tag{9-124}$$

式中,$\mu_{ij}=\mu_{ji}$为拉格朗日乘子。将 T 对$(m\times p)$个 a_{ik}中的每一个求导,并令各偏导等于0,则得

$$\left.\begin{aligned} a_{i1} - \sum_{j=1}^{m} \mu_{ij} a_{j1} &= 0 \\ -\sum_{j=1}^{m} \mu_{ij} a_{j2} &= 0 \\ &\vdots \\ -\sum_{j=1}^{m} \mu_{ij} a_{jp} &= 0 \end{aligned}\right\} \tag{9-125}$$

$$(i=1,2,\cdots,m)$$

将式 9-125 中每个式子两边乘以 a_{i1},并对 i 求和得到

$$\left.\begin{aligned} S_1 - \sum_{i=1}^{m} \sum_{j=1}^{m} \mu_{ij} a_{i1} a_{j1} &= 0 \\ -\sum_{i=1}^{m} \sum_{j=1}^{m} \mu_{1j} a_{i1} a_{j2} &= 0 \\ &\vdots \\ -\sum_{i=1}^{m} \sum_{j=1}^{m} \mu_{ij} a_{i1} a_{ip} &= 0 \end{aligned}\right\} \tag{9-126}$$

根据式 9-125 中第一个式子,并注意 $\mu_{ij}=\mu_{ji}$,且将 i 与 j 交换,则有

$$a_j = \sum_{i=1}^{m} \mu_{ij} a_{i1}$$

于是式 9-126 变成

$$\left.\begin{aligned} S_1 - \sum_{i=1}^{m} a_{j1}a_{j1} &= 0 \\ -\sum_{j=1}^{m} a_{j1}a_{j2} &= 0 \\ &\vdots \\ -\sum_{j=1}^{m} a_{j1}a_{jp} &= 0 \end{aligned}\right\} \tag{9-127}$$

将式 9-127 中第一个式子乘 a_{i1},第二个式子乘 a_{i2},…,第 p 个式子乘 a_{ip} 之后相加,并利用式 9-122,则得

$$\sum_{j=1}^{m} r_{ij}a_{j1} - a_{i1}S_1 = 0 \quad (i=1,2\cdots m) \tag{9-128}$$

或者写成矩阵形式

$$\begin{Bmatrix} r_{11}-S_1 r_{12}\cdots r_{1m} \\ r_{21} r_{22}-S_1\cdots r_{2m} \\ \vdots \\ r_{m1} r_{m2}\cdots r_{mm}-S_1 \end{Bmatrix} \begin{Bmatrix} a_{11} \\ a_{21} \\ \vdots \\ a_1 \end{Bmatrix} = \begin{Bmatrix} 0 \\ 0 \\ \vdots \\ 0 \end{Bmatrix} \tag{9-129}$$

用 E 表示单位矩阵,a_1 列向量

$$a_1 = \begin{Bmatrix} a_{11} \\ a_{21} \\ \vdots \\ a_{m1} \end{Bmatrix} \tag{9-130}$$

则式 9-129 可简化成

$$(R - S_1E)a_1 = 0 \tag{9-131}$$

式 9-131 是关于 $a_i(i=1,2,\cdots,m)$的齐次线性方程组,要它有非零解,必须使下面行列式为零

$$|R - S_1E| = 0 \tag{9-132}$$

式 9-132 是矩阵 R 的特征方程。因此,提取主因子的问题,又导致了求解矩阵 R 的特征值与特征向量问题。从式 9-132 看到,S_1 是 R 的特征根,因为要求 S_1 最大,所以 S_1 应等于 R 的最大根,$\lambda_1=S_1$。有了最大特征根 λ_1 后,可求得相应的特征向量。下面,我们从对应于最大特征根 λ_1 的特征向量出发,寻求第一主因子负载 a_{i1}。根据线性代数中熟知的雅柯比方法,用正交变换可把实对称矩阵 R 对角化:

$$\alpha' R a = \lambda \tag{9-133}$$

式中,α 是由 R 的特征向量构成的正交矩阵,λ 是由 R 的特征值构成的对角线矩阵,从左上角到右下角特征值是由大到小排列成。

将式 9-133 左乘 α,右乘 α',并根据正交矩阵的性质 $\alpha\alpha'=E$,得到

$$R = \alpha\lambda\alpha' \tag{9-134}$$

因为 $R=AA'$,故从式 9-134 得到

$$AA'=\alpha\lambda\alpha'=\alpha\lambda^{\frac{1}{2}}\lambda^{\frac{1}{2}}\alpha'$$

于是得到

$$A=\alpha\lambda^{\frac{1}{2}} \tag{9-135}$$

因此,第一主因子负载 a_{i1} 为

$$a_{i1}=\alpha_{i1}\sqrt{\lambda_1} \tag{9-136}$$

式中,α_{i1}是对于最大特征根 λ_1 的特征向量。

现在的问题是,如何求与第一主因子 F_1 不相关的第二主因子 F_2 的负载 a_{i2},使方差贡献

$$S_2=\sum_{i=1}^{m}a_{i2}^2 \tag{9-137}$$

在条件

$$R_1=R-\alpha_1\alpha_1' \tag{9-138}$$

或者

$$r_{ij}^{(1)}=r_j-a_{i1}a_{j1}\sum_{k=2}^{p}a_{ik}a_{jk} \quad (i,j=1,2,\cdots,m) \tag{9-139}$$

的情况下最大。此处 R_1 为从 R 中消除F_1 影响之后的剩余相关矩阵,$r_{ij}^{(1)}$为R_1 中第 i 行第j 列的元素。重复进行上述办法可求得 $a_{i2}=\alpha_2\sqrt{\lambda_2}$,$\lambda_2$ 是 R_1 的最大特征根,α_2 是对应与 λ_2 的特征向量。每提取一个主因子都要这么计算一遍,实在太麻烦。下面证明,R_1 与 R 有相同特征向量,只不过 R_1 的第一特征值为零,其余特征值均与 R 相同。记 R 的 m 个特征值为 $\lambda_1\geqslant\lambda_2\geqslant\cdots\geqslant\lambda_n$,其对应特征向量为

$$a_1=\begin{Bmatrix}a_{1i}\\a_{2i}\\\vdots\\a_{mi}\end{Bmatrix}(i=1,2,\cdots,p) \tag{9-140}$$

根据式 9-138,有

$$R_1a_1=(R-a_1a_1')a_1=Ra_i-a_1a'a_i \quad (i=1,2,\cdots,p) \tag{9-141}$$

因为 R 的特征向量满足关系式 $(R-\lambda_iE)a_i=0$ 或 $Ra_i=\lambda_ia_i$

所以,式 9-141 变成

$$R_1a_i=\lambda_ia_i-a_1a_1'a_i \tag{9-142}$$

当 $i=1$ 时,根据 $\lambda_1=S_1=a_1a_1'$,从式 9-142 得到

$$R_1a_1=\lambda_1a_1-\lambda_1a_1=0=0\times a_1$$

因此,R 的特征向量a_1 对应的特征根等于零。

当 $i\neq1$ 时,根据式 9-127 有 $a_1'a_i=0$。因此,从式 9-142 得到

$$R_1a_i=\lambda_ia_i \tag{9-143}$$

由此证明,除第一特征值 λ_1 外,R_1 与 R 有相同的特征值,且对应的特征向量也相同。因此,求解第二主因子负载 a_{i2}只需求出 R 的第二特征根λ_2 及相应的特征向量即可。这样一来,R 的全部非零特征值及相应的特征向量,对应了 P 个公因子的负载。

例 3 对某细碧玢岩中含金石英脉 8 种元素 130 个样品进行因子分析。表 9-36 列出了标准化数据的相关矩阵 R。

表 9-36　相关矩阵

元素＼相关系数	Pb	Cu	Ag	Au	Ni	Cr	Ba	Sr
Pb	1							
Cu	0.48	1						
Ag	0.42	0.40	1					
Au	0.53	0.24	0.16	1				
Ni	0.21	0.30	0.31	0.10	1			
Cr	0.19	0.30	0.29	0.25	0.59	1		
Ba	0.24	0.27	0.36	0.17	0.77	0.57	1	
Sr	0.18	0.27	0.37	0.05	0.82	0.53	0.73	1

从相关矩阵表 9-36 可求得其特征值和累积百分比，将它们列于表 9-37，从主因子的累积百分比看到，前 5 个特征值所代表的方差已占总方差的 91％。因此，我们选用前 5 个主因子来代表整个数据的变化情况。将计算到的前 5 个主因子的负载列于初始因子矩阵表 9-37 中，我们以 F_1、F_2、F_3 三个主因子为坐标轴，根据表 9-38 中各元素的负载看出：第一主因子代表了 Ni、Cr、Ba、Sr 元素，反映细碧玢岩岩石元素共生组合。第二主因子代表了 Au 和 Pb 元素，说明 Au 伴随 Pb 的热液活动有再一次富集的特点。这同野外实际观察金往往在含金石英脉硫化物中品位较高的现象是一致的。第三主因子则反映了 Au 与 Ag 之间的负相关关系。

表 9-37　特征值

主　因　子	特征值 λ	λ 的累计值	λ 的累计百分比
1	3.64	3.64	19％
2	1.58	5.22	65％
3	0.87	6.09	76％
4	0.59	6.68	84％
5	0.54	7.22	91％
6	0.33	7.55	95％
7	0.26	7.81	98％
8	0.17	7.98	100％

表 9-38　初始因子矩阵

元素＼因子	F_1	F_2	F_3	F_4	F_5
Pb	0.51	0.71	0.02	0.09	−0.27
Cu	0.56	0.44	−0.37	−0.58	−0.02
Ag	0.58	0.28	−0.54	0.45	0.27
Au	0.36	0.64	0.60	0.10	0.04
Ni	0.84	−0.37	0.06	−0.02	−0.16
Cr	0.73	−0.16	0.25	−0.17	0.54
Ba	0.83	−0.29	0.08	0.11	−0.12
Sr	0.81	−0.40	−0.01	0.04	−0.23

四、因子旋转

从上述主要成分分析方法知道，求得矩阵 R 的特征根及特征向量后，便求得主因子解，它满

足 $R=AA'$。但仅从这一标准来衡量,因子解不是唯一的。例如,设 T 为任一正交变换,令 $B=AT$

则有

$$BB'=(AT)(AT)'=ATT'A'=AA'=R \tag{9-144}$$

这就表明,将原主因子进行正交变换后得到的新因子,其负载 B 仍然和 A 一样满足 $R=BB'$,故用主成分方法求得的矩阵 A 仅仅是初始因子矩阵。因此,我们希望找到一个正交变换,也就是对初始因子轴进行旋转,使旋转后最终所得的新因子模型更接近于地质模型,这样更便于对所求得的因子解进行地质解释。从数学的角度来看,就是要寻求一个正交变换 T,使式 9-144 中的 B 尽可能地简单,也就是矩阵中接近于零的元素尽可能地多。符合简单准则的正交变换有好几种,下面介绍常用的 Kaiger"方差最大"正交旋转法。它将每个因子轴旋转到某个位置,使每个变量在因子轴上投影向最大与最小两极分化,或靠近端点,或靠近原点,它强调了不同变量对同一因子负载有尽可能大的差异。即使每个因子中的高负载只出现在最少个数变量上,也就是在因子矩阵中每个列上除几个值外,其余值均为零,以达到简化各列。

假设 $A=(a_{ij})$ 为初始因子矩阵,而 $B=(b_{ij})$ 为旋转因子矩阵。对某个旋转因子,其负载平方的方差为

$$S_j^2=\frac{1}{m}\sum_{i=1}^{m}(b_{ij}^2)^2-\frac{1}{m^2}\left(\sum_{i=1}^{m}b_{ij}^2\right)^2 \tag{9-145}$$

$$(j=1,2,\cdots,p)$$

对所有各旋转因子,则有

$$S^2=\sum_{j=1}^{p}S_j^2=\frac{1}{m}\sum_{j=1}^{p}\sum_{i=1}^{m}b_{ij}^4-\frac{1}{m^2}\sum_{j=1}^{p}\left(\sum_{i=1}^{m}b_{ij}^2\right)^2 \tag{9-146}$$

我们要求正交变换 T 满足 $B=AT$,并使式 9-146 达到极大。Kaiser 称式 9-146 极大为原始方差极大准则。考虑到各变量的公因子方差之间差异所造成的不平衡,用 b_{ij}^2/h^2 代替 b_{ij}^2,要求下式为最大

$$V=m\sum_{j=1}^{p}\sum_{i=1}^{m}(b_{ij}/h_i)^4-\sum_{j=1}^{p}\left(\sum_{i=1}^{m}b_i^2/h_i^2\right)^2 \tag{9-147}$$

Kaiser 称为正规方差极大准则。根据解析几何学知道,任一对因子 F_pF_q 可确定正交变换

$$\begin{bmatrix}\cos\theta & -\sin\theta\\ \sin\theta & \cos\theta\end{bmatrix} \tag{9-148}$$

使得

$$\begin{cases}b_{ip}=a_{ip}\cos\theta+a_{iq}\sin\theta\\ b_{iq}=-a_{ip}\sin\theta+a_{iq}\cos\theta\end{cases} \tag{9-149}$$

式中　θ——旋转角,见图 9-17。

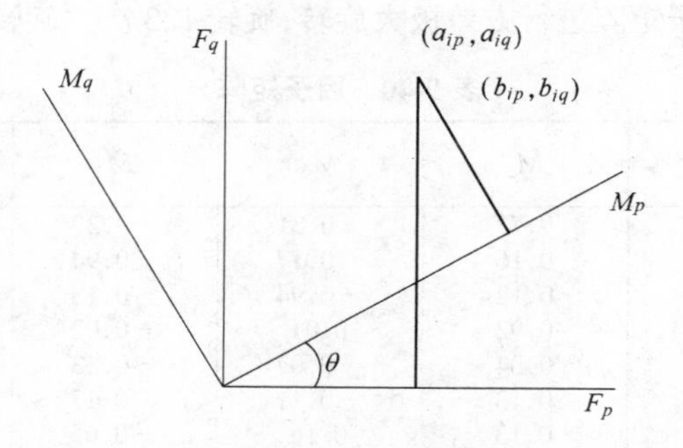

图 9-17　正交变换

将式 9-146 代入式 9-147,并对 θ 求导,令导数为 0,则得

$$\tan 4\theta = \frac{D - 2AB/m}{C - (A^2 - B^2)/m} \tag{9-150}$$

式中,$u_i = (a_{ip}/h_i)^2 - (a_{iq}/h_i)^2$,$v_i = 2(a_{ip}/h_i)(a_{iq}/h_i)$,

$$A = \sum_{i=1}^{m} u_i, B = \sum_{i=1}^{m} v_1, C = \sum_{i=1}^{m} (u_i^2 - v_i^2), D = 2\sum_{i=1}^{m} u_i v_i$$

从式 9-150 求得旋转角 θ,代入式 9-148 便可确定该正交变换。为说明问题,我们先看看具有三个因子 F_1、F_2、F_3 的旋转情况。固定 F_3,在 F_1、F_2 所在平面上做第一次旋转。用 Y_1 与 Y_2 表示此平面上的两个新轴。因为 F_3 垂直于 F_1F_2 所在平面,故它垂直于两新轴的任一个,例如 F_3 垂直于 Y_1。固定 Y_2,第二次旋转在 Y_1F_3 平面上做成。新的第一轴记成 M_1,它是第一个轴旋转的最终结果。因为原来第一轴 F_1 同其他两个轴在一起都进行了旋转。F_3 记成 Y_3,它同 Y_2 一起旋转后的新轴记成 M_2 与 M_3。整个旋转情况见表 9-39。用正交变换表示则为:

$$T_{12} = \begin{Bmatrix} \cos\theta_{12} & -\sin\theta_{12} & 0 \\ \sin\theta_{12} & \cos\theta_{12} & 0 \\ 0 & 0 & 1 \end{Bmatrix}$$

表 9-39　轴旋转

原 始 轴	旋 转 角	新　轴
F_1F_2	θ_{12}	Y_1Y_2
Y_1F_3	θ_{13}	M_1Y_3
Y_2Y_3	θ_{23}	M_2M_3

这是固定 F_3、F_1 和 F_2 的正交变换矩阵。因此,第一次旋转矩表示 $C = AT_{12}$。C 是关于 Y_1、Y_2、F_3 的中间矩阵。第二次与第三次旋转可表示为 $D = CT_{13}$,$B = DT_{23}$。D 也是中间矩阵,且有:

$$T_{13} = \begin{Bmatrix} \cos\theta_{13} & 0 & -\sin\theta_{13} \\ 0 & 1 & 0 \\ \sin\theta_{13} & 0 & \cos\theta_{13} \end{Bmatrix} \quad T_{23} = \begin{Bmatrix} 1 & 0 & 0 \\ 0 & \cos\theta_{23} & -\sin\theta_{23} \\ 0 & \sin\theta_{23} & \cos\theta_{23} \end{Bmatrix}$$

将 C 代入 D,再将 D 代入 B,最终得到 $B = AT_{12}T_{13}T_{23}$。因此,正交变换 T 为三次旋转的乘积 $T = T_{12}T_{13}T_{23}$。

对于 p 个因子来说,将 $p(p-1)/2$ 对因子进行上述正交变换后,得到

$$T_1 = T_{12}T_{13}\cdots T(p-1)p$$

上述过程称为一个循环。经过一次循环后,v 值将增大,反复进行 Q 次 v 值不再变化为止,这时 $T = T_1T_2\cdots T_Q$ 便是所要求的正交矩阵。

我们对例 3 的初始因子矩阵进行方差极大旋转,旋转 123 次。旋转后的因子矩阵见表 9-40。

表 9-40　因子矩阵

因子 / 元素	M_1	M_2	M_3	M_4	M_5	h^2
Pb	0.16	0.73	−0.31	−0.39	−0.19	0.85
C	0.15	0.16	−0.17	−0.94	0.12	0.97
Ag	0.20	0.12	−0.94	−0.18	0.09	0.99
Au	0.73	0.92	0.01	−0.02	0.22	0.91
Ni	0.91	0.04	−0.07	−0.13	0.19	0.88
Cr	0.46	0.13	−0.11	−0.13	0.83	0.95
Ba	0.85	0.13	0.16	−0.05	0.19	0.81
Sr	0.91	−0.003	0.11	−0.11	0.09	0.87

从旋转后因子矩阵表9-40可见：第一因子除继续显示Ni、Cr、Ba、Sr细碧玢岩岩石元素共生组合外，同时还显示了Au与Ni、Cr、Ba、Sr元素共生的密切关系。它说明金来自细碧玢岩的重要成因关系。第二、第三因子无明显变化。

五、因子的度量

以上，我们研究了用公因子线性表示变量的因子模型。反之，现在我们要研究用变量来线性表示公因子的模型。为此，我们建立因子 F_j 关于 m 个变量 X_i 的线性模型，即：

$$F_j = \beta_{j1}X_1 + \beta_{j2}X_2 + \cdots + \beta_{jm}X_m \quad (j=1,2,\cdots,p) \tag{9-151}$$

这是一个多元线性回归方程。根据第四章知道，未知系数 β 满足如下正规方程

$$\left.\begin{aligned} 1\beta_{ji} + r_{12}\beta_{j2} + \cdots + r_{1m}\beta_{jm} &= S_{1j} \\ r_{21}\beta_{i1} + 1\beta_{j2} + \cdots + r_{2m}\beta_{m} &= S_{2j} \\ &\vdots \\ r_{m1}\beta_{j1} + r_{m2}\beta_{j2} + \cdots + 1\beta_{jm} &= S_{mj} \end{aligned}\right\} \tag{9-152}$$

式中，$S_{mj} = r_{xiF_j} = a_{ij}$；$r_{ij}$是原始相关矩阵的元素。因此，任一因子 F_j，可用变量与因子以及变量之间的相关矩阵来估计。

$$D = \begin{Bmatrix} 1 & S_{1j} & S_{2j} & \cdots & S_{mj} \\ S_{1j} & 1 & r_{12} & \cdots & r_{1m} \\ S_{2j} & r_{21} & 1 & \cdots & r_{2m} \\ \vdots & \vdots & \vdots & \vdots & \vdots \\ S_{mj} & r_{m1} & r_{m2} & \cdots & 1 \end{Bmatrix} \tag{9-153}$$

则方程组9-152的解为

$$\beta_{ij} = -D_{ij}/|R| \quad (i=1,2,\cdots,m) \tag{9-154}$$

式中　$|R|$——原始相关矩阵 R 的行列式；

D_{ij}——矩阵 D 中 S_{mj}的余子式。

因为诸行列式 D_{ij}也可用原始相关矩阵 R 的余子式表示，故式9-154可写成

$$\beta_{ji} = (S_{1j}R_{1i} + S_{2j}R_{2i} + \cdots + S_{mj}R_{mi})/|R| \tag{9-155}$$

式中　R_{mi}——矩阵 R 中 r_{ki}的余子式。

将式9-155代入式9-151中，并记

$$F' = (F_1F_2,\cdots,F_p),\ X' = (X_1X_2,\cdots,X_m)$$

$$S' = \begin{Bmatrix} r_{x1F1} & r_{x2F1} & \cdots & r_{xmF1} \\ r_{x1F2} & r_{x2F2} & \cdots & r_{xmF2} \\ \vdots & \vdots & \vdots & \vdots \\ r_{x1F_p} & r_{x2F_p} & \cdots & r_{xmF_p} \end{Bmatrix} \tag{9-156}$$

则得因子变量的估计式为

$$F = S'R^{-1}X \tag{9-157}$$

六、应用实例

我们在某金矿点对各种类型石英脉进行取样，利用分析的结果作了因子分析。

（一）细碧玢岩中石英脉（取样130个）因子分析结果

因子分析结果见表9-41～表9-44。

表 9-41　元素相关矩阵表

元 素	Pb	Cu	Ag	Au	Ni	Cr	Ba	Sr
Pb	1.00	0.48	0.42	0.53	0.21	0.19	0.24	0.18
Cu		1.00	0.40	0.24	0.30	0.30	0.27	0.27
Ag			1.00	0.16	0.31	0.29	0.37	0.33
Au				1.00	0.10	0.25	0.17	0.05
Ni					1.00	0.59	0.77	0.82
Cr						1.00	0.57	0.53
Ba							1.00	0.73
Sr								1.00

表 9-42　前 5 个因子的特征值与累计百分数

主 因 子	特征值 λ	λ 累计值	λ 累计百分数
1	3.64	3.64	0.49
2	1.58	5.22	0.65
3	0.87	6.09	0.75
4	0.59	6.68	0.84
5	0.54	7.22	0.91

表 9-43　初始因子模型

元素＼因子	F_1	F_2	F_3	F_4	F_5
Pb	0.51	0.71	0.02	0.09	-0.27
Cu	0.56	0.44	-0.37	-0.58	0.02
Ag	0.58	0.28	-0.54	0.45	0.27
Au	0.36	0.64	0.60	0.10	0.42
Ni	0.84	-0.77	0.06	-0.02	-0.16
Cr	0.73	-0.14	0.25	-0.17	0.54
Ba	0.83	-0.29	0.08	0.11	-0.12
Sr	0.81	-0.40	-0.01	0.04	-0.23

表 9-44　旋转后因子模型

元素＼因子	F_1	F_2	F_3	F_4	F_5
Pb	0.16	0.73	-0.31	-0.39	-0.19
Cu	0.15	0.16	-0.17	-0.44	0.12
Ag	0.20	0.12	-0.94	-0.18	0.09
Au	0.73	0.92	0.01	-0.02	0.22
Ni	0.91	0.04	-0.07	-0.13	0.19
Cr	0.46	0.13	-0.11	-0.13	0.83
Ba	0.85	0.13	-0.16	-0.15	0.19
Sr	0.91	0.003	-0.11	-0.11	0.09

（二）细碧怀凝灰岩中石英脉因子分析结果（44 个样品）

因子分析结果见表 9-45～表 9-48。

表 9-45　元素相关矩阵表

元　素	Pb	Cu	Ag	Au	Ni	Cr	Ba	Sr
Pb	1.00	0.98	0.97	0.59	0.01	−0.19	0.06	−0.03
Cu		1.00	0.97	0.58	−0.03	0.29	−0.02	0.04
Ag			1.00	0.63	0.08	0.27	0.07	−0.03
Au				1.00	0.06	0.08	−0.09	0.03
Ni					1.00	0.47	0.74	0.60
Cr						1.00	0.28	0.20
Ba							1.00	0.27
Sr								1.00

表 9-46　前 5 个因子的特征值与累计百分数

主　因　子	特征值 λ	λ 的累计值	λ 的累计百分数
1	3.50	3.50	0.48
2	2.34	5.84	0.80
3	0.85	6.69	0.83
4	0.70	7.39	0.91
5	0.47	7.86	0.97

表 9-47　初始因子模型

元素＼因子	F_1	F_2	F_3	F_4	F_5
Pb	0.97	−0.74	−0.02	−0.08	−0.19
Cu	0.98	−0.79	−0.07	0.03	−0.16
Ag	0.99	−0.48	−0.04	−0.04	−0.10
Au	0.71	−0.16	0.43	−0.05	0.54
Ni	0.56	0.95	0.06	−0.07	0.08
Cr	0.32	0.58	−0.50	0.50	0.20
Ba	0.76	0.78	−0.15	−0.57	0.03
Sr	0.80	0.67	0.62	0.31	−0.23

表 9-48　旋转后因子模型

元素＼因子	F_1	F_2	F_3	F_4	F_5
Pb	0.98	0.03	−0.01	0.03	0.16
Cu	0.97	−0.04	−0.02	0.13	0.16
Ag	0.96	0.04	−0.03	0.11	0.23
Au	0.46	−0.06	0.03	−0.04	0.88
Ni	−0.05	0.75	0.48	0.35	0.02
Cr	0.18	0.19	0.09	0.96	−0.03
Ba	0.04	0.97	0.07	0.07	−0.06
Sr	−0.12	0.18	0.97	0.07	0.02

（三）石英小脉因子分析结果（19 个样品）

因子分析结果见表 9-49～表 9-52。

表 9-49　元素相关矩阵

元素	Pb	Cu	Ag	Au	Ni	Cr	Ba	Sr
Pb	1.00	0.72	0.69	0.54	0.37	0.32	0.57	0.29
Cu		1.00	0.79	0.39	0.51	0.32	0.57	0.29
Ag			1.00	0.55	0.59	0.58	0.64	0.33
Au				1.00	0.10	0.24	0.22	0.53
Ni					1.00	0.67	6.72	0.76
Cr						1.00	0.63	0.50
Ba							1.00	0.66
Sr								1.00

表 9-50　前 5 个因子的特征值与累计百分比

主因子	特征值 λ	λ 的累计值	λ 的累计百分数
1	4.50	4.50	0.50
2	1.52	6.02	0.76
3	0.59	6.61	0.84
4	0.53	7.14	0.90
5	0.34	7.48	0.94

表 9-51　初始因子模型

元素＼因子	F_1	F_2	F_3	F_4	F_5
Pb	0.75	−0.44	−0.31	0.22	0.17
Cu	0.78	−0.33	−0.32	−0.31	−0.18
Ag	0.87	−0.30	0.02	−0.19	−0.01
Au	0.47	−0.67	0.45	0.31	−0.16
Ni	0.81	0.45	−0.03	−0.05	−0.22
Cr	0.74	0.26	0.43	−0.33	0.15
Ba	0.83	0.25	−0.03	0.19	0.37
Sr	0.65	0.59	−0.06	0.34	0.23

表 9-52　旋转后因子模型

元素＼因子	F_1	F_2	F_3	F_4	F_5
Pb	0.67	−0.40	−0.51	0.16	0.53
Cu	0.93	−0.11	0.18	0.17	0.76
Ag	0.72	0.36	0.41	0.20	0.18
Au	0.24	−0.94	0.12	−0.55	0.10
Ni	0.36	0.40	0.43	0.76	0.75
Cr	0.21	−0.14	0.87	0.33	0.12
Ba	0.25	−0.13	0.41	0.51	0.66
Sr	0.77	0.16	0.14	0.44	0.18

（四）石英大脉因子分析结果(96 个样品)

因子分析结果见表 9-53～表 9-56。

表 9-53　元素相关矩阵

元　素	Pb	Cu	Ag	Au	Ni	Cr	Ba	Sr
Pb	1.00	0.92	0.88	0.58	0.04	0.16	0.10	−0.01
Cu		1.00	0.89	0.56	0.02	0.20	0.10	−0.01
Ag			1.00	0.57	0.03	0.19	0.16	0.01
Au				1.00	0.10	0.10	0.10	−0.07
Ni					1.00	0.53	0.33	0.32
Cr						1.00	0.40	0.08
Ba							1.00	0.09
Sr								1.00

表 9-54　前 5 个因子的特征值与累计百分数

主　因　子	特征值 λ	λ 的累计值	λ 的累计百分数
1	3.32	3.32	0.42
2	1.77	5.09	0.64
3	1.03	6.12	0.77
4	0.73	6.85	0.86
5	0.54	7.39	0.92

表 9-55　初始因子模型

元素＼因子	F_1	F_2	F_3	F_4	F_5
Pb	0.82	−0.48	0.04	−0.17	0.01
Cu	0.83	−0.47	0.11	−0.15	0.04
Ag	0.85	−0.40	0.02	−0.16	0.07
Au	0.61	−0.41	−0.35	0.56	−0.16
Ni	0.55	0.79	−0.12	−0.03	−0.03
Cr	0.50	0.46	0.66	0.33	0.03
Ba	0.51	0.71	−0.08	−0.20	−0.41
Sr	0.50	0.69	−0.30	0.04	0.42

表 9-56　旋转后因子模型

元素＼因子	F_1	F_2	F_3	F_4	F_5
Pb	0.95	−0.003	0.04	0.19	−0.05
Cu	0.95	−0.001	0.11	0.17	−0.02
Ag	0.93	0.01	0.06	0.18	−0.06
Au	0.44	0.04	0.004	0.90	0.01
Ni	0.03	0.60	0.27	0.02	−0.72
Cr	0.13	0.18	0.94	0.005	−0.25
Ba	0.06	0.35	0.17	−0.02	−0.94
Sr	0.05	0.91	0.15	0.04	−0.36

（五）各类石英脉综合因子分析结果(211 个样品)

因子分析结果见表 9-57～表 9-60。

表 9-57 元素相关矩阵

元 素	Pb	Cu	Ag	Au	Ni	Cr	Ba	Sr
Pb	1.00	0.89	0.82	0.11	0.01	0.13	0.09	0.08
Cu		1.00	0.84	0.13	0.02	0.21	0.11	0.08
Ag			1.00	0.10	0.04	0.21	0.17	0.13
Au				1.00	0.007	0.05	0.02	-0.04
Ni					1.00	0.32	0.34	0.35
Cr						1.00	0.43	0.42
Ba							1.00	0.58
Sr								1.00

表 9-58 前 5 个因子的特征值与累计值

主 因 子	特征值 λ	λ 的累计值
1	2.94	2.94
2	2.03	4.97
3	0.98	5.95
4	0.72	6.67
5	0.61	7.28

表 9-59 初始因子模型

元素＼因子	F_1	F_2	F_3	F_4	F_5
Pb	0.95	-0.42	-0.75	-0.51	0.07
Cu	0.87	-0.39	-0.55	-0.03	-0.03
Ag	0.87	-0.16	-0.79	-0.01	0.03
Au	0.16	0.59	0.07	0.06	0.08
Ni	0.26	0.54	0.66	-0.71	0.10
Cr	0.48	0.87	0.79	0.09	-0.68
Ba	0.44	0.67	0.32	0.28	0.24
Sr	0.41	0.69	-0.85	0.26	0.27

表 9-60 旋转后因子模型

元素＼因子	F_1	F_2	F_3	F_4	F_5
Pb	0.95	0.03	0.04	-0.008	0.002
Cu	0.95	0.02	0.05	0.002	-0.10
Ag	0.92	-0.10	0.03	-0.008	-0.07
Au	0.07	-0.01	0.99	-0.004	-0.02
Ni	0.007	0.23	0.004	-0.96	-0.12
Cr	0.12	0.30	0.02	-0.14	-0.94
Ba	0.07	0.65	0.04	-0.12	-0.18
Sr	0.05	0.87	0.05	-0.14	-0.13

根据以上计算结果，对各种类型含金石英脉的因子分析结果进行综合分析如下：

(1) 从各类含金石英脉的相关矩阵表可见，Pb、Cu、Ag、Au 的相关性最好，这与簇群分析用相关系数分群的结果基本一致，说明金与后期热液硫化物的成因有关。

(2) 从前 5 个因子的特征值与累计百分比可见，各类石英脉前 5 个因子的贡献均在 90% 以上，故可认为前 5 个因子已包含了原始变量的大部分信息。以后的旋转因子就是在前 5 个初始因子构成的公因子空间中进行。

(3) 由于初始因子模型并不符合简单结构准则，所以出现较多的中等负载，这不利于对因子进行地质解释。因此，对初始因子进行了方差最大正交旋转。从各类含金石英脉的旋转因子表可见，各变量在旋转因子上的负载有明显的差异，对同一因子而言，旋转因子负载向两极分化，中等负载趋向于消失，这就有利于对因子进行地质解释。

(4) 各类石英脉中金的因子模型如下：

1) 细碧玢岩石英脉中金的因子模型为

$$X_{Au-1}=0.73F_1+0.92F_2+0.01F_3-0.02F_4+0.22F_5$$

2) 细碧玢岩凝灰岩石英脉中金的因子模型为

$$X_{Au-2}=0.46F_1-0.06F_2+0.03F_3-0.04F_4+0.88F_5$$

3) 石英小脉金的因子模型为

$$X_{Au-3}=0.24F_1-0.94F_2+0.12F_3-0.55F_4+0.10F_5$$

4) 石英大脉中金的因子模型为

$$X_{Au-4}=0.44F_1+0.04F_2+0.004F_3-0.90F_4+0.01F_5$$

从上面金的因子模型看到，金的含量在不同石英脉中提供因子是不同的。X_{Au-1} 主要由 F_2 提供，而 F_1 次之，F_5 一小部分，其他因子提供的金极少，可忽略不计。对于 X_{Au-2}、X_{Au-3}、X_{Au-4} 可作类似说明。但它们也有一定的共性，即 F_1 在各类石英脉中提供金的含量占一定比重，为主或为次，而不像其他因子摆动较大。因此，我们认为从因子模型的分析来看，金至少由 F_1 提供它的一期成矿阶段，而其他因子或为主，或为次的作为另一期金的成矿阶段，有的可能含有三次成矿活动。例如，细碧玢岩中含金石英脉的成因似乎就有三期。第一期金为少量的 Cu、Pb、Ag 硫化物(F_2)，第二期(F_1)金除伴有少量硫化物外，主要是带有围岩成分(Ni、Cr、Ba、Sr)，而第三期(F_3)金量虽少，但围岩与硫化物成分也不明显，表现出金在成因上有它的独立性，以上看法与地质上的镜下鉴定有相似之处。

因此，从因子分析结果与地质观察结合，可得到如下看法：

(1) 该金矿在成因上是多期的，至少有 2～3 期，一期是随 Cu、Pb、Ag 一起形成，与含硫热液活动有关(包括 Cu、Pb(Au)为主或 Au(Pb)为主)，主要伴生矿物是黄铜矿、方铅矿、自然银、斑铜矿、辰砂等。另一期是以金为主与含碲及少量硫化物的热液活动有关，主要伴生矿物是碲金矿、碲铅矿、碲铜矿、碲银矿等。

(2) Au 与 Ni，Cr、Ba、Sr 在细碧玢岩中的 F_1 呈密切组合，这种现象反映了金在形成时，是由于热液的扩散或渗透进入围岩所形成的原生异常产生，还是金具有变质成因，尚需进一步探讨。

(3) 从相关矩阵表看到，Au 与 Cu、Pb、Ag 关系密切，这与区域水系沉积物及重砂鉴定结果相一致，说明 Cu、Pb、Ag 可作为金的具体指示元素。

(4) 各种类型含金石英脉有其地质特点，如果把四种地质情况的含金石英脉样品机械混合后一起进行因子分析，其结果很不理想。金与硫化物或围岩成分之间的关系，反而不如单个类型因子分析规律性好，这和簇群分析的分群结果基本一致。因此，我们认为要使因子分析的规律性好，合理反映客观规律，具有地质特点的各种类型样品不能机械地混合进行因子分析。

第五节　对应分析方法

一、对应分析

对应分析是通过把变量与样品投影到由某两个主轴所决定的同一因子平面上,同时研究样品和变量之间的相互关系,获得R型与Q型因子结果,来解释推断原始数据的成因联系、地质特征及空间分布的一种多元统计方法。

在第四节中我们已提到因子分析可分成R型与Q型两种。在实际问题中,由于样品数远远多于变量数,这就给Q型分析应用带来极大的困难。例如,在处理1000个样品20个变量的数据时,R型分析只需要计算一个(20×20)矩阵,这是较容易的。而Q型分析则需要计算一个(1000×1000)矩阵,这对于通常的计算机是难以胜任的。因此,人们往往只进行R型分析而不进行Q型分析,然而在化探工作中,我们既需要研究不同样品的地质特征,也需研究不同地质成因的空间规律。显然,前者要根据变量,后者要通过样品进行解释。由此可见,R型与Q型两种分析的应用是相互关联不可分割的。如果单独进行一种分析而不进行另一种分析,就会丢掉研究对象中许多有用的信息,给地质解释与推断带来一定的片面性,这是因子分析的不足之处。

1970年法国Benzcri综合R型与Q型两种分析,发展了一种新的方法,叫做对应分析。此种新方法不仅兼有R型与Q型两种分析优点,而且使两种分析获得了对应的统一。根据两种分析的对偶性,从R型分析易于获得Q型分析的结果。这样一来,大大简化了计算过程,使人们常常想用而又难于应用的Q型分析成为可能。特别是应用对应分析可以将样品与变量表示在同一因子平面上,这就使地质工作者对数据处理资料能够作出较全面合理的解释与推断。

二、数学方法

(一) 原始数据的标准化

我们考虑由 $n \times m$ 个正数构成的二维组 $\{X_{ij}\}$,其中 i 代表样品量,j 代表变量。所有 X_{ij} 可看成 m 维空间 R^m 中 n 个样品点的坐标,或者是 n 维空间 R^n 中 m 个变量的坐标。将 $\{X_{ij}\}$ 写成矩阵形式。

样品(i) \ 变量(j)	1	2	3	4⋯m
1	X_{11}	X_{12}	X_{13}	$X_{14}\cdots X_{1m}$
2	X_{21}	X_{22}	X_{23}	$X_{24}\cdots X_{2m}$
3	X_{31}	X_{32}	X_{33}	$X_{34}\cdots X_{3m}$
⋮	⋮	⋮	⋮	⋮
n	X_{n1}	X_{n2}	X_{n3}	$X_{n4}\cdots X_{nm}$

(9-158)

由于各个 X_{ij} 在数量级上会有差异,如果直接用它们进行计算,就会降低绝对值小的,而突出绝对值大的那些 X_{ij} 的作用。为了避免这种影响,在因子分析中常常对原始数据进行标准化处理(均值为零,方差为1),但这种标准化对变量与样品是不对称的(即行列的平均值与方差不同)。所以在对应分析中是采用标准化,即将每个原始数据被全部数据的总和除。

若用 T 表示 $n \times m$ 个 X_{ij} 的总和

$$T=\sum_{i=1}^{n}\sum_{j=1}^{m}X_{ij} \tag{9-159}$$

则数据的标度化即为 X_{ij}/T。这样变量与样品具有相同的比例，成为一个二维频率分布或二维概率分布。令

$$P_{ij}=X_{ij}/T(i=1,2,\cdots,n,j=1,2,\cdots,m) \tag{9-160}$$

则矩阵 9-158 变成概率矩阵

(9-161)

变量(j) / 样品(i)	1	2	…	m	
1	P_{11}	P_{21}	$\cdots P_{1m}$		$P_{1\cdot}$
2	P_{21}	P_{22}	$\cdots P_{2m}$		$P_{2\cdot}$
⋮	⋮	⋮			⋮
n	P_{n1}	P_{n2}	$\cdots P_{nm}$		$P_{n\cdot}$
	$P\cdot 1$	$P\cdot 2$	$P\cdot m$		

以及边际概率

$$\left.\begin{aligned}P_{\cdot j}&=\sum_{i=1}^{n}P_{ij}\quad(j=1,2,\cdots,m)\\P_{i\cdot}&=\sum_{j=1}^{m}P_{ij}\quad(i=1,2,\cdots,n)\end{aligned}\right\} \tag{9-162}$$

经标度化之后，在变量空间 R^m 中(对于 R 型分析)我们是把 m 个变量看作 m 个坐标轴，每个样品便是 m 维空间的一个点，在此 m 维欧氏空间中，可用

$$\frac{P_{ij}}{P_{i\cdot}}\left(\frac{P_{i1}}{P_{i\cdot}},\frac{P_{i2}}{P_{i\cdot}},\cdots\frac{P_{im}}{P_{i\cdot}}\right) \tag{9-163}$$

表示一个样品点的坐标。其实，每个样品点的坐标就是该样品中各变量(指标)的相对比例。经过这种变换后，对 n 个样品之间关系的研究就变成对 n 个样品点中变量的相对关系的研究。因此，矩阵 9-161 变成

(9-164)

变量(j) / 样品(i)	1	2	…	m
1	$P_{11}/P_{1\cdot}$	$P_{1m}/P_{1\cdot}$	…	$P_{1m}/P_{1\cdot}$
2	$P_{21}/P_{2\cdot}$	$P_{2m}/P_{2\cdot}$	…	$P_{2m}/P_{2\cdot}$
⋮	⋮	⋮	⋮	⋮
n	$P_{n1}/P_{n\cdot}$	$P_{n2}/P_{n\cdot}$	…	$P_{nm}/P_{n\cdot}$

(二) 方差与协方差矩阵

为了表达任意两个样品的接近程度，我们用普通的欧氏距离来衡量，对于任意两个样品点 i 与 L 的距离：

$$\left.\begin{aligned}D^2(i,L)&=\sum_{j=1}^{m}\left\{\frac{P_{ij}}{P_{i\cdot}}-\frac{P_{Lj}}{P_{L\cdot}}\right\}^2\\\text{或}\quad D(i,L)&=\sqrt{\sum_{j=1}^{m}\left(\frac{P_{ij}}{P_{i\cdot}}-\frac{P_{Lj}}{P_{L\cdot}}\right)^2}\end{aligned}\right\} \tag{9-165}$$

在距离公式 9-165 中,每个变量都以等权出现,但是如果矩阵 9-164 中某一列具有较大值,则在计算距离时该变量的作用也较大。然而在实际问题中,我们需要考虑的是每个变量的相对作用,因此采用加权距离公式(即用列的边际概率除式 9-165)

$$
\begin{aligned}
D_{1(i,L)}^{2} &= \sum_{j=1}^{m} \frac{1}{P_{\cdot j}}\left\{\frac{P_{ij}}{P_{i\cdot}}-\frac{P_{Lj}}{P_{L\cdot}}\right\}^{2} \\
&= \sum_{j=1}^{m}\left(\frac{1}{\sqrt{P_{\cdot j}}}\right)^{2}\left(\frac{P_{ij}}{P_{i\cdot}}\right)^{2}-2\sum_{j=1}^{m}\left(\frac{1}{\sqrt{P_{\cdot j}}}\right)^{2}\left(\frac{P_{Lj}}{P_{L\cdot}}\right)\left(\frac{P_{ij}}{P_{i\cdot}}\right) \\
&\quad+\sum_{j=1}^{m}\left(\frac{1}{\sqrt{P_{\cdot j}}}\right)^{2}\left(\frac{P_{Lj}}{P_{L\cdot}}\right)^{2} \\
&= \sum_{j=1}^{m}\left(\frac{P_{ij}}{\sqrt{P_{\cdot j}}P_{i\cdot}}-\frac{P_{L\cdot}}{\sqrt{P_{\cdot j}}P_{L\cdot}}\right)
\end{aligned}
$$

或
$$D_{1(i,L)}=\sqrt{\sum_{j=1}^{m}\left(\frac{P_{ij}}{\sqrt{P_{\cdot j}}P_{i\cdot}}-\frac{P_{Lj}}{\sqrt{P_{\cdot j}}P_{L\cdot}}\right)^{2}} \tag{9-166}$$

这样在变量空间中(R^m),n 个样品点的坐标就取为 $P_{ij}/\sqrt{P_{\cdot j}}P_{i\cdot}$ (9-167)

因此矩阵 9-164 变成

样品(i) \ 变量(j)	1	2	⋯	m
1	$P_{11}/P_{1\cdot}\sqrt{P_{\cdot 1}}$	$P_{12}/P_{1\cdot}\sqrt{P_{\cdot 2}}$	⋯	$P_{1m}/P_{1\cdot}\sqrt{P_{\cdot m}}$
2	$P_{21}/P_{2\cdot}\sqrt{P_{\cdot 1}}$	$P_{22}/P_{2\cdot}\sqrt{P_{\cdot 2}}$	⋯	$P_{2m}/P_{2\cdot}\sqrt{P_{\cdot m}}$
⋮	⋮	⋮	⋮	⋮
n	$P_{n1}/P_{n\cdot}\sqrt{P_{\cdot 1}}$	$P_{n2}/P_{n\cdot}\sqrt{P_{\cdot 2}}$	⋯	$P_{nm}/P_{n\cdot}\sqrt{P_{\cdot m}}$

(9-168)

由式 9-168 可见,每个样品在 m 维空间中的坐标,是由它的行向量确定

$$\vec{P}_{(i)}=\left(\frac{P_{i1}}{P_{i\cdot}\sqrt{P_{\cdot 1}}}\frac{P_{i2}}{P_{i\cdot}\sqrt{P_{\cdot 2}}}\cdots\frac{P_{im}}{P_{i\cdot}\sqrt{P_{\cdot m}}}\right) \tag{9-169}$$

在应用距离公式之后,就可以直接计算两点之间的距离,然后对样品进行分类。但这样做不能用图像表示出来,由因子分析知道,对于矩阵 9-168 进行因子分析,可得到如下矩阵关系:

$$
\begin{pmatrix}\vec{P}'_{(1)}\\ \vec{P}'_{(2)}\\ \vdots\\ \vec{P}'_{(n)}\end{pmatrix}=\begin{pmatrix}a_{11} & a_{12} & \cdots & a_{1m}\\ a_{21} & a_{22} & \cdots & a_{2m}\\ \vdots & \vdots & \vdots & \vdots\\ a_{n1} & a_{n2} & \cdots & a_{nm}\end{pmatrix}\begin{pmatrix}F_{1}\\ F_{2}\\ \vdots\\ F_{m}\end{pmatrix}=\begin{pmatrix}\vec{a}_{(1)}\\ \vec{a}_{(2)}\\ \vdots\\ \vec{a}_{(n)}\end{pmatrix}F
$$

即 $\vec{P}'_{(i)}=\vec{a}_{(i)}F \quad \vec{P}'_{(L)}=\vec{a}_{(L)}F$

任何两行向量之差

$$\vec{P}'_{(i)}-\vec{P}'_{(L)}=F(\vec{a}_{(j)}-\vec{a}_{(L)})$$

于是第 i 个样品与第 1 个样品之间距离可以写成:

$$
\begin{aligned}
D_{(i,L)}^{2} &= [\vec{P}'_{(i)}-\vec{P}'_{(L)}]'[\vec{P}'_{(i)}-\vec{P}'_{(L)}] \\
&= [\vec{a}_{(i)}-\vec{a}_{(1)}]'F'F[\vec{a}_{(i)}-\vec{a}_{(L)}] \\
&= [\vec{a}'_{(i)}-\vec{a}'_{(L)}]'[\vec{a}_{(i)}-\vec{a}_{(L)}]
\end{aligned} \tag{9-170}
$$

由式 9-170 可见,计算距离可以取两个主成分的距离来近似地代替式 9-166 的距离公式。而两个主成分可以用平面上的点来表示,这样画图就很方便,所以我们不需直接去求距离,而是计

算样本点的方差与协方差矩阵,再进行因子分析。

1. R 型分析

为了求变量点间的协方差,先求样品点中各变量的平均值,先将 R^m 空间中 n 个样品点按概率 $P_{i\cdot}$ 进行加权平均,得样品平均点的坐标为:

$$\sum_{i=1}^{n} P_{i\cdot}\frac{P_{ij}}{P_{i\cdot}\sqrt{P_{\cdot j}}} = \sum_{i=1}^{n}\frac{P_{ij}}{\sqrt{P_{\cdot j}}} = \frac{P_{\cdot j}}{\sqrt{P_{\cdot j}}} = \sqrt{P_{\cdot j}} \tag{9-171}$$

从矩阵 9-168 看到,$\sqrt{P_{\cdot j}}$ 不仅是诸样品的平均点的坐标,恰好也是各变量的平均值。因此,从式 9-168 与式 9-171 就可得到样品空间 R^n 中变量的协方差矩阵。

$$\begin{aligned} A = \{a_{Lj}\} &= \left\{\sum_{i=1}^{n} P_{i\cdot}\left(\frac{P_{ij}}{P_{i\cdot}\sqrt{P_{\cdot i}}} - \sqrt{P_{\cdot j}}\right)\times\left(\frac{P_{iL}}{P_{i\cdot}\sqrt{P_{\cdot L}}} - \sqrt{P_{\cdot L}}\right)\right\} \\ &= \sum_{i=1}^{n} P_{i\cdot}\left(\frac{P_{ij} - P_{i\cdot}P_{\cdot j}}{P_{i\cdot}\sqrt{P_{\cdot j}}}\right)\times\left(\frac{P_{iL} - P_{i\cdot}P_{\cdot L}}{P_{i\cdot}\sqrt{P_{\cdot L}}}\right) \\ &= \sum_{i=1}^{n} P_{i\cdot}\left(\frac{P_{ij} - P_{i\cdot}P_{\cdot j}}{\sqrt{P_{i\cdot}}\sqrt{P_{i\cdot}P_{\cdot j}}}\right)\times\left(\frac{P_{iL} - P_{i\cdot}P_{\cdot L}}{\sqrt{P_{i\cdot}}\sqrt{P_{i\cdot}P_{\cdot L}}}\right) \\ &= \sum_{i=1}^{n}\left(\frac{P_{ij} - P_{i\cdot}P_{\cdot j}}{\sqrt{P_{i\cdot}P_{\cdot j}}}\right)\times\left(\frac{P_{iL} - P_{i\cdot}P_{\cdot L}}{\sqrt{P_{i\cdot}P_{\cdot L}}}\right) \end{aligned} \tag{9-172}$$

若令 $Z_{ij} = \dfrac{P_{ij} - P_{i\cdot}P_{\cdot j}}{\sqrt{P_{i\cdot}P_{\cdot j}}}$,则

$$a_{Lj} = \sum_{i=1}^{n} Z_{ij}\cdot Z_{iL} \tag{9-173}$$

若记 $A = \{a_{Lj}\}$, $Z = \{Z_{ij}\}$,则

$$A = ZZ' \tag{9-174}$$

因此,我们只要从式 9-174 出发,进行 R 型因子分析就可以了。这时因子轴便是矩阵 A 的特征向量与其相应的特征值方根的乘积:

$$\vec{F}_\alpha(\mu_{1\alpha}, \mu_{2\alpha}, \cdots, \mu_{m\alpha}) / \sqrt{\lambda_\alpha}\ (\alpha = 1, 2, \cdots, r)$$

式中　$\vec{F}_\alpha$——第 α 个因子轴;

$\mu_{1\alpha}, \mu_{2\alpha}, \cdots, \mu_{m\alpha}$——矩阵 A 的第 α 个特征向量;

λ_α——第 α 个特征向量相应的特征值;

r——矩阵 A 的秩。

而 λ_α 又是第 α 个因子在总方差中所占的比例,称作对总方差的贡献。

2. Q 型分析

用与 R 型分析类似的方法,在 R^n 样品空间中每个变量的坐标可表示为:

$$\frac{P_{ij}}{P_{\cdot j}}\left(\frac{P_{1j}}{P_{\cdot 1}}, \frac{P_{2j}}{P_{\cdot 2}}, \cdots, \frac{P_{nj}}{P_{\cdot n}}\right)(j = 1, 2, \cdots, m)$$

两个变量之间距离为:

$$D_{jk}^2 = \sum_{i=1}^{n}\frac{1}{P_{i\cdot}}\left\{\frac{P_{ij}}{P_{\cdot j}} - \frac{P_{ik}}{P_{\cdot k}}\right\}^2 = \sum_{i=1}^{n}\left\{\frac{P_{ij}}{\sqrt{P_{i\cdot}}P_{\cdot j}} - \frac{P_{ik}}{\sqrt{P_{j\cdot}}P_{\cdot k}}\right\}^2$$

这样每个变量在 n 维空间中的坐标是由它的列向量确定:

$$\boldsymbol{q}_{(j)} = \left[\frac{P_{j1}}{\sqrt{P_{1\cdot}}P_{\cdot j}}, \frac{P_{j2}}{\sqrt{P_{2\cdot}}P_{\cdot j}}, \cdots, \frac{P_{jn}}{\sqrt{P_{n\cdot}}P_{\cdot j}}\right]$$

为了计算样品点间的协方差,先求各变量的平均值,即将 R^n 空间中 m 个变量按概率 $P_{\cdot j}$ 进行加权平均,得

$$\sum_{j=1}^{m} P_{\cdot j}\frac{P_{ij}}{\sqrt{P_{i\cdot}P_{\cdot j}}}=\sum_{j=1}^{m} P_{ij}/\sqrt{P_{i\cdot}}=\sqrt{P_{i\cdot}}$$

$\sqrt{P_{i\cdot}}$ 不仅是诸变量的平均点的坐标,恰好也是各样品的平均值。因此,就可得到变量空间 R^m 中样品的协方差矩阵

$$\begin{aligned}B=\{\text{bek}\}&=\sum_{j=1}^{m} P_{\cdot j}\left(\frac{P_{jk}}{\sqrt{P_{k\cdot}P_{\cdot j}}}-\sqrt{P_{k\cdot}}\right)\left(\frac{P_{iL}}{\sqrt{P_{L\cdot}P_{\cdot j}}}-\sqrt{P_{L\cdot}}\right)\\&=\sum_{j=1}^{m} P_{\cdot j}\left(\frac{P_{jk}-P_{\cdot j}P_{k\cdot}}{\sqrt{P_{\cdot j}}\sqrt{P_{\cdot j}P_{k\cdot}}}\right)\left(\frac{P_{jL}-P_{\cdot j}P_{L\cdot}}{\sqrt{P_{\cdot j}}\sqrt{P_{\cdot j}P_{L\cdot}}}\right)\\&=\sum_{j=1}^{m}\left(\frac{P_{jk}-P_{\cdot j}P_{k\cdot}}{\sqrt{P_{\cdot j}P_{k\cdot}}}\right)\left(\frac{P_{jL}-P_{\cdot j}P_{L\cdot}}{\sqrt{P_{\cdot j}P_{L\cdot}}}\right)\end{aligned}$$

所以

$$B=\sum_{j=1}^{m} Z_{jk}\cdot Z_{jL}\text{或者}B=Z'Z \tag{9-175}$$

由此式 9-175 与式 9-174 可见,矩阵 A 与 B 之间存在简单的对应关系,而且我们认为从原始数据 X_{ij} 到 Z_{ij} 的变换对变量和样品是对等的。上两式 Z' 是矩阵 Z 的转置。为了进一步研究 R 型和 Q 型的对应关系,我们需讨论以下两个问题。

(三) 空间 R^n 与 R^m 的最佳投影

为了用简洁的形式描述具有错综复杂关系的地质现象,并对包含在原始数据间的相关关系进行合理解释,以探索地质现象中的成因联系和空间规律,需要选择原始变量的最佳线性组合,使组合成的新变量不但个数少,并对原始相关信息损失无几。这好比在照相问题中,将一个三维空间的人投影到一个最佳平面上,以获得尽可能多的最大信息。类似地,我们可以将变量空间 R^m 或样品空间 R^n,投影到一条直线,一个平面……直到一个 r 维空间,以获取尽可能多的最大地质信息。

如果我们将 m 维空间 R 投影到一条直线上,则由因子分析知道,最佳直线是对应于协方差矩阵 ZZ' 最大特征值的特征向量 u。如果要投影到一个平面上,则最佳平面是矩阵 ZZ' 两个最大特征值所对应的两个特征向量所确定的平面。当矩阵 ZZ' 的秩为 r 时,我们可以将 m 维空间 R^m 一直投影到最佳的 r 维空间为止。同理,我们可以将 n 维空间 R^n 投影到一条最佳直线上,它是协方差矩阵 $Z'Z$ 的最大特征值所对应的特征向量 v,以及投影到由特征向量 v 构成的最佳平面,一直投影到最好的 r 维空间为止。

(四) 空间 R^m 与 R^n 的对偶性

在变量空间 R^m 中,作为新的参考坐标系是矩阵 ZZ' 的特征向量组 $u_1,u_2,\cdots,u_r$。在 R^n 空间中矩阵 $Z'Z$ 的特征向量组为 $v_1,v_2,\cdots,v_r$,下面证明,矩阵 ZZ' 和矩阵 $Z'Z$ 具有相同的非零特征值。

假设 v_k 是 $Z'Z$ 第 k 个特征向量,u_k 是 ZZ' 的第 k 个特征向量,λ_k 是 $Z'Z$ 的第 k 个特征值。由于有

$$Z'Zv_k=\lambda_k v_k \tag{9-176}$$

将式 9-176 两边左乘 Z,得到

$$ZZ'(Zv_k)=\lambda_k(Zv_k) \tag{9-177}$$

如果矩阵 $Z'Z$ 的秩为 r,则式 9-177 表示对于任何一个 $k\leqslant r$ 时,(Zv_k) 是矩阵 ZZ' 的一个特

征向量，λ_k 是其特征值。故若令 $Zv_k = u_k$

则

$$ZZ'u_k = \lambda_k u_k \tag{9-178}$$

比较式 9-176 和式 9-177 说明，矩阵 $Z'Z$ 和矩阵 ZZ' 的诸特征值相同。这样变量空间的特征值就可以用到样品空间，而样品空间的特征值也可用于变量空间，这是互换性的一个重要特征。

从因子分析知道，诸特征值说明每个因子在总变差中的百分比。因此，变量空间 R^m 中第一个因子，第二个因子……一直到第 r 个因子，与样品空间 R^n 中对应的各个因子，在总变差中的百分比完全相同。从几何意义来说，即 R^m 中诸样品点和 R^m 中各因子轴的距离与 R^n 中诸变量点和 R^n 中相应的各因子轴的距离相同，见图 9-18。

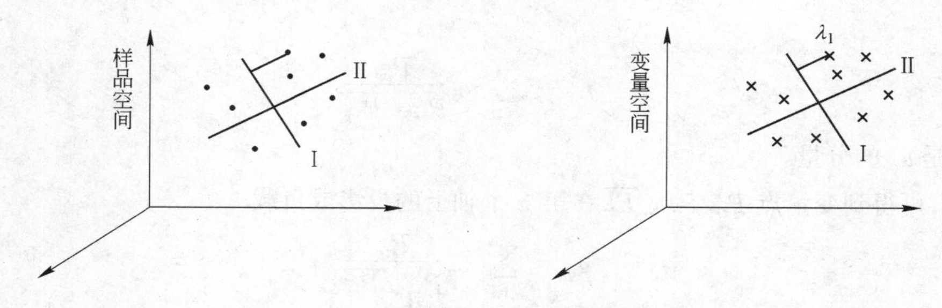

图 9-18　变量空间样品点及因子轴

但是说明了两者的特征值相同还不够，因为同是 $\lambda_n = 100$，若它们的单位不同，那么还是不等的，即如果 v_k 是矩阵 $Z'Z$ 的单位特征向量，那么 $u_k = Zv_k$ 却不一定同时也是单位特征向量，反之亦然。所以必须证明 u_k 与 v_k 都是单位特征向量，这样才能互换。

假定 u_k 是单位特征向量，则

$$u_k' u_k = 1$$

根据

$$Z'Zv_k = \lambda_k v_k$$

$$ZZ'(Zv_k) = \lambda_k (Zv_k)$$

$$ZZ'u_k = \lambda_k u_k$$

将上式两边转置，得

$$u_k'(ZZ')' = \lambda_k u_k'$$

$$u_k' ZZ' = \lambda_k u_k'$$

所以

$$u_k' = \frac{1}{\lambda_k} u_k' ZZ'$$

两边乘 u_k，

$$u_k' u_k = \frac{1}{\lambda_k} u_k' ZZ' u_k$$

所以

$$\frac{u_k' Z}{\sqrt{\lambda_k}} \times \frac{Z' u_k}{\sqrt{\lambda_k}} = 1$$

令

$$v_k = \frac{1}{\sqrt{\lambda_k}} Z' u_k, \frac{u_k' Z}{\sqrt{\lambda_k}} = v_k'$$

得

$$v_k' v_k = 1$$

所以 u_k 是单位特征向量，则 v_k 也是单位特征向量。对于样品空间，同样可证明 v_k 是单位特征向量时，u_k 也必是单位特征向量。

这样就可得到如下两组单位特征向量：

在 R^n 空间：
$$v_k=\frac{1}{\sqrt{\lambda_k}}Z'u_k$$
$$(k=1,2,\cdots,r) \tag{9-179}$$
在 R^m 空间：
$$u_k=\frac{1}{\sqrt{\lambda_k}}Zv_k$$

公式 9-179,以及 ZZ' 与 $Z'Z$ 的诸特征值相同,就是两空间 R^n 与 R^m 的对偶性。既然两个矩阵对偶且特征向量单位相同,可以将变量与样品表示在同一张图上。

(五) 图形表示

假设 u_q 是矩阵 $A=ZZ'$ 的第 q 个特征向量,第 i 个样品是 $P_{ij}/P_{i}.\sqrt{P._j}$ 在第 q 个轴上的投影或负载

$$f_{iq}=\sum_{k=1}^{m}u_{kq}\frac{P_{ik}}{P_{i}.\sqrt{P._k}} \tag{9-180}$$

式中,u_{kq}是 u_q 的分量。

同理,可得到变量点 $P_{tj}/P._j\sqrt{P_t.}$ 在第 g 个轴上的投影或负载

$$g_{qj}=\sum_{t=1}^{n}v_{tq}\frac{P_{tj}}{P._j\sqrt{P_t.}} \tag{9-181}$$

式中,v_{tq}是特征向量 v_q 的分量。

如果 R^m 中诸样品的坐标取为 $P_{ij}/P_i.$, R^n 中诸变量点的坐标取为 $P_{ij}/P._j$,则公式 9-180 与式 9-181 中的因子分量应分别取为:

$$u_{kq}/\sqrt{P._k}$$
$$v_{tq}/\sqrt{P_t.} \tag{9-182}$$

于是,我们可以将样品和样品变量表示在同一因子平面上(图 9-19),并用椭圆来表示密切接近诸样品点构成的样品点组(图 9-20)。此椭圆的中心是属于该组的诸样品的重心。椭圆的轴是由这些特殊负载的协方差矩阵的特征值和特征向量所确定。

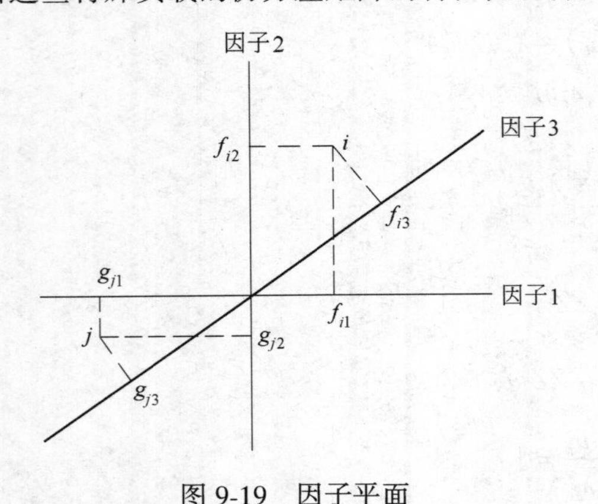

图 9-19 因子平面

(六) 绝对贡献与相对贡献

利用对应分析可以将两个多维空间 R^n 与 R^m 投影到最佳因子平面上,以获得尽可能多的最大信息。然而也存在这样的特殊情况,两个非常接近的投影,可能是彼此相距很远的两个点。因此,必须结合"贡献"来考虑。

绝对贡献 $Ca_k(i)$或 $Ca_k(j)$,表示样品或变量对因子 k 的贡献大小。它们定义为

$$Ca_k(i)=\frac{P_i.f_{ik}^2}{\lambda_k} \tag{9-183}$$

$$Ca_k(j)=\frac{P._jg_{kj}^2}{\lambda_k} \tag{9-184}$$

它们代表了样品或变量沿因子 k 的离散状况。

相对贡献 $Cr_k(i)$或 $Cr_k(j)$代表因子 k 对样品或变量的离散状况。定义为

$$Cr_k(i)=\frac{f_{ik}^2}{\sum_{k=1}^{r}f_{ik}^2} \tag{9-185}$$

$$Cr_k(j)=\frac{g_{kj}^2}{\sum_{k=1}^{r} g_{kj}^2} \tag{9-186}$$

变量对前三个因子的绝对贡献见表 9-61。

表 9-61　变量对前三个因子的绝对贡献

变　量	Ca_1	Ca_2	Ca_3
As	0.601	0.063	0.012
Mo	3.753	0.206	4.391
Cu	0.338	0.001	4.368
Pb	0.003	0.022	0.122
Zr	0.001	0.045	2.300

三、应用实例

目前,对应分析已开始应用于岩石学、矿床学、地球化学等学科,特别是在岩石学分类的研究方面,取得了较好的效果。我们在 1∶50000 区域化探的普查中,为了对水系沉积物取样获得的趋势剩余异常作成因分析,试探性地应用了这种方法,取得了一定效果。

工作地区包括了一个已闭坑的铜矿山。该矿床的原生金属矿物有黄铜矿、斑铜矿、黄铁矿、方铅矿、闪锌矿、毒砂、金与银以及白钨矿、辉钼矿、辉铋矿、磁黄铁矿等高温矿物,此外还有辉锑矿、雄黄、雌黄等低温矿物,故认为矿化是多阶段的,其中金、银、钨、钼已达到可综合利用的富集程度。

1∶50000 区域化探工作是配合地质填图进行普查找矿。全区 380 km^2 范围内,共取样 546 个,分析元素有 Cu、Pb、Zn、Mo、As、Au、Ag、W、Sn、Ba、Sr、Zr、Ti 等十多种元素,但由于分析方法对某些元素的灵敏度不够,故仅用 Cu、Pb、As、Mo、Zr 等元素做了数据处理。

根据计算结果,前三个因子在 R^n 与 R^m 空间的总方差中占了 88.14%,因此我们选用这三个主轴来说明原始数据的总变异性,就已经表达了全部信息的绝大部分。

第一因子与第二因子在总方差中占了 70%,以此作成因子平面图(图 9-20)。根据样品的密切程度做了五个样品椭圆。由图 9-20 可见,这些椭圆反映了地区内不同水系样品中不同元素的异常分布特征。由表 9-61 可知,第一、二因子中绝对贡献最大的是钼,其次是 As、Cu,所以由样品构成的椭圆就基本围绕这三个元素进行展布。

椭圆 e 是由已闭坑的铜矿附近样品所构成。

椭圆 a、b、c、d 都是由矿区外围不同水系样品所构成。从变量(元素)和样品的关系可看出,椭圆附近的样品应有较高的砷异常,这和实测结果是一致的。椭圆 b、c 附近的样品是由 Cu、Pb 偏高到 Cu、Mo 偏高的异常。这反映在已知矿床的外围可能有含砷矿物的矿点、中低温热液的铜铅矿点以及偏高温的铜钼矿点等,这和已发现的矿点类型是一致的。值得指出的是矿区外围样品构成的椭圆重心,几乎分布在一条较光滑的曲线上,而老矿区落在该曲线之外,这是否反映老矿区和外围矿点在控矿地质特征、矿化的成因以及成矿阶段上的差异,是值得进一步探讨的。

第一因子与第三因子在总方差中占 58%,以此作成因子平面图 9-21,同样也作出样品的五个椭圆。除椭圆 e 落在砷和锆元素控制的范围之外,其余椭圆(a、b、c、d)均不同程度地和 Cu、Mo 接近,这和表 9-61 中第三因子绝对贡献最大的为钼,其次是铜是一致的。

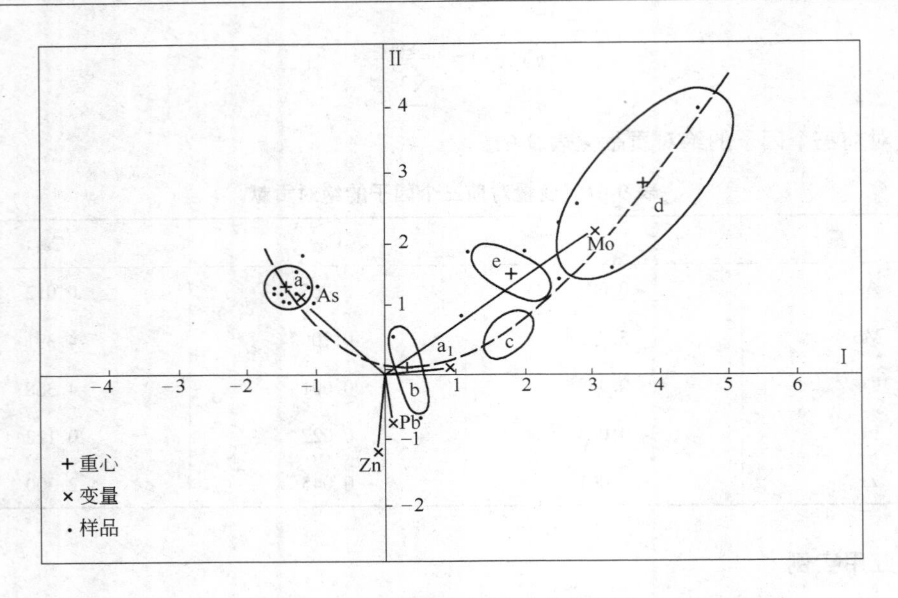

图 9-20　吉林××地区对应分析图

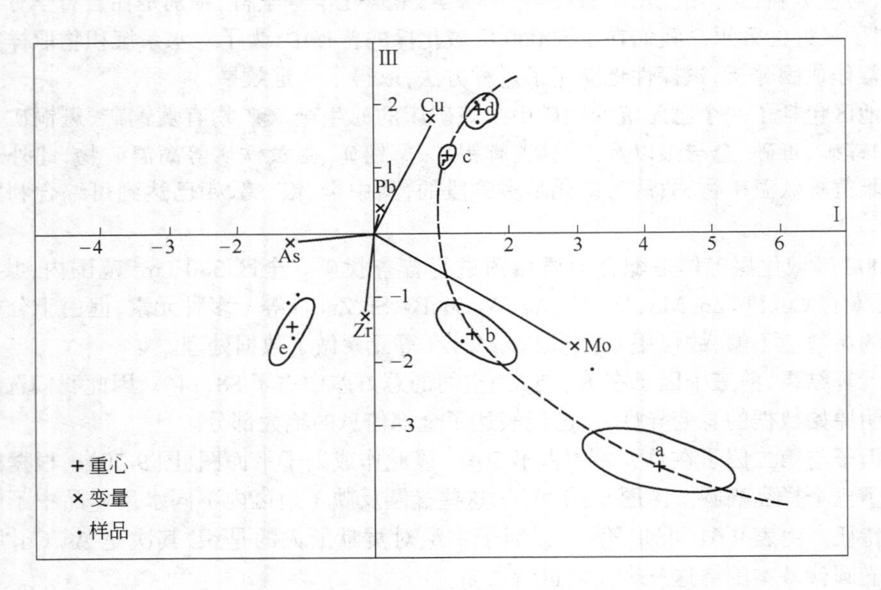

图 9-21　吉林××地区对应分析

椭圆 e 周围的样品点受不同类型花岗岩岩体的影响,或者说它们反映了这些样品点周围的岩体是 Zr 与 As 偏高。而椭圆 a、b、c、d 绝大部分是老矿区外围的样品,它们主要分布在矿区的西部和西北部,这和图 9-20 反映的矿点基本一致。它们的重心也可以被一条较光滑的曲线所连接,反映这些矿点可能在控矿地质特征、矿化成因等方面有共性。

第二因子与第三因子平面见图 9-22。

图 9-22 有三个不相联系的椭圆。椭圆 a 是反映本区东北部火山岩和西北部小岩体的矿化特征。椭圆 b 主要反映西北部某些岩体富锆的特征,椭圆 c 和元素钼接近,反映岩体中构造裂隙为后期高温热液的矿化活动所致。

从以上的结果说明,在区域化探工作中应用对应分析可以对异常的性质作出成因的初步推

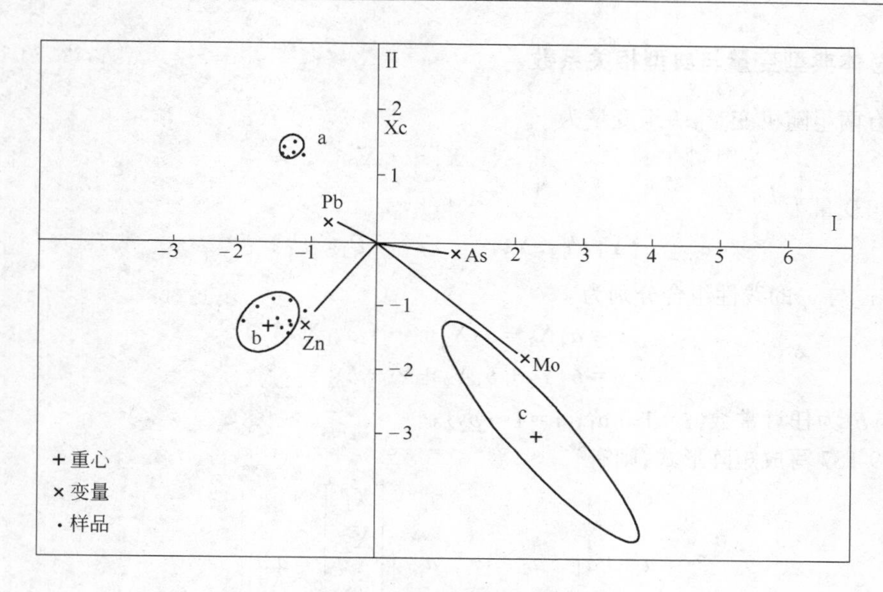

图 9-22　吉林××地区对应分析图

测,并可能将不同地区水系的异常有机地联系起来进行研究,这对区域普查工作中成矿地质规律的研究是有益的。当然由于分析元素的限制,还不能对该地区的成矿规律加以详尽探讨,这有待于今后进一步工作。

第六节　典型相关分析方法

一、典型相关分析

在回归分析中我们讨论了一个变量与另一个变量的相关关系,即一元线性回归,而一个变量与一组变量之间的相关关系是多元回归分析问题。现在,我们想研究一组变量与另一组变量之间的相关关系,怎么办呢?当然,我们可以采用回归分析的办法。

例如,第一组有 X_1、X_2、…、X_n 个变量,第二组有 y_1、y_2、…、y_m 个变量,我们可以将第一组每个变量与第二组每个变量做回归分析,得 $m \times n$ 个相关系数,也可以将第一组的每个变量与第二组全部变量做多元回归分析。反之亦可,但这种办法既繁琐也不易看出问题的本质。

典型相关分析就是采用另外一种办法来研究一组变量与另一组变量之间的相关关系的统计方法。与主成分分析相类似,我们在第一组变量中选取若干个有代表性的变量而组成有代表性的综合指标,在第二组变量中也选取若干个有代表性的综合指标,然后,研究这两组综合指标之间的相关关系,把原来较多的变量化成少数几个典型变量,通过对少数几个典型变量之间的相关关系的研究,代替两组变量之间相关关系的研究,这种方法就叫做典型相关分析。

例如,在化探中,我们要研究成矿元素组分与伴生元素组分的关系,以便利用不同的伴生元素指示不同的成矿作用。在原生晕的研究中,我们需要了解矿石中元素组合与异常中元素组合的关系。又如在矿床成因的研究上,我们往往要研究矿石中元素组合与围岩(包括母岩)组分的相互关系。在异常的研究方面,我们根据异常中元素的组合,研究甲异常与乙异常的关系密切程度,然后进行分类。由于典型相关分析的特点是可以用它来分析,揭露两个“因素集团”之间的内在联系,故在化探中的应用有着广阔的前景。

二、总体典型变量与典型相关系数

假设有两组随机变量,一组变量为

$$X_1, X_2, X_3, \cdots, X_{P_1}$$

另一组变量为

$$Y_1, Y_2, Y_3, \cdots, Y_{P_2} \quad (P_1 \leqslant P_2)$$

假定 x_i 与 y_j 的线性组合分别为

$$\left.\begin{aligned} u &= a_1 X_1 + a_2 X_2 + \cdots + a_{p1} X_{P1} \\ v &= b_1 Y_1 + b_1 Y_2 + \cdots + b_{p2} Y_{P2} \end{aligned}\right\} \tag{9-187}$$

式中,a_i 与 b_j 为任意常数($i=1\cdots p_1$; $j=1\cdots p_2$)。

将式 9-187 写成矩阵形式,则有

$$\left.\begin{aligned} u &= (a_1 \quad a_2 \quad \cdots \quad a_{p1}) \begin{bmatrix} X_1 \\ X_2 \\ \vdots \\ X_{p1} \end{bmatrix} = a'x \\ v &= (b_1 \quad b_2 \quad \cdots \quad b_{p2}) \begin{bmatrix} Y_1 \\ Y_2 \\ \vdots \\ Y_{p2} \end{bmatrix} = b'x \end{aligned}\right\} \tag{9-188}$$

式中 a'、b'——分别为列的 a 与 b 的转置。

在多元回归分析中,我们研究变量 Y 与诸变量 X_i($i=1,2,\cdots,m$)之间相关关系时,实际上是考虑 Y 与诸 X_i 的线性组合的简单相关,并把 Y 与 X_i 之间相关关系定义为复相关系数。

$$\gamma = \frac{L_{xy}}{\sqrt{L_y L_{xx}}} = \frac{C_O v(X \cdot Y)}{\sqrt{\mathrm{var}(Y)\mathrm{var}(X)}}$$

为此,我们来考虑 u 与 v 之间的相关系数

$$\rho = \frac{C_O v(u \cdot v)}{\sqrt{\mathrm{var}(u)\mathrm{var}(v)}} = \frac{C_O v(a'x \cdot b'y)}{\sqrt{\mathrm{var}(a'x)\mathrm{var}(b'y)}} \tag{9-189}$$

称为典型相关系数。

现在我们要用下述方法来得到 u 与 v 的许多组系数,也就是要求得一系列的向量。

$$a^{(1)} = (a_1^{(1)} \quad a_2^{(1)} \quad \cdots \quad a_{p1}^{(1)}) \qquad b^{(1)} = (b_1^{(1)} \quad b_2^{(1)} \quad \cdots \quad b_{p1}^{(1)})$$

$$a^{(2)} = (a_1^{(2)} \quad a_2^{(2)} \quad \cdots \quad a_{p1}^{(2)}) \qquad b^{(2)} = (b_1^{(2)} \quad b_2^{(2)} \quad \cdots \quad b_{p2}^{(2)})$$

$a^{(1)}$与 $b^{(1)}$的选取方法使得线性组合

$$u_1 = a^{(1)}/X \text{ 与 } v_1 = b^{(1)}/Y$$

之间的简单相关系数在所有分别与($u_1 v_1$)不相关的线性组合 u 和 v 中为最大,这样进行下去,直到分别与 $u_1, u_2, \cdots, u_n$ 和 $v_1, v_2, \cdots, v_k$ 都不相关的线性组合 u 和 v 为止,其中 k 就等于诸 X_i 与 Y_i 之间的协方差矩阵的秩。

可见典型相关分析的思路,与因子分析中提取主因子方法的想法类似。在因子分析中,主因子是按照它们的方差贡献,由大到小逐个提取主因子,直到变量的公因子方差被全部分解完毕为

止。在典型相关分析中,线性组合 u_1 与 v_1,u_2 与 $v_2 \cdots u_n$ 与 v_k 是按照它们的相关系数由大到小逐对提取,直到两组变量之间的相关性被分解完毕为止。

三、典型变量与典型相关系数

我们要实施的第一步就是求得 $a^{(1)}$ 与 $b^{(2)}$,也就是要决定向量 a 与 b,使得 u 与 v 之间的简单相关系数为最大,即

$$\rho = \frac{C_O v(a'x, b'y)}{\sqrt{\operatorname{var}(a'x)\operatorname{var}(b'y)}}$$

为最大。

在实施之前,我们假定 u 与 v 的方差为 1,x 与 y 的数学期望为 0,即

$$\left.\begin{aligned} Eu &= Ea'x = a'Ex = 0 \\ Ev &= Eb'y = b'Ey = 0 \\ D(u) &= Eu^2 = E(a'xx'a) = a'E(xx')a = a'\sum_{11}a = 1 \\ D(v) &= Ev^2 = E(b'yy'b) = b'E(yy')b = b'\sum_{22}b = 1 \end{aligned}\right\} \tag{9-190}$$

式中,$\sum_{11}$是诸 x_i 的协方差矩阵;$\sum_{22}$是 y_i 的协方差矩阵。其次,我们假定诸 x_i 与 y_i 共同组成的协方差矩阵

$$\sum = \begin{pmatrix} \sum_{11} & \sum_{12} \\ \sum_{21} & \sum_{22} \end{pmatrix} \tag{9-191}$$

是正定的,其中$\sum_{11}$与$\sum_{22}$的意义已前述,$\sum_{12} = \sum_{21}$为诸 x_i 与 y_i 之间的协方差矩阵。事实上,只要诸 x_i 与 y_i 中没有一个能用其余变量线性表示,就可保证$\sum$的正定性。

在上述假定下,简单相关系数 ρ 可以写作

$$\rho = C_O r(a'x, b'y) = \sum(a'xy'b) = a'E(xy')b = a'E_{12}b$$

于是,我们的问题就化为

在条件

$$a'\sum_{11}a = 1$$
$$b'\sum_{22}b = 1$$

之下,求 $\rho = a'\sum_{12}b$ 为最大,这是一个条件极值问题。根据求条件极值的拉格朗日乘数法,也就是要求函数

$$\theta = a'\sum_{12}b - \frac{\lambda}{2}(a'\sum_{11}a - 1) - \frac{\mu}{2}(b'\sum_{22}b - 1) \tag{9-192}$$

达最大,其中 λ 和 μ 为拉格朗日乘数。为此,我们求 θ 对 a 与 b 的偏导数并使之等于零,即

$$\frac{\partial\theta}{\partial a} = \sum_{12}b - \lambda\sum_{11}a = 0 \tag{9-193}$$

$$\frac{\partial\theta}{\partial b} = \sum_{21}a - \mu\sum_{22}b = 0 \tag{9-194}$$

将式 9-193 与式 9-194 分别左乘 a' 与 b',则得

$$a'\sum_{12}b - \lambda a'\sum_{11}a = 0 \tag{9-195}$$

$$b'\sum_{21}a - \mu\sum_{22}b = 0 \tag{9-196}$$

由式 9-190 知 $a'\sum_{11}a = 1$,$b'\sum_{22}b = 1$,则得

$$a'\sum_{12}b = \lambda \tag{9-197}$$

$$b'\sum_{21}a = \mu \tag{9-198}$$

将式 9-198 两端转置,并注意到常数 u 的转置,其自身即 $\mu' = \mu$,则得

$$(b'\Sigma_{21}a)' = a'\Sigma_{12}b = \mu' = \mu \tag{9-199}$$

结合式 9-197 与式 9-199,得 $\lambda = \mu = a'\Sigma_{12}b$。

由此可见,在条件式 9-190 的情况下,$\lambda = \mu$ 恰好是 μ 与 v 的相关系数,于是可将式 9-193 与式 9-194 改写成如下:

$$\Sigma_{12}b - \lambda\Sigma_{11}a = 0 \tag{9-200}$$

$$\Sigma_{21}a - \lambda\Sigma_{22}b = 0 \tag{9-201}$$

或者把式 9-200 和式 9-201 合写成矩阵形式

$$\begin{bmatrix} -\lambda\Sigma_{11} & \Sigma_{12} \\ \Sigma_{21} & -\lambda\Sigma_{22} \end{bmatrix}\begin{bmatrix} a \\ b \end{bmatrix} = 0$$

将上面式 9-200 左乘 $\Sigma_{12}\Sigma_{11}^{-1}$,然后将式 9-201 代入

$$\Sigma_{12}\Sigma_{11}^{-1}\Sigma_{12} - \lambda\Sigma_{21}b\Sigma_{11}^{-1}\Sigma_{11}a = 0$$

$$\Sigma_{21}\Sigma_{11}^{-1}\Sigma_{12}b - \lambda\Sigma_{21}a = 0$$

$$\Sigma_{21}\Sigma_{11}^{-1}\Sigma_{12} - \lambda\Sigma_{22}b = 0 \tag{9-202}$$

将式 9-201 左乘 $\Sigma_{12}\Sigma_{22}^{-1}$,然后将式 9-200 代入,得:

$$\Sigma_{12}\Sigma_{22}^{-1}\Sigma_{21}a - \lambda^2\Sigma_{11}a = 0 \tag{9-203}$$

将式 9-202 左乘 Σ_{22}^{-1},将式 9-203 左乘 Σ_{11}^{-1},得:

$$\Sigma_{22}^{-1}\Sigma_{22}\Sigma_{11}^{-1}\Sigma_{12}a - \lambda^2\Sigma_{22}^{-1}\Sigma_{22}b = 0$$

$$\Sigma_{22}^{-1}\Sigma_{21}\Sigma_{11}^{-1}b - \lambda^2 b = 0 \tag{9-204}$$

同理

$$\Sigma_{11}^{-1}\Sigma_{12}\Sigma_{22}^{-1}\Sigma_{21}a - \lambda^2 a = 0 \tag{9-205}$$

若令

$$L = \Sigma_{22}^{-1}\Sigma_{21}\Sigma_{11}^{-1}\Sigma_{12}$$

$$M = \Sigma_{11}^{-1}\Sigma_{12}\Sigma_{22}^{-1}\Sigma_{21}$$

则得

$$Lb = \lambda^2 b \tag{9-206}$$

$$Ma = \lambda^2 a \tag{9-207}$$

由式 9-206、式 9-207 可见,如果 L、M 是已给矩阵,则 λ^2 是 L,也是 M 的特征值,而 a 与 b 即是相应的特征向量,矩阵 L 与 M 具有非零特征值的个数是相等的,它就等于 Σ_{12}的秩。因为有 $\lambda = a'\Sigma_{12}b = \rho$,故知 λ 就是 u 和 v 的简单相关系数,而我们提出的问题要求这个相关系数达最大(按习惯仅考虑正相关)。很自然的我们取矩阵 L 的最大一个特征值 λ_1^2 的正平方根 λ_1 作为这个简单相关系数,同时取 λ_1^2 的相应特征向量 $b^{(1)}$ 作为线性组合 $v_1 = b^{(1)}y$ 的系数。显然 λ_1^2 也应是矩阵 M 的最大特征值,$a^{(1)}$ 是 λ_1^2 相应的特征向量。我们便把 $a^{(1)}$ 作为线性组合 $u_1 = a^{(1)}x$ 的系数,在此我们假定 $b^{(1)}$ 已按条件标准化。若 $b^{(1)'}\Sigma_{22}b^{(1)} = C \neq 1$,则用 $\sqrt{C}$ 去除 $b^{(1)}$,对于 $a^{(1)}$,我们也假定已标准化了的,这样一来,

$$\left.\begin{aligned} u_1 &= a^{(1)}x \\ v_1 &= b^{(1)}y \end{aligned}\right\} \tag{9-208}$$

就是我们要选取的第一对线性组合,它们在所有的线性组合中 u 与 v 之间有最大的简单相关系数 λ_1。

下一步我们要选取的第二对线性组合 u_2 与 v_2。选取的原则为,使得 u_2 与 v_2 之间的简单相关系数,在所有分别与 u_1、v_1 不相关的线性组合 u 与 v 中为最大。方法虽然与上述求 u_1 与 v_1 的方法类似,但情况有所不同,从而所引出的求极大值的函数 θ 也将不同,这样做下去将非常繁琐。我们可以证明:这样做的结果,我们所得到的 $a^{(2)}$ 与 $b^{(2)}$ 将分别是矩阵 L 和 M 的次大特征值 λ_2^2 所对应的特征向量,u_2 与 v_2 的简单相关系数就是 λ_2^2 的正平方根 λ_2,而且还可以证明,

如果重复类似地这样做下去,我们就可以得到全部所需要的 K 对线性组合。

综上所述,我们可以把做法总结如下:

设
$$\lambda_1^2 \geqslant \lambda_2^2 \geqslant \lambda_3^2 \geqslant \cdots \geqslant \lambda_{p2}^2 \qquad (>0)$$
为矩阵 L 的 $p2$ 个特征值,与它们相应的特征向量依次为:$b^{(1)}, b^{(2)}, b^{(3)}, \cdots, b^{(p2)}$。

又设
$$\lambda_1^2 \geqslant \lambda_2^2 \geqslant \lambda_3^2 \geqslant \cdots \geqslant \lambda_{p1}^2 \qquad (>0)$$
为矩阵 M 的 $p1$ 个特征值,与它们相应的特征向量依次为:$a^{(1)}, a^{(2)}, a^{(3)}, \cdots, a^{(p1)}$。

由于矩阵 L 与 M 具有相同的非零的特征值,故用相同的文字表示,$p1 = p2 = K$,并称为原来变量的诸典型相关系数,且
$$u_1 = a^{(1)}x, \qquad u_2 = a^{(2)}x$$
$$v_1 = b^{(1)}y, \qquad v_2 = b^{(2)}y$$
分别为两组变量的诸典型变量。

四、典型变量的性质

现在我们来叙述并证明典型变量的一些性质。

[性质 1]　由 x 中的诸变量 x_i 所组成的诸典型变量 u_i 之间是不相关的,并且它的方差是 I,同样,y 中 y_i 所组成的诸典型变量 v_i 之间也是如此,也就是
$$Eu_iu_j = \begin{cases} 1 & i = j \\ 0 & i \neq j \end{cases} \qquad (9\text{-}209)$$
$$Ev_iv_j = \begin{cases} 1 & i = j \\ 0 & i \neq j \end{cases}$$

证明:令　$a = (a^{(1)}, a^{(2)}, \cdots, a^{(p1)})$
$b = (b^{(1)}, b^{(2)}, \cdots, b^{(p2)})$

由于 $a^{(1)}, a^{(2)}, \cdots, a^{(pi)}$ 是 M 矩阵 $p1$ 个特征向量,矩阵 a 是正交矩阵,同理 b 也是正交矩阵。又因 Σ_{11}、Σ_{22} 是实对称矩阵,故有
$$\left.\begin{aligned} a'\Sigma_{11}a = Ip1 \\ b'\Sigma_{22}b = Ip2 \end{aligned}\right\} \qquad (9\text{-}210)$$
式中,$Ip1$ 是 $p1 \times p1$ 阶单位矩阵,$Ip2$ 为 $p2 \times p2$ 阶单位矩阵

如将上边第一式展开,则为
$$\begin{Bmatrix} a^{(1)}\Sigma_{11}a^{(1)} & \cdots & a^{(1)}\Sigma_{11}a^{(pi)} \\ \vdots & \vdots & \vdots \\ a^{(p1)}\Sigma_{11}a^{(1)} & \cdots & a^{(p1)}\Sigma_{11}a^{(p1)} \end{Bmatrix} = \begin{Bmatrix} Eu_1u_1 & \cdots & Eu_1Eu_{p1} \\ \vdots & \vdots & \vdots \\ Eu_{p1}u_1 & \cdots & Eu_{p1}u_{p1} \end{Bmatrix} = \begin{Bmatrix} 1 & 0 & \cdots & 0 \\ 0 & 1 & \cdots & 0 \\ \vdots & & \cdots & \vdots \\ 0 & 0 & \cdots & 1 \end{Bmatrix} \qquad (9\text{-}211)$$

比较展开式两边多元素,即可得
$$Eu_iu_j = \begin{cases} 1 & (i = j) \\ 0 & (i \neq j) \end{cases}$$
类似的,把第二式展开即可看出
$$Ev_iv_j = \begin{cases} 1 & (i = j) \\ 0 & (i \neq j) \end{cases}$$

[性质 2] 由 X 中诸变量所组成的 R 个典型变量 u_i 依次与由 y 中的诸变量组成的 K 个典型变量 v_i 之间,具有相关系数 $\lambda_i(i=1,2,3,\cdots,k)$。除此之外,任何一个典型变量 u_i 与任何一个典型变量 v_i 都不相关。

即
$$\left.\begin{aligned} &Eu_kv_i=\lambda_j \quad (\neq 0) \quad (i=1,2,\cdots,k)\\ &Eu_iv_i=0 \quad (i>k)\\ &Eu_iv_j=0 \quad (i\neq j)\end{aligned}\right\} \tag{9-212}$$

证明:由式 9-200 $\sum_{12}b-\lambda\sum_{11}a=0$,可得
$$\sum_{12}b^{(i)}=\lambda_i\sum_{11}a^{(i)} \tag{9-213}$$

用 $a^{(i)}$左乘上式两边,即有
$$a'^{(i)}\sum_{12}b^{(i)}=\lambda_ia^{(i)}\sum_{11}a^{(i)}$$

因为
$$a'^{(i)}\sum_{12}b^{(i)}=\rho^{(i)},a'^{(i)}\sum_{11}a^{(i)}=1$$

所以
$$\rho^{(i)}=\lambda_i$$
$$Eu_iv_i=\lambda_i \quad (i=1,2,\cdots,k)$$

这就证明了第一个结论。

若用 $a'^{(i)}$去左乘式 9-213 两边,则得
$$a'^{(j)}\sum_{12}b^i\sum\lambda_ia'^{(j)}\sum_{11}a^i$$

利用(性质 1)中 $a'^{(j)}\sum_{11}a^{(i)}=Eu_ju_i=0$

得
$$Eu_ju_i=0 \quad (i\neq j)$$

这就证明了我们的结论。

[性质 3] 设 a_i 是$(a^{-1})'$的第 i 列,b_i 是$(b^{-1})'$的第 i 列

则有下面几个关系式成立
$$\left.\begin{aligned} &\sum_{11}=(a^{-1})'(a^{-1})=a_1a_1'+a_2a_2'+\cdots+a_{p1}a_{p1}'\\ &\sum_{22}=(b^{-1})'(b^{-1})=b_1b_1'+b_2b_2'+\cdots+b_{p2}b_{p2}'\\ &\sum_{12}=(a^{-1})'R(b^{-1})=\lambda_1a_1b_1'+\lambda_2a_2b_2'+\cdots+\lambda_ka_kb_k'\end{aligned}\right\} \tag{9-214}$$

其中
$$R(p_1\times p_2)=\begin{bmatrix}\lambda_1 & & & & & & \\ & \lambda_2 & & & & & \\ & & \ddots & & & 0 & \\ & & & \lambda_k & & & \\ & & & & 0 & & \\ & 0 & & & & \ddots & \\ & & & & & & 0\end{bmatrix} \tag{9-215}$$

证明:根据性质 1 与性质 2,典型变量的协方差矩阵为:
$$\begin{bmatrix} Eu_1^2 & Eu_1u_2 & \cdots & Eu_1u_{p1} & Eu_1v_1 & Eu_1v_2 & \cdots & Eu_1v_{p2}\\ Eu_2u_1 & Eu_2^2 & \cdots & Eu_2u_{p1} & Eu_2v_1 & Eu_2v_2 & \cdots & Eu_2v_{p2}\\ \cdots & \cdots & \cdots & \cdots & \cdots & \cdots & \cdots & \cdots\\ Eu_{p1}u_1 & Eu_{p1}u_1 & \cdots & Eu_{p1}u_{p1} & Eu_{p1}v_1 & Eu_{p1}v_2 & \cdots & Eu_{p1}v_{p1}\\ Ev_1u_1 & Ev_1u_2 & \cdots & Ev_1u_{p1} & Ev_1^2 & Ev_1v_2 & \cdots & Ev_1v_{p2}\\ \cdots & \cdots & \cdots & \cdots & \cdots & \cdots & \cdots & \cdots\\ Eu_{p2}u_1 & Eu_{p2}u_2 & \cdots & Ev_{p2}u_{p1} & Ev_{p2}v_{p1} & Ev_{p2}v_{p2} & \cdots & Ev_{p2}^2\end{bmatrix}$$

若令

$$u^{*\prime}=(u_1,u_2,\cdots,u_{p1})$$
$$v^{*\prime}=(v_1,v_2,\cdots,v_{p2})$$

则典型变量的协方差矩阵可写成

$$\begin{bmatrix} Eu^*u^{*\prime} & Eu^*v^{*\prime} \\ Ev^*u^* & Ev^*v^{*\prime} \end{bmatrix}=\begin{bmatrix} a'\sum_{11}a & a'\sum_{12}b \\ b'\sum_{21}a & b'\sum_{22}b \end{bmatrix}=\begin{bmatrix} I_1 & R \\ R & I_2 \end{bmatrix} \tag{9-216}$$

由此可得

$$a'\sum_{11}a=I \tag{9-217}$$
$$b'\sum_{22}b=I_2 \tag{9-218}$$
$$a'\sum_{12}b=R \tag{9-219}$$

用$(a')^{-1}=(a^{-1})'$左乘式 9-217 两边，a^{-1}右乘式 9-217 两边，则得

$$\sum_{11}=(a^{-1})'(a^{-1})=a_1a_1'+a_2a_2'+\cdots+a_{p1}a_{p1}'$$

用$(b')^{-1}$左乘式 9-218 两边，用$(b^{-1})'$右乘式 9-218 两边，则得

$$\sum_{22}=(b^{-1})'(b^{-1})=b_1b'+b_2b_2'+\cdots+b_{p2}b_{p2}'$$

用$(a^{-1})'$左乘第三式两边，用 b^{-1}右乘第三式两边，则得

$$\sum_{12}=(a')^{-1}Rb^{-1}=(a^{-1})'Rb^{-1}=\lambda_1a_1b_1+\lambda_2a_2b_2+\cdots+\lambda_ka_kb_k$$

五、典型变量与典型相关系数计算步骤

设有 n 个样品，对两组变量 $X_1,X_2,\cdots,X_{p1}$；$Y_1,Y_2,\cdots,Y_{p2}$都进行了 n 次观测。

第一步　把原始数据排列成表，见表 9-62。

表 9-62　数据表

变量 \ 样品	1	2	…	n	多变量的平均值
X_1	X_{11}	X_{12}	⋮	X_{1n}	$\bar{X}_1$
X_2	X_{21}	X_{22}	⋮	X_{1n}	$\bar{X}_2$
⋮	⋮	⋮	⋮	⋮	⋮
X_{p1}	X_{p11}	X_{p12}	⋮	X_{p1n}	$\bar{X}_{p1}$
Y_1	Y_{11}	Y_{12}	⋮	Y_{1n}	$\bar{Y}_1$
Y_2	Y_{21}	Y_{22}	⋮	Y_{2n}	$\bar{Y}_2$
⋮	⋮	⋮	⋮	⋮	⋮
Y_{p2}	Y_{p21}	⋮	⋮	Y_{p2n}	$\bar{Y}_{p2}$

第二步　计算诸变量之间协方差

$$S(X_i,X_j)=\frac{1}{n-1}\sum_{I=1}^{n}(Y_{ij}-\bar{X}_i)(X_{ji}-\bar{X}_i)\quad(i,j=1,2,\cdots,p_1)$$

$$S(Y_i,Y_j)=\frac{1}{n-1}\sum_{I=1}^{n}(Y_{ij}-Y_i)(Y_{ji}-\bar{Y}_j)\quad(i,j=1,2,\cdots,p_2)$$

$$S(X_i,Y_j)=\sum_{I=1}^{n}(X_{ij}-X_i)(Y_{ij}-\bar{Y}_j)\quad(i=1,2,\cdots,p_1,j=1,2,\cdots,p_2)$$

第三步 做成协方差矩阵

$$\Sigma_{11}=[S(X_iX_j)] \qquad \Sigma_{22}=[S(Y_iY_j)]$$
$$\Sigma_{12}=[S(X_iY_j)] \qquad \Sigma_{21}=\Sigma'_{12}$$
$$\Sigma=\begin{bmatrix}\Sigma_{11} & \Sigma_{12}\\ \Sigma_{21} & \Sigma_{22}\end{bmatrix} \qquad (p=p_1+p_2)$$
$$(p\times p \text{ 阶})$$

第四步 求Σ_{11}和Σ_{22}的逆矩阵

$$\Sigma_{11}^{-1}\text{与}\Sigma_{22}^{-1}$$

第五步 求矩阵

$$L=\Sigma_{22}^{-1}\Sigma_{21}^{-1}\Sigma_{11}^{-1}\Sigma_{12}$$
$$M=\Sigma_{11}^{-1}\Sigma_{12}\Sigma_{22}^{-1}\Sigma_{21}^{-1}$$

第六步 求矩阵 L 与 M 的诸特征值以及所对应的特征向量,即求解方程

$$Lb=\lambda^2 b$$
$$Ma=\lambda^2 a$$

设求出 $\lambda_1^2\geqslant\lambda_2^2\geqslant\lambda_3^2\geqslant\cdots\geqslant\lambda_k^2$

为它们公共的非零特征值,相应的特征向量为:

$$\begin{array}{c|cccc|cccc|}
\lambda_1^2 & a_1^{(1)} & a_2^{(1)} & \cdots & a_{p1}^{(1)} & b_1^{(1)} & b_2^{(1)} & \cdots & b_{p2}^{(1)}\\
\lambda_2^2 & a_1^{(2)} & a_2^{(2)} & \cdots & a_{p1}^{(2)} & b_1^{(2)} & b_2^{(2)} & \cdots & b_{p2}^{(2)}\\
\vdots & \vdots & \vdots & & \vdots & \vdots & \vdots & & \vdots\\
\lambda_k^2 & a_1^{(k)} & a_2^{(k)} & \cdots & a_{p1}^{(k)} & b_1^{(k)} & b_2^{(k)} & \cdots & b_{p2}^{(k)}
\end{array}$$

第七步 求出典型变量与典型相关系数

$$\begin{cases}u_1=a_1^{(1)}X_1+a_2^{(1)}X_2+\cdots+a_{p1}^{(1)}X_{p1}\\ u_2=a_1^{(2)}X_1+a_2^{(2)}X_2+\cdots+a_{p1}^{(2)}X_{p1}\\ \quad\vdots \qquad\qquad \vdots\\ u_k=a_1^{(k)}X_1+a_2^{(k)}X_2+\cdots+a_{p1}^{(k)}X_{p1}\end{cases}$$
$$\begin{cases}v_1=b_1^{(1)}Y_1+b_2^{(1)}Y_2+\cdots+b_{p2}^{(1)}Y_{p2}\\ v_2=b_1^{(2)}Y_1+b_2^{(2)}Y_2+\cdots+b_{p2}^{(2)}Y_{p2}\\ \quad\vdots \qquad\qquad \vdots\\ v_k=b_1^{(k)}Y_1+b_2^{(k)}Y_2+\cdots+b_{p2}^{(k)}Y_{p2}\end{cases}$$

典型相关系数为 $\lambda_1\geqslant\lambda_2\geqslant\lambda_3\geqslant\cdots\geqslant\lambda_k$。

六、典型相关系数的显著性检验

如果变量组 X 与变量组 Y 之间不相关,则协方差矩阵Σ_{12}中所有元素均为 0,那么,典型相关系数

$$\lambda=a'\Sigma_{12}b$$

就都变为 0,于是我们可以将矩阵 L(或 M)的 k 个特征值 $\hat{\lambda}_i^2$ 按大小排列,然后做乘积

$$\Lambda_0=(1-\hat{\lambda}_1^2)(1-\hat{\lambda}_2^2)\cdots(1-\hat{\lambda}_n^2)=\prod_{i=1}^{k}(1-\hat{\lambda}^2)$$

对于大样本 n,在 X 与 Y 不相关的假设下,下式统计量

$$Q_1 = -\left[n-1-\frac{1}{2}(p_1+p_2+1)\right]\ln\Lambda_0$$

服从自由度为 p_1、p_2 的 X^2 分布。如果在一定显著性水平 α 之下,计算得 Q_9 值大于 X^2 表上的临界值 $X_\alpha^{2'}(p_1\times p_2)$,则第一个典型相关系数 λ_1 显著不为 0,除去 λ_1 后,再检验其余 $k-1$ 个典型相关系数的显著性,设

$$\Lambda_1 = (1-\hat{\lambda}_2^2)(1-\hat{\lambda}_3^2)\cdots(1-\hat{\lambda}_k^2) = \prod_{i=2}^{k}(1-\hat{\lambda}_i^2)$$

则下式统计量

$$Q_1 = -\left[n-2-\frac{1}{2}(p_1+p_2+1)\right]\ln\Lambda_1$$

服从自由度为 $[(p_1-1)\times(p_2-1)]$ 的 X^2 分布。如果计算得的 Q_1 值大于 X^2 表上临界值 $X_\alpha^{2'}[(p_1-1)\times(p_2-1)]$,则第二个典型相关系数 λ_2 显著不为 0,如此继续下去,一直到第 q 个典型相关系数 λ_q 显著不为 0 为止。一般来说,检验第 $\gamma(\gamma>q)$ 个典型相关系数的显著性时,下式统计量

$$Q_{y-i} = -\left[n-r-\frac{1}{2}(p_1+p_2+1)\right]\ln\Lambda_{y-1}$$

应服从自由度为 $[(p_1-(\gamma-1))\times(p_2-(\gamma-1))]$ 的 X^2 分布,其中

$$\Lambda_{r-1} = (1-\hat{\lambda}_r^2)(1-\hat{\lambda}_{r+1}^2)\cdots(1-\hat{\lambda}_k^2) = \prod_{i=2}^{k}(1-\hat{\lambda}_i^2)$$

实例:

设
$$X = \begin{bmatrix} X_1 \\ X_2 \end{bmatrix}, Y = \begin{bmatrix} Y_1 \\ Y_2 \end{bmatrix}$$

观测了 $n=25$ 次的原始数据见表 9-63。

表 9-63　原始数据表

次数 \ 变量	1	2	1	2
1	X_{11}	X_{21}	Y_{11}	Y_{21}
2	X_{12}	X_{22}	Y_{12}	Y_{22}
⋮	⋮	⋮	⋮	⋮
25	$X_{1.25}$	$X_{2.25}$	$Y_{1.25}$	$Y_{2.25}$

求出诸变量的方差与协方差

$S(X_1X_1)=S(X_2X_2)=S(Y_1Y_1)=S(Y_2Y_2)=1$

$S(X_1X_2)=0.7340$

$S(Y_1Y_2)=0.8392$

$S(X_1Y_2)=0.7040, S(X_1Y_1)=0.7108$

$S(X_2Y_1)=0.6932, S(X_2Y_2)=0.7086$

诸差为 1,是由于原始数据已标准化,列成协方差矩阵如下

$$\Sigma = \begin{bmatrix} \Sigma_{11} & \Sigma_{12} \\ \Sigma_{21} & \Sigma_{22} \end{bmatrix} = \begin{bmatrix} 1.0000 & 0.7346 & 0.7108 & 0.7040 \\ 0.7346 & 1.0000 & 0.6932 & 0.7086 \\ 0.7108 & 0.8982 & 1.0000 & 0.8392 \\ 0.7040 & 0.7086 & 0.8392 & 1.0000 \end{bmatrix}$$

求出矩阵

$$\Sigma_{12}\Sigma_{22}^{-1}\Sigma_{21}=\begin{bmatrix}0.5443 & 0.5388\\0.5388 & 0.5350\end{bmatrix}$$

特征方程为：

$$\left|\Sigma_{12}\Sigma_{22}^{-1}\Sigma_{21}-\lambda^2\Sigma_{11}\right|=0$$

即

$$\begin{vmatrix}0.5443-\lambda^2 & 0.5388-0.4376\lambda^2\\0.5388-0.7346\lambda^2 & 0.5350-\lambda^2\end{vmatrix}=0$$

$$0.604(\lambda^2)^2-0.2876\lambda^2+0.0008=0$$

求出两个特征值为：

$$\lambda_1^2=0.6218,\lambda_2^2=0.0029$$

从而第一对与第二对典型变量的相关系数分别为：$\lambda_1=0.7885$、$\lambda_2=0.0535$，求出相应的特征向量

$$a^{(1)}=\begin{bmatrix}0.0566\\0.0707\end{bmatrix}\qquad b^{(1)}=\begin{bmatrix}0.0502\\0.0802\end{bmatrix}$$

$$a^{(2)}=\begin{bmatrix}0.1400\\-0.1870\end{bmatrix}\qquad b^{(2)}=\begin{bmatrix}0.1700\\-0.2619\end{bmatrix}$$

经检验，认为 $\lambda_2\neq0$，即第二对典型变量认为是不相关的，故仅一对有效的典型变量

$$U_1=a^{(1)}X=0.0566X_1+0.0707X_2$$

$$V_1=b^{(1)}Y=0.0502Y_1+0.0802Y_2$$

它们的相互关系能代表两组变量的关系。

第七节　方差分析方法

一、方差分析

方差分析是根据数据的变化特征，找出影响数据变化的内因与外因，从而达到排除干扰，识别不同地质特征的一种数据处理方法。

方差分析在化探中可用于检查采样与样品分析的误差和质量，检查两个以上的不同地质体是否属于同一个母体；此外对一些统计方法做方差分析检验，如对回归分析等做方差分析检验。

在物化探工作中，我们对物性(磁化率、电阻率、密度等)的测量或对样品进行分析(光谱或化学分析)以及对野外观测点的观测数据等进行多次观测，所得结果并不完全一样，往往有所差异，引起差异的原因是多种多样的，但按差异的性质来讲，不外乎下面两种。

(一) 试验条件不同引起的差异(条件误差)

在物化探工作中往往由于不同的仪器、不同的实验室、不同的时间等引起观测结果的差别是条件误差，表 9-64、表 9-65、表 9-66 反映了不同省、不同时间、不同人对分析结果造成的系统偏差。另外，由于不同地质体的样品引起的物性或元素含量的差别，也是条件变化引起的差异。

(二) 随机因素的影响引起的差异(随机误差)

同一个人、同一台仪器，在一定时间内，对同一样品(观测点)进行多次观测，所得结果并不一样。这种观测结果的差异，往往由许多随机因素造成，人们很难控制，称为随机误差。

表 9-64 55 个样品光谱分析平均值

元 素	浙 江	安 徽	江 西
Cu	17.3	41.7	32.0
Pb	27.4	41.1	23.1
Ni	28.5	26.3	32.5
Co	7.3	11.2	22.0
V	122.0	157.6	88.4

表 9-65 不同季节的分析偏差

样品号	Pb/%		Ni/%		Cu/%	
	夏	秋	夏	秋	夏	秋
1	5.6×10^{-4}	2.7×10^{-4}	57.0×10^{-4}	12.0×10^{-4}	52.0×10^{-4}	13.5×10^{-4}
2	19.0×10^{-4}	5.8×10^{-4}	28.0×10^{-4}	7.3×10^{-4}	200.0×10^{-4}	76.0×10^{-4}
3	10.0×10^{-4}	3.7×10^{-4}	10.0×10^{-4}	3.4×10^{-4}	19.0×10^{-4}	4.0×10^{-4}
4	24.4×10^{-4}	5.6×10^{-4}	3.8×10^{-4}	1.2×10^{-4}	27.0×10^{-4}	2.7×10^{-4}
5	44.0×10^{-4}	11.0×10^{-4}	390.0×10^{-4}	125.0×10^{-4}	630.0×10^{-4}	155.0×10^{-4}
6	22.5×10^{-4}	5.6×10^{-4}	180.0×10^{-4}	70.0×10^{-4}	84.0×10^{-4}	50.0×10^{-4}

表 9-66 四位读谱人员的读数

元素 \ 读谱人员	甲	乙	丙	丁
Cu	$M_0=12.5\times10^{-4}\%$ $\delta=5.5\times10^{-4}\%$	$M_0=7.5\times10^{-4}\%$ $\delta=3.4\times10^{-4}\%$	$M_0=25\times10^{-4}\%$ $\delta=8.1\times10^{-4}\%$	$M_0=25\times10^{-4}\%$ $\delta=8.3\times10^{-4}\%$
Pb	$M_0=12.5\times10^{-4}\%$ $\delta=3.9\times10^{-4}\%$	$M_0=7.5\times10^{-4}\%$ $\delta=2.4\times10^{-4}\%$	$M_0=12.5\times10^{-4}\%$ $\delta=5.0\times10^{-4}\%$	$M_0=15\times10^{-4}\%$ $\delta=6.4\times10^{-4}\%$

注：M_0 为读数中值；δ 为标准离差。

在物化探的观测数据中，有可能包含上述两种误差，也可能其中之一为主，另一个为次。那么到底是哪一种为主，哪一种为次，这就是方差分析的任务，所以方差分析就是要将条件误差与随机误差用数量的形式分开，以便找到引起差异的主要原因，这样就能更好地指导生产，保证质量，认识客观事物。

二、一个因素的方差分析

(一) 问题的提出

例 在一个地区内，考察不同地层的银含量是否有显著差异，对四个地层进行采样分析，每个地层采了 9 个样品，得数据见表 9-67。对该表数据的初步分析可以看出：

第一，36 个样品中银的含量有差异，有的高，有的低。

第二，表中列出了每层 9 个样品的银含量平均值，这四个值不尽相同，存在差异。这种差异是由于地层不同引起的，即是条件变化引起的差异。

第三，观察每组(不同地层)的 9 个数，它们之间也有差异。显然，这种差异不是地层变化引起的，而是由随机因素引起的，即随机误差。

第四，由于随机误差的存在，自然对第二点结论产生疑问，即不同地层的银含量之间差别，是否一定是由于地层不同引起的，还是有可能这四个地层本来就可看作是一层，而这些差别主要是由随机误差来反映。

表 9-67　数据表

样品＼地层	Ⅰ	Ⅱ	Ⅲ	Ⅳ	
1	1.9	2.0	2.0	2.3	
2	2.2	2.1	2.7	4.0	
3	3.0	1.8	3.8	3.8	
4	2.5	1.9	3.0	3.9	
5	1.3	3.0	3.1	3.6	
6	2.0	2.3	2.9	3.1	
7	1.8	2.0	4.0	2.8	
8	1.9	2.6	3.4	3.4	
9	2.3	2.1	3.0	3.7	
$\sum_{i=1}^{9} X_{ij}$	18.9	19.8	27.9	30.6	总和 $\sum_{j=1}^{4}\sum_{i=1}^{9} X_{ij}=97.2$
组内平均值 $\bar{X}_i=\frac{1}{9}\sum_{i=1}^{9} X$	2.1	2.2	3.1	3.4	总平均值 $\bar{X}=2.7$

为了得出正确的结论,必须对上述数据作出进一步的分析,思路是这样:设法把由于地层不同而引起银含量的差异部分与其他随机因素所造成的银含量差异分开,并用具体数量表示这两部分的值,然后进行比较,如果由于地层的不同所引起的差异要大得多,就可得出结论,这四个地层按银含量不同不能划为一层(即统计上不能认为是一个母体)。反之,如果不同地层引起的差异并不比随机误差大多少,那就有两种情况:一是银含量的差异与地层关系不大;二是随机误差太大,使我们无法下结论。在这两种情况下,我们说影响银含量变化与地层无关。

上例中造成差异的因素只有一个地层的变化,故称为一个因素的方差分析。

(二) 离差平方和的分解和方差分析表

1. 数据的列表及符号的意义

为了叙述方便,我们用一些符号来表示观测结果的数据。设试验按因素分为 n 个等级(n 组),每个等级做 m 次试验,将数据列成表,见表 9-68。

表 9-68　数据表

试验编号	因素分级					
	Ⅰ	Ⅱ	Ⅲ	…	n	
1	X_{11}	X_{12}	X_{13}	…	X_{1n}	
2	X_{21}	X_{22}	X_{23}	…	X_{2n}	
⋮	⋮	⋮	⋮	⋮	⋮	
m	X_{m1}	X_{m2}	X_{m3}	…	X_{mn}	
$\sum_{i=1}^{m} X_{ij}$	$\sum_{i=1}^{m} X_{i1}$	$\sum_{i=1}^{m} X_{i2}$	$\sum_{i=1}^{m} X_{i3}$	…	$\sum_{i=1}^{m} X_{in}$	总和 $T=\sum_{j=1}^{n}\sum_{i=1}^{m} X_{ij}$
$X_j=\frac{1}{m}\sum_{i=1}^{m} X_{ij}$	$\bar{X}_1$	$\bar{X}_2$	$\bar{X}_3$	…	$\bar{X}_n$	$\bar{X}=\frac{1}{mn}\sum_{j=1}^{n}\sum_{i=1}^{m} X_{ij}$

注:表中 X_{ij} 表示第 j 等级第 i 个试验值。$T_j=\sum_{i=1}^{m} X_{ij}$ 表示第 j 等级的总和。$\bar{X}_j=\frac{1}{m}\sum_{i=1}^{m} X_{ij}=\frac{1}{m}T_j$ 表示第 j 等级的平均值;T 表示所有数据的总和。$\bar{X}=\frac{1}{mm}T$ 表示总平均值。

2．离差平方和的分解和方差分析表

(1) 离差平方和的分解

一项试验可能受多种因素的影响，现在假定只有一个因素的影响，把这个因素分为 n 级(例如举例分为四个地层)进行试验，每一级试验 m 次，设所得数据为 $X_{ij}(i=1,2,\cdots,m;j=1,2,\cdots,n)$，如表 9-68 所示。

在此情况下，全部观测数据的总差异(误差)，用每个观测值 X_{ij} 与总平均值 $\bar{X}$ 的差的平方和表示：

$$Q=\sum_{i=1}^{m}\sum_{j=1}^{n}(X_{ij}-\bar{X})^2$$

Q 称总离差平方和，它可以分解成两部分。

$$\begin{aligned}Q&=\sum_{i=1}^{m}\sum_{j=1}^{n}(X_{ij}-\bar{X})^2=\sum_{i=1}^{m}\sum_{j=1}^{n}[(X_{ij}-\bar{X}_j)+(\bar{X}_j-\bar{X})]^2\\&=\sum_{i=1}^{m}\sum_{j=1}^{n}[(X_{ij}-\bar{X}_j)^2+2(X_{ij}-\bar{X}_j)(\bar{X}_j-\bar{X})+(\bar{X}_j-\bar{X})^2]\\&=\sum_{i=1}^{m}\sum_{j=1}^{n}(X_{ij}-\bar{X}_j)^2+2\sum_{i=1}^{m}\sum_{j=1}^{n}(X_{ij}-\bar{X}_j)(\bar{X}_j-\bar{X})+\\&\quad\sum_{i=1}^{m}\sum_{j=1}^{n}(\bar{X}_j-\bar{X})^2\end{aligned}$$

因为

$$\begin{aligned}&\sum_{i=1}^{m}\sum_{j=1}^{n}(X_{ij}-\bar{X}_j)(\bar{X}_j-\bar{X})=\sum_{j=1}^{n}\left[(\bar{X}_j-\bar{X})\sum_{i=1}^{m}(X_{ij}-\bar{X}_j)\right]\\&=\sum_{j=1}^{n}\left[(\bar{X}_j-\bar{X})(\sum_{i=1}^{m}X_{ij}-m\bar{X}_j)\right]=\sum_{j=1}^{n}\left[(\bar{X}_j-\bar{X})\sum_{i=1}^{m}(X_{ij}-m\times\frac{1}{m}\sum_{i=1}^{m}X_{ij})\right]\\&=0\end{aligned}$$

所以

$$Q=m\sum_{i=1}^{m}\sum_{j=1}^{n}(X_{ij}-\bar{X})^2+m\sum_{j=1}^{n}(\bar{X}_j-\bar{X})^2$$

令 $Q_1=m\sum_{j=1}^{n}(\bar{X}_j-\bar{X})^2$ 表示组平均值与总平均值的离差平方和，称为组间离差平方和。

$Q_2=\sum_{i=1}^{m}\sum_{j=1}^{n}(X_{ij}-\bar{X}_j)^2$ 表示数据与组平均值的离差平方和，称为组内离差平方和。

Q_1 反映由于因素的等级不同，即条件不同，引起的条件误差。Q_2 是反映了各种随机因素影响的差异，即随机误差。

由此可见，总离差平方和可以分解为两部分：组间离差平方和 Q_1 与组内离差平方和 Q_2。

Q_2 是代表偶然因素所引起的误差，而 Q_1 是除了偶然因素的影响外，由于引起等级不同而引起的差异。因此比较 Q_1 与 Q_2 的大小就可以看出不同因素(如地层)的影响是否显著。比如在上例中若 Q_1 超过 Q_2 很大，则可认为不同地层银含量差异是显著的；如果 Q_1 超过 Q_2 并不多，可认为不同地层银含量差异并不显著，从而认为四个地层银含量值为同一正态母体。然而实际计算时，并不直接将 Q_1 与 Q_2 进行比较，因为 Q_1 与 Q_2 是若干项的平方和，其值大小与参加求和的项数有关。为了消除因项数多少产生的影响，下面我们介绍利用平均离差平方和进行比较的办法。

(2) 方差分析的基本假设

应用方差分析来研究变异因素对试验结果有无显著影响时，我们是从这样的基本假设出发的。

第一，按因素分为 n 个等级的观测值是代表 n 个相互独立的随机子样。

第二,每个子样都来自均方差相图的正态母体,即 $N_1(\mu_1,\sigma),N_2(\mu_2,\sigma),\cdots,N_m(\mu_m,\sigma_m)$。

在上面的基本假设之下,假如变异因素对试验结果无影响,则这 n 个子样来自同一个母体 $N(\mu,\sigma)$,那么就要检验 $\mu_1=\mu_2=\cdots=\mu_m=\mu$ 是否成立。

检验期望值(平均值)是否来自同一母体,在统计假设检验中已用过 F 检验的办法,这里我们仍应用统计量 F:

因为
$$F=\frac{S_1^2}{S_2^2} \tag{9-220}$$

$$S_1^2=\frac{Q_1}{n-1},S_2^2=\frac{Q_2}{n(m-1)}$$

式中 S_1^2——平均组间离差平方和;

S_2^2——平均组内离差平方和;

$n-1$——Q_1 的自由度;

$n(m-1)$——Q_2 的自由度。

所以
$$F=\frac{m\sum\limits_{j=1}^{n}(\bar{X}_j-\bar{X})^2/(n-1)}{\sum\limits_{j=1}^{n}\sum\limits_{i=1}^{m}(X_{ij}-\bar{X}_j)^2/n(m-1)} \tag{9-221}$$

这样我们就把方差分析问题变成一个统计检验问题,即把试验结果代入 F 式中,得到一个 F 值,按所给定的信度 α 及其自由度,可查 F 分布表,得到 F 置信限 $F_{\alpha(n-1,nm-n)}$ 值。

若 $F<F_{\alpha(n-1,nm-n)}$,则认为统计假设可信,即变异因素对试验无影响(同一母体)。若 $F>F_{\alpha(n-1,nm-n)}$,则认为统计假设不可信,即拒绝假设,也就是说变异因素对试验结果有影响。这样一种假设检验方法可归纳成表,即方差分析表(见表 9-69)。

(3) 方差分析表

以上讨论的内容可归纳成方差分析表(表 9-69)。

表 9-69 方差分析表

	离差平方和	自由度	平均离差平方和	F	显著性
组与组间	$Q=m\sum\limits_{j=1}^{n}(\bar{X}_j-\bar{X})^2$	$n-1$	$S_1^2=\frac{Q_1}{n-1}$	$F=\frac{S_1^2}{S_2^2}$	
组内	$Q=\sum\limits_{j=1}^{n}\sum\limits_{i=1}^{m}(X_{ij}-\bar{X}_j)^2$	$n\times(m-n)$	$S_2^2=\frac{Q_2}{n\times(m-n)}$		
总和	$Q=\sum\limits_{j=1}^{n}\sum\limits_{i=1}^{m}(X_{ij}-\bar{X})^2$	$m\times(n-1)$			

因为总的离差平方和可以分解为组间平方和与组内平方和两部分,所以我们把这种方法称为方差分析。显然它不是把方差分为两部分,而是把离差平方和及其自由度分别分成两部分之和。

(三) 离差平方和的简算公式及其计算表

为了计算方便,把组间平方和与组内平方和做如下改动:

$$Q_1=m\sum_{j=1}^{n}(\bar{X}_j-\bar{X})^2=m\sum_{j=1}^{n}(\bar{X}_j^2-2\bar{X}_j\bar{X}+\bar{X}^2)$$

$$= m\sum_{j=1}^{n}\bar{X}_j^2-2m\bar{X}\sum_{j=1}^{n}\bar{X}_j+mn\bar{X}^2$$

$$= m\sum_{j=1}^{n}\bar{X}_j^2-2m\bar{X}\times n\bar{X}_j+mn\bar{X}^2$$

$$= m\sum_{j=1}^{n}\bar{X}_j^2-mn\bar{X}^2$$

因为

$$\bar{X}_j^2=[(X_{1j}+X_{2j}+\cdots+X_{mj})/m]^2$$

$$=\frac{1}{m^2}(X_{1j}+X_{2j}+\cdots+X_{mj})^2=\frac{1}{m^2}\left(\sum_{i=1}^{m}X_{ij}\right)^2$$

所以

$$m\sum_{j=1}^{n}\bar{X}_j^2=m\frac{1}{m^2}\sum_{j=1}^{n}\left(\sum_{i=1}^{m}X_{ij}\right)^2=\frac{1}{m}\sum_{j=1}^{n}\left(\sum_{i=1}^{m}X_{ij}\right)^2$$

$$mn\bar{X}^2=mn\left(\frac{1}{mn}\sum_{j=1}^{n}\sum_{i=1}^{m}X_{ij}\right)^2=\frac{1}{mn}\left(\sum_{j=1}^{n}\sum_{i=1}^{m}X_{ij}\right)^2$$

$$Q_1=\frac{1}{m}\sum_{j=1}^{n}\left(\sum_{i=1}^{m}X_{ij}\right)^2-\frac{1}{mn}\left(\sum_{j=1}^{n}\sum_{i=1}^{m}X_{ij}\right)^2 \tag{9-222}$$

$$Q_2=\sum_{j=1}^{n}\sum_{i=1}^{m}(X_{ij}-\bar{X}_j)^2=\sum_{j=1}^{n}\sum_{i=1}^{m}(X_{ij}^2-2X_{ij}\bar{X}_j+\bar{X}_j^2)$$

$$=\sum_{j=1}^{n}\sum_{i=1}^{m}(X_{ij})^2-2\sum_{j=1}^{n}\sum_{i=1}^{m}X_{ij}\bar{X}_j+\sum_{j=1}^{n}\sum_{i=1}^{m}\bar{X}_j^2$$

$$=\sum_{j=1}^{n}\sum_{i=1}^{m}X_{ij}^2-2m\frac{1}{m}\sum_{j=1}^{n}\sum_{i=1}^{m}X_{ij}\bar{X}_j+m\sum_{i=1}^{m}\bar{X}_j^2$$

$$=\sum_{j=1}^{n}\sum_{i=1}^{m}X_{ij}^2-2m\sum_{j=1}^{n}\bar{X}_j^2+m\sum_{j=1}^{n}\bar{X}_j^2$$

$$=\sum_{j=1}^{n}\sum_{i=1}^{m}X_{ij}^2-m\sum_{j=1}^{n}\bar{X}_j^2$$

$$=\sum_{j=1}^{n}\sum_{i=1}^{m}X_{ij}^2-\frac{1}{m}\sum_{j=1}^{n}\left(\sum_{i=1}^{m}X_{ij}\right)^2 \tag{9-223}$$

由式 9-222 与式 9-223 可以看出，只要计算出表 9-70 中右边方框内的三个数，就不难计算 Q_1 与 Q_2。为此列出计算表。

表 9-70　数据表

试验编号	因素分级				
	Ⅰ	Ⅱ	…	n	
1	X_{11}	X_{12}	…	X_{1n}	
2	X_{21}	X_{22}	…	X_{2n}	
⋮	⋮	⋮	⋮	⋮	
m	X_{m1}	X_{m2}	…	X_{mn}	$\sum_{j=1}^{n}$
$\sum_{i=1}^{m}X_{ij}$	$\sum_{i=1}^{m}X_{i1}$	$\sum_{i=1}^{m}X_{i2}$	…	$\sum_{i=1}^{m}X_{in}$	$\sum_{j=1}^{n}\sum_{i=1}^{m}X_{in}$
$(\sum_{i=1}^{m}X_{ij})^2$	$(\sum_{i=1}^{m}X_{i1})^2$	$(\sum_{i=1}^{m}X_{i2})^2$	…	$(\sum_{i=1}^{m}X_{in})^2$	$\sum_{j=1}^{n}(\sum_{i=1}^{m}X_{in})^2$
$\sum_{i=1}^{m}X_{ij}^2$	$\sum_{i=1}^{m}X_{i1}^2$	$\sum_{i=1}^{m}X_{i2}^2$	…	$\sum_{i=1}^{m}X_{in}^2$	$\sum_{j=1}^{n}\sum_{i=1}^{m}X_{ij}^2$

说明:第一,利用 F 检验,当判明组均值间存在显著差异时,只能表明至少存在一组均值和其他组均值的差异显著,既不表示全体组均值之间两两的差异都显著,也不能指出哪些组均值间差异显著。因此,当需要确定哪些组均值间存在显著差异时,可按 u 检验或 t 检验进行。

第二,为了计算方便,进行方差分析时,对所有观测数据同时加(减)一个常数,其各离差平方和不变。证明如下:

设原始观测值为 X'_{ij}

$$X'_{ij} = X_{ij} + C(C\text{ 为负即减})$$

$$\overline{X}' = \frac{1}{N}\sum_{j=1}^{n}\sum_{i=1}^{m} X'_{ij} = \frac{1}{N}\sum_{j=1}^{n}\sum_{i=1}^{m}(X_{ij}+C) = \overline{X}+C \qquad (N = m\times n)$$

$$Q' = \sum_{j=1}^{n}\sum_{i=1}^{m}(X'_{ij}-\overline{X}')^2 = \sum_{j=1}^{n}\sum_{i=1}^{m}(X_{ij}+C-\overline{X}-C)^2$$

$$= \sum_{j=1}^{n}\sum_{i=1}^{m}(X_{ij}-\overline{X})^2 = Q$$

可见原始观测值加减一个常数,其离差平方和不变。

第三,如果每个观测值同乘(除)一个常数 K,则各离差平方和同时扩大(或缩小)K^2 倍,而当计算 F 值时,此倍数同时在分子分母上出现,可以消掉,故统计量 F 值不变。

证明:

$$X'_{ij} = KX_{ij}$$

$$\overline{X}' = \frac{1}{N}\sum_{j=1}^{n}\sum_{i=1}^{m} X'_{ij} = \frac{K}{N}\sum_{j=1}^{n}\sum_{i=1}^{m} X_{ij} = K\overline{X}$$

$$Q' = \sum_{j=1}^{n}\sum_{i=1}^{m}(X'_{ij}-\overline{X}')^2 = \sum_{j=1}^{n}\sum_{i=1}^{m}(KX_{ij}-K\overline{X})^2$$

$$= K^2\left[\sum_{j=1}^{n}\sum_{i=1}^{m}X_{ij}^2 - \frac{1}{mn}\sum_{j=1}^{n}\sum_{i=1}^{m}(X_{ij})^2\right] = K^2 Q$$

(四)实例

根据表 9-67,列出计算表如表 9-71 所示。

表 9-71　计算表

地层 / 样品	Ⅰ	Ⅱ	Ⅲ	Ⅳ	$\sum_{j=1}^{4}$
1	1.9	2.0	2.0	2.3	
2	2.2	2.1	2.7	4.0	
3	3.0	1.8	3.8	3.8	
4	2.5	1.9	3.0	3.9	
5	1.3	3.0	3.1	3.6	
6	2.0	2.3	2.9	3.1	
7	1.8	2.0	4.0	2.8	
8	1.9	2.6	3.4	3.4	
9	2.3	2.1	3.0	3.7	
$\sum_{i=1}^{9} X_{ij}$	18.9	19.8	27.9	30.6	79.2
$(\sum_{i=1}^{9} X_{ij})^2$	357.21	392.04	778.41	936.36	2464.02
$\sum_{i=1}^{9} X_{ij}^2$	41.53	44.72	89.31	106.60	282.16

利用式 9-222 与式 9-223 求得

$$Q_1=\frac{1}{9}\times 2464.02-\frac{1}{9\times 4}\times(97.2)^2=11.34$$

$$Q_2=282.16-\frac{1}{9}\times 2464.02=8.38$$

按下式求出 F：

$$F=\frac{S_1^2}{S_2^2}=\frac{11.34/(4-1)}{8.38/(36-4)}=\frac{3.78}{0.26}=14.5$$

查 F 检验临界值表，取 $\alpha=0.05$。

$$F_\alpha=\ 0.05(3,32)=2.9$$

所以

$$F>F_\alpha=0.05(3,32)$$

所以在信度 $\alpha=0.05$ 时，不同地层含量值有很显著的差别。

(五) 各等级试验次数不完全相等的情形

以上介绍的是每个等级的试验次数相等的情况，实际往往各等级的试验次数不等。若有 n 个等级，而每个等级试验次数为 m_j，同时可将总离差平方和分解：

$$\begin{aligned}Q&=\sum_{j=1}^{n}\sum_{i=1}^{m}(X_{ij}-\overline{X})^2\\&=\sum_{j=1}^{n}\sum_{i=1}^{m}[(X_{ij}-\overline{X}_j)+(\overline{X}_j-\overline{X})]^2\\&=\sum_{j=1}^{n}\sum_{i=1}^{m}(X_{ij}-\overline{X}_j)^2+2\sum_{j=1}^{n}\sum_{i=1}^{m}(X_{ij}-\overline{X}_j)(\overline{X}_j-\overline{X})+\sum_{j=1}^{n}\sum_{i=1}^{m}(\overline{X}_j-\overline{X})^2\\&=\sum_{j=1}^{n}\sum_{i=1}^{m_j}(X_{ij}-\overline{X}_j)^2+\sum_{j=1}^{n}\sum_{i=1}^{m_j}(\overline{X}_j-\overline{X})^2\end{aligned}$$

因为

$$\begin{aligned}&\sum_{j=1}^{n}\sum_{i=1}^{m}(X_{ij}-\overline{X}_j)(\overline{X}_j-\overline{X})=\sum_{j=1}^{n}(\overline{X}_j-\overline{X})\sum_{i=1}^{m_j}(X_{ij}-\overline{X}_j)\\&=\sum_{j=1}^{n}(\overline{X}_j-\overline{X})\left(\sum_{i=1}^{m_j}X_{ij}-\sum_{i=1}^{m_j}\overline{X}_j\right)\\&=\sum_{j=1}^{n}(\overline{X}_j-\overline{X})(T_j-m_j\overline{X}_j)\\&=\sum_{j=1}^{n}(\overline{X}_j-\overline{X})\left(T_j-m_j\frac{\sum_{i=1}^{m_j}X_{ij}}{m_j}\right)\\&=\sum_{j=1}^{n}(\overline{X}_j-\overline{X})(T_j-T_j)\\&=0\end{aligned}$$

此时按公式计算

$$\begin{aligned}Q_1&=\sum_{j=1}^{n}m_j(X_j-\overline{X})^2=\sum_{j=1}^{n}m_j\overline{X}_j(\overline{X}_j^2-2\overline{X}_j+X^2)\\&=\sum_{j=1}^{n}m_jX_j^2-2X\sum_{j=1}^{n}m_jX_j+X_j\sum_{j=1}^{n}m_j\\&=\sum_{j=1}^{n}m_j\left(\frac{\sum_{i=1}^{m_j}X_{ij}}{m_j}\right)^2-2\overline{X}^2\sum_{j=1}^{n}m_j+\overline{X}^2\sum_{j=1}^{n}m_j\end{aligned}$$

$$= \sum_{j=1}^{n} \frac{1}{m_j} (\sum_{i=1}^{m_j} X_{ij})^2 - X^2 \sum_{j=1}^{n} m_j$$

$$= \sum_{j=1}^{n} \frac{1}{m_j} (\sum_{i=1}^{m_j} X_{ij})^2 - \frac{1}{\sum_{j=1}^{n}} \frac{1}{m_j} (\sum_{j=1}^{n} \sum_{i=1}^{m_j} X_{ij})^2$$

其自由度为 $n-1$,同理可得

$$Q_2 = \sum_{j=1}^{n} \sum_{i=1}^{m_j} X_{ij}^2 - \sum_{j=1}^{n} \frac{1}{m_j} (\sum_{i=1}^{m_j} X_{ij})^2$$

其自由度为 $\sum_{j=1}^{n} m_j - n$(即全部观测数据的个数减 n)

$$F = \frac{\sum_{j=1}^{n} m_j(\bar{X}_j - \bar{X})/(n-1)}{\sum_{j=1}^{n} \sum_{i=1}^{m_j} (X_{ij} - \bar{X}_j)/[n(m-1)]}$$

例　从某地五组碳酸盐地层化学分析结果中,取某种化学成分,结果列于表 9-72(每组选有代表性样品,含量单位%),试问五组碳酸盐地层化学成分有无差别(化学成分可否作为分层的依据)?

表 9-72　某种化学成分表

数据 组编号 / 个数	A_1 组	A_2 组	A_3 组	A_4 组	A_5 组
1	100×10^{-4}	10×10^{-4}	1×10^{-4}	30×10^{-4}	0
2	200×10^{-4}	5×10^{-4}	1×10^{-4}	8×10^{-4}	1×10^{-4}
3	200×10^{-4}	5×10^{-4}	1×10^{-4}	10×10^{-4}	0
4	200×10^{-4}	5×10^{-4}	0	10×10^{-4}	1×10^{-4}
5	200×10^{-4}	5×10^{-4}		10×10^{-4}	
6	600×10^{-4}			30×10^{-4}	

解:列表 9-73 计算如下:

表 9-73　计算表

数据 组编号 / 个数	A_1 组	A_2 组	A_3 组	A_4 组	A_5 组	
1	100	10	1	30	0	
2	200	5	1	8	1	
3	200	5	1	10	0	
4	200	5	0	10	1	
5	200	5		10		
6	200			30		
Σ	1100	30	3	98	2	1233
$(\Sigma)^2$	1210000	900	9	9604	4	1220517
Σ^2	210000	200	3	2164	2	212369
$\bar{X}$	183.33	6	0.75	16.33	0.5	49.21

$$m_1=6, m_2=5, m_3=4, m_4=6, m_5=4, N=6+5+4+6+4=25$$

$$\frac{1}{\sum_{j=1}^{n} m_j}\left(\sum_{j=1}^{n}\sum_{i=1}^{m_j} X_{ij}\right)^2=\frac{1}{25}\times 1233^2=60811.56$$

$$\sum_{j=1}^{n}\frac{1}{m_j}\left(\sum_{i=1}^{m_j} X_{ij}\right)^2=\frac{1210000}{6}+\frac{900}{5}+\frac{9}{4}+\frac{9604}{6}+\frac{4}{4}=203450.58$$

所以　$Q_1=203450.58-60811.56=142639.02$

$Q_2=212369-203150.58=9218.42$

方差分析结果见表 9-74。

表 9-74　方差分析表

方差来源	离差平方和	自由度	平均离差平方和	F	显著性
组间(Q_1)	142639.02	4	$\frac{Q_1}{4}=35659.76$	$F=99.68$	
组内(Q_2)	9218.42	20	$\frac{Q_2}{20}=460.92$		
总　和	151857.44	24			

查 F 表得 $F_\alpha=0.01(4,20)=4.43$

所以 $F=99.68>F_\alpha=0.01(4,20)=4.43$

故五组碳酸盐地层化学成分差异特别显著(化学成分可以作为划分五组碳酸盐地层的依据),形成各组地层的古地理环境对其化学成分指标的影响特别显著。

三、双因素方差分析

(一) 双因素方差分析的概念

单因素方差分析是假定只有一个因素可能有系统的差异,显著地影响(或无)着一个地区观测数据的变化,其他因素只反映为偶然性的差异。在实际工作中往往可能是有两种因素在起作用,如不同地段的样品与不同的人,或不同的人与不同的时间等。进一步讨论两个因素可能有系统性的差异,其他仍可看成是随机的影响。在此情况下,总误差可写成:

$$Q=Q_A+Q_B+Q_e$$

式中,Q_A 是第一因素;Q_B 是第二因素;Q_e 是随机因素。

然后把 Q_A、Q_B、Q_e 分别除各自的自由度,得平均离差平方和 S_A^2,S_B^2、S_e^2,再求 F 值

$$F_A=\frac{S_A^2}{S_e^2}, F_B=\frac{S_B^2}{S_e^2}$$

进行统计试验。

下面就讨论具体的分解方法与计算方法。

(二) 离差平方和的分解及其简算公式和方差分析表

1. 离差平方和的分解

设影响试验的两个因素 A、B,把因素 A 分为 m 级,因素 B 分为 n 级进行试验。这样因素 A 与因素 B 共有 $m\times n$ 种配合,每一种配合进行一次试验,则有 $m\times n$ 个观测数据 X_{ij},$(i=1,2,\cdots,m;j=1,2,\cdots,n)$,如表 9-75 所示。

表 9-75　数据表

数据＼因素 B 因素 A	B_1	B_2	…	B_n
A_1	X_{11}	X_{12}	…	X_{1n}
A_2	X_{21}	X_{22}	…	X_{2n}
⋮	⋮	⋮	⋮	⋮
A_m	X_{m1}	X_{m2}	…	X_{mn}

设因素 A_i 的平均值为

$$\bar{X}_i=\frac{1}{n}\sum_{j=1}^{n}X_{ij}\qquad(\text{行平均值})$$

因素 B_j 的平均值为

$$X=\frac{1}{m}\sum_{i=1}^{m}X_{ij}\qquad(\text{列平均值})$$

总平均值为

$$\bar{X}=\frac{1}{nm}\sum_{j=1}^{n}\sum_{i=1}^{m}X_{ij}$$

总离差平方和为

$$\begin{aligned}Q&=\sum_{j=1}^{n}\sum_{i=1}^{m}(X_{ij}-\bar{X})^2\\&=\sum_{j=1}^{n}\sum_{i=1}^{m}[(X_{ij}-\bar{X}_i-\bar{X}_j+\bar{X})+(\bar{X}_i+\bar{X})+(\bar{X}_j-\bar{X})]^2\\&=\sum_{j=1}^{n}\sum_{i=1}^{m}(X_{ij}-\bar{X}_i-\bar{X}_j+\bar{X})^2+\sum_{j=1}^{n}\sum_{i=1}^{m}(\bar{X}_i-\bar{X})^2+\sum_{j=1}^{n}\sum_{i=1}^{m}(\bar{X}_j-\bar{X})^2+\\&\quad 2\sum_{j=1}^{n}\sum_{i=1}^{m}(X_{ij}-\bar{X}_i-\bar{X}_j+\bar{X})(\bar{X}_i-\bar{X})+2\sum_{j=1}^{n}\sum_{i=1}^{m}(X_{ij}-\bar{X}_i-\bar{X}_j+\bar{X})(\bar{X}_j-\bar{X})+\\&\quad 2\sum_{j=1}^{n}\sum_{i=1}^{m}(X_{ij}-\bar{X})(\bar{X}_j-\bar{X})\end{aligned}$$

因为 $\sum_{j=1}^{n}\sum_{i=1}^{m}(\bar{X}_i-\bar{X})=\sum_{j=1}^{n}\sum_{i=1}^{m}\bar{X}_i-\sum_{j=1}^{n}\sum_{i=1}^{m}\bar{X}$

其中 $\sum_{j=1}^{n}\sum_{i=1}^{m}\bar{X}_i=mn\frac{1}{n}\sum_{j=1}^{n}X_{ij}=\sum_{i=1}^{m}\sum_{j=1}^{n}X_{ij}\sum_{j=1}^{n}\sum_{i=1}^{m}\bar{X}=mn\frac{1}{mn}\sum_{j=1}^{n}\sum_{i=1}^{m}X_{ij}$

$$=\sum_{j=1}^{n}\sum_{i=1}^{m}X_{ij}$$

所以

$$\sum_{j=1}^{n}\sum_{i=1}^{m}(\bar{X}_i-\bar{X})=0$$

同理 $\sum_{j=1}^{n}\sum_{i=1}^{m}(\bar{X}_j-\bar{X})=0$,所以交叉乘积均为零。

故

$$Q=\sum_{j=1}^{n}\sum_{i=1}^{m}(X_{ij}-\bar{X}_i-\bar{X}_j+\bar{X})^2+\sum_{j=1}^{n}\sum_{i=1}^{m}(\bar{X}_i-\bar{X})^2+\sum_{j=1}^{n}\sum_{i=1}^{m}(\bar{X}_j-\bar{X})^2$$

它为三部分组成,其中

$Q_{行}=\sum_{j=1}^{n}\sum_{i=1}^{m}(\bar{X}_i-\bar{X})^2$ 表示因素 A 之间(或各行之间)的离差平方和,其自由度为 $m-1$。

$Q_{列}=\sum_{j=1}^{n}\sum_{i=1}^{m}(\bar{X}_j-\bar{X})^2$ 表示因素 B 之间(或各列之间)的离差平方和,其自由度为 $n-1$。

$Q_e=\sum_{j=1}^{n}\sum_{i=1}^{m}(X_{ij}-\bar{X}_i-\bar{X}_j+\bar{X})^2$ 表示剩余项,反映随机误差的大小,其自由度为 $(m-1)(n-1)$

2. 计算公式

为了求各离差平方和,将上述 $Q_{行}$、$Q_{列}$、Q_e 的具体公式推导如下:

$$\begin{aligned}Q_{行}&=\sum_{j=1}^{n}\sum_{i=1}^{m}(\bar{X}_i-\bar{X})^2=\sum_{j=1}^{n}\sum_{i=1}^{m}(\bar{X}_i^2-2\bar{X}_i\bar{X}+\bar{X}^2)\\&=\sum_{j=1}^{n}\sum_{i=1}^{m}\bar{X}_i^2-2\sum_{j=1}^{n}\sum_{i=1}^{m}\bar{X}_i\bar{X}+\sum_{j=1}^{n}\sum_{i=1}^{m}\bar{X}^2\\&=\sum_{j=1}^{n}\sum_{i=1}^{m}\left(\frac{\sum_{j=1}X_{ij}}{n}\right)^2-2\sum_{j=1}^{n}\sum_{i=1}^{m}\left(\frac{\sum_{j=1}X_{ij}}{n}\right)\left(\frac{\sum_{j=1}\sum_{i=1}X_{ij}}{mn}\right)+\sum_{j=1}^{n}\sum_{i=1}^{m}\left(\frac{\sum_{j=1}^{n}\sum_{i=1}^{m}X_i^2}{mn}\right)\\&=\sum_{i=1}^{m}\left(\sum_{j=1}^{n}X_{ij}\right)^{2/n}-\sum_{j=1}^{n}\sum_{i=1}^{m}\left(\frac{\sum_{j=1}^{n}\sum_{i=1}^{m}X_i^2}{mn}\right)^2\\&=\frac{\sum_{i=1}^{m}\left(\sum_{j=1}^{n}X_{ij}\right)^2}{n}-\frac{\left(\sum_{j=1}^{n}\sum_{i=1}^{m}X_{ij}\right)^2}{mn}\end{aligned}\tag{9-224}$$

$$\begin{aligned}Q_{列}&=\sum_{j=1}^{n}\sum_{i=1}^{m}(\bar{X}_j-\bar{X})^2=\sum_{j=1}^{n}\sum_{i=1}^{m}(\bar{X}_i^2-2\bar{X}_i\bar{X}+\bar{X}^2)\\&=\sum_{j=1}^{n}\sum_{i=1}^{m}\bar{X}_j^2-2\sum_{j=1}^{n}\sum_{i=1}^{m}\bar{X}_j\bar{X}+\sum_{j=1}^{n}\sum_{i=1}^{m}\bar{X}^2\\&=\sum_{j=1}^{n}\sum_{i=1}^{m}\left(\frac{\sum_{j=1}X_{ij}}{n}\right)^2-2\sum_{j=1}^{n}\sum_{i=1}^{m}\left(\frac{\sum_{j=1}X_{ij}}{m}\right)\left(\frac{\sum_{j=1}\sum_{i=1}X_{ij}}{mn}\right)+\sum_{j=1}^{n}\sum_{i=1}^{m}\left(\frac{\sum_{j=1}^{n}\sum_{i=1}^{m}X_{ij}}{mn}\right)^2\\&=\frac{\sum_{j=1}^{n}\left(\sum_{i=1}^{m}X_{ij}\right)^2}{m}-\sum_{j=1}^{n}\sum_{i=1}^{m}\frac{\left(\sum_{j=1}^{n}\sum_{i=1}^{m}X_{ij}\right)^2}{mn}\\&=\frac{\sum_{j=1}^{n}\left(\sum_{i=1}^{m}X_{ij}\right)^2}{m}-\frac{\left(\sum_{j=1}^{n}\sum_{i=1}^{m}X_{ij}\right)^2}{mn}\end{aligned}\tag{9-225}$$

$$Q_e=Q-Q_{行}-Q_{列}$$

因为
$$Q=\sum_{j=1}^{n}\sum_{i=1}^{m}(X_{ij}-\bar{X})^2=\sum_{j=1}^{n}\sum_{i=1}^{m}X_{ij}^2-\frac{1}{mn}\left(\sum_{j=1}^{n}\sum_{i=1}^{m}X_{ij}\right)^2$$

所以
$$\begin{aligned}Q_e&=\sum_{j=1}^{n}\sum_{i=1}^{m}X_{ij}^2-\frac{1}{mn}\left(\sum_{j=1}^{n}\sum_{i=1}^{m}X_{ij}\right)^2\\&=\left[\frac{\sum_{i=1}^{m}\left(\sum_{j=1}^{n}X_{ij}\right)^2}{n}-\frac{\left(\sum_{i=1}^{m}\sum_{j=1}^{n}X_{ij}\right)^2}{mn}\right]-\left[\frac{\sum_{j=1}^{n}\left(\sum_{i=1}^{m}X_{ij}\right)^2}{m}-\frac{\left(\sum_{j=1}^{n}\sum_{i=1}^{m}X_{ij}\right)^2}{mn}\right]\\&=\sum_{j=1}^{n}\sum_{i=1}^{m}X_{ij}^2-\frac{\sum_{i=1}^{m}\left(\sum_{j=1}^{n}X_{ij}\right)^2}{n}-\frac{\sum_{j=1}^{n}\left(\sum_{i=1}^{m}X_{ij}\right)^2}{m}-\frac{\left(\sum_{j=1}^{n}\sum_{i=1}^{m}X_{ij}\right)^2}{mn}\end{aligned}\tag{9-226}$$

有了以上公式,就可利用表 9-76 进行计算。

把计算得的 $\sum_{j=1}^{n}\sum_{i=1}^{m}X_{ij}$，$\sum_{i=1}^{m}(\sum_{j=1}^{n}X_{ij})^2$，$\sum_{j=1}^{n}(\sum_{i=1}^{m}X_{ij})^2$，$\sum_{j=1}^{n}\sum_{i=1}^{m}X_{ij}^2$ 代入式 9-224、式 9-225和式 9-226，就得各部分离差平方和。

表 9-76　离差平方和计算表

因素 B / 因素 A	1	2	…	n	$\sum_{j=1}^{n}X_{ij}$	$(\sum_{j=1}^{n}X_{ij})^2$	$\sum_{j=1}^{n}X_{ij}^2$
1	X_{11}	X_{12}	…	X_{1n}	$\sum_{j=1}^{n}X_{1j}$	$(\sum_{j=1}^{n}X_{1j})^2$	$\sum_{j=1}^{n}X_{1j}^2$
2	X_{21}	X_{22}	…	X_{2n}	$\sum_{j=1}^{n}X_{2j}$	$(\sum_{j=1}^{n}X_{2j})^2$	$\sum_{j=1}^{n}X_{2j}^2$
⋮	⋮	⋮	…	⋮	⋮	⋮	⋮
m	X_{m1}	X_{m2}	…	X_{mn}	$\sum_{j=1}^{n}X_{mj}$	$(\sum_{j=1}^{n}X_{mj})^2$	$\sum_{j=1}^{n}X_{mj}^2$
$\sum_{i=1}^{m}X_{ij}$	$\sum_{i=1}^{m}X_{i1}$	$\sum_{i=1}^{m}X_{i2}$	…	$\sum_{i=1}^{m}X_{in}$	$\sum_{j=1}^{n}\sum_{i=1}^{m}X_{ij}$	$\sum_{i=1}^{m}(\sum_{j=1}^{n}X_{ij})^2$	
$(\sum_{i=1}^{m}X_{ij})^2$	$(\sum_{i=1}^{m}X_{i1})^2$	$(\sum_{i=1}^{m}X_{i2})^2$	…	$(\sum_{i=1}^{m}X_{in})^2$	$(\sum_{j=1}^{n}\sum_{i=1}^{m}X_{ij})^2$		$\sum_{i=1}^{m}\sum_{j=1}^{n}X_{ij}^2$
$\sum_{i=1}^{m}X_{ij}^2$	$\sum_{i=1}^{m}X_{i1}^2$	$\sum_{i=1}^{m}X_{i2}^2$	…	$\sum_{i=1}^{m}X_{in}^2$		$\sum_{j=1}^{n}\sum_{i=1}^{m}X_{ij}^2$	

3．方差分析表

在求得各离差平方和之后，为了判断两个因素的影响是否显著，可利用下面的方差分析表 9-77。

表 9-77　方差分析表

	离差平方和	自由度	平均离差平方和	F	显著性
各行之间	$Q_{行}=n\sum_{i=1}^{m}(\bar{X}_j-\bar{X})^2$	$m-1$	$S_{行}^2=\frac{Q_{行}}{m-1}$	$\frac{S_{行}^2}{S_e^2}$	
各列之间	$Q_{列}=m\sum_{j=1}^{n}(\bar{X}_i-\bar{X})^2$	$n-1$	$S_{列}^2=\frac{Q_{列}}{n-1}$	$\frac{S_{列}^2}{S_e^2}$	
剩余	$\sum_{j=1}^{n}\sum_{i=1}^{m}(X_{ij}-\bar{X}_i-\bar{X}_j-\bar{X})^2$	$(m-1)\times(n-1)$	$S_e^2=\frac{Q_e}{(m-1)(n-1)}$		
总和	$Q=\sum_{j=1}^{n}\sum_{i=1}^{m}(X_{ij}-\bar{X})^2$	$mn-1$			

根据求得的 F 值与一定信度下的临界值 F_α 比较，就可判断 A、B 两因素影响是否显著或一个显著，一个不显著，或两个都不显著。

（三）实例

有三个化探队到某地进行工作，其中有四个地段，三个队都曾采了样，分析了铜含量，所得数据（假想数据）如表 9-78 所示。试检验三个化探队之间、四个地段所采子样之间有无显著差异。

表 9-78　数据表

化探队 \ 地段	1	2	3	4
甲	750	600	500	800
乙	700	700	550	700
丙	500	650	45	600

对表 9-78 的数据进行统计分析(把每个数据同时减去 600,再同时除以 100 进行简化),结果见表 9-79。

表 9-79　简化数据表

化探队 \ 地段	1	2	3	4	$\sum_{j=1}^{4} X_{ij}$	$(\sum_{j=1}^{4} X_{ij})^2$	$\sum_{j=1}^{4} X_{ij}^2$
甲	1.5	0	−1	2	2.5	6.25	7.25
乙	1	1	−0.5	1	2.5	6.25	3.25
丙	1	0.5	−1.5	0	−2	4	3.5
$\sum_{i=1}^{3} X_{ij}$	1.5	1.5	−3	3	$\sum_{j=1}^{4}\sum_{i=1}^{3} X_{ij}$	$\sum_{i=1}^{3}(\sum_{j=1}^{4} X_{ij})^2 = 16.5$	$\sum_{i=1}^{3}\sum_{j=1}^{4} X_{ij}^2 = 14$
$(\sum_{i=1}^{3} X_{ij})^2$	2.25	2.25	9	9	$(\sum_{j=1}^{4}\sum_{i=1}^{3} X_{ij})^2 = 22.5$		
$\sum_{i=1}^{3} X_{ij}^2$	4.25	1.25	3.5	5	$\sum_{j=1}^{4}\sum_{i=1}^{3} X_{ij}^2 = 14$		

将表 9-79 右下角小方框内数字代入式 9-224、式 9-225、式 9-226 得到:

$$Q_{队}=\frac{16.5}{4}-\frac{3^2}{3\times4}=3.38,\ Q_{地段}=\frac{22.5}{3}-\frac{3^2}{3\times4}=6.75,\ Q_e=14-\frac{16.5}{4}-\frac{22.5}{3}-\frac{3^2}{3\times4}=3.12$$

列表进行方差分析,见表 9-80。

表 9-80　方差分析表

离差平方和		自由度	平均离差平方和 S	F	显著性
队之间	3.38	3−1	1.69	3.25	不
地段之间	6.75	4−1	2.25	4.33	
剩余	3.12	(3−1)×(4−1)	0.52		
总和	13.25	3×4−1			

查 F 检验临界值表,$F_\alpha=0.1(2,6)=3.46$,$F_\alpha=0.1(3,6)=3.29$,$F_\alpha=0.05(3,6)=4.76$,所以,$F_{队}=3.25<F_\alpha=0.1(2,6)=3.46$,故三个化探队所得结果无显著差异。$F_{地段}=4.33>F_\alpha=0.1(3,6)=3.29$,故在 $\alpha=0.1$ 时,认为地段不同的样品结果是有影响的,而在 $\alpha=0.05$ 时,$F_{地段}=4.33<F_\alpha=0.05(3,6)=4.76$,故此时地段之间对结果也无明显影响。

四、双因素具有交互作用的情况

在实际工作中,有时两种因素的作用往往是互相交叉在一起发生作用。譬如在分析工作中,不同的人对同一批样品的分析可能得到不同的结果。这时既有人的因素，也有样品因素，还有这两种因素交织在一起的影响。为了了解存在交互作用的影响，一般对每个样品需进行重复观测（了解随机因素的影响），才能判断交互作用的影响，例如两种因素 A 与 B，A 因素有 m 个等级，B 因素有 n 个等级，每个样品在 A、B 的各种组合下，各做 k 次试验（$k\geqslant 2$），如表 9-81 所示。

表 9-81 数据表

A \ B	1	2	…	n
1	X_{111},X_{112},X_{11k}	X_{121},X_{122},X_{12k}	…	X_{1n1},X_{1n2},X_{1nk}
2	X_{211},X_{212},X_{21k}	X_{221},X_{222},X_{22k}	…	X_{2n1},X_{2n2},X_{2nk}
3	X_{311},X_{312},X_{31k}	X_{321},X_{322},X_{32k}	…	X_{3n1},X_{3n2},X_{3nk}
⋮	⋮	⋮	⋮	⋮
m	X_{m11},X_{m12},X_{m1k}	X_{m21},X_{m22},X_{m2k}	…	X_{mn1},X_{mn2},X_{mnk}

（一）离差平方和的分析

分解前将几个符号作一说明。

$$X_{ij}=\sum_{k=1}^{k}X_{ijk}\qquad（每个样品重复观测值之和）$$

$$\bar{X}_{ij}=\frac{1}{k}X_{ij}\qquad（每个样品重复观测后的平均值）$$

$$\bar{X}_{j}=\frac{1}{m}\sum_{i=1}^{m}\bar{X}_{ij}=\frac{1}{kn}\sum_{i=1}^{m}X_{ij}\qquad（列平均值）$$

$$X_{i}=\frac{1}{n}\sum_{j=1}^{n}\bar{X}_{ij}=\frac{1}{km}\sum_{j=1}^{n}X_{ij}\qquad（行平均值）$$

$$\bar{X}=\frac{1}{kmn}\sum_{j=1}^{n}\sum_{i=1}^{m}X_{ij}=\frac{1}{kmn}\sum_{j=1}^{n}\sum_{i=1}^{m}\sum_{k=1}^{k}X_{ijk}\qquad（总平均值）$$

$$\begin{aligned}
Q=&\sum_{j=1}^{n}\sum_{i=1}^{m}\sum_{k=1}^{k}[(X_{ijk}-\bar{X})]^2\\
=&\sum_{j=1}^{n}\sum_{i=1}^{m}\sum_{k=1}^{k}[(X_{ijk}-\bar{X}_{ij})+(\bar{X}_i-\bar{X})+(\bar{X}_j-\bar{X})+(\bar{X}_{ij}-\bar{X}_i-\bar{X}_j+\bar{X})]^2\\
=&\sum_{j=1}^{n}\sum_{i=1}^{m}\sum_{k=1}^{k}[(X_{ijk}-\bar{X}_{ij})^2+2(X_{ijk}-\bar{X}_{ij})(\bar{X}_i-\bar{X})+(\bar{X}_i-\bar{X})^2]+\\
&\sum_{j=1}^{n}\sum_{i=1}^{m}\sum_{k=1}^{k}2[(X_{ijk}-\bar{X}_{ij})+(\bar{X}_i-\bar{X})][(\bar{X}_j-\bar{X})+(\bar{X}_{ij}-\bar{X}-\bar{X}_j+\bar{X})]\\
=&\sum_{j=1}^{n}\sum_{i=1}^{m}\sum_{k=1}^{k}[(\bar{X}_j-\bar{X})^2+2(\bar{X}_j-\bar{X})(\bar{X}_{ij}-\bar{X}_i-\bar{X}_j+\bar{X})+(\bar{X}_{ij}-\bar{X}_i-\bar{X}_j+\bar{X})^2]\\
=&\sum_{j=1}^{n}\sum_{i=1}^{m}\sum_{k=1}^{k}(X_{ijk}-\bar{X}_{ij})^2+\sum_{j=1}^{n}\sum_{i=1}^{m}\sum_{k=1}^{k}(X_i-\bar{X})^2+\sum_{j=1}^{n}\sum_{i=1}^{m}\sum_{k=1}^{k}(X_j-\bar{X})^2+\\
&\sum_{j=1}^{n}\sum_{i=1}^{m}\sum_{k=1}^{k}(\bar{X}_{ij}-\bar{X}_i-\bar{X}_j+\bar{X})^2\\
=&Q_{e(随机)}+Q_{行(A)}+Q_{列(B)}+Q_{AB(交互)}
\end{aligned}$$

现将具体计算公式推导如下。

（二）计算公式

因为 $Q=\sum_{j=1}^{n}\sum_{i=1}^{m}\sum_{k=1}^{k}(X_{ijk}-\bar{X})^2=\sum_{j=1}^{n}\sum_{i=1}^{m}\sum_{k=1}^{k}X_{ijk}^2-\frac{1}{mnk}(\sum_{j=1}^{n}\sum_{i=1}^{m}X_{ij})^2$

$$Q_e=\sum_{j=1}^{n}\sum_{i=1}^{m}\sum_{k=1}^{k}(X_{ijk}-\bar{X}_{ij})^2=\sum_{j=1}^{n}\sum_{i=1}^{m}\sum_{k=1}^{k}(X_{ijk}^2-2X_{ijk}\bar{X}_{ij}+\bar{X}_{ij}^2)$$

$$=\sum_{j=1}^{n}\sum_{i=1}^{m}\sum_{k=1}^{k}X_{ijk}^2-2\sum_{j=1}^{n}\sum_{i=1}^{m}\sum_{k=1}^{k}X_{ijk}\bar{X}_{ij}+\sum_{j=1}^{n}\sum_{i=1}^{m}\sum_{k=1}^{k}\bar{X}_{ij}^2$$

$$=\sum_{j=1}^{n}\sum_{i=1}^{m}\sum_{k=1}^{k}X_{ij}-k\sum_{j=1}^{n}\sum_{i=1}^{m}\sum_{k=1}^{k}k\bar{X}_{ij}\bar{X}_{ij}+\sum_{j=1}^{n}\sum_{i=1}^{m}\sum_{k=1}^{k}\bar{X}_{ij}^2$$

$$=\sum_{j=1}^{n}\sum_{i=1}^{m}\sum_{k=1}^{k}X_{ijk}^2-\sum_{j=1}^{n}\sum_{i=1}^{m}\sum_{k=1}^{k}\bar{X}_{ij}^2=\sum_{j=1}^{n}\sum_{i=1}^{m}\sum_{k=1}^{k}X_{ijk}^2-\sum_{j=1}^{n}\sum_{i=1}^{m}\sum_{k=1}^{k}\left(\frac{X_{ij}}{k}\right)$$

$$=\sum_{j=1}^{n}\sum_{i=1}^{m}\sum_{k=1}^{k}X_{ijk}^2-\frac{1}{k}\sum_{j=1}^{n}\sum_{i=1}^{m}X_{ij}^2$$

$$Q_{A(行)}=\sum_{j=1}^{n}\sum_{i=1}^{m}\sum_{k=1}^{k}(\bar{X}_i-\bar{X})^2=\sum_{j=1}^{n}\sum_{i=1}^{m}\sum_{k=1}^{k}(\bar{X}_i^2-2\bar{X}_i\bar{X}+\bar{X}^2)$$

$$=\sum_{j=1}^{n}\sum_{i=1}^{m}\sum_{k=1}^{k}\bar{X}_i^2-2\sum_{j=1}^{n}\sum_{i=1}^{m}\sum_{k=1}^{k}\bar{X}_i\bar{X}+\sum_{j=1}^{n}\sum_{i=1}^{m}\sum_{k=1}^{k}\bar{X}^2$$

$$=\sum_{j=1}^{n}\sum_{i=1}^{m}\sum_{k=1}^{k}\left(\frac{\sum_{j=1}^{n}X_{ij}}{kn}\right)^2-2\sum_{j=1}^{n}\sum_{i=1}^{m}\sum_{k=1}^{k}\left(\frac{1}{kn}\sum_{j=1}^{n}X_{ij}\right)X+\sum_{j=1}^{n}\sum_{i=1}^{m}\sum_{k=1}^{k}\bar{X}^2$$

$$=\frac{1}{kn}\sum_{i=1}^{m}(\sum_{j=1}^{n}X_{ij})^2-2\sum_{j=1}^{n}\sum_{i=1}^{m}\sum_{k=1}^{k}\bar{X}^2+\sum_{j=1}^{n}\sum_{i=1}^{m}\sum_{k=1}^{k}X^2$$

$$=\frac{1}{kn}\sum_{i=1}^{m}(\sum_{j=1}^{n}X_{ij})^2-\frac{1}{kmn}(\sum_{i=1}^{m}\sum_{j=1}^{n}X_{ij})^2$$

$$Q_{B(列)}=\sum_{j=1}^{n}\sum_{i=1}^{m}\sum_{k=1}^{k}(\bar{X}_j-\bar{X})^2=\sum_{j=1}^{n}\sum_{i=1}^{m}\sum_{k=1}^{k}(X_i^2-2\bar{X}_i\bar{X}+\bar{X}^2)$$

$$=\frac{1}{km}\sum_{j=1}^{n}(\sum_{i=1}^{m}X_{ij})^2-\frac{1}{kmn}(\sum_{j=1}^{n}\sum_{i=1}^{m}X_{ij})^2$$

$$Q_{AB(交互)}=Q-Q_A-Q_B-Q_e$$

$$=\frac{1}{k}\sum_{j=1}^{n}\sum_{i=1}^{m}X_{ij}^2-\frac{1}{km}\sum_{j=1}^{n}(\sum_{i=1}^{m}X_{ij})^2-\frac{1}{km}\sum_{i=1}^{m}(\sum_{j=1}^{n}X_{ij})^2+\frac{1}{kmn}(\sum_{j=1}^{n}\sum_{i=1}^{m}X_{ij})^2$$

各离差平方和相应的自由度

$Q_{总}$　　$f_{总}=kmn-1$

$Q_{A(行)}$　　$f_{行}=m-1$

$Q_{B(列)}$　　$f_{列}=n-1$

$Q_{AB(交互)}$　　$f_{AB}=(n-1)(m-1)$

Q_e　　$f_e=nm(k-1)$

（三）方差分析表

方差分析表见表9-82。

表 9-82　方差分析表

方差来源	Q	f	平均离差平方和 S	F	显著性
因素 A	Q_A	$m-1$	$Q_A/(m-1)$	F_A	
因素 B	Q_B	$n-1$	$Q_B/(n-1)$	F_B	
AB 交互作用	Q_{AB}	$(m-1)(n-1)$	$Q_{AB}/(m-1)(n-1)$	F_{AB}	
随机误差	Q_e	$nm(k-1)$	$Q_e/[nm(k-1)]$		
总　和	Q	C	$Q/nm(k-1)$		

(四) 实例

三个鉴定人员对两个辉绿岩样本中的磁铁矿含量重复进行四次统计,结果如表 9-83 所示,问两个样本的磁铁矿含量有无显著差异?三个鉴定人员统计标准是否可以认为一致?鉴定人员与样本的交互作用是否显著?

表 9-83　统计表

数据 操作者 样本	B_1	B_2	B_3
A_1	13	14	17
	17	14	21
	13	16	8
	17	17	16
A_2	16	19	16
	14	27	15
	19	23	17
	25	20	18

解:将各数据减去 17,得新数据表 9-84,做累计表并进行计算,如表 9-85、表 9-86 所示。

表 9-84　数据表

数据 操作者 样本	B_1	B_2	B_3
A_1	-4	-3	0
	0	-3	4
	-4	-1	-9
	0	0	-1
A_2	-1	2	-1
	-3	10	-2
	2	6	0
	8	3	1

表 9-85　累计表

数据 / 样本 \ 操作者	B_1	B_2	B_3	$\sum$	$(\sum)^2$	$\sum^2$
A_1	−8(64)	−7(49)	−6(36)	−21	441	149
A_2	6(36)	21(441)	−2(4)	25	625	481
$\sum$	−2	14	−8	4	1066	630
$(\sum)^2$	4	196	64	264		
$\sum^2$	100	490	40	630		

$$m=2, n=3, k=4$$

$$Q_{A(\text{行})}=\frac{1}{kn}\sum_{i=1}^{m}\left(\sum_{j=1}^{n}X_{ij}\right)^2-\frac{1}{kmn}\left(\sum_{i=1}^{m}\sum_{j=1}^{n}X_{ij}\right)^2$$

$$=\frac{1}{3\times4}\times1066-\frac{1}{4\times3\times2}\times4^2=88.8-0.7=88.1$$

$$Q_{B(\text{列})}=\frac{1}{km}\sum_{j=1}^{n}\left(\sum_{i=1}^{m}X_{ij}\right)^2-\frac{1}{kC}\left(\sum_{j=1}^{n}\sum_{i=1}^{m}X_{ij}\right)^2$$

$$=\frac{1}{4\times2}\times264-0.7=32.3$$

$$Q_e=\sum_{j=1}^{n}\sum_{i=1}^{m}\sum_{k=1}^{k}X_{ijk}^2-\frac{1}{k}\sum_{j=1}^{n}\sum_{i=1}^{m}X_{ij}^2$$

$$=(10^2+9^2+8^2+6^2+3\times4^2+4\times3^2+3\times2^2+5\times1^2)-630/4$$

$$=382-157.5=224.5$$

$$Q=382-0.7=381.3$$

$$Q_{AB}=381.3-(224.5+88.1+32.3)=36.1$$

相应的自由度：

$$f_{\text{总}}=3\times2\times4-1=23$$

$$f_{\text{行}}=2-1=1$$

$$f_{\text{列}}=3-1=2$$

$$f_{AB}=(2-1)(3-1)=2$$

$$f_e=2\times3\times(4-1)=18$$

表 9-86　计算表

方差来源	Q	f	平均离差平方和 S	F	显著性
样本 A	88.1	1	88.1	7.05	
操作者 B	32.3	2	16.2	1.30	
交互作用 AB	36.4	2	18.2	1.46	
误　差	224.5	18	12.5		
总　和	381.3	23			

查 F 检验临界值表

$F_\alpha=0.05(1,18)=4.41, F_\alpha=0.05(2,18)=3.55$

$F_A=7.05>F_\alpha=0.05(1,18)=4.41$

$F_B=1.30<F_\alpha=0.05(2,18)=3.55$

$F_{AB}=1.46<F_\alpha=0.05(2,18)=3.55$

故可认为两个辉绿岩样本的磁铁矿含量有明显差别，而鉴定人员的标准可以认为是一致，鉴定人员与样本之间的交互作用不显著。

（五）三层套合方差分析

在区域化探工作中，为了检查取样与分析的质量，按规定都要进行重复取样与重复分析。设在全区（或一个图幅）重复取样点为 a，每个取样点取 b 个重复样，每个样做了 c 次分析，为估价这个地区的采样与分析误差的大小及它们是否足以掩盖或歪曲元素在不同采样点上的真实含量，采用三层套合方差分析。

三层套合方差与双因素方差分析的差别在于：双因素方差分析中，因素 A、B 是平行的，而在三层套合分析中，A、B 不是平行的，它是先按 A 因素分为 $A_1, A_2, \cdots, A_a$，然后 A_i 中再按因素 B 分为 $B_{i1}, B_{i2}, \cdots, B_{ib}$，而 B_i 中再按因素 C 分为 $C_{ij1}, C_{ij2}, \cdots, C_{ijk}$（$i=1,2,\cdots,a, j=1,2,\cdots,b, k=1,2,\cdots,c$）。可见因素间是互相约束与影响的，见表 9-87。

表 9-87 因素关系

A 因素取样地点	B 因素重复样品	C 因素重复分析
A_1	B_{11}	$C_{111}, C_{112}, \cdots, C_{11k}$
	B_{12}	$C_{121}, C_{122}, \cdots, C_{12k}$
	$\vdots$	$\vdots$
	B_{1j}	$C_{1j1}, C_{1j2}, \cdots, C_{1jk}$
A_2	B_{21}	$C_{211}, C_{212}, \cdots, C_{21k}$
	B_{22}	$C_{221}, C_{222}, \cdots, C_{22k}$
	$\vdots$	$\vdots$
	B_{2j}	$C_{2j1}, C_{2j2}, \cdots, C_{2jk}$
$\vdots$	f	
	$\vdots$	$\vdots$
A_i	B_{i1}	$C_{i11}, C_{i12}, \cdots, C_{i1k}$
	B_{i2}	$C_{i21}, C_{i22}, \cdots, C_{i2k}$
	$\vdots$	$\vdots$
	B_{ij}	$C_{ij1}, C_{ij2}, \cdots, C_{ijk}$

1．离差平方和的分解

先将符号做一说明：

$$X_{ij} = \sum_{k=1}^{c} X_{ijk}\text{（重复分析的含量和）}$$

$$\overline{X}_{ij} = \frac{1}{c} X_{ij}\text{（样品重复分析的含量平均值）}$$

$$\overline{X}_{i} = \frac{1}{b}\sum_{j=1}^{b} \overline{X}_{ij} = \frac{1}{bc}\sum_{j=1}^{b} X_{ij}\text{（列平均值）}$$

$$\overline{X} = \frac{1}{abc}\sum_{i=1}^{a}\sum_{j=1}^{b} X_{ij} = \frac{1}{abc}\sum_{i=1}^{a}\sum_{j=1}^{b}\sum_{k=1}^{c} X_{ijk}\text{（总平均值）}$$

设总离差平方和 $Q = \sum_{i=1}^{a}\sum_{j=1}^{b}\sum_{k=1}^{c}(X_{ijk} - \overline{X})^2$

可改写成如下形式

$$\sum_{i=1}^{a}\sum_{j=1}^{b}\sum_{k=1}^{c}[(X_{ijk} - \overline{X}_{ij}) + (\overline{X}_{ij} - \overline{X}_{i}) + (\overline{X}_{i} - \overline{X})]^2$$

用二项式展开，其中交互相乘为零，故：

$$Q = \sum_{i=1}^{a}\sum_{j=1}^{b}\sum_{k=1}^{c}(X_{ijk} - \overline{X}_{ij})^2 + \sum_{i=1}^{a}\sum_{j=1}^{b}\sum_{k=1}^{c}(\overline{X}_{ij} - \overline{X}_{i})^2 + \sum_{i=1}^{a}\sum_{j=1}^{b}\sum_{k=1}^{c}(\overline{X}_{i} - \overline{X})^2$$

令 $Q_e = \sum_{i=1}^{a}\sum_{j=1}^{b}\sum_{k=1}^{c}(X_{ijk} - \bar{X}_{ij})^2$（分析间离差）

$Q_B = \sum_{i=1}^{a}\sum_{j=1}^{b}\sum_{k=1}^{c}(\bar{X}_{ij} - \bar{X}_i)^2$（样品间离差）

$Q_A = \sum_{i=1}^{a}\sum_{j=1}^{b}\sum_{k=1}^{c}(\bar{X}_i - \bar{X})^2$（地点间离差）

所以 $Q = Q_e + Q_B + Q_A$

2．计算公式

现将三种离差的具体计算公式推导如下：

$$
\begin{aligned}
Q_e &= \sum_{i=1}^{a}\sum_{j=1}^{b}\sum_{k=1}^{c}(X_{ijk} - \bar{X}_{ij})^2 = \sum_{i=1}^{a}\sum_{j=1}^{b}\sum_{k=1}^{c}X_{ijk}^2 - 2\sum_{i=1}^{a}\sum_{j=1}^{b}\sum_{k=1}^{c}X_{ijk}\bar{X}_{ij} + \sum_{i=1}^{a}\sum_{j=1}^{b}\sum_{k=1}^{c}\bar{X}_{ij}^2 \\
&= \sum_{i=1}^{a}\sum_{j=1}^{b}\sum_{k=1}^{c}X_{ijk}^2 - 2\sum_{i=1}^{a}\sum_{j=1}^{b}C\sum_{k=1}^{c}X_{ijk}\bar{X}_{ij} + \sum_{i=1}^{a}\sum_{j=1}^{b}\sum_{k=1}^{c}\bar{X}_{ij}^2 \\
&= \sum_{i=1}^{a}\sum_{j=1}^{b}\sum_{k=1}^{c}X_{ijk}^2 - \sum_{i=1}^{a}\sum_{j=1}^{b}\sum_{k=1}^{c}\bar{X}_{ij}^2 = \sum_{i=1}^{a}\sum_{j=1}^{b}\sum_{k=1}^{c}X_{ijk}^2 - \sum_{i=1}^{a}\sum_{j=1}^{b}C\Big(\sum_{k=1}^{c}X_{ijk}/C\Big)^2 \\
&= \sum_{i=1}^{a}\sum_{j=1}^{b}\sum_{k=1}^{c}X_{ijk}^2 - \sum_{i=1}^{a}\sum_{j=1}^{b}\Big(\sum_{k=1}^{c}X_{ijk}\Big)^2/C
\end{aligned}
$$

令 $T = \sum_{i=1}^{a}\sum_{j=1}^{b}\sum_{k=1}^{c}X_{ijk}^2, R = \sum_{i=1}^{a}\sum_{j=1}^{b}\Big(\sum_{k=1}^{c}X_{ijk}\Big)^2/C$

所以 $Q_e = T - R$

$$
\begin{aligned}
Q_B &= \sum_{i=1}^{a}\sum_{j=1}^{b}\sum_{k=1}^{c}(\bar{X}_{ij} - \bar{X}_i)^2 = \sum_{i=1}^{a}\sum_{j=1}^{b}\sum_{k=1}^{c}(\bar{X}_{ij})^2 - 2\sum_{i=1}^{a}\sum_{j=1}^{b}\sum_{k=1}^{c}\bar{X}_{ij}\bar{X}_i + \sum_{i=1}^{a}\sum_{j=1}^{b}\sum_{k=1}^{c}\bar{X}_i^2 \\
&= \sum_{i=1}^{a}\sum_{j=1}^{b}\sum_{k=1}^{c}\left(\frac{X_{ij}}{C}\right)^2 - 2\sum_{i=1}^{a}\sum_{j=1}^{b}\sum_{k=1}^{c}\frac{X_{ij}}{C}\bar{X}_i + \sum_{i=1}^{a}\sum_{j=1}^{b}\sum_{k=1}^{c}\bar{X}_i^2 \\
&= \frac{1}{C}\sum_{i=1}^{a}\sum_{j=1}^{b}\bar{X}_{ij}^2 - 2\sum_{i=1}^{a}\sum_{j=1}^{b}\sum_{k=1}^{c}\Big(\sum_{j=1}^{b}X_{ij}/bc\Big)\cdot\bar{X} + \sum_{i=1}^{a}\sum_{j=1}^{b}\sum_{k=1}^{c}\bar{X}_i^2 \\
&= \frac{1}{C}\sum_{i=1}^{a}\sum_{j=1}^{b}\Big(\sum_{k=1}^{c}X_{ijk}\Big)^2 - \sum_{i=1}^{a}\sum_{j=1}^{b}\sum_{k=1}^{c}\bar{X}_i^2 \\
&= \frac{1}{C}\sum_{i=1}^{a}\sum_{j=1}^{b}\Big(\sum_{k=1}^{c}X_{ijk}\Big)^2 - \frac{\sum_{i=1}^{a}\Big(\sum_{j=1}^{b}\sum_{k=1}^{c}X_{ijk}\Big)^2}{bc}
\end{aligned}
$$

令 $q = \dfrac{\sum_{i=1}^{a}\Big(\sum_{j=1}^{b}\sum_{k=1}^{c}X_{ijk}\Big)^2}{bc}$

所以 $Q_B = R - q$

$$
\begin{aligned}
Q_A &= \sum_{i=1}^{a}\sum_{j=1}^{b}\sum_{k=1}^{c}(\bar{X}_i - \bar{X})^2 = \sum_{i=1}^{a}\sum_{j=1}^{b}\sum_{k=1}^{c}\bar{X}_i^2 - 2\sum_{i=1}^{a}\sum_{j=1}^{b}\sum_{k=1}^{c}\bar{X}_i\bar{X} + \sum_{i=1}^{a}\sum_{j=1}^{b}\sum_{k=1}^{c}\bar{X}^2 \\
&= \sum_{i=1}^{a}\sum_{j=1}^{b}\sum_{k=1}^{c}\left(\frac{1}{bc}\sum_{j=1}^{b}X_{ij}\right)^2 - 2\sum_{i=1}^{a}\sum_{j=1}^{b}\sum_{k=1}^{c}\left(\frac{1}{abc}\sum_{i=1}^{a}\sum_{j=1}^{b}X_{ij}\right)\bar{X} + \sum_{i=1}^{a}\sum_{j=1}^{b}\sum_{k=1}^{c}\bar{X}^2 \\
&= \frac{1}{bc}\sum_{i=1}^{a}\Big(\sum_{k=1}^{c}\sum_{j=1}^{b}X_{ijk}\Big)^2 - \frac{1}{abc}\Big(\sum_{i=1}^{a}\sum_{j=1}^{b}\sum_{k=1}^{c}X_{ijk}\Big)^2
\end{aligned}
$$

令 $p = \frac{1}{abc}\Big(\sum_{i=1}^{a}\sum_{j=1}^{b}\sum_{k=1}^{c}X_{ijk}\Big)^2$

所以 $Q_A = q - p$

3．方差分析表

在求得各离差平方和之后，为了判断因素的影响是否显著，可利用方差分析表（表 9-88）。

表 9-88　三层套合方差分析表

方差来源	离差平方和	自由度	平均离差平方和 S	F
地点间	Q_A	$a-1$	$S_A^2=Q_A/(a-1)$	$F_A=S_A^2/S_B^2$
样品间	Q_B	$a(b-1)$	$S_B^2=Q_B/a(b-1)$	$F_B=S_B^2/S_e^2$
分析间	Q_e	$abc-ab$	$S_e^2=Q_e/[ab(c-1)]$	
总离差	Q	$ab(c-1)$		

利用统计量 F_A 可检验采样地点间元素含量变化是否显著大于采样与分析误差变化，亦即元素含量变化是否会被采样与分析误差所掩盖或歪曲。利用统计量 F_B 可检验采样误差是否显著地大于分析误差，估计重复采样与分析误差的大小。

4．举例

在三个取样地点，每个地点采取两个样品，每个样品分析二次，其结果见表 9-89。

表 9-89　样品分析结果

样品 \ 分析 \ 地点	1		2		3	
1	3	2	5	8	10	9
2	2	1	8	6	12	10

问取样与分析产生的误差能否掩盖地点之间的差异，重复取样质量如何？

解：第一步：列表计算（表 9-90）

表 9-90　数据表

地　点	样　品	X_{ijk}	X_{ijk}^2	$\left(\sum\limits_{k=1}^{c} X_{ijk}\right)^2$	$\left(\sum\limits_{j=1}^{b}\sum\limits_{k=1}^{c} X_{ijk}\right)^2$
1	1	3		25	$8^2=64$
		2	94		
	2	2	4	9	
		1	1		
2	1	5	25	169	$27^2=729$
		8	64		
	2	8	64	96	
		6	36		
3	1	10	100	361	$41^2=1681$
		9	81		
	2	12	144	484	
		10	100		
Σ		76	713	1144	2474

第二步:求 p、q、R、T

$$p=\frac{\left(\sum_{i=1}^{a}\sum_{j=1}^{b}\sum_{k=1}^{c}X_{ijk}\right)^2}{abc}=\frac{76^2}{12}=481.3$$

$$q=\frac{\sum_{i=1}^{a}\left(\sum_{j=1}^{b}\sum_{k=1}^{c}X_{ijk}\right)^2}{bc}=\frac{2474}{4}=618.5$$

$$R=\frac{\sum_{i=1}^{a}\sum_{j=1}^{b}\left(\sum_{k=1}^{c}X_{ijk}\right)^2}{c}=\frac{1244}{2}=622$$

$$T=\sum_{i=1}^{a}\sum_{j=1}^{b}\sum_{k=1}^{c}X_{ijk}^2=632$$

第三步:求各离差平方和

$$Q_A=q-p=618.5-481.3=137.2$$

$$Q_B=R-q=622-618.5=3.5$$

$$Q_e=T-R=632-622=10$$

第四步:计算平均离差平方和

$$S_A^2=\frac{Q_A}{a-1}=\frac{137.2}{2}=68.6$$

$$S_B^2=\frac{Q_B}{a(b-1)}=\frac{3.5}{3}=1.17$$

$$S_e^2=\frac{Q_e}{ab(c-1)}=\frac{10}{6}=1.67$$

第五步:列方差分析表(表 9-91)

表 9-91　方差分析表

方差来源	离差平方和	自由度	平均离差平方和 S	F
地点间	$Q_A=137.2$	2	$S_A^2=68.6$	$F_A=68.6/1.17=58.63$
样品间	$Q_B=3.5$	3	$S_B^2=1.17$	$F_B=1.17/1.67=0.7$
分析间	$Q_e=10$	6	$S_e^2=1.67$	

第六步:与 F 临界值比较,得出结论

$F_A=58.63>F_\alpha=0.05(2,3)=9.56$

$F_B=0.7<F_\alpha=0.05(3,6)=4.76$

可见,F_A远远大于F临界值,说明采样地点的差异而引起元素含量的变化是显著的,它不会被重复取样与重复分析的误差所掩盖或歪曲,故数据可利用。$F_B<F$临界值,说明采样误差并不大于分析误差,重复取样质量可靠,故误差主要由分析中随机因素引起的。

第十章 资料整理及异常值的确定

第一节 地球化学背景值及背景上限值的确定

前已述及地球化学背景是指元素呈正常分布的现象,属于地球化学背景的化学元素的含量并不是一个固定数值。在地球化学背景范围内元素的含量是有波动起伏的,其平均值称为背景值,其最大值称为背景上限(背景上限值)或异常下限。区分背景和异常的元素含量数值,不是背景值而是背景上限(或异常下限)。背景值及背景上限的确定是资料综合整理的先行步骤。要进行资料综合整理,首先要确定背景值及背景上限(或异常下限)。

确定背景值及背景上限的方法有多种,常用的有长剖面法、图解法(其中包括直方图解法、概率格纸图解法)和计算法等。后两种方法均属于整理统计方法。

一、长剖面法

这种方法是建立在地质剖面观察基础上,以对比剖面地质观察和样品分析结果来确定背景值及背景上限。

首先,工作时应选择一条或几条横穿矿体的有代表性的长剖面,在测制地质剖面的同时,以一定间距采取岩石(或土壤)样品,分析有关元素的含量,并编制地球化学剖面(图 10-1)。

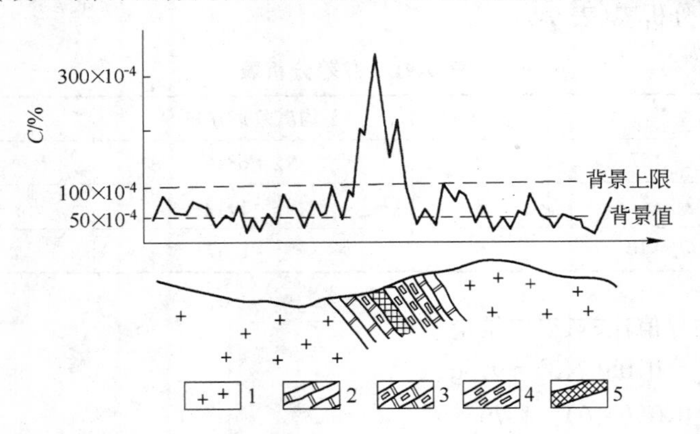

图 10-1 地球化学背景值和背景上限确定示意图

1—花岗岩;2—大理岩;3—矽卡岩化大理岩;4—矽卡岩;5—矽体

其次,利用地球化学剖面图来对比剖面地质观察结果和元素含量变化。根据远离矿体处样品中元素含量,平行横坐标做一条平均含量线,与纵坐标相交处指示的含量即为该元素在这一地段的背景值。根据远离矿体处样品中元素含量波动范围,由波动上限处平行横坐标做直线,与纵坐标相交处指示的含量即为该元素在这一地段的背景上限。

根据图 10-1,以这种方法确定铅的背景值为 $50\times10^{-4}\%$,铅的背景上限为 $100\times10^{-4}\%$。这种方法以地质观察为基础,简便易行,在矿区及其外围地段进行找矿时较为适用。

二、直方图解法

直方图解法确定背景值及背景上限建立在元素在地质体中一般均呈正态分布或对数正态分布的基础上。应用这种方法时，首先统计绘制元素各含量的频率直方图；然后根据正态分布（或对数正态分布）特点确定众值 M_o，用其代表背景值；确定均方根差（离差）σ，并以此计算背景上限（或称异常下限）C_a。其具体步骤如下：

（1）将参加统计的含量，由低到高按一定的含量间隔（或含量对数间隔）进行分组，分组数目在正常地区一般为5～7个或更多，并统计各组样品的频率（或频数）。

（2）以含量（或含量的对数）为横坐标，以样品出现的频率（或频数）为纵坐标，绘制直方图。

（3）在频率（或频数）最大的直方柱中以左顶角与右邻直方柱相应顶角相连，以右顶角与左邻直方柱相应顶角相连，两连线的交点在横坐标上投影为 M_o，即为所求的背景值 C_o（或背景值的对数值）。

（4）通过各直方柱柱面，做一钟形曲线，在 M_o 两侧曲线基本上相互对称。

（5）由频率或频数的极大值的0.6倍处，做一平行横坐标的直线，与曲线一侧相交，其横坐标长度即为 σ（或 $\log\sigma$）。由 M_o 向右量取2～3倍的 σ（一般取 2σ），该处所指示的含量（或其对数值）即为背景上限（或其对数值）。

在背景地区，例如某铜矿外围，采集了土壤样品100个，其含量统计情况如表10-1所示。

表 10-1　某铜矿外围 100 个土壤样品的含量统计情况

铜含量/g·t^{-1}	3	5	6	8	10	15	20	25
样品数	8	9	11	10	30	25	5	2

根据元素性质及含量与频数的情况，其频率分布形式经检验为对数正态分布。

元素含量范围的对数值在0.4～1.4之间，若分为5组，组距应为0.2(lg g/t)。根据这一组距将含量分组并进行统计，其结果如表10-2所示。

表 10-2　元素含量分组后的频率统计

对数含量间隔/(lg g/t)	组中值	大致相当含量/g·t^{-1}	频　数	频率/%	累积频率/%
0.4～0.6	0.5	2.6～4.0	8	8	8
0.6～0.8	0.7	4.0～6.2	20	20	28
0.8～1.0	0.9	6.2～10	40	40	68
1.0～1.2	1.1	10～16	25	25	93
1.2～1.4	1.3	16～25	7	7	100

据表10-2做直方图见图10-2。

由图可以确定 M_o^L（M_o 的对数值）为0.92 (lg g/t)，σ^L（对数均方根差）为0.18(lg g/t)。因而可得出 $C_o = 8.3$ g/t；$C_a = 19$ g/t。

在异常地区，一般经历了多种地球化学作用，所以含量频数或频率分布曲线常呈两个以上的正态曲线（或对数正态曲线）的综合形态。这时，分组数目可能较多，但最左侧的频数或频率一般为最大的钟形曲线部分，仍应有3～5组。

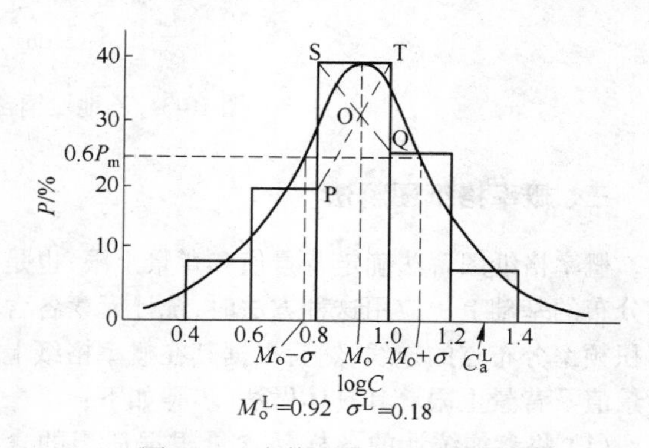

图 10-2　众值和均方根差图解

如某铜矿区采集土壤样品1000个,其铜含量(g/t)统计如表10-3所示。

表10-3 某铜矿区1000个土壤样品铜含量统计情况

含量/$g \cdot t^{-1}$	3	5	6	8	10	15	20	25	30	40	50	60	80	100	200	总计
样品数	30	50	30	150	200	120	35	25	60	20	100	80	50	20	30	1000

按组距为0.2(lg g/t)进行分组,频率统计如表10-4所示。

表10-4 频率统计表

含量分组 iL=0.20		频数 f	频率$\left(P=\frac{f}{N}\times100\right)$/%	累积频率/%
对数间隔	相当的含量值/%			
0.4～0.6	$(2.51\sim3.98)\times10^{-4}$	30	3	3
0.6～0.8	$(3.98\sim6.31)\times10^{-4}$	80	8	11
0.8～1.0	$(6.31\sim10.0)\times10^{-4}$	350	35	46
1.0～1.2	$(10.0\sim15.8)\times10^{-4}$	120	12	58
1.2～1.4	$(15.8\sim25.1)\times10^{-4}$	60	6	64
1.4～1.6	$(25.1\sim39.8)\times10^{-4}$	60	6	70
1.6～1.8	$(39.8\sim63.1)\times10^{-4}$	200	20	90
1.8～2.0	$(63.1\sim100)\times10^{-4}$	70	7	97
2.0～2.2	$(100\sim158)\times10^{-4}$	0	0	
2.2～2.4	$(158\sim251)\times10^{-4}$	30	3	100
		$\sum f=1000$	$\sum P=100$	

在含量频率分布图上(见图10-3)呈现双峰曲线,左侧为背景部分,右侧为异常部分。二者都应服从对数正态分布。在双峰间谷底处对应的含量对数值应为背景上限对数值。因此,根据表10-4和图10-3可知:$C_o=8.3$ g/t[$\lg C_o=0.92$ (lg g/t)];$C_a=19$ g/t[$\lg C_a=1.28$ (lg g/t)]。

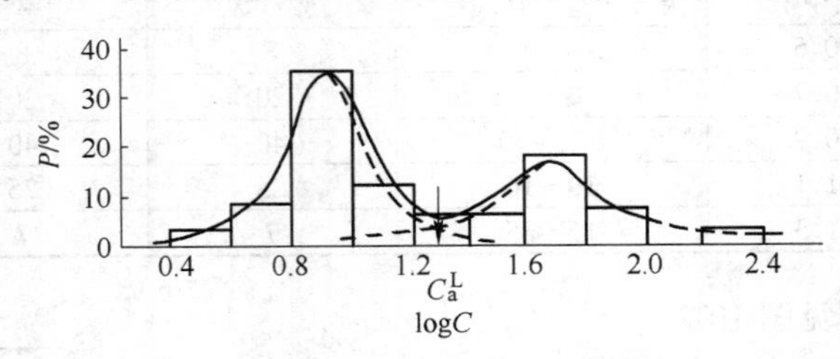

图10-3 乙地段铜含量频率直方图

三、概率格纸图解法

概率格纸图解法确定背景值和背景上限,也是建立在元素在地质体中呈正态分布或对数正态分布的基础上。应用这种方法时,统计元素各含量的累积频率并在概率格纸上绘出各含量组累积频率分布点的连线;然后根据其在概率格纸上反映的正态分布(或对数正态分布)特点,确定背景值及背景上限。其具体做法、步骤如下:

(1) 将参加统计的各样品含量根据适当的含量间隔(或对数含量间隔)进行分组(要求同前),并分别统计各含量组中含量出现的频数、频率及累积频率。

(2) 根据元素分布形式(正态分布或对数正态分布)选定横坐标(含量或含量的对数值),并根据含量间隔(对数含量间隔)在概率格纸上确定横坐标刻度数值。将各含量组的累积频率值投点于图上,连接相邻各点,形成累积频率曲线。

(3) 连线与累积频率为 50% 线的交点的横坐标(中位值)即为背景值(或其对数值)。连线与累积频率为 84.1%(或 15.9%)线交点的横坐标与中位值间线段长度即为 σ(或 $\lg\sigma$)。连线上累积频率为 97.7% 的点横坐标即为背景上限(或其对数值)。

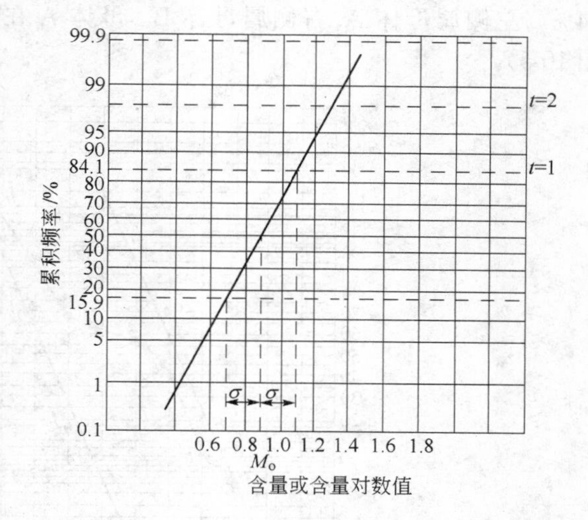

图 10-4　某铜矿铜含量累积频率分布图

以前述某铜矿外围所采集的土壤样品资料为例(见表 10-2),用概率格纸图解法可求得铜的 $C_o = 8.1$ g/t[lg $C_o = 0.91$ (lg g/t)],$C_a = 20$ g/t[lg $C_a = 130$ (lg g/t)],见图 10-4。

根据正态分布(或对数正态分布)的特点和上述资料可以说明,在背景地区各含量累积频率在概率格纸上近于成直线分布。它反映了单一地球化学作用形成的单一母体,在异常地区,有多种地球化学作用,有多个母体,因而各含量累积频率点在概率格纸上一般成为由两条以上的斜率不等的直线所综合形成的曲线。其中一条直线应反映背景,其余的应属异常。因此,若把能反映多重母体(即包括有背景和异常)的综合曲线分解成反映各单一母体的直线,则我们能在异常地区利用概率格纸图解求出元素的背景值和背景上限。多重分解方法(有时叫多重母体分解方法)正是在适应这种思想的基础上提出的。

多重总体分解法的关键在于将反映多重母体的综合总体分布分解为各个单一的母体分布,其方法与步骤如下:

(1) 在综合总体中分出属于不同母体的部分,并确定拐折点(又称拐点),由各拐点处的累积频率确定各个母体分布占总分布的百分比。

(2) 分解 A 母体,求得 A 分布。由概率格纸左侧起点至左数第一拐点属 A 母体,由起点至拐点累积频率应为 100%。将属 A 母体的各含量组在综合曲线中的累积频率,按比例换算成在单一 A 母体中的累积频率。将换算后的累积频率相应地点在概率格纸图上,并连接成直线,即为 A 母体的含量累积频率分布(简称为 A 分布)。

(3) 分解 B 母体,求得 B 分布。由第一拐点向右为 B 母体,也相应按比例将各含量组在综合总体中的累积频率换算成在 B 母体中的累积频率。拐点处的频率对 B 母体来说应为零,拐点后各含量组频率对 B 母体来说都应减去拐点处的累积频率,得 B 母体各含量组在综合总体中实际累积部分。再将其换算成在单一 B 母体时的累积频率。将换算后的累积频率相应地投点在概率格纸图上,并连接成直线,而成为 B 母体的含量累积频率分布(简称为 B 分布)。

若有两个以上的母体时,也可根据上述原则依次进行换算分解,得出两个以上的母体分布。

(4) 确定背景分布,求得背景值及背景上限。一般情况下含量低的分布属背景分布。在背景分布与累积频率为 50% 的交点的横坐标即为背景含量(或其对数值),背景分布上累积频率为 97.7% 点的横坐标即为背景上限(或对数值)。

现以前述某铜矿区所采集的土壤样品资料(见表 10-4)举例说明如下:

(1) 根据其在概率格纸上的累积频率分布曲线,可能有两个母体组成,拐点 e(累积频率为

64%),左侧属母体 A,右侧属母体 B。母体 A 在综合总体中占 64%,母体 B 仅占 36%(见图 10-5)。

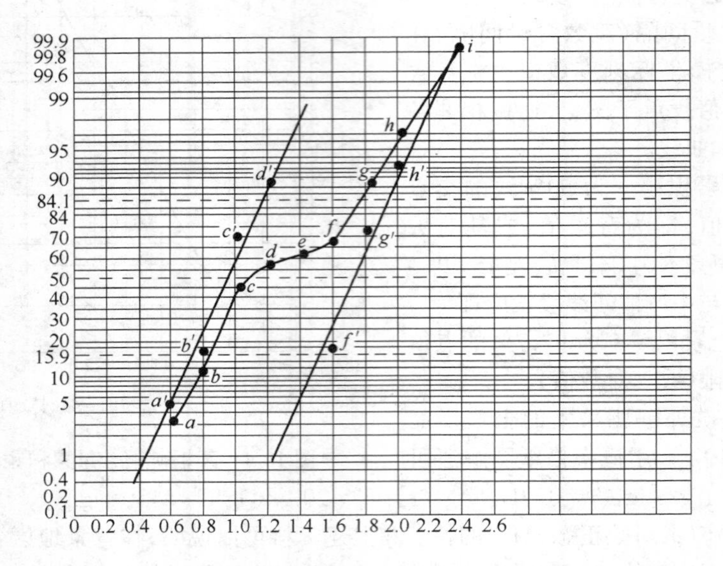

图 10-5　多重分解图(根据表 10-4 分解)

(2) 属母体 A 的 4 个含量组在综合总体中累积频率分别为 3%、11%、46% 及 58%,换算成单一 A 母体中的累积频率。以 0.4~0.6 组为例,其在单一 A 母体中的累积频率 F′A 为:

$$F'A = 3 \times \frac{100}{64}\% = 4.7\%$$

其余各含量组在单一 A 母体中的累积频率应分别为 17.2%、71.8% 及 90.5%。将换算后各含量的累积频率相应地投点于图上,并近似地连接为直线即为 A 分布。

(3) 将 B 母体的各含量组在综合总体中的累积频率换算成在单一 B 母体中的累积频率。如对数含量间隔为 1.4~1.6 的含量组,在综合总体中累积频率为 70%,换算成单一 B 母体中的频率 F′B 为:

$$F'B = (70-64) \times \frac{100}{100-64}\% = 16.6\%$$

依次可得出其余含量组在单一母体时的累积频率分别为 72.2%、91.6% 等。将换算得到的各含量组在 B 母体中的累积频率,相应地投点在图上并近似地连成直线,即为 B 分布。

(4) 对于一般的成矿元素而言,A 分布应属背景范畴,因此,其背景值应为 8.3 g/t[$\lg M_e$ = 0.92 (lg g/t)],背景上限应为 20.5 g/t[$\lg C_a$ = 1.31 (lg g/t)]。

应该注意的是,A 分布只表明含量变化范围及其均值在各分布中是最低的,但其本身是否属于背景,必须结合成矿作用中元素的行为来确定。在内生矿床中一般金属元素为带入组分,因而 A 分布可能属于背景;而对那些在成矿过程中由围岩淋蚀析出的组分,显然形成“负异常”,原来岩石中正常含量应高于异常含量,这时 A 分布就不属背景而属异常分布了。

四、计算法

目前确定元素背景值和背景上限的计算法,如前述直方图解法、概率格纸图解法等一样,也是建立在地质体中元素呈正态分布(或对数正态分布)的基础上,所不同的是这一方法不是通过图解的途径,而是经过计算来确定元素的背景值和背景上限。在计算过程中,也是以均值和众值来代替背景值。

在背景地区，背景值是通过计算均值来确定的。元素的分布形式不同，计算的方法也不一样。当元素呈正态分布时，可利用计算算术平均值的方法；当元素呈对数正态分布时，可利用计算几何平均值的方法。其公式分别如下：

$$C_o = \bar{x} = \frac{\sum_1^N x_i}{N}$$

式中 $\bar{x}$——元素算术平均值；

x_i——各样品中某元素含量；

N——参加计算的样品数。

$$C_o = \overline{x_g} = \sqrt[n]{x_1 x_2 \cdots x_N}$$

式中 $\overline{x_g}$——元素的几何平均值。

无论何种分布形式，背景上限的计算都是通过均方根差 σ 来进行的。均方根差和背景上限的计算公式如下：

$$\sigma = \sqrt{\frac{\sum_1^N (x_i - C_o)^2}{N-1}} = \sqrt{\bar{x}_i^2 - \bar{x}^2} \quad \text{（简化式）}$$

$$C_a = C_o + K\sigma$$

式中 K——试验常数，为 2～3，根据实际情况具体确定，在一般情况下多取 2。

上述两式，既可以含量的真数值进行计算，也可以含量的对数值进行计算。以含量对数值计算时，在最后根据计算值查其真数即得背景上限。一般情况下，元素呈正态分布时，以含量真数值进行计算，呈对数正态分布时，以含量的对数值进行计算。

在样品数量较大时计算比较麻烦，常常将样品根据含量数值进行分组，以各(含量)组的组中值(x_i 或 $\lg x_i$)与各组样品数(即频数 f_i)来计算均值，并以简化公式计算均方根差，即：

$$C_o = \bar{x} = \frac{\sum f_i x_i}{\sum f_i}$$

若以含量的对数值($\lg x_i$)计算几何平均值，则：

$$\lg \overline{x_g} = \frac{\sum f_i \lg x_i}{\sum f_i}$$

以 $\lg \bar{x}_g$ 值查真数，即得几何平均值。

$$\sigma = \sqrt{\frac{\sum f_i x_i^2 - (\sum f x_i)^2 / N}{N-1}}$$

$$\lg\sigma = \sqrt{\frac{\sum f_i (\lg x_i)^2 - (\sum f x_i \lg x_i)^2 / N}{N-1}}$$

以 $\lg\sigma$ 查其真数值即为均方根差。

因此，在元素呈正态分布时有：

$$C_a = \bar{x} + (2\sim3)\ \sigma$$

元素呈对数正态分布时有：

$$\lg C_a = \lg \bar{x}_g + (2\sim3) \lg\sigma$$

以 $\lg C_a$ 值查真数即为其背景上限。

前述某铜矿外围属背景地段，其土壤样品分析资料见表 10-1，在元素呈正态分布的情况下，其背景值、背景上限可计算如下：

首先将样品根据其含量值进行分组，并列表将计算过程表格化（见表 10-5）。

表 10-5　平均值计算表

含量间隔	组中值	x^2	频数(f)	xf	fx^2
0~5	2.5	6.25	17	42.5	106.25
5~10	7.5	56.26	51	382.5	2868.75
10~15	12.5	156.25	25	312.5	2906.25
15~20	17.5	306.3	5	87.5	1531.5
20~25	22.5	506.3	2	45.0	1012.6
		Σ	100	870	9425.35

然后计算背景值及背景上限：

$$C_o = \bar{x} = \frac{\sum f_i x_i}{\sum f_i} = \frac{870}{100} = 8.7\ \text{ppm} = 8.7 \times 10^{-6}$$

$$\sigma = \sqrt{\frac{\sum f_i x_i^2 - (\sum f x_i)^2 / N}{N-1}} = \sqrt{\frac{9425.35 - \frac{870^2}{100}}{100-1}} = 4.4\ \text{ppm} = 4.4 \times 10^{-6}$$

所以：$C_a = 8.7 + 2 \times 4.4 = 17.8 \approx 18\ \text{ppm} = 18 \times 10^{-6}$

在元素呈对数正态分布的情况下，首先，根据其含量的对数值进行分组，并列表计算（见表 10-6）。

表 10-6　几何平均值计算表

对数含量间隔/lg10^{-6}(lg ppm)	相当间隔含量值/%	对数组中值($\lg x_i$)	$(\lg x_i)^2$	频数(f)	$f\lg x_i$	$F(\lg x_i)^2$
0.4~0.6	$(2.5\sim4.0)\times10^{-4}$	0.5	0.25	8	4	2
0.6~0.8	$(4.0\sim6.0)\times10^{-4}$	0.7	0.49	20	14	9.8
0.8~1.0	$(6.0\sim10)\times10^{-4}$	0.9	0.81	40	36	32.4
1.0~1.2	$(10\sim16)\times10^{-4}$	1.1	1.21	25	27.5	30.25
1.2~1.4	$(16\sim25)\times10^{-4}$	1.3	1.69	7	9.1	11.83
			Σ	100	90.6	86.28

最后计算背景值($\bar{x}_g$)、背景上限：

$$\lg\bar{x}_g = \frac{\sum f_i \lg x_i}{\sum f_i} = \frac{90.6}{100} = 0.906$$

$$C_o = \bar{x}_g = 8.1\ \text{ppm} = 8.1 \times 10^{-6}$$

$$\lg\sigma = \sqrt{\frac{\sum f_i (\lg x_i)^2 - (\sum f x_i \lg x_i)^2 / N}{N-1}} = \sqrt{\frac{86.28 - \frac{(90.6)^2}{100}}{100-1}} = 0.2$$

$$\lg C_a = \lg\bar{x}_g + 2\lg\sigma = 0.906 + 2 \times 0.2 = 1.306\ \text{lg ppm} = 1.306\ \text{lg}10^{-6}$$

所以：$C_a = 20\ \text{ppm} = 20 \times 10^{-6}$

由上述计算看来，铜按正态分布计算，结果略微偏低。在实际工作中最好是对元素分布形式检验以后再选择公式进行计算。无论元素分布形式如何，在背景地区计算背景值及背景上限时，参加统计的样品全部参加计算。但是在异常地区，则只能利用部分样品（具有正常含量的）进行计算。

在异常地区，往往是通过计算样品含量的众值来确定背景值的。样品含量众值 M_o 计算所用公式如下：

$$C_o = M_o = x_o + \frac{i(P_2 - P_1)}{2P_2 - P_1 - P_3}$$

上式中各符号可见图 10-6。

同样，上式的计算既可利用元素含量的真值，也可利用元素含量的对数值。利用元素含量对数值进行计算时，所得结果为 $\lg M_o$，最后查其真数即为 M_o。

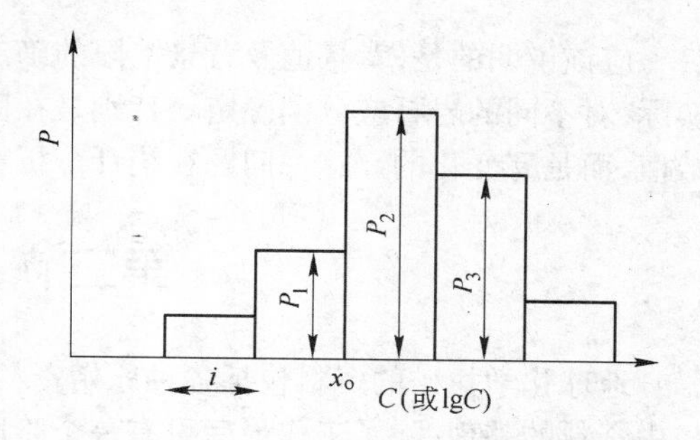

图 10-6　频率分布(密度)直方图

均方根差 σ 的计算公式基本上和背景地区均方根差相同，即：

$$\sigma = \sqrt{\frac{\sum f_i (x_i - M_o)^2}{(N-1)/2}}$$

这一公式也同样，既可以利用元素含量真值，也可利用元素含量的对数值进行计算。若以对数值进行计算，则最后根据计算结果查其真数即为 σ。但是与背景地区均方根差计算时的不同点在于并非参加统计的样品全部参加计算（N 并非全部参加统计样品数）。根据直方图解法可知，在异常地区样品含量频率(或频数)分布曲线呈多峰，而且背景部分右侧与异常部分左侧有叠加。确切属于背景含量的，只是背景值左侧未受异常叠加的这一翼的样品。因此，在有异常样品存在时计算均方根差往往只利用这一部分样品。以前述该铜矿土壤样品分析资料(见表 10-6)为例计算如下：

$$\lg M_o = 0.8 + \frac{0.2(35-8)}{2\times 35 - 8 - 12} = 0.908\ \lg \text{ppm} = 0.908\ \lg 10^{-6}$$

$$M_o = 8\ \text{ppm} = 8\times 10^{-6}$$

为计算均方根差，首先必须确定参加计算的样品，如表 10-7 所示。

表 10-7　参加计算的样品

参加计算的组	第一组(0.4～0.6)	第二组(0.6～0.8)	第三组(0.8～0.9)
组中值 $\lg x_i / \lg 10^{-6}$(lgppm)	0.5	0.7	0.85
频数(f)	30	80	175
$F_i(\lg x_i - \lg M_o)^2$	$30(0.5-0.9)^2$	$80(0.7-0.9)^2$	$175(0.85-0.9)^2$

表中第三组频数之所以较原来数值小，主要是因为只计算背景值左侧部分样品，所以组距缩小了($0.9-0.8=0.1\ \lg \text{ppm}=0.1\ \lg 10^{-6}$)。根据组距变化比例可计算缩小组距后的频数($f_3$)：

$$f_3 : 350 = 0.1 : 0.2$$

所以：$f_3 = 175$

这样将表 10-7 三组样品参加计算求出：

$$\lg\sigma = \sqrt{\frac{30(0.5-0.9)^2 + 80(0.7-0.9)^2 + 175(0.85-0.9)^2}{(30+80+175)^{-1/2}}}$$

$$= \sqrt{0.0296} = 0.172\ \lg \text{ppm} = 0.172\ \lg 10^{-6}$$

$$\lg C_a = \lg M_o + 2\times \lg\sigma = 0.908 + 2\times 0.172 = 1.254\ \lg \text{ppm} = 1.254\ \lg 10^{-6}$$

所以：$C_a = 18\ \text{ppm} = 18\times 10^{-6}$

当然对于异常地区，有的指示元素也可能呈正态分布，因而也可利用元素含量真值进行上述计算，在此不具体计算了。

应该说明的是,背景值及背景上限的确定对地球化学找矿关系极大。为了能正确反映客观实际,对不同的岩石应分别确定。特别是在区域内,地球化学背景及背景上限并不是一个固定的数值,而是有变化的。这一问题在统计分析在地球化学找矿中的应用一章中还要讨论。

第二节 资料的整理

地球化学找矿的资料包括各种原始资料、各种地球化学图表及有关文字报告。地球化学找矿中资料的整理,除了工作最后可有一个阶段集中进行外,更重要的是随着工作进程及时进行整理,以便为综合研究创造条件。

一、原始资料的整理

地球化学找矿的原始资料包括采样记录本、地质观察记录本、各种送样单、分析及鉴定报告、现场测定记录、测量成果、有关照片等,这些原始资料应登记造册、清理审核并作为日常工作有专人负责,建立使用制度。

地球化学找矿的原始资料还包括各种统计数据,如背景值及背景上限确定中的含量频率统计数据,各种统计分析数据及手算、电算资料。这类原始资料,在工作中应及时整理,登记造册。

关于前人地质、地球化学找矿及其他收集得来的资料文献,也应逐一整理,登记造册。

二、实际材料图的编制

实际材料图是一种客观地反映地球化学找矿中采样点的位置、编号及样品分析成果等实际材料的图件。属于这类图件的有采样位置图、原始数据图。地球化学平面剖面图及剖面图和塔状图等也基本属于这种图件。

(一) 采样位置图及原始数据图

采样位置图是最常见的实际材料图,在图上标明采样线或采样水系、采样的位置及样品号。若在每个采样点旁标明元素含量即成为原始数据图。原始数据图是一种很重要的图件,利用它不仅工作时可制作各种有关综合图件,研究推断解释问题,而且还可用于今后以新的观点、新的技术方法来研究,为找矿进行新的推断解释。

每张原始数据图上最多只标明两种元素的含量,若元素过多,势必影响图面的清晰,不便于研究利用。对原始数据图来说,更重要的是数据的准确性,要求保证数据准确无误。

(二) 平面剖面图及剖面图的编制

在规则测网或系统剖面时,原始数据图上样品的含量若不以数据来表示,而以与测线距离来表示,并且将相邻测点结果连接成变化曲线则成为平面剖面图(或叫剖面平面图)。这种图件虽然不仅可反映元素含量在测线上的变化,而且还可反映测线间的变化,但编制时对各样品的含量并未进行加工、计算,因而仍属实际材料性质图件。

平面剖面图除了所表达的含量变化应准确无误以外,还要图面清楚,为此纵比例尺的选择很重要。一张图上纵比例尺不仅应统一,而且还应使相邻测线含量变化曲线不致经常交叉,以免显得杂乱。平面剖面图编制时,应尽可能以简化了的地质图为底图,以便研究异常的分布规律,有利于确定异常性质和圈定有找矿远景的地区,这种图多用于大比例尺的普查工作中。

剖面图和平面剖面图类似,只不过为单一剖面而已。剖面图的纵比例尺可以是算术比例尺(又称普通比例尺)、对数比例尺或半对数比例尺,而平面剖面图纵坐标一般多用算术比例尺。地球化学剖面图纵比例尺选择主要数据含量变化,算术比例尺适用于变化幅度较小的数据,对数比例尺适用于数据变化幅度较大的情况。

在编制地球化学剖面图时，同样应尽可能地附上相应的地质剖面图，以便了解含量变化与地质条件的联系。

一张剖面平面图往往只表示1～2种元素，剖面图上元素种类可稍多，但以不妨碍图面清晰为原则。

地球化学剖面图是各种比例尺的地球化学找矿中都经常应用的一种图件。钻孔中元素含量随深度变化的曲线图、地层柱状图中各层岩石中元素含量变化的曲线图也和上述剖面图类似，编制的要求、方法也基本相同。

（三）塔状图

塔状图是以塔状的形式表达元素含量级次分布情况的一种图式。编制这种图件时，先将各元素含量统一分级，其次统计各地质单元中各元素各级含量的样品数（或叫频数），最后按地质单元以塔状形式表示各级含量的样品数（或所占比例数）。图式中，塔的横宽度代表含量级次，塔的高度代表该级次样品数（或其所占的比例数）。

这种图件比较形象，而且应用广泛，无论区域或矿区地球化学找矿中都可使用，特别是具有一定的综合性，便于做各种对比（表10-8）。

表 10-8 某汞锑矿区各种岩层中 Hg、Sb 分配

时代	符号		频数	元素 Hg	元素 Sb	岩性
下三迭系	T_1		160 80 40 0			页岩夹灰岩砂岩
上二迭系	P_2^1		160 80 40 0			页岩夹砂岩
上石炭系	C_3^1		160 80 40 0			砂岩页岩
中石炭系	C_2^{1-2}		160 80 40 0			页岩
下石炭系	C_1	C_1^2	160 80 40 0			含燧石条带薄层灰岩
		C_1^{1-b}	160 80 40 0			薄层及中厚层灰岩夹薄层泥层灰岩
上泥盘系	D_3^1		160 80 40 0			中厚层灰岩砾状灰岩
含量级次代号				5 10	5 10	

Hg（上）Sb（下）含量级次/$g \cdot t^{-1}$

1	2	3	4	5	6	7	8	9	10
0~0.01	0.01~0.05	0.05~0.1	0.1~0.3	0.3~0.5	0.5~1.0	1.0~3.0	3.0~5.0	5.0~10	>10
0~2.5	2.5~5	5~10	10~30	30~50	50~100	100~300	300~500	500~800	>800

三、综合性图件的编制

在对原始资料进行加工、运算以后编制的图件属于综合性图件，如等浓度图、等衬度图、晕的分带图、异常分布图以及应用多元统计分析时的有关图件等。地球化学分区图、各种成矿预测图等也属于综合性图件。

等浓度图上浓度带一般分为三级。低浓度带(或外带)的起始浓度一般为异常下限，各浓度带含量数值一般按等比级数递增。浓度带的划分最好能有利于反映有关地质问题，因而浓度带的划分，不仅应结合地质情况的研究，甚至可利用多重总体分解方法，研究不同地质－地球化学作用下元素的分布，以此作为划分浓度带的依据。等浓度线的勾绘，一般采用内插法。若元素分布很不均匀，勾绘等浓度线以前，要对数据进行平滑处理(三点或五点滑动平均)。

不同类型岩石中，元素的浓度级次可能很不相同，同一浓度数值在不同岩石中的地质意义也可能很不一样。因而在工作中有时不编制等浓度图，而编制等衬度图。

多元统计分析中的有关图件在下一章将要讨论，至于其他综合性图件，灵活性很大，甚至因人而异，不在此过多地讨论。但是有必要提出的是，在综合性图件中，除利用元素含量成图外，也可利用含量比值(或含量的乘积)成图；既可以单元素成图，又可以多元素综合成图。以性质相近、找矿或研究中作用相似的元素综合成图(如以 $Cu + Pb + Zn$ 或以 $As \times Sb$ 成图)，有时有关共同规律性较之单一元素图件中更为清楚；以性质不一样、找矿或研究中具体作用不太相同的元素综合成图(如以$\frac{As \times Sb}{Cu \times Mo}$比值成图)，有时对某些共同性的规律能起“强化”的作用。因此，为了研究和反映元素间共同性的规律时，采用多元素综合成图较单一元素成图为好。

第三节 地球化学异常的解释与评价

化探资料的解释推断涉及到对地球化学图及各种解释推断图件上的单元素及多元素含量分布关系和特征的辨认，并对其意义进行阐明。从狭义上来说解释推断是专指辨认出与矿有关的异常或异常区，并对其远景进行评价，以便缩小靶区，进行更详细的研究，最终目的是要找到有经济价值的矿床。不同的找矿阶段地球化学找矿的任务不同，其成果的解释与评价要求也不一样。而不同的化探方法，其成果的解释与评价侧重点和评价方法也有所不同。

一、异常解释与评价的程序

不同的找矿阶段化探工作及异常解释与评价的程序及要求，可用图 10-7 所示的工作程序及异常评价程序来表示。

图 10-7 中的模式辨认，是要求辨认出地球化学异常，有意义和无意义的异常，辨认出有意义的异常区(带)。

二、异常解释与评价的任务和要求

所谓异常解释，是要说明出现地球化学异常的原因，而异常评价则是分析确定异常地段的含矿性。不同的找矿阶段地球化学找矿的任务不同，其成果的解释评价要求也不一样。普查找矿时地球化学异常的解释与评价的任务与要求如下：

(1) 分析各类成矿元素及其伴生元素地球化学异常空间分布的规律性，阐明它们与不同时代地层、沉积建造、变质建造、岩浆杂岩体的成因联系，以及与主要控岩与控矿构造的空间关系。

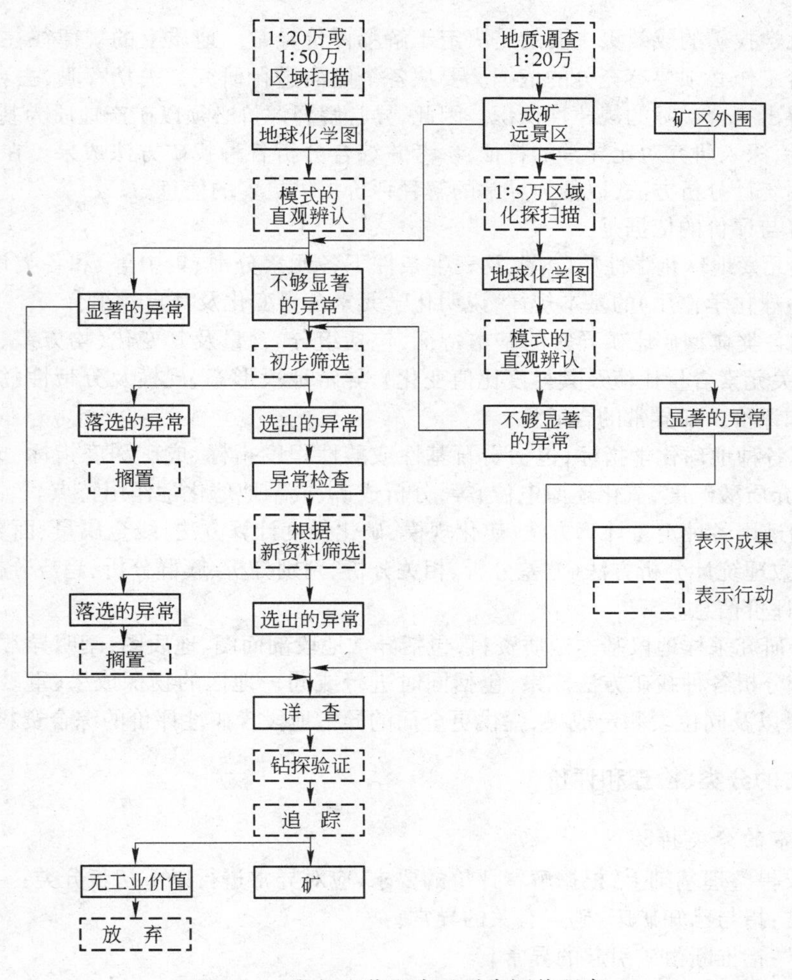

图 10-7　化探工作程序及异常评价程序

(2) 结合区域地质调查、地球物理测量、矿产分布的资料，进行找矿预测，划出各类矿床找矿远景区、成矿带。

普查评价时地球化学异常的解释评价，基本任务在于发现隐伏矿体。其主要要求有：

(1) 利用测区内外典型矿体的地球化学异常特征及其评价指标，在测区范围内区分矿异常与非矿异常，即区分与矿体直接有关的异常、矿化异常和由其他地质体(岩脉等)引起的非矿异常。

(2) 对矿异常进行调查研究。分析隐伏矿体(包括被覆盖矿体与盲矿体)可能的类型、基本产状与赋存部位(地质部位)，提出探矿工程验证施工位置。

无论何种地球化学异常的解释与评价，都必须遵循“实践—认识—再实践—再认识”的辩证唯物主义认识论，逐步使解释与评价符合客观的规律性。地球化学异常解释与评价的这种原则方法，简要说来即“从已知到未知”。研究和总结已知典型矿床上呈现的地球化学异常特征，作为类比确定未知异常含矿性的依据。

三、异常解释与评价的依据

化探找矿工作概括起来不外乎发现异常和解释评价异常。大量的生产实践工作证明，一般情况下地球化学找矿的成效更主要的是决定于解释评价异常。地质上的规律往往是复杂的，异常的解释评价工作必须要有充分的依据。要从各个侧面进行研究，“去伪存真，去粗取精”，从复杂的现象中得出符合实际的规律性认识。因此，异常解释评价必须以矿产地质为基础，以地球化学理论为指导，深入研究对比异常的特征，参考并综合分析各种找矿方法成果。在条件许可时，还应尽量采用统计分析方法，以便为异常的解释评价提供更多的信息。

异常解释与评价的依据是：

(1) 运用元素地球化学性质（内生及表生条件下各元素分散、集中等）和各类地球化学作用（成矿、成岩地球化学作用）的基本规律，说明化学元素含量变化及其自然组合。

(2) 运用各类典型矿床矿异常的基本特征，包括组分、含量及其变化（均方差、衬度、元素含量相关性、相关元素含量比值及其衬度比值变化），异常地段形态、规模及分带性（纵向、横向、侧向）等，类比和评价未知异常的含矿性。

(3) 运用各种地球化学指标，包括岩石基性或酸性程度指标、成矿深度指标、成矿环境指标（温度、压力、介质酸碱度、氧化还原电位）等，分析成矿、成晕地球化学作用特点。

(4) 合理运用各种定量计算方法（矿化规模、矿化强度计算方法，线金属量、面金属量计算方法等）和各类数理统计分析方法（方差分析、相关分析、判别分析、簇群分析、趋势分析及因子分析等）提供异常评价信息。

(5) 综合研究采样地段基本地质资料，包括异常地段剖面图、地质图，阐明异常的地质成因。

(6) 综合分析各种找矿方法成果，包括同时进行或同一地区的物探成果、重砂找矿成果、放射性测量成果以及同位素测定成果，提供更全面的异常地段含矿性评价的综合资料。

四、异常的分类、检查和评价

(一) 异常的分类排队

在化探成果整理基础上，根据解释评价的要求，应对异常进行以下初步分类：

甲类异常：指与已知矿床、矿点有关的异常；

乙类异常：指推断由矿引起的异常；

丙类异常：指性质有待研究的异常；

丁类异常：指非矿化原因引起的异常，如分析误差或人为污染所形成的高含量带，高背景岩石所反映的高含量带等。

在进行上述分类时，既要考虑区内矿产产出的地质条件和异常所在的地质位置，又要考虑异常的特征，特别是与已知矿异常特征方面的相似性。有时还将甲、乙两类异常按矿床规模和找矿远景大小进一步划分。异常分类本身就是异常解释工作，也是初步的评价意见。在异常分类的基础上，提出异常检查顺序，逐步进行检查，然后作出进一步的评价。

(二) 异常的检查

异常检查的任务在于确定异常是否存在，查明引起异常的主要原因，并对异常的成矿远景提出初步的评价。异常检查的方法和步骤如下：

(1) 现场踏勘。在异常范围内或其附近，详细观察地质构造特征，矿化蚀变特点，土壤、植被及地貌情况，人为活动情况（老硐、冶炼厂、交通道路等），以了解引起异常可能的原因。

(2) 重复取样。在现场踏勘未发现找矿标志时，往往在异常处重复取样，以证实异常的存在。一般情况下可在异常范围内采取原样品物质，但有时需改变采样的对象和采样的部位，如在检查土壤地球化学异常时，在土层垂直方向上采样，根据主要成矿元素含量的变化来确定次生异常的性质（见图 10-8），又如采取土壤样品来检查水系沉积物中的异常，采取基岩样品检查土壤中异常等。当然在异常检查时,这种重复采样的数量不大,一般均系剖面性工作,有时有少量矿化露头的揭露工作。

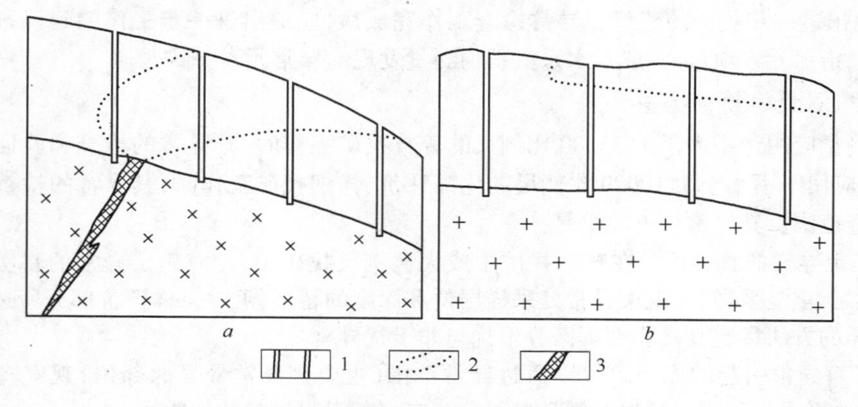

图 10-8 沿垂直方向采取土壤样品检查异常

1—浅井;2—高含量带;3—矿体

各种化探方法由于工作方法特点不同亦有不同的异常检查要求。下面就水系沉积物测量、土壤地球化学测量、岩石地球化学测量方法的异常检查要求讨论如下。

1. 水系沉积物测量的异常检查要求

水系沉积物测量一般应用于不大于1:25000比例尺的区调、普查找矿阶段,故其异常检查属于初步检查范畴。其异常检查要求是:

(1) 肯定异常是否存在。要肯定异常是否存在,需在异常点位上进行重复采样分析证实,但必须在同一气候季节、同一气候天气时间内进行,特别是指示元素需是活动性元素和半活动性元素(如Mo、Cu、Zn等)。尤其应该注意的是,不能在雨季期间进行这项工作。图10-9为国外某地区雨季期间和雨季后砂质水系沉积物样品中冷提取铜含量的影响。雨季前采样,水系沉积物样品中含量明显,而雨季结束后,由于雨季中雨水冲刷,异常点位水系沉积物样品中元素含量值明显降低。

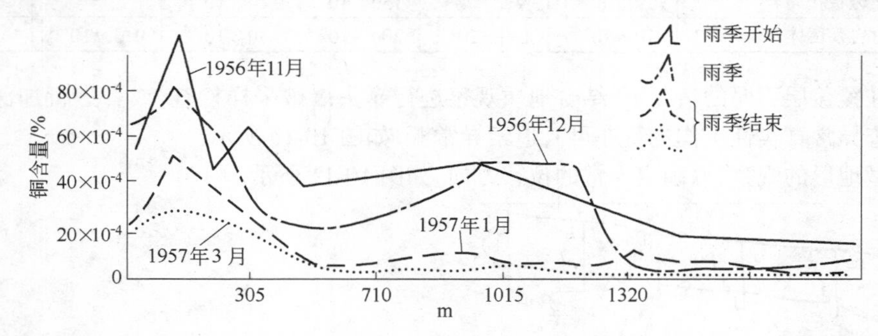

图 10-9 国外某地区雨季对砂质水系沉积物中冷提取铜含量的影响(小于80目数据)

(2) 追索异常源及确定异常的意义。在实地追索异常源时,应观察了解异常处的样品性质是否为塌落物质或冲积覆盖物(河漫滩物质)引起、异常位置上的水系交汇关系。

注意排除非矿因素(沾污、天然富集等)的干扰。追索异常源应沿异常水系向上游追索,追索到异常截止点(水系样品中指示元素含量最强含量消失点),观察有否矿化迹象(如矿化露头、铁帽等)。

为了弄清引起异常的原因,应在截止点上沿水系岸坡上布置土壤化探测量剖面(或岩石地球化学剖面)检查,以发现矿化异常源。当有地下水露头时或水系有流水时,为了了解环境特点,可进行 pH 值测定。

(3) 提出进一步工作的建议。异常检查工作完成后,应提出进一步工作的建议,包括:工作面积、范围、指示元素项目(一般与水系沉积物测量发现的异常元素一致)。

2. 土壤测量的异常检查要求

土壤测量应用于不大于 1:25000 比例尺的普查找矿工作时,其异常的检查和验证属初步检查范围;当应用于不小于 1:10000 比例尺的化探评价、详细找矿工作时,其异常的检查和验证属于详细检查范围。其异常检查要求是:

(1) 确定异常的真实性。在普查找矿中或大比例尺找矿中,均应确定异常的真实性。主要是通过异常上重复采样,且观察异常处采样层位和深度的特征(见重采样评价部分所述之要求)。用加深采样的方法肯定其真实性。区分干扰与非干扰异常。

(2) 了解异常引起的原因。可以通过异常范围(主要是异常最强的部位)观察有无矿化露头,并通过选择采集不同类型岩石样品进行分析来判断引起异常的地质体。

例如:云南某铜钼矿床燕山晚期(可能为喜山期)斑状花岗岩体东段出现以铜矿为主的次生异常带(群)。铜次生异常与一些零星的角岩残留体的铜矿化或小铜矿脉有关。铜次生异常与下伏不深的钼矿体有关。经次生异常地段实地观察及露头采岩样分析(表 10-9 所列),结果证明钼矿化异常主要为岩体中叠加的钼矿化含量所引起,与已知钼矿体赋存于岩体内接触带及该带裂隙发育矿化有关的情况相一致。

表 10-9 次生异常内岩石样品检查分析

岩石	指示元素含量/%					
	Mo	W	Cu	Pb	Ag	As
黑云母斑状花岗岩	1×10^{-4}	—	120×10^{-4}	40×10^{-4}	—	60×10^{-4}
巨粒斑状花岗岩	1×10^{-4}	—	100×10^{-4}	20×10^{-4}	—	—
粗粒黑云母角闪石斑状花岗岩	3×10^{-4}	—	100×10^{-4}	40×10^{-4}	—	—
矽化斑状花岗岩	3×10^{-4}	—	150×10^{-4}	10×10^{-4}	—	60×10^{-4}
角岩残留体	10×10^{-4}	150×10^{-4}	200×10^{-4}	40×10^{-4}	0.3×10^{-4}	—

可以在覆盖层不厚的情况下,结合地质观察进行露头爆破采样检查,或者进行加深取样(结合上述检查异常真实性工作进行亦可),追索异常源,如图 10-10 所示。

注意微地形的观察,以确定异常的位移方向,如图 10-11 所示。

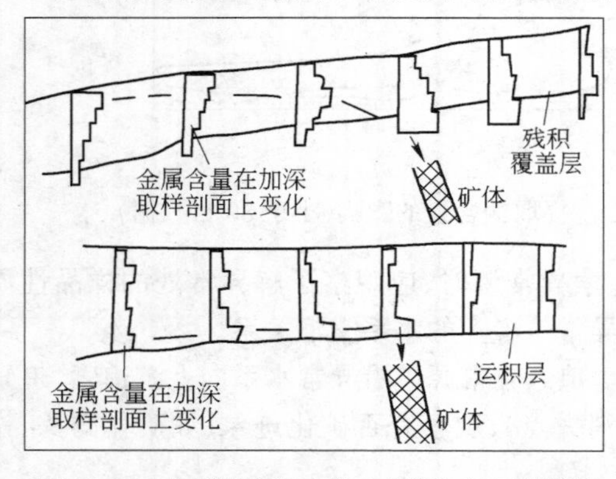

图 10-10 含量随深度变化,可帮助确定异常源

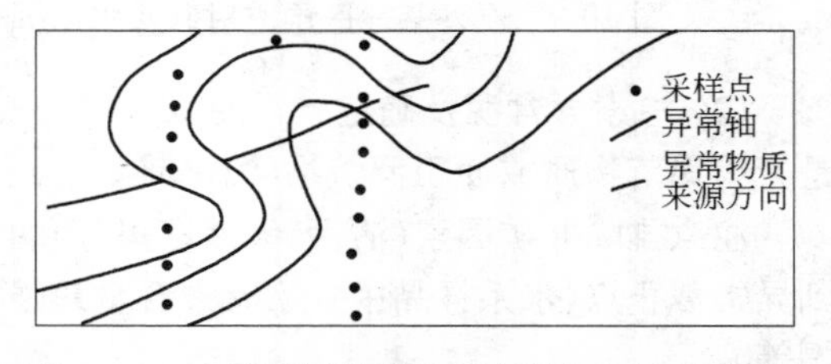

图 10-11 土壤测量异常物质来源方向关系示意图

(3) 异常的工程验证。除应用物探方法验证异常外，土壤测量次生异常在详查时亦可用岩石测量加以验证证实。但重要的是，工程验证时布置工程应注意以下几个方面：

1) 若是有找矿意义的次生元素组合异常，布置验证应考虑比较不活泼的异常内带，即近矿元素组分特点(如 Pb、W、Sn、Co、Pt 等)；或者只有矿体比较富的近矿指示元素或起指示深度作用的元素异常(如 Ag、Cd、Au、Bi、Sb 等)部位。

2) 当地形坡度不小于 30°、覆盖层厚度不大于 1 m 时，应从次生异常逆坡向(异常物质来源的方向)端点布置探槽工程，顺异常来源之坡向延伸，以揭露矿化蚀变带或矿体。

3) 当地形坡度不大于 10°、覆盖层厚度不大于 3 m、矿体倾角(或推断)大于 45°时，探槽验证工程应首先布置在次生异常元素(成矿或伴生元素)峰值点附近，探槽先向逆坡向延伸，再向顺坡向延伸，延伸距离为异常宽度的 0.4～0.6 C_{max}处，揭穿矿化蚀变带为止。

4) 次生异常宽度大，浓度曲线跳跃频繁。预计覆盖层厚度不大于 3 m 时，在次生异常 0.4～0.6C_{max}宽度范围内用跳跃式探槽揭露，槽间距为 5 m×10 m(槽长 5 m、间距 10 m)、10 m×10 m 或 20 m×10 m 等。

5) 使用坑道和钻孔工程揭露验证，应像下面讨论原生异常的验证工程一样，而且应考虑异常位移及地质体产状。

提出下一步工作建议：

在普查找矿工作异常检查验证后，应对有远景地区提出进一步详查工作的建议。如在详查评价找矿中，应提出矿化有望范围及异常验证工程的建议，并对一些存在问题提出进一步解决的方案和意见。

3．岩石测量异常检查和验证

岩石测量异常检查和验证，由于该法多用于详查且采样为基岩物质，故较易、较准确判别异常位置、真实性等。追踪异常的方法一般是地表地质测量的内容。

这里主要讨论异常的验证。除应用物探方法来验证异常外，应主要使用重型山地工程进行钻坑揭露异常源。下面主要讨论盲矿体的原生异常(包括其次生异常)的验证工程布设。

(1) 线状异常的验证工程布设。按峰值勾出轴线。先在浓度衰减缓慢(或异常梯度较小)的一侧布置钻孔工程揭露，即相当于矿体的上盘方向布孔。如图 10-12 所示，先布 1 号孔，然后根据揭露情况及钻孔岩石测量异常情况，再决定 2 号或 3 号孔的施工与否及顺序。

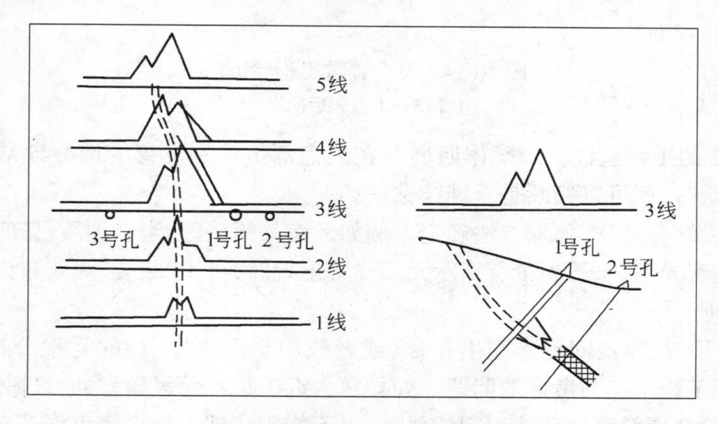

图 10-12　线状异常(盲矿异常)的钻孔布置验证示意图

(2) 带状或完整的椭圆状异常验证钻孔工程布置。先于强度中心部位布置验证钻孔工程，再分别于两侧布置钻孔,如图 10-13 所示。

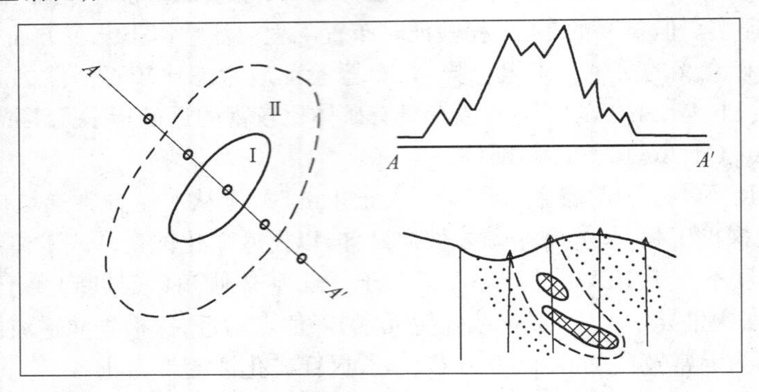

图 10-13 带状异常或完整的椭圆状异常的工程布置示意图

Ⅰ—强异常含量;Ⅱ—弱异常含量

(3) 复杂或复合异常的工程验证。这种异常有时对盲矿体的空间关系难以查明。应了解原生异常在不同通道系统内形成分支的延伸特征及异常中元素组分及含量强度特征和矿体产出特征的关系。先布设稀的工程,然后加密。工程间距加密原则是:小于原生异常的延伸距离,大于当时矿体的延伸长度。复杂异常工程验证如图 10-14 所示。

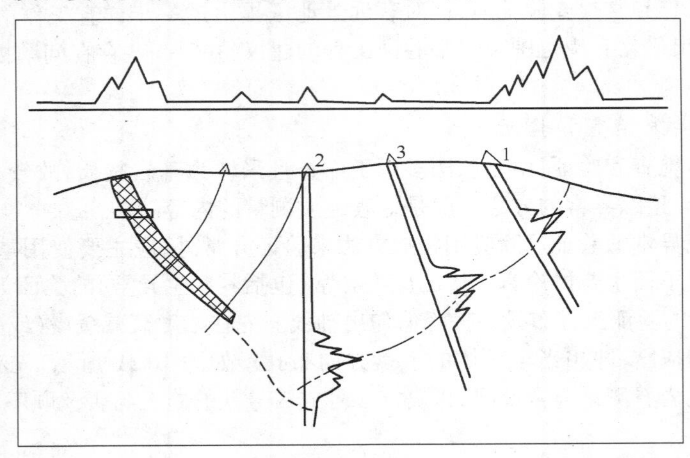

图 10-14 复杂异常工程验证图

1,2,3—工程先后次序

(4) 偏心异常的工程验证。当矿体四周存在上盘部位特别发育的偏心异常时,或出现指示元素中等强度含量时,就可以判断是否继续钻进。

工程验证位置结合地质、物探方法确定。例如云南某锡矿区,当在地质已知有利成矿岩层地段,联合剖面法发现异常,岩石测量有指示元素异常出现时,可于“断裂”两侧布设钻孔,揭露层间矿体,如图 10-15 所示。

(5) 钻孔工程控制深浅问题。原生异常(或者残积土次生异常)的元素分带特征及迁移距离,是在布置验证工程中应当考虑的问题。如异常为近矿指示元素异常,应只揭露中一深部。不能用控制深部来验证属浅部地质体引起的异常,也不能用浅部工程揭露由深部矿体引起的异常。

当然,一般程序是先地表后浅部、再深部。但不能死搬硬套,要视具体情况而定。不能为此影响找矿效果。

（三）异常的评价

在异常检查的基础上应当进一步进行异常评价。其任务是圈定异常范围；查明引起异常的地质体与异常各方面特征（规模、形态，元素组合、分布及含量变化）间的关系；查明异常地段的地表地质特征与控矿因素，提出验证工程的设计资料。异常评价一般是开展大比例尺（1∶10000～1∶2000）的化探工作。

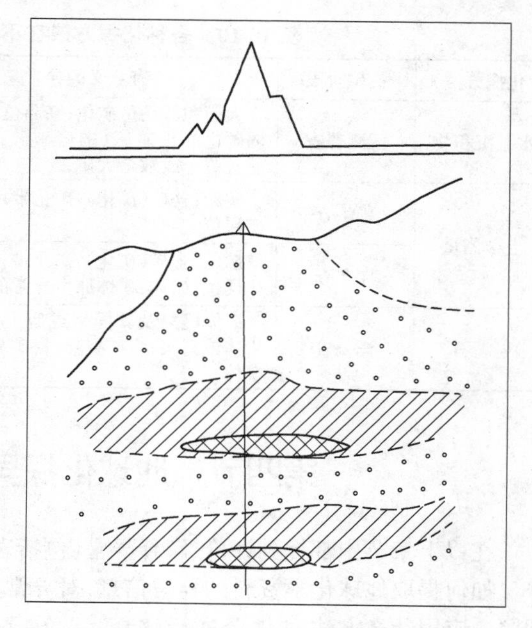

图 10-15　偏心异常的工程验证图

异常评价中的关键问题是区分矿异常与非矿异常问题。矿异常的基本特征是地质条件对成矿有利，异常的各种特征符合成矿的规律，物探、化探综合异常能符合矿床及矿石的特点。因此在区分矿异常和非矿异常的方法上，往往是研究异常地段的成矿地质条件，类比矿异常的特征（分布、形态、规模、元素组合含量及变化、分带性等），并采用其他方法（地质、物探方法）综合研究。除此之外，还可采用多元统计分析的方法来区分矿异常及非矿异常。

异常评价的另一个关键问题是判断异常与矿体的空间关系，以便为设计验证工程提供依据。这一点对原生异常的评价更为重要。目前多从晕的分带性、剥蚀程度等方面来研究晕与矿体的空间关系。多元统计分析在这方面也有很大作用。

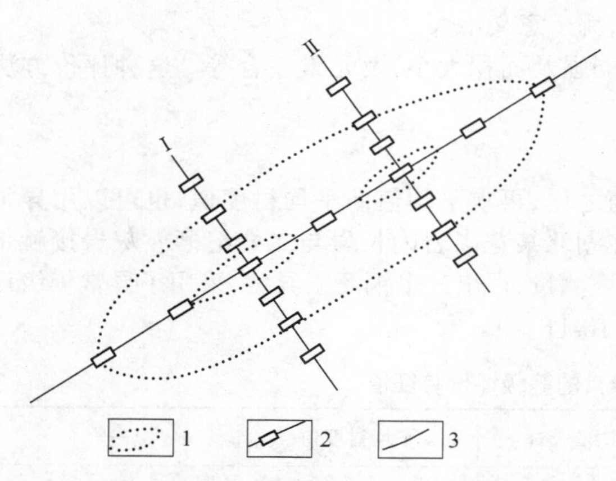

图 10-16　异常评价时地表工程的布置

1—异常等值图；2—浅井；3—测线

在确定了异常性质、研究了异常与矿体可能的空间关系的基础上需布置工程进行验证。为了查明地表地质特征以及异常特征与地质体的联系，在地表应该系统地布置槽井探工程，以便进行揭露（见图 10-16）。必要时，在基本查明异常地段地表地质、弄清控矿因素的情况下，可对深部布置工程进行验证，以寻找盲矿体。地表工程验证或深部工程验证的同时，应进行地质观察研究和样品采集工作，为寻找与追索盲矿体提供资料。

所有的地球化学异常都需进行不同程度的检查、评价。整理测区全部异常解释评价结果，填写异常卡片，作为地球化学找矿报告的重要组成部分。

五、不同的找矿工作阶段化探异常评价的要求

不同的找矿工作阶段，化探异常评价解释的要求不同，异常有否意义的含义也会有所不同。在确定矿化地段的区测普查找矿工作中，矿化异常认为是有意义的异常，而在详查找矿工作中（大比例尺工作阶段），则必须从中区分出矿体（床）的异常和非矿化异常。几种化探方法在不同的找矿工作阶段有意义异常与无意义异常的含义，如表 10-10 所列。

表 10-10 各种化探方法在不同找矿工作阶段的异常含义

化探方法	找矿阶段	有意义的异常	无意义的异常
水系沉积物	区测普查	大面积低品位矿化;高品位的矿化群;弱矿化的小矿床(围岩破碎,元素易淋滤);一个或数个大矿;含矿(矿化)岩体	各种干扰;塌积物;水系上某处元素的稀释或沉淀;高丰度背景的岩石和土壤
土壤测量	普 查	矿床;含矿(矿化);矿化带;大矿体;含矿层位	各种干扰;对外来运积物;古异常;高背景含量岩石风化
	详 查	矿床;含矿(矿化);矿化带;大矿体;含矿层位;矿体;矿体原生异常的风化	
岩 石	详 查	矿体(群)及其同生或后生异常;含矿岩体或露头;含矿裂隙;盲矿或剥蚀不深矿体	非矿矿化;不含矿的矿化岩体或露头;高背景含量的岩石;剥蚀完的矿体(矿石异常)

第四节 地球化探异常解释与评价方法

在以上章节中都提到评价、解释异常(包括岩体、地层等)的方法。

如何提取地球化学资料的异常信息,对异常的类别及意义进行确认,是至今仍在深入研究的问题。应用什么方法对化探进行解释、评价,下面介绍的是一些到目前为止使用较为有效的方法。

一、一般评价方法

(一) 地球化学异常的等级评价

当工作区为未知区,又要迅速给出对异常的评价意见时,可应用下面介绍的一些方法对异常进行等级评价,指出哪个异常最好,哪个差一些,哪个意义不大。

等级评价要以地质为基础,考虑异常规模(弱强及面积大小)及元素组合等。这种评价方法可说明异常的相对远景大小。

1. 应用异常衬度值进行等级评价

在应用时,可以利用异常区各异常点背景值之比,再求平均值即平均衬度值;也可以用异常最大值与全部数据的算术平均值之比。例如:在湖北某花岗岩闪长岩与二叠纪栖霞灰岩接触带上,布置了 50 m×10 m 测网、0.3 km^2 的面积土壤测量,得出三个铜元素异常,采用了异常等级评价方法。三个铜异常的等级评价特征值列于表 10-11。

表 10-11 三个铜异常的等级评价特征值

异常编号	铜最高含量/%	算术平均值/$g \cdot t^{-1}$	平均衬度值	$\frac{C_{max}}{\bar{x}}$
Ⅰ	8000×10^{-4}	1505	7.5	5.32
Ⅱ	4800×10^{-4}	1287	6.4	3.73
Ⅲ	2100×10^{-4}	1026	5.1	2.05

Ⅰ号异常所在的地质位置是倒转的倾没端,花岗岩插入到灰岩中,同时又有成矿前的断裂,故是成矿有利部位。Ⅱ号、Ⅲ号异常所处的地质位置是平直接触,有少量的矽卡岩。

根据地质条件与衬度值大小Ⅰ号异常远景最大,故建议先打钻验证。但地质队由于施工方便先打了Ⅱ号异常,结果见到很薄(几寸)的辉铜矿。随后又打了Ⅰ号与Ⅲ号,结果Ⅰ号异常见矿,Ⅲ号异常为弱矿化。这说明应用衬度值评价是可行的。

2. 应用面金属量作等级评价

面金属量是异常规模的特征值。对于水系沉积物测量，可用如下公式：

$$P' = S_x(C'_x - C'_o) - C'_o$$

例如：巴拿马塞罗科罗拉多斑岩铜矿下游汇水盆地内所取水系沉积物样的计算结果和加拿大育空省怀特霍斯西北部的卡西诺铜、钼矿床下游汇水盆地内水系沉积物样的计算结果见表10-12。这两个地区取样点分布见图10-17。

表 10-12　国外两矿水系沉积物样的计算结果

地点	样号	元素	矿床下游距离/km	汇区面积 S_x/km^2	矿化区面积 S_m/km^2	异常值 C'_x	背景值 C'_o	矿化区金属含量 C_x/% 计算值	矿化区金属含量 C_x/% 实际值
巴拿马塞罗科罗拉多	1	Cu	47	300	1.5	160	115	9115×10^{-4}	7500×10^{-4}
	2		6	148		195		8011×10^{-4}	7500×10^{-4}
	3		4	45		350		7165×10^{-4}	（矿区）
	4		2.5	16.5		650		6000×10^{-4}	
	5		1	10.6		1308		8585×10^{-4}	
育空卡西诺	1	Cu	13	80.5	0.35	122	54	15694×10^{-4}	2000×10^{-4}
	2		10	39.4		306		28422×10^{-4}	
	3		5	20.2		780		41955×10^{-4}	
	4		1.6	2.34		1000		6379×10^{-4}	
	1	Mo	13	80.5	0.35	2	1	231×10^{-4}	100×10^{-4}
	2		10	39.4		6		564×10^{-4}	
	3		5	20.2		6		289×10^{-4}	
	4		1.6	2.34		150		977×10^{-4}	

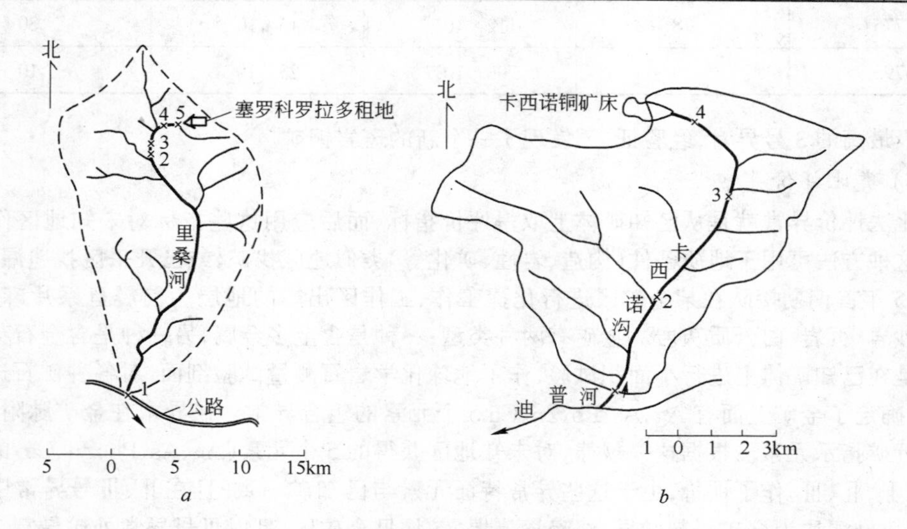

图 10-17　矿床底沉积物样品

a—巴拿马塞罗科罗拉多矿床底；b—育空地区卡西诺矿床底

塞罗科罗拉多地区背景值，是矿化区边界外 3～15 km 范围内采集的 104 个底沉积物样品中铜含量中位数值，实际值是指矿石中的品位（0.75%）。

育空卡西诺地区的背景值，为两条沟溪汇合的下游 23 个样品铜含量的中位数值。钼含量是人为定为 $1\times10^{-4}\%$，实际值 $2000\times10^{-4}\%$ 为岩石中原生异常之金属含量，实际矿化地区品位是几倍于此值。

由于沿水系金属元素含量分布的不均匀性，可采用面金属值 $\overline{P'}$，以评价不同水域的含矿远景。面金属值可按下式计算：

$$\overline{P}' = \sum P_i / n + \overline{C}'_{o}$$

在应用移动平均处理数据时，可利用评价指数 K，并有：

$$K = S\left(\frac{1}{a}\overline{A} + \frac{1}{b}\overline{B}\right)$$

在土壤或岩石测量时，也可以用相应的面金属量进行评价，即：

$$P_{土} = \Delta S \sum (C_x - C_o)$$

$$P_{岩} = \Delta S \sum (C_x - C_o)$$

由上可见，面金属量与矿化成正比关系，为此，可利用此特征值做等级评价。在南美迪勒拉进行普查时，就对发现的水系沉积物异常作了上述计算，其结果见表 10-13。

表 10-13　南美迪勒拉水系沉积物异常计算结果

异常等级序列	异 常 号	铜含量/%	背景值/%	汇水面积/km^2
103214	3	184×10^{-4}	14×10^{-4}	600
30020	84	120×10^{-4}	20×10^{-4}	300
19952	51	251×10^{-4}	52×10^{-4}	100
12525	50	150×10^{-4}	25×10^{-4}	100
9425	74	260×10^{-4}	25×10^{-4}	40
7775	78	112×10^{-4}	15×10^{-4}	80
6793	19	700×10^{-4}	23×10^{-4}	10

等级最高的 3 号异常，经验证，已发现了一个新的斑岩铜矿。

（二）类比评价异常

类比法评价异常就是从已知矿体上取得评价指标，而后应用这些指标对未知地区作出定性评价。这种方法可用于地质条件（构造、岩性、矿化等）类似地区找矿，或已开采区找遗漏矿体。

1965 年首钢勘探队在某金矿区进行化探工作，工作区出露的地层为前震旦系片麻岩、震旦系石英砂岩、页岩、白云质灰岩。金矿有两种类型：一种是含金多金属，另一种是含金石英脉。化探首先是在已知矿体上进行小面积试验，作了地球化学岩石测量试验剖面，对各种矿石进行了光谱分析，确定了金矿上面有 Ag、As、Pb、Zn、Cu 5 个元素的组合异常。铋异常在金矿脉附近出现，可作为近矿指示元素。根据这一规律，对未知地区获得的 5 个元素（Ag、As、Pb、Zn、Cu）的 3 个组合异常（Ⅰ、Ⅱ、Ⅲ）作了评价，由于这些异常特征元素与已知矿一致，且在Ⅱ、Ⅲ号异常中心还有铋异常，故推测均为金矿引起的异常，经探槽揭露，均见金矿体，且以Ⅲ号异常处矿最富。

（三）地质、物探、化探综合评价异常

尽管化探在普查找矿中是一种直接找矿方法，但由于矿体的形成是受多种因素控制，因此需

要尽可能与地质、物探配合，对异常进行综合评价。例如：辽宁某热液铜矿，矿区出露岩层为太古界鞍山群花岗片麻岩、黑云母片麻岩、角闪片麻岩、云母片麻岩。矿体产于角闪片麻岩与云母片麻岩互层带中，在 210 km^2 普查基础上选出了 11 km^2 的有利地段，进行地球化学土壤测量、磁法、电位及联合剖面的详查工作。结果在测区的北面发现了一个铜的次生异常，峰值达 0.4%，同时有自电异常，最大异常为 −320 mV，且联剖在自电负心上有联合剖面正交点，三者位置基本吻合，当时有人认为，自电异常可能是石墨炭质页岩或含水断裂引起的，经实地检查未发现含炭岩层，并见有铁帽，又有铜异常，故推断良导体为矿体引起，经钻探验证在 109.4 m 处见铜矿体。

（四）利用单矿物中微量元素区分矿与非矿

由于在成矿作用过程中或原生异常形成时，部分成矿元素或其他伴生元素，往往以不同形式进入某种（或某些）矿物中，以它为载体并随之迁移，集中或分散。因此，研究单矿物中微量元素的分配特征规律，可以区分矿与非矿异常。

例如：根据我国江西铜厂、富家坞、黑龙江多宝山、安徽河溪 4 个斑岩铜（钼）矿床中的黄铁矿的研究，获得如下规律：

（1）各蚀变带内黄铁矿中微量元素的分配特征见表 10-14。由此可见：在石英－绢云母化带内黄铁矿中微量元素最集中。

表 10-14　各蚀变带内黄铁矿中微量元素的分配特征

蚀变带	元素含量/%									
	Cu	Mo	Pb	Zn	Ni	Co	Ba	Ag	Ti	As
青盘岩化带	550×10^{-4}	30×10^{-4}	120×10^{-4}	150×10^{-4}	80×10^{-4}	250×10^{-4}	400×10^{-4}	20×10^{-4}	120×10^{-4}	40×10^{-4}
石英－绢云母及白云母化带	3250×10^{-4}	320×10^{-4}	1750×10^{-4}	1400×10^{-4}	300×10^{-4}	600×10^{-4}	800×10^{-4}	60×10^{-4}	450×10^{-4}	72×10^{-4}
钙长石化带	1700×10^{-4}	40×10^{-4}	250×10^{-4}	180×10^{-4}	150×10^{-4}	750×10^{-4}	1100×10^{-4}	35×10^{-4}	25×10^{-4}	30×10^{-4}

（2）不同产状黄铁矿中微量元素的变化：无论矿体或围岩中，随黄铁矿的产状由细脉浸染→细脉状→大脉状，其中微量元素含量一般是由高变低。而 Cu、Co、Mo 是矿带细脉浸染状、细脉状黄铁矿的特征元素。因此，黄铁矿中这些元素的含量可用来指示矿体的空间部位。

（3）黄铁矿中微量元素的分布状况：含矿斑岩体与非矿斑岩体，黄铁矿中微量元素的分配受矿体的岩性、蚀变、矿物组合等因素的控制，其分配特征也就存在差异。

一般说来，含矿斑岩体在矿带内的黄铁矿中微量元素 Cu、Mo、Co、Pb、Zn、Ag、As 含量都很高，且 Pb、Zn、Ag、As 在矿体边部和顶部更高一些。Ba 主要出现在钾化带，因而可以利用黄铁矿中 Cu、Mo、Co、Pb、Zn、Ag、As 的空间分布特征，作为斑岩矿体的含矿性标志，Ba 可作为钾化带的标志。此外，黄铁矿中 Co/Ni 比值在空间分布上是近矿小于 10，远矿大于 10，矿体前缘一般为 2～10，尾部为 0.11～2，故可利用黄铁矿中 Co/Ni 比值来评价斑岩体的含矿性及矿体剥蚀深度。

根据以上黄铁矿中元素分配特征可得出如下结论：

第一，含矿斑岩体，黄铁矿中 $w(Cu)=(1000\sim3000)\times10^{-4}\%$，$w(Mo)=(100\sim150)\times10^{-4}\%$，$w(Pb)=(200\sim300)\times10^{-4}\%$，$w(Zn)=\pm200\times10^{-4}\%$，$w(Ag)=5\times10^{-4}\%$，$w(As)=(10\sim20)\times10^{-4}\%$，$w(Co)=(200\sim500)\times10^{-4}\%$，而非矿黄铁矿中上述元素含量普遍偏低。

第二，前缘部分黄铁矿中 $w(Pb)=5000\times10^{-4}\%$，$w(Zn)=4000\times10^{-4}\%$，$w(Ag)=18\times10^{-4}\%$，$w(As)=25\times10^{-4}\%$，尾部 $w(Pb)=160\times10^{-4}\%$，$w(Zn)=20\times10^{-4}\%$，$w(Ag)=8\times10^{-4}\%$，$w(As)=15\times10^{-4}\%$，Co/Ni 比值近矿小于 10，远矿大于 10，前缘为 2～10，尾部为 0.11～2，可与其他元素配合评价剥蚀深度。

二、原生晕轴向分带序列的确定

利用原生晕轴向分带序列,对选择指示元素、资料整理、异常解释评价都有重要的意义。

国内外都很重视原生晕异常分带性的研究。1970 年,前苏联 Л.Н. 奥甫钦尼科夫和 С.В. 格里戈良通过电子计算机处理 47 个热液矿床的资料取得了下列元素的轴向分带序列(按指示元素形成异常含量、范围,沿矿轴向由上而下)为:

Ba—(Sb,As^1,Hg) —Cu^1—Cd—Ag—Pb—Zn—Sn^1—Au—Cu^2—Bi—Ni—Co—Mo—U—Sn^2—As^2—Be—W。

这个序列中,As、Cu、Sn 等元素有两个位置,这是因为这些元素在热液矿床中赋存的矿物形式有变化,影响指示元素在原生晕异常中的轴向分带序列的位置。如 Cu、As 元素,当它们在矿床中以毒砂、黄铜矿形式存在时,在分带序列中位于 As^1、Cu^1 位置;若以黝铜矿、砷黝铜矿矿物形式存在时,在分带序列中位于 As^2、Cu^2 位置。而 Sn 元素,以锡石矿物形式存在于矿床中时,在分带序列中位于 Sn^1 的位置,若以黄锡矿形式存在,则位于 Sn^2 位置。

确定具体一种矿床(体)的元素轴向分带序列,可以根据已知矿床成因特点选用以下两种分带序列(轴向)的确定方法。

(一) 分带性衬度系数法

分带性衬度系数 B_i 是指被研究剖面的上截面(分子)和下截面(分母)上元素的线金属量之比,即:

$$B_i = \frac{M_{L上}}{M_{L下}} = \frac{\overline{C}_{i上}}{\overline{C}_{i下}} \times \frac{L_{i上}}{L_{i下}}$$

式中 $M_{L上}$、$M_{L下}$——分别为上、下截面的线金属量;

$\overline{C}_{i上}$、$\overline{C}_{i下}$——分别为上、下截面的元素平均含量(剖面上的);

$L_{i上}$、$L_{i下}$——分别为上、下截面的异常宽度。

下面以某花岗岩中铀矿为例,说明应用衬度系数计算分带序列的步骤:

第一步:计算不同深度剖面上各元素的线金属量(见表 10-14);

第二步:根据每个元素上截面与下截面的线金属量值求 B_i;

第三步:根据衬度系数的大小排列出分带序列(由大至小)。

根据表 10-15 获得的分带序列是:Pb(46.00)—Zn(15.00)—Cu(1.70)—U(0.60)。但是衬度系数只有在异常的金属量沿轴向的变化具有单一而稳定的情况下,才能得到较合理的结果,这种条件往往由于脉动的原因而被破坏,因此在复杂的成矿条件下可采用分带指数法。

表 10-15 计算不同深度剖面上各元素的线金属量

指 数	指示元素			
	U	Cu	Zn	Pb
地 表	0.30	1.20	3.00	12.00
Ⅴ中段	0.45	1.30	1.60	5.00
Ⅵ中段	0.50	0.70	0.20	0.26
衬度系数	0.60	1.70	15.00	46.00

(二) 分带指数法

分带指数指某种元素在一定深度剖面上异常中的线金属量与被研究矿化类型在该剖面上的

所有指示元素异常的总线金属量之比，即：

$$D_{ij} = \frac{M_{Lij}}{\sum_{i=1}^{m} M_{Lij}}$$

式中　D_{ij}——在 j 深度上第 i 个元素的分带指数；

M_{Lij}——在断面上 j 深度时第 i 个元素的线金属量；

$\sum_{i=1}^{m} M_{Lij}$——在断面上 j 深度时 m 个元素的线金属量总和。

下面以吉林夹皮沟金矿 5 个中段采取的岩石样品所得 7 个元素的数据，说明具体计算方法。

首先根据每个中段的取样点上不同元素的原始数据求出各元素的线金属量（为计算方便，可换算成对数），见表 10-16。

表 10-16　不同中段各元素的线金属量

中　段	M_{Lij}/%							$\sum M_{Lij}$/%
	Ni	Mo	Ag	Zn	Cu	Pb	Au	
0 m	3.70×10^{-4}	2.71×10^{-4}	3.05×10^{-4}	4.89×10^{-4}	4.47×10^{-4}	5.42×10^{-4}	2.33×10^{-4}	26.57×10^{-4}
40 m	3.60×10^{-4}	2.74×10^{-4}	2.19×10^{-4}	4.12×10^{-4}	3.56×10^{-4}	4.22×10^{-4}	1.60×10^{-4}	22.03×10^{-4}
80 m	3.87×10^{-4}	2.94×10^{-4}	2.62×10^{-4}	4.69×10^{-4}	4.35×10^{-4}	5.14×10^{-4}	2.35×10^{-4}	25.96×10^{-4}
120 m	3.74×10^{-4}	2.54×10^{-4}	2.54×10^{-4}	4.57×10^{-4}	4.16×10^{-4}	4.97×10^{-4}	2.04×10^{-4}	24.56×10^{-4}
160 m	3.90×10^{-4}	2.96×10^{-4}	2.86×10^{-4}	4.89×10^{-4}	4.64×10^{-4}	5.10×10^{-4}	2.31×10^{-4}	26.66×10^{-4}

其次根据表 10-16 数据，应用分带指数公式，求出各元素在不同中段的分带指数值，见表 10-17。

根据表 10-17 求得的各元素在不同深度的分带指数值，可确定每个元素的最大分带指数值。若在每个中段仅有一个元素的最大分带指数值，则就可按照计算结果由上往下排列元素的分带序列；而若在同一中段上出现两个以上元素的分带指数最大值，就需应用变化指数及变化指数的梯度来进一步确定元素的先后顺序。

表 10-17　不同中段各元素的分带指数值

中　段	分带指数值 D_{ij}						
	Ni	Mo	Ag	Zn	Cu	Pb	Au
0 m	0.1393	0.1020	0.1148①	0.1840	0.1682	0.2040①	0.0877
40 m	0.1634①	0.1244①	0.0994	0.1870①	0.1616	0.1916	0.0726
80 m	0.1491	0.1133	0.1009	0.1807	0.1676	0.198	0.0905①
120 m	0.1523	0.1034	0.1034	0.1861	0.1694①	0.2024	0.0831
160 m	0.1463	0.1162	0.0947	0.1834	0.1596	0.1913	0.0867

① 每个元素的分带指数最大值。

变化指数 G 是出现在某个中段的最大分带指数与其余中段分带指数之比的和，即：

$$G = \sum_{j=1}^{n} \frac{D_{max}}{D_{ij}}$$

式中　D_{max}——某元素分带指数的最大值；

D_{ij}——在第 j 中段第 i 个元素的分带指数；

n——中段数。

从表10-17可见，在0 m中段为 D_{Ag}、D_{Pb}最大，40 m中段 D_{Ni}、D_{Mo}、D_{Zn}最大，80 m中段 D_{Au}最大，120 m中段 D_{Cu}最大，对于两个以上元素同时出现在最上部或最下部中段时，可以用变化指数来划分分带序列之前后。如0 m中段的Ag与Pb，可求得：

$$G_{Ag}=\frac{0.1148}{0.0994}+\frac{0.1148}{0.1009}+\frac{0.1148}{0.1034}+\frac{0.1148}{0.0947}=4.6152$$

$$G_{Pb}=\frac{0.2040}{0.1916}+\frac{0.2040}{0.1980}+\frac{0.2040}{0.2040}+\frac{0.2040}{0.1913}=4.1693$$

因为 $G_{Ag}>G_{Pb}$，说明Ag向上迁移能力相对于Pb要大，故将Ag列于Pb之前。

对于元素 D_{max}处于其他中段的情况，可用变化指数的梯度 ΔG_i。来确定元素排列的先后。ΔG_i 按下式计算：

$$\Delta G_i = G_{上}-G_{下} \text{ 或 } \Delta G_i = G_{下}-G_{上}$$

式中　$G_{上}$——向上的变化指数；

$G_{下}$——向下的变化指数。

如40 m中段Ni、Mo、Zn可求得：

$$G_{Ni上}=\frac{0.1634}{0.1393}=1.1730$$

$$G_{Ni下}=\frac{0.1634}{0.1491}+\frac{0.1634}{0.1523}+\frac{0.1634}{0.1463}=3.2857$$

$$\Delta G_{Ni}=G_{Ni下}-G_{Ni上}=2.1127$$

$$G_{Mo上}=\frac{0.1244}{0.1024}=1.2148$$

$$G_{Mo下}=\frac{0.1244}{0.1133}+\frac{0.1244}{0.1034}+\frac{0.1244}{0.1162}=3.3717$$

$$\Delta G_{Mo}=G_{Mo下}-G_{Mo上}=2.1569$$

$$G_{Zn上}=\frac{0.1870}{0.1840}=1.0163$$

$$G_{Zn下}=\frac{0.1870}{0.1807}+\frac{0.1870}{0.1861}+\frac{0.1870}{0.1834}=3.0593$$

$$\Delta G_{Zn}=G_{Zn下}-G_{Zn上}=2.0430$$

因为 $\Delta G=G_{下}-G_{上}$ 越大，反映元素向上迁移能力相对向下要大，故上述计算结果 $\Delta G_{Mo}>\Delta G_{Ni}>\Delta G_{Zn}$，说明排列顺序为Mo—Ni—Zn。

这样该金矿所分析的7个元素，可得到如下轴向分带序列：Ag—Pb—Mo—Ni—Zn—Au—Cu。

这一元素的轴向分带序列与国外某些金矿分带序列基本类似，而此元素分带序列的形成与该矿床在成矿过程中的矿物沉淀分带有关。

（三）金属量梯度（g_r）法

1977年，前苏联E.M.克维亚特科夫斯基提出应用金属量梯度的递增值来确定矿带（体）不同空间区段的元素局部分带序列，并用其平均值确定已知矿带（体）的最大可能的分带序列。这种方法对多次成矿活动形成的矿床（体）的异常元素轴向分带序列的确定更为合适。

金属的量梯度按下式计算：

$$g_r = M_{上}/M_{下}$$

式中 $M_{上}$——上剖面的线金属量；

$M_{下}$——下剖面的线金属量。

下面以前苏联某锡石—硅酸盐—硫化物建造的电气石类型矿床为例来说明该方法的具体计算步骤。

具体试验剖面见图 10-18，在该剖面上，矿体中心位置的标高为 +850 m，结合相邻已知矿体剖面资料综合后知道，矿体沿垂直方向的规模为 500 m。该矿体 10 种元素在 5 个中段上的线金属量见表 10-18。

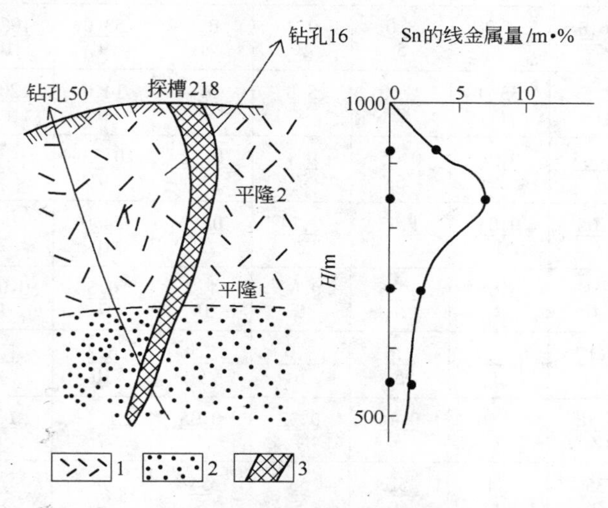

图 10-18 “浆果”矿带Ⅻ勘探线的地质剖面图和矿带线金属量曲线

1—喷发 - 沉积岩；2—砂页岩系；3—矿带

表 10-18 “浆果”矿带Ⅻ勘探线的线金属量

揭露工程	揭露标高		线金属量/m·%									
	假定标高/m	相对标高 $\frac{Z-Z_0}{L}$	Sn	W	Co	Cu	Zn	Pb	Bi	As	Ag	Sb
探槽 218	1000	0.3	0.07	0.016	0.002	1.4	0.2	0.34	0.04	0.63	0.025	0.01
钻孔 16	925	0.15	3.3	5.3	0.01	31.5	0.5	0.26	2.9	27.4	0.10	0.44
平隆 2	850	0	7.1	0.85	0.33	69.0	6.5	8.8	0.76	29.1	0.062	0.50
平隆 1	700	−0.3	1.8	0.33	0.01	4.1	1.3	2.5	0.055	0.25	0.009	0.01
钻孔 50	550	−0.6	1.8	4.97	0.21	27.7	2.1	1.5	0.12	16.4	0.02	0.30

计算各元素的金属量梯度 g_r，结果列于表 10-19。根据金属量梯度值大小，确定各局部区段元素“由下往上”的局部分带序列（表 10-19 中各区间元素 g_r 值数字下的分母数字）。例如探槽 218—钻孔 16“区段”，元素的局部分带序列按元素的 g_r 值从大到小排列为：Pb—Zn—Ag—Co—Cu—Sb—As—Sn—Bi—W（“从上往下”）。

表 10-19　“浆果”矿带ⅩⅢ勘探线的金属量梯度 g_r 和根据递增的 g_r 值确定的分带系列 N_i

区　段	Sn	W	Co	Cu	Zn	Pb	Bi	As	Ag	Sb
探槽 218—钻孔 16	$\frac{0.021}{3}$①	$\frac{0.003}{1}$	$\frac{0.2}{7}$	$\frac{0.05}{6}$	$\frac{0.4}{9}$	$\frac{1.3}{10}$	$\frac{0.013}{2}$	$\frac{0.023}{4}$	$\frac{0.25}{8}$	$\frac{0.023}{5}$
探槽 218—平隆 2	$\frac{0.01}{2}$	$\frac{0.019}{3}$	$\frac{0.006}{1}$	$\frac{0.02}{4}$	$\frac{0.031}{7}$	$\frac{0.04}{8}$	$\frac{0.05}{9}$	$\frac{0.022}{6}$	$\frac{0.4}{10}$	$\frac{0.02}{5}$
钻孔 16—平隆 2	$\frac{0.47}{5}$	$\frac{6.0}{10}$	$\frac{0.03}{2}$	$\frac{0.45}{4}$	$\frac{0.078}{3}$	$\frac{0.029}{1}$	$\frac{3.8}{9}$	$\frac{0.95}{7}$	$\frac{1.6}{8}$	$\frac{0.6}{6}$
探槽 218—平隆 1	$\frac{0.039}{1}$	$\frac{0.05}{2}$	$\frac{0.2}{5}$	$\frac{0.35}{6}$	$\frac{0.15}{4}$	$\frac{0.14}{3}$	$\frac{0.7}{7}$	$\frac{2.5}{9}$	$\frac{2.8}{10}$	$\frac{1.0}{8}$
钻孔 16—平隆 1	$\frac{1.8}{4}$	$\frac{16.0}{7}$	$\frac{1.0}{3}$	$\frac{8.0}{5}$	$\frac{0.4}{2}$	$\frac{0.1}{1}$	$\frac{53.0}{9}$	$\frac{108.0}{10}$	$\frac{11.0}{6}$	$\frac{49.0}{8}$
平隆 2—平隆 1	$\frac{3.9}{3}$	$\frac{2.5}{1}$	$\frac{33.0}{8}$	$\frac{17.0}{7}$	$\frac{5.0}{4}$	$\frac{3.4}{2}$	$\frac{14.0}{6}$	$\frac{120.0}{10}$	$\frac{6.9}{5}$	$\frac{50.0}{9}$
探槽 218—钻孔 50	$\frac{0.039}{4}$	$\frac{0.005}{1}$	$\frac{0.01}{2}$	$\frac{0.05}{6}$	$\frac{0.1}{7}$	$\frac{0.22}{8}$	$\frac{0.33}{9}$	$\frac{0.04}{5}$	$\frac{1.25}{10}$	$\frac{0.03}{3}$
钻孔 16—钻孔 50	$\frac{1.8}{8}$	$\frac{1.06}{5}$	$\frac{0.05}{1}$	$\frac{1.02}{4}$	$\frac{0.24}{3}$	$\frac{0.17}{2}$	$\frac{24.0}{10}$	$\frac{1.7}{7}$	$\frac{5.0}{9}$	$\frac{1.5}{6}$
平隆 1—钻孔 50	$\frac{1.0}{9}$	$\frac{0.06}{4}$	$\frac{0.05}{3}$	$\frac{0.16}{5}$	$\frac{0.62}{8}$	$\frac{1.7}{10}$	$\frac{0.5}{7}$	$\frac{0.016}{1}$	$\frac{0.45}{6}$	$\frac{0.03}{2}$
平隆 2—钻孔 50	$\frac{3.9}{8}$	$\frac{0.17}{1}$	$\frac{1.5}{2}$	$\frac{2.5}{5}$	$\frac{3.0}{6}$	$\frac{5.9}{9}$	$\frac{6.3}{10}$	$\frac{1.8}{4}$	$\frac{3.1}{7}$	$\frac{1.7}{3}$
$\bar{g}_r$	$\frac{0.31}{3}$	$\frac{0.18}{2}$	$\frac{0.16}{2}$	$\frac{0.46}{6}$	$\frac{0.33}{4}$	$\frac{0.35}{4}$	$\frac{1.4}{7}$	$\frac{1.8}{9}$	$\frac{1.7}{8}$	$\frac{2.1}{10}$
$\sum N_i$	$\frac{47}{3}$	$\frac{35}{2}$	$\frac{34}{1}$	$\frac{52}{4}$	$\frac{53}{5}$	$\frac{54}{6}$	$\frac{78}{9}$	$\frac{63}{8}$	$\frac{79}{10}$	$\frac{55}{7}$

① 分子表示该区段的金属量梯度，分母表示在矿带该区段按梯度值递增顺序确定的分带系列中元素的顺序号。

根据各局部分带序列中元素的 g_r 值的平均值 $\bar{g}_r$(表 10-19 中)的大小，可以用确定局部分带序列的方法确定已知矿体剖面上元素的轴向分带序列为(从上往下)：Sb—As—Ag—Bi—Cu—Pb—Zn—Sn—W—Co。

该法可用各局部区段元素局部分带的位置数总和(表 10-19 中 $\sum N_i$ 项)的数值大小来确定已知矿体剖面上元素分带序列。对照按 g_r 平均值确定的分带序列，可以确定该矿体(带)原生异常中元素轴向分带序列为：Co—W—Sn—Zn—Cu—Pb—Bi—As—Sb—Ag(从下而上)。

三、应用原生晕特征评价异常

应用原生晕(局部岩石地球化学异常)特征评价异常，对评价岩石地球化学测量资料(或土壤地球化学测量后期获得的相应岩石地化测量资料)是有意义的。

(一) 应用分带性指数(v_z)评价剥蚀程度

分带性指数 v_z 是原生异常元素(轴向)分带系列中上部元素(元素组)与下部元素(元素组)剖面线金属量的比值。

下面通过云南某矿区应用分带性指数(v_z)评价成矿花岗岩突起面深度的例子，来说明具体步骤。

第一步：选择已被探矿工程控制的原生晕异常剖面，计算各剖面上各元素的异常线金属量(表 10-20)。

表 10-20　各剖面上各元素的异常线金属量

剖面号		1	2	3	4	5	6	7	8	9
距离[1]/m		300	400	420	500	600	825	1165	1250	1500
M_L/m·%	Be	0.51	1.01	0.09	0.10	0.157	0.002	0.002	0.002	0.002
	Bi	0.50	0.41	0.03	0.205	0.003	0.003	0.003	0.003	0.003
	Sn	0.95	1.29	0.69	0.25	0.145	0.03	0.075	0.06	0.04
	Cu	0.05	0.12	0.14	0.39	0.265	0.16	2.83	0.003	0.05
	Pb	5.1	2.7	2.55	4.8	2.40	0.4	125.35	0.15	1.7
	Cd	0.015	0.1	0.003	0.02	0.01	0.003	0.003	0.003	0.003
	Ag	0.0021	0.0042	0.0007	0.0027	0.0007	0.0003	0.0003	0.0003	0.0003

① 沿层间剥离带距成矿花岗岩面距离(矿区的主要矿体都沿断裂、层间剥蚀带、节理等构造裂隙及花岗岩顶部或凹陷赋存)。

取元素光谱分析灵敏度值的1/3乘点距(10 m)代替 $M_{Li}=0$。

元素灵敏度:Be = 5×10^{-4}%,Bi = 10×10^{-4}%,Sn = 10×10^{-4}%,Cu = 10×10^{-4}%,Pb = 10×10^{-4}%,Cd = 10×10^{-4}%,Ag = 0.1×10^{-4}%。

第二步:应用分带性指数、变化指数与变化指数梯度计算元素的分带序列为:Be—Bi—Sn—Ag—Cu—Pb—Cd(由下而上)。

第三步:利用分带序列中上部元素,计算分带性指数 v_z:

$$v_z=\frac{M_{L上部元素}}{M_{L下部元素}}\quad z=1,2,\cdots,n(\text{不同深度剖面数})$$

计算 v_z 可以采用单元素,也可用累乘元素线金属量的比值。根据表10-20计算的 v_z 与相应的回归系数列于表10-21。

表 10-21　根据表 10-19 计算的 v_z 与相应的回归系统

v_z	$\frac{Ag}{Be}$	$\frac{Ag}{Bi}$	$\frac{Cu}{Sn}$	$\frac{CdPb}{BiSn}$	$\frac{CuPb}{BiSn}$	$\frac{CuCd}{BeBi}$	$\frac{CuCd}{BeSn}$	$\frac{CuCd}{BiSn}$	$\frac{CuPbCd}{BeBiSn}$
剖面数	5	5	7	5	5	4	5	5	5
$\sum^n X=\sum\log v_n$	10.81	8.49	0.24	0.50	5.49	-5.32	-8.49	-6.14	-0.45
$\sum^n Y=\sum\log z$	13.18	17.18	19.16	13.18	13.18	10.40	13.18	13.18	13.18
$\bar{X}=\sum\log v_n/n$	-2.14	-1.7	-0.03	0.10	1.10	-1.33	-1.7	-1.23	-0.09
$Y=\sum\log z/n$	2.64	2.64	2.74	2.64	2.64	2.60	2.64	2.64	2.64
$\sum X^2=\sum(\log v_n)^2$	23.80	6.13	6.30	4.01	14.12	9.71	18.01	14.70	9.50
$\sum X^2/n$	4.71	3.23	0.90	0.80	2.82	2.43	3.61	2.94	1.90
$\sum Y^2$	34.79	34.79	52.69	34.79	34.79	27.07	34.79	34.79	34.79
$\sum Y^2/n$	6.96	6.96	7.53	6.96	6.96	6.77	6.96	6.96	6.96

续表 10-21

v_z	$\frac{Ag}{Be}$	$\frac{Ag}{Bi}$	$\frac{Cu}{Sn}$	$\frac{CdPb}{BiSn}$	$\frac{CuPb}{BiSn}$	$\frac{CuCd}{BeBi}$	$\frac{CuCd}{BeSn}$	$\frac{CuCd}{BiSn}$	$\frac{CuPbCd}{BeBiSn}$
$\sum XY$	-28.43	22.12	0.53	1.72	15.04	-13.58	-21.98	-15.67	-0.52
$(\sum X \sum Y)/n$	-28.49	-22.38	-0.67	1.31	1.446	-13.83	22.37	-16.25	-1.19
$L_{xx} = \sum X^2 - (\sum X)^2/n$	0.5	1.71	6.29	3.69	8.10	2.64	3.64	7.10	9.46
$L_{yy} = \sum Y^2 - (zY)^2/n$	0.01	0.05	0.24	0.05	0.05	0.03	0.05	0.05	0.05
$L_{xy} = \sum XY - \sum X \sum Y/n$	0.06	0.24	1.20	0.41	0.58	0.25	0.38	0.58	0.67
$\gamma = L_{xy}/\sqrt{L_{xx}L_{yy}}$	0.3593	0.8765	0.9744	0.9066	0.9106	0.9236	0.8894	0.9698	0.9661
$\gamma(n-2, 0.05)$	0.878	0.878	0.811	0.878	0.878	0.950	0.878	0.878	0.878
$b = L_{xy}/L_{yy}$	0.1148	0.1508	0.1908	0.1026	0.0702	0.0955	0.1050	0.0802	0.0707
$a = \overline{Y} - b\bar{z}$	3.2901	2.8420	2.7439	2.6257	2.5584	2.7274	2.8141	2.7369	2.6423

第四步：列出成矿花岗岩面 z 与最佳分带性指数 v_z 的回归方程：

最佳 v_z	$\log z = a + \log v_z$
Cu/Sn	$2.7439 + 0.1908\log v_z$
CdPb/BiSn	$2.6257 + 0.1026\log v_z$
CuPb/BiSn	$2.5589 + 0.0702\log v_z$
CuCd/BeBi	$2.7274 + 0.9955\log v_z$
CuCd/BeSn	$2.8141 + 0.01050\log v_z$
CuCd/BiSn	$2.7369 + 0.0820\log v_z$
CuPbCd/BeBiSn	$2.6423 + 0.0707\log v_z$

第五步：两个验证剖面：

(1) 计算分带性指数值 $\log\sqrt{z}$：

地区剖面	弯子街矿床剖面	高峰山矿床
Cu/Sn	0.4337	1.6990
CdPb/BiSn	0.3500	4.6467
CuPb/BiSn	2.1642	5.0447
CuCd/BeBi	1.3463	4.6467
CuCd/BeSn	0.8017	4.0
CuCd/BiSn	-0.7894	4.0
CuPbCd/BeBiSn	2.5322	6.3457

(2) 不同分带性指数预测 z 值：

Cu/Sn	670.9	1169.7

CdPb/BiSn	458.8	1266.2
CuPb/BiSn	513.8	818.54
CuCd/BeBi	717.7	1286.5
CuCd/BeSn	79.12	1714.35
CuCd/BiSn	470.1	1161.2
CuPbCd/BeBiSn	662.7	1232.8
$\sum(m)/7$	613.9	1253.6
实际 z 值/m	500	1050
$(z-\sum/z)$	22.78	17.68

（二）应用成矿和成晕能评价找矿远景

成矿和成晕的能量与矿石和原生晕的浓度克拉克值之间有一定的关系。САФРОНОВ 推导的计算矿石和原生晕形成能量的公式为：

$$Em = \sum_{j=1}^{m} K_i \ln K_i$$

式中　E——形成单位体积矿石或原生晕所消耗的能量；

K_i——组成矿石或原生晕的任一元素的浓度克拉克值；

m——元素数目。

计算成矿成晕能量时，必须先求得与矿床有成因关系的某一岩浆岩体（母岩）中每种元素的单位体积的克原子量，即克原子密度，其步骤如下：

（1）根据地质与地球化学特点，确定形成该矿床的母岩。

（2）对母岩做硅酸盐全分析和有关成矿元素的简分析，获得母岩的平均化学成分。

（3）将氧化物的质量分数换算成元素的质量分数。

（4）测定母岩的密度。

（5）计算各元素在母岩中的密度，即母岩密度乘以各元素的质量分数。

（6）计算各元素的克原子密度，即用元素的原子量除各元素的密度。

（7）用同样的方法，计算出矿石或原生晕中各元素的克原子密度。

（8）用矿石或原生晕中各元素的克原子密度与母岩中对应元素的克原子密度的比值求出各元素的浓度克拉克值，代入公式：

$$E = \sum K_i \ln K_i$$

即可算出单位体积矿石或原生晕形成的能量。例如：某锡石—石英脉矿石的成矿能计算列于表 10-22。

表 10-22　某锡石—石英脉矿石形成能量的计算

密度/$g \cdot cm^{-3}$	O	Si	Al	Fe	Ca	Na	K	Mg	Ti	H	C	Sn	其他金属
2680	花岗岩（母岩）												
	48.7	32.3	7.7	2.7	1.58	2.77	3.34	0.56	0.23	0.09	0.03	3×10^{-4}	0.49
2681	锡石—石英脉（矿石）												
	51.43	38.75	4.45	1.61	1.91	0.19	0.12	0.33	0.06	0.01	0.52	0.10	0.49

续表 10-22

密度 /g·cm^{-3}	O	Si	Al	Fe	Ca	Na	K	Mg	Ti	H	C	Sn	其他金属
岩石密度×元素质量分数	花岗岩中元素密度												
	130516	86564	20636	7237	4234	7424	8951	1500	616	241	80	0.804	1313
元素密度/原子量	花岗岩中元素密度												
	8157	3092	765	129.6	125.6	323	229	61.7	13	239	6.66	0.0068	
脉的密度×元素质量分数	锡石—石英脉中元素密度												
	1378884	103889	11930	4316	5121	509	322	885	161	27	1394	268	1313.67
元素密度/原子量	锡石—石英脉中元素的克原子密度												
	8618	3699	442	77.3	128	22	8.2	36	3.36	26.8	116	2.26	
脉中元素克原子密度	元素的克拉克浓度(K_i)												
	1.050	1.200	0.578	0.596	1.209	0.069	0.036	0.59	0.261	0.111	13.339	33.333	1.000
母岩中元素克原子密度	矿石(各元素)形成的总能量：$E_n=\sum_{i=1}^{n}K_i\ln K_i=0.058+0.219-0.317-0.308+0.229-0.184-0.120-0.311-0.351-0.244+49.46+1937.23+0=1985.37$；锡矿石形成能量：$E_{Sn}=K_{Sn}\ln K_{Sn}=333\ln 333=1937.23$												

在地球化学找矿中，可以原生晕形成的相对能量为指标圈定异常，这往往比用元素含量圈定异常更有效、更直观。

原生晕形成能量用上述方法进行计算，其中元素克拉克浓度值可与矿区内有成因关系的岩浆岩中的元素克拉克浓度值相比较，也可以与地壳中相应岩浆岩相比较，还可以与工作区域的元素区域背景值相比较。

例如：某地多金属矿床，在矿区 2.4 km^2 范围内用 5 m×20 m 间距取样(岩石样)，分析原生晕成分，求出每个取样点的综合能量，并按着 $E<10$、$E=10\sim50$、$E=50\sim100$ 等间隔圈出等能量线。在地球化学能量分布图(图 10-19)上可以明显地画出两个东西向延伸的形成能量较高的异常带。北边的异常中已包括了已知矿体，而南边的异常带可作为寻找盲矿体的远景区。

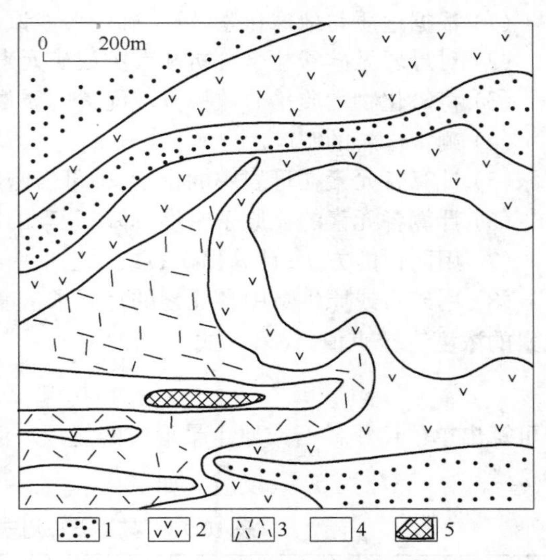

图 10-19　某多金属矿区地球化学异常图

1—原生晕形成的能量 $E<10$；2—$E=10\sim50$；3—$E=50\sim100$；4—$E>100$；5—矿体

(三) 研究原生晕的形成机理，预测深部矿化规模

推测深部矿化规模是比较复杂的问题。1967 年苏联巴尔舒柯夫等根据硫化物－锡石矿床成矿过程的化学机理的研究，提出了预测深部矿化规模的回归模式，他们在苏联某锡矿上的研究发现：

(1) 石英脉中锡石主要是集中在脉的中上部,并形成锡石工业矿体。而石英脉下部不含锡石(图 10-20)。

(2) 在脉的上部西侧为厚度不大的云英岩化围岩蚀变。在云英岩中发现存在着锡石、萤石和黄玉的矿物共生组合,向深处云英岩化逐渐变窄,并出现钠长石化及白云母化带,再向深处,钠长石化和黑云母化带逐渐变宽,愈往下愈大。该蚀变岩石中往往含有少量电气石、毒砂和磷灰石。

(3) 在不同标高上,脉旁围岩中锡含量变化情况不同,见图 10-20。在矿体上部(图中曲线Ⅰ——前缘晕)锡石含量升高,但离矿脉不远即衰减接近花岗岩中的背景。在锡石的工业矿体出现的标高上(曲线Ⅱ),晕中锡石含量增大,但特征基本与上述相同。在矿体以下的标高上(曲线Ⅲ),锡晕呈负异常,在脉旁相当大的宽度内锡含量都低于含锡花岗岩中的背景值,说明大量锡石在花岗岩遭受岩浆期后热液作用产生自变质过程中,锡由花岗岩中带出。

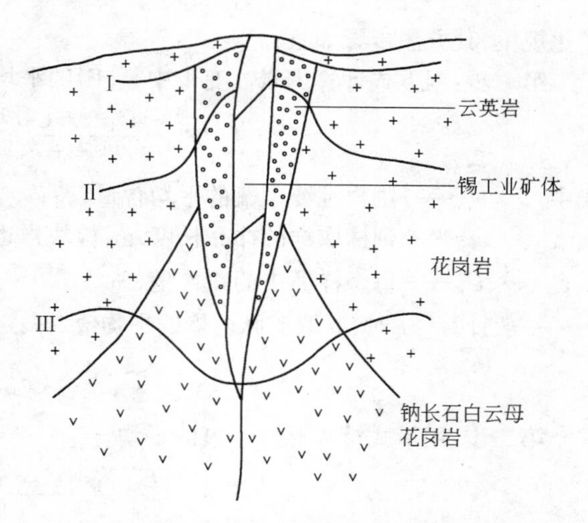

图 10-20　锡石－石英脉状矿床、矿体与围岩蚀变垂直分带及不同标高锡含量变化曲线

以上这些事实,不仅使巴尔舒柯夫得出锡自深部自变质花岗岩中带出,并随热液上升形成上部锡矿的简单结论,而且进一步阐明了锡石－石英脉的形成机理。

根据自变质过程中长石形成钠长石(说明热液中含大量钠)和在以后的云英岩化中形成萤石和黄玉(都含氟),可以认为岩浆期后热液是富钠和氟的碱性溶液。同时实验证明,锡石(SnO_2)在 NaOH 溶液中可形成 $Na[Sn(OH)_6]$而溶解。根据晶体化学,F 与 OH 是可以相互代替的,因此,巴尔舒柯夫提出了如下锡矿形成过程的推断:

当富氟和钠的碱性岩浆期后热液由深部沿裂隙向上移动时,首先在深部引起花岗岩的自变质作用,使长石发生钠长石化,黑云母发生白云母化,黑云母晶格中的锡被排挤出来,锡进入溶液形成 $Na[Sn(OH)_6]$络合物,向上迁移。此时溶液具有碱性,络合物是稳定的。黑云母被白云母替代时,同时释放出 Fe^{2+} 与 Mg^{2+},它们与溶液中的 B、As、SiO_2 结合形成了电气石和毒砂。

当含有 $Na_2[Sn(F_{6-x},OH_x)]$的溶液继续上升时,随着钠化的不断进行,溶液中 Na^+ 的浓度逐渐下降,pH 值减小。当溶液变为弱碱性和中性时,氟锡络合物变为不稳定,通过高温水解作用形成锡石和游离的 HF,其反应式如下:

$$Na_2[Sn(F_{6-x},OH_x)] \Leftrightarrow SnO_2 \downarrow + 2NaF + 2HF$$

这将使热液迅速酸化,并使酸性溶液作用于上部花岗岩围岩,导致碱金属的淋滤带出,从而形成云英岩。此过程的反应式为:

$$2K[AlSi_3O_8](\text{钾长石}) + 4HF \Leftrightarrow Al_2[SiO_4]F_2(\text{黄玉}) + 5SiO_2 + KF + 2H_2O$$

$$3K[AlSi_3O_8](\text{钾长石}) + 2HF \Leftrightarrow KAG_2[Al_2Si_3O_{10}](OH)(\text{白云母}) + 2HF + 6SiO_2$$

HF 与围岩中的钙作用形成萤石。

这样,巴尔舒柯夫就系统地解释了锡自深部带出和在上部集中的完整过程,解释了矿脉、蚀变带和原生晕垂直分带的形成机理。由此可见:在锡石形成时,矿体周围形成锡晕与氟晕,而且具有一定的垂直分带特征,而围岩中的氟晕是锡石形成的伴生产物,故可利用氟来预测锡的深部矿化规模，其方法步骤如下：

第一步：用下式计算围岩蚀变带中氟(F)的平均含量：

$$F_{op}=\frac{C_1c_1+C_2c_2+\cdots+C_nc_n}{c_1+c_2+\cdots+c_n}$$

式中　F_{op}——围岩蚀变中氟的平均含量，%；

c_1、c_2、…、c_n——刻槽取样的样品长度，m，检块样也可，但混样不能超过 0.5 m；

C_1、C_2、…、C_n——每个样品中的氟含量，%。

一般计算 F_{op}时，要取矿脉两侧的平均值，即：

$$F_{op}=\frac{1}{2}(F_{op}^1+F_{op}^2)$$

第二步：用下式计算脉体中氟的平均含量：

$$F_p=\frac{C'_1c'_1+C'_2c'_2+\cdots+C'_nc'_n}{c'_1+c'_2+\cdots+c'_n}$$

式中　F_p——脉体中氟的平均含量，%

C'_1、C'_2、…、C'_n——脉体中每个样品中的氟含量，%；

c'_1、c'_2、…、c'_n——脉体中刻槽样体中的刻槽深度，m。

第三步：根据已知矿脉，列出 F_{op}、F_p 与 Q_{Lin}(锡石的线金属量)表，并应用如下关系式求出 ΔF 与 K_F：

$$\Delta F=F_{op}-F_p$$

$$K_F=\frac{F_p}{F_{op}}$$

第四步：根据表 10-23 列出的数据，建立回归方程：

$$Q_{SnL}=9.4+5.1\Delta F$$

$$Q_{SnL}=67.8-58.8K_F$$

表 10-23　矿脉的 F_{op}、F_p 与 Q_{Lin}值

取样位置	F_{op}	F_p	ΔF	K_F	勘探结果 Q_{Lin}/t
CK70	10.0	8.0	2.0	0.80	17
CK71	9.0	8.6	0.4	0.95	11
CK115	10.0	10.0	0.0	1.00	9
KH110	12.0	10.0	2.0	0.83	25
CK42	9.0	6.0	3.0	0.66	25
CK131	11.2	0.4	10.8	0.04	70
CK184	17.0	6.5	10.5	0.38	56
CK125	8.0	2.0	6.0	0.25	40
CK73	14.0	12.0	2.0	0.86	18
CK137a	5.0	5.0	0.0	1.00	9

第五步：根据上述回归方程，计算各取样位置的线金属量，列于表 10-24。

表 10-24　各取样位置的线金属量

取样位置	实际 Q_{SnL}	按 ΔF 计算 Q_{SnL}	按 K_F 计算 Q_{SnL}	按 ΔF 计算相对误差/%	按 K_F 计算相对误差/%
CK70	17	19.6	20.0	15	18
CK71	11	11.4	11.9	4	8
CK115	9	9.4	9.0	4	0
KH110	26	19.6	19.0	20	24
CK42	25	24.7	29.0	1	16
CK131	70	64.5	65.4	8	7
CK134	56	63.0	45.5	13	19
CK125	40	40.0	53.0	0	33
CK73	18	19.6	17.2	9	4
CK139a	9	9.4	9.0	4	0

应用时注意以下几个问题：

(1) 上述回归方程对于矿脉厚度 $h_p > 4$ m 时预测的线金属量 Q_{Lin} 较正确；而当 $h_p = 0.5 \sim 4$ m 时，预测的结果则要增大 R 倍。据实验，R 与 Q_{Lin} 有如下关系：

$$Q_{Lin}(实) = RQ_{Lin}(计)$$

(2) 当脉体和蚀变带中存在大量萤石时，本方法尚有限制，有待研究解决。

(3) 脉体与围岩蚀变界限比较清楚，便于确定 F_p 与 F_{op}。

综上所述，下伏锡储量可用两种方法求得：一种是根据 ΔF 值；另一种是根据 K_F 值，但后一种方法比较可靠，而且适应范围更广，因为 F_{op} 与 F_p 的绝对变化对计算结果影响较小，故应用 K_F 方法在脉旁围岩和脉体中氟含量变化范围较大的情况下还能用来评价与预测深部的矿体。

第六步：外围预测实例。作为应用上述方法预测深部矿体的例子，表 10-25 列举了对产于凝灰岩中的一个矿化带的深部预测资料。

表 10-25　对产于凝灰岩中的一个矿化带的深部预测资料

取样位置	F_{op}	F_p	ΔF	K_F	按 ΔF 法计算 Q_{SnL}	按 K_F 法计算 Q_{SnL}	预测成储量/t
N-Ⅲ·KH955	0	1.0	—	—	5	—	<5
Ⅰ KH899	12.3	11.0	1.0	1.0	14	9	约 5
KH952	3.0	7.5	0.5	0.93	12	12	约 12
KH988	14.0	9.5	4.5	0.64	32	21	约 30

图 10-21b 表示了矿带垂直投影，在进行深部锡探之前，根据地表工程进行取样，并用上述方法计算了预测下伏锡的线储量，后来进行了钻探，图 10-21 表示了预测与勘探结果。

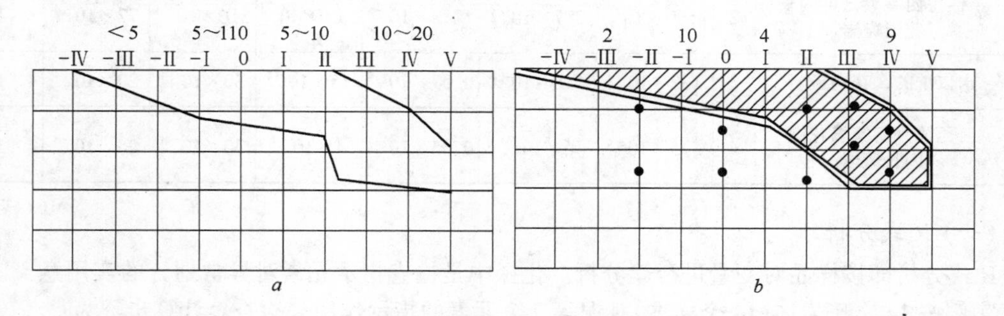

图 10-21　一个矿带面在垂直平面上的投影(根据 ВАРСЕТЗБ 和 АФВЛИСЗБ,1967 年)

a—深部矿化预测；b—勘探获得的结果，其中黑点是钻孔穿过矿带的地方

四、应用统计方法评价异常

选用合适的数理统计方法,可以为划分异常、评价异常的找矿意义提供有益的信息。化探中常用的数据处理方法有:回归分析、判别分析、簇群分析、因子分析、对应分析、典型相关分析等。下面举一个应用簇群分析(群分析)评价岩体的实例,以了解统计方法在评价异常(岩体)中的作用。

本计算实例应用的数据是在云南7个县13个地段的中—酸性斑岩体进行调查的结果,加上江西富家坞斑岩体共14个地段,样品采集是随机取样的方式,样品分析采用光谱半定量分析方法,在同一化验室、同一分析技术标准下进行,数据取自每一岩体的几何平均值,选用Cu、Mo、Ag、Pb、Zn、As、Co等7个元素。14个斑岩体岩性7个微量元素的几何平均值如表10-26所列。

表10-26 14个斑岩体中7个元素的几何平均值

岩体编号	地点及岩性	样数	微量元素几何平均值/%						
			Cu	Mo	Ag	Pb	Zn	As	Co
1	元江小龙潭花岗斑岩	24	2950×10^{-4}	0.4×10^{-4}	0.05×10^{-4}	13×10^{-4}	32×10^{-4}	62×10^{-4}	27×10^{-4}
2	元江金厂花岗斑岩	2	39×10^{-4}	0.6×10^{-4}	0.03×10^{-4}	8×10^{-4}	39×10^{-4}	60×10^{-4}	3×10^{-4}
3	景谷马鞍山石英闪长斑岩	1	5×10^{-4}	0.3×10^{-4}	0.03×10^{-4}	30×10^{-4}	100×10^{-4}	600×10^{-4}	10×10^{-4}
4	鹤庆北衙马头湾花岗斑岩	5	53×10^{-4}	0.5×10^{-4}	0.03×10^{-4}	34×10^{-4}	41×10^{-4}	20×10^{-4}	5×10^{-4}
5	宾川小龙潭花岗二长斑岩	22	380×10^{-4}	5.7×10^{-4}	0.38×10^{-4}	105×10^{-4}	49×10^{-4}	28×10^{-4}	9×10^{-4}
6	永胜撒巴南岩体角闪石英二长岩	6	182×10^{-4}	1×10^{-4}	0.04×10^{-4}	47×10^{-4}	50×10^{-4}	20×10^{-4}	5×10^{-4}
7	永胜撒巴北岩体黑云母石英二长岩	10	101×10^{-4}	1.01×10^{-4}	0.06×10^{-4}	43×10^{-4}	50×10^{-4}	20×10^{-4}	5×10^{-4}
8	华坪铜厂花岗闪长斑岩	6	246×10^{-4}	0.7×10^{-4}	0.21×10^{-4}	36×10^{-4}	39×10^{-4}	20×10^{-4}	3×10^{-4}
9	华坪糯谷田花岗斑岩	6	112×10^{-4}	0.8×10^{-4}	0.03×10^{-4}	68×10^{-4}	36×10^{-4}	20×10^{-4}	5×10^{-4}
10	永仁北岩体花岗斑岩	2	300×10^{-4}	1.7×10^{-4}	1.1×10^{-4}	350×10^{-4}	50×10^{-4}	35×10^{-4}	3×10^{-4}
11	永仁南岩体花岗闪长斑岩	6	340×10^{-4}	14×10^{-4}	0.17×10^{-4}	60×10^{-4}	50×10^{-4}	20×10^{-4}	3×10^{-4}
12	永仁拉西漫黑云母闪长花岗斑岩	2	3500×10^{-4}	2.7×10^{-4}	17.3×10^{-4}	5500×10^{-4}	316×10^{-4}	77×10^{-4}	4×10^{-4}
13	永仁洗的么花岗斑岩	3	132×10^{-4}	1.8×10^{-4}	0.07×10^{-4}	15×10^{-4}	30×10^{-4}	20×10^{-4}	4×10^{-4}
14	江西德兴富家坞花岗闪长斑岩	4	575×10^{-4}	6×10^{-4}	0.05×10^{-4}	4×10^{-4}	30×10^{-4}	26×10^{-4}	4×10^{-4}

(一) R式分析

R式分析即按样品对变量进行簇分析。化探中是检查指示元素对异常划分的实用意义。本计算实例按14个斑岩体(14个样本)对铜等7个元素的指示作用来检查。计算步骤为:

(1) 将表10-26中的每一元素的几何平均值化为对数并列表10-27。

表 10-27　各岩体微量元素几何平均值的对数值及平均对数值($\overline{C}_\lambda$)　(%)

元素＼岩体	1	2	3	4	5	6	7	8	9	10	11	12	13	14	$\overline{C}_\lambda$
Cu	3.4698×10^{-4}	1.5911×10^{-4}	0.6990×10^{-4}	1.7243×10^{-4}	2.5798×10^{-4}	2.2601×10^{-4}	2.0043×10^{-4}	2.3909×10^{-4}	2.0492×10^{-4}	2.4771×10^{-4}	2.5315×10^{-4}	3.5441×10^{-4}	2.1206×10^{-4}	2.7597×10^{-4}	2.3001×10^{-4}
Mo	-1.6021×10^{-4}	1.7782×10^{-4}	-1.4771×10^{-4}	-1.6990×10^{-4}	0.7559×10^{-4}	0	0.0043×10^{-4}	-1.8451×10^{-4}	-1.9031×10^{-4}	0.2304×10^{-4}	1.1461×10^{-4}	0.4314×10^{-4}	0.2553×10^{-4}	0.7782×10^{-4}	0.1362×10^{-4}
Ag	-2.6990×10^{-4}	-2.4771×10^{-4}	-2.4771×10^{-4}	-2.4771×10^{-4}	-1.5798×10^{-4}	-2.6021×10^{-4}	-2.7782×10^{-4}	-1.3222×10^{-4}	-2.4771×10^{-4}	0.0414×10^{-4}	-1.2304×10^{-4}	1.2380×10^{-4}	-2.8451×10^{-4}	-2.6990×10^{-4}	-0.9326×10^{-4}
Pb	1.1139×10^{-4}	0.9021×10^{-4}	1.4771×10^{-4}	1.5315×10^{-4}	2.0212×10^{-4}	1.6721×10^{-4}	1.6335×10^{-4}	1.5563×10^{-4}	1.8325×10^{-4}	2.5441×10^{-4}	1.7782×10^{-4}	3.7404×10^{-4}	1.1761×10^{-4}	0.6021×10^{-4}	1.6844×10^{-4}
Zn	1.5051×10^{-4}	1.5911×10^{-4}	2.0000×10^{-4}	1.6128×10^{-4}	1.6902×10^{-4}	1.6990×10^{-4}	1.5990×10^{-4}	1.5511×10^{-4}	1.5563×10^{-4}	1.6990×10^{-4}	1.6990×10^{-4}	2.4997×10^{-4}	1.4771×10^{-4}	1.4771×10^{-4}	1.6998×10^{-4}
As	1.7924×10^{-4}	1.7782×10^{-4}	2.7782×10^{-4}	1.3010×10^{-4}	1.4472×10^{-4}	1.3010×10^{-4}	1.3010×10^{-4}	1.3010×10^{-4}	1.3010×10^{-4}	1.5441×10^{-4}	1.3010×10^{-4}	1.8865×10^{-4}	1.3010×10^{-4}	1.4150×10^{-4}	1.5535×10^{-4}
Co	1.4314×10^{-4}	0.4771×10^{-4}	1.0000×10^{-4}	0.6990×10^{-4}	0.9542×10^{-4}	0.6990×10^{-4}	0.6990×10^{-4}	0.4771×10^{-4}	0.6990×10^{-4}	0.4771×10^{-4}	0.4771×10^{-4}	0.6021×10^{-4}	0.6021×10^{-4}	0.6021×10^{-4}	0.7069×10^{-4}

(2) 数据标准化。其中包括：

1) 计算每一岩体(样本)中每一变量(元素)含量与该元素在统计样本中平均值之差。用 Z_i 代表每一岩体(样本)中某一元素的含量，$\overline{Z}_i$ 代表统计样本中该元素含量的平均值(表 10-27 的 $\overline{C}_\lambda$)。如铜元素在 1 号岩体中含量减铜元素在 14 个岩体中平均值为 3.4698 − 2.3001 = 1.1697，列于表 10-28。

表 10-28　每一岩体(样本)中每一变量(元素)含量与该元素在统计样本中平均值之差

$Z_i-\overline{Z}_i$＼岩体	1	2	3	4	5	6	7	8	9	10	11	12	13	14
Cu	1.1697	−0.7090	−1.6011	−0.5758	0.2797	−0.0400	−0.2958	0.0908	−0.2509	0.1770	0.2314	1.2240	−0.1795	0.4596
Mo	−0.5341	−0.3580	−0.6591	−0.4372	0.6197	−0.1362	−0.1319	−0.2911	−0.2331	0.0942	1.0099	0.2952	0.1191	0.6420
Ag	−0.3684	−0.5903	−0.5903	−0.5903	0.5124	−0.4653	−0.2892	0.2548	−0.5933	0.9740	0.1630	2.1706	−0.2223	−0.3684
Pb	−0.5705	−0.7813	−0.2073	−0.1529	0.3368	−0.0123	−0.0509	−0.1281	0.1351	0.8597	0.0918	2.0560	−0.5083	−1.0823
Zn	−0.1947	−0.1087	0.3002	−0.0870	−0.0096	−0.0008	−0.0008	−0.1087	−0.1435	−0.0008	−0.0008	0.7999	−0.2227	−0.2227
As	0.2389	0.2247	1.2247	−0.2525	−0.1063	−0.2525	−0.2525	−0.2525	−0.2525	−0.0094	−0.2525	−0.3330	−0.2525	−0.1385
Co	0.7245	−0.2298	0.2931	−0.0079	0.2473	−0.0079	−0.0079	−0.2298	−0.0079	−0.2298	−0.2298	−0.1048	−0.1048	−0.1048

2) 计算每一岩体中每一元素含量与该元素在各岩体的平均含量的差的平方 $(Z_i-\overline{Z}_i)^2$。如铜元素在 1 号岩体中含量对数与铜元素在 14 个岩体中平均值对数之差为 1.1858，平均值为 1.4059。结果列于表 10-29。

3) 计算每一元素的 $(Z_i-\overline{Z}_i)^2$ 平均值。从表 10-29 中可按公式 $\sum_{j=1}^{14}(Z_{ij}-Z_i)^2/N=\overline{\delta_i^2}$ 计算，得：

$$\overline{\delta_{\mathrm{Cu}}^2}=6.8807/14=0.49147857\quad(\overline{\delta_{\mathrm{Cu}}^2}\text{为铜元素}(Z_{ij}-Z_i)^2\text{的平均值，下同})$$

表 10-29 $(Z_i-\overline{Z}_i)^2$ 表

元素＼岩体	1	2	3	4	5	6	7	8	9	10	11	12	13	14
Cu	1.3681	0.5027	2.5635	0.3315	0.0783	0.0016	0.0875	0.0082	0.0630	0.0313	0.0536	1.5480	0.0322	0.2112
Mo	0.2853	0.1282	0.4344	0.1912	0.3841	0.0186	0.0174	0.0847	0.0543	0.0089	1.0199	0.0872	0.0142	0.4122
Ag	0.1357	0.3485	0.3485	0.3485	0.2625	0.2165	0.0836	0.0649	0.3520	0.9487	0.0266	4.5748	0.0494	0.1357
Pb	0.3255	0.6105	0.0430	0.0234	0.1134	0.0002	0.0026	0.0164	0.0183	0.7391	0.0084	4.2271	0.2584	1.1714
Zn	0.0379	0.0116	0.0901	0.0076	0.0001	0	0	0.0116	0.0206	0	0	0.6398	0.0496	0.0496
As	0.0571	0.0505	1.4999	0.0638	0.0113	0.0638	0.0638	0.0638	0.0638	0.0001	0.0638	0.1109	0.0638	0.0192
Co	0.5249	0.0528	0.0859	0.0001	0.0612	0.0001	0.0001	0.0528	0.0001	0.0528	0.0528	0.0110	0.0110	0.0110

$$\overline{\delta^2_{Mo}}=3.1306/14=0.22432875$$
$$\overline{\delta^2_{Pb}}=7.5577/14=0.53981429$$
$$\overline{\delta^2_{Zn}}=0.9185/14=0.06560714$$
$$\overline{\delta^2_{Ag}}=7.8959/14=0.56399286$$
$$\overline{\delta^2_{As}}=2.1956/14=0.15682877$$
$$\overline{\delta^2_{Co}}=0.9166/14=0.06547143$$

4）计算每一个元素在 14 个岩体中的平均偏差$\sqrt{\sum(Z_i-\overline{Z}_i)^2/N}$，取正值根。经计算得：

$$\delta(Cu)=0.7010;\delta(Mo)=0.4736;\delta(Ag)=0.7509;\delta(Pb)=0.7347;$$
$$\delta(Zn)=0.2561;\delta(As)=0.3960;\delta(Co)=0.2558$$

5）含量数据标准化。用公式$(Z_i-\overline{Z}_i)/\sqrt{\sum(Z_i-\overline{Z}_i)^2/N}$计算。如铜元素在 1 号岩体中含量数据标准化为：1.1858/0.6974＝0.1707。计算后得数据标准化表 10-30。

表 10-30 数据标准化表

元素＼岩体	1	2	3	4	5	6	7	8	9	10	11	12	13	14
Cu	1.6686	−1.0124	−2.2480	−0.8214	0.3990	−0.0571	−0.4220	0.1295	−0.3579	0.2525	0.3301	1.7746	−0.2561	0.6556
Mo	−1.1277	−0.7559	−1.3917	−0.9231	1.3085	−0.2876	−0.2785	−0.6147	−0.4922	0.1989	2.1324	0.6633	0.2515	1.3556
Ag	−0.4906	−0.7861	−0.7861	−0.7861	0.6824	−0.3851	0.3851	−0.3441	1.7901	0.2971	0.2171	2.8907	−0.2960	−0.4906
Pb	−0.7765	−1.0634	−0.2822	−0.2082	0.4584	−0.0167	−0.0693	−0.1744	0.1839	1.1701	0.1249	2.7984	−0.6918	−1.4731
Zn	−0.7474	−0.4244	1.1722	−0.3397	−0.0375	−0.0031	−0.0031	−0.4244	−0.5603	−0.0031	−0.0031	3.1234	−0.8696	−0.8696
As	0.6033	0.5674	3.0927	−0.6376	−0.2684	−0.6376	−0.6376	−0.6376	−0.6376	−0.0237	−0.6376	0.8409	−0.6376	−0.3496
Co	2.8322	−0.8984	1.1458	0.0309	0.9668	−0.0309	−0.0309	−0.8984	−0.0309	−0.8984	0.8984	0.8984	−0.4097	−0.4097

（3）计算相关系数。相关系数按下式计算：

$$\gamma_{ik}=(\sum_{1}^{14}Z_{ij}Z_{kj})/14$$

1）计算元素间叉乘积。如 1 号岩体铜与钼含量（标准化后）叉乘积为：1.7003×(−1.1277)＝−1.9174，得表 10-31。

表 10-31 γ_{ij}表

积 元素 \ 岩体	1	2	3	4	5	6	7	8	9	10	11	12	13	14	$\frac{\sum_{1}^{14}\gamma_{ij}}{14}$
Cu×Mo	7.8816	0.7653	3.1285	0.7582	0.5221	0.0164	0.1175	−0.0796	0.1762	0.0502	0.7039	1.1771	−0.0644	0.8887	0.4487
×Ag	−0.8185	0.7958	1.7672	0.6457	0.2723	0.0354	0.1625	0.0446	0.2828	0.3275	0.0717	5.1298	0.0758	−0.3216	0.6057
×Pb	−1.2956	1.0766	0.6344	0.1710	0.1829	0.0010	0.0292	−0.0226	−0.0658	0.2955	0.0412	4.9660	0.1772	−0.9658	0.3732
×Zn	−1.2470	0.4297	−2.6351	0.2790	−0.0150	0.0002	0.0013	−0.0550	0.2005	−0.0008	−0.0010	5.5428	0.2227	−0.5701	0.1537
×As	1.0066	−0.5744	−9.2014	0.5237	−0.1071	0.0364	0.2691	−0.0826	0.2282	−0.0060	−0.2105	1.4923	0.1633	−0.2293	−0.4780
×Co	4.7257	0.9095	−2.5768	0.0254	0.3858	0.0018	0.0130	−0.1163	0.0111	−0.2268	−0.2967	−0.7271	0.1049	−0.2686	0.1404
Mo×Ag	0.5532	0.5942	1.0940	0.7256	0.8929	0.1782	0.1073	−0.2115	0.3889	0.2580	0.4629	1.9174	−0.0744	−0.6651	0.4444
×Pb	0.8757	0.8038	0.3927	0.1922	0.5998	0.0048	0.0193	0.1072	−0.0905	0.2327	0.2663	1.8562	−0.1740	−1.9945	0.2208
×Zn	0.8428	0.3208	−1.6214	0.3136	−0.0491	0.0009	0.0009	0.2609	0.2758	−0.0006	−0.0065	2.0718	−0.2187	−1.1788	0.0723
×As	−0.6803	−0.4289	−4.3041	0.5886	−0.3511	0.1834	0.1776	0.3919	0.3138	−0.0047	−1.3596	0.6578	−0.1604	−0.4741	−0.3893
×Co	−3.1939	0.6791	−1.5946	0.0285	1.2650	0.0089	0.0086	0.5522	0.0152	−0.1787	−1.9157	−0.3718	−0.1030	−0.5554	−0.3825
Ag×Pb	0.3810	0.8359	0.2218	0.1637	0.3128	0.0103	0.0267	−0.0600	−0.1453	1.4967	0.0271	8.0843	0.2048	0.7218	0.8776
×Zn	−0.3667	0.3336	−0.9215	0.2670	−0.0256	0.0019	0.0012	−0.1460	0.4427	−0.0040	−0.0006	8.9663	0.2574	0.4266	0.6594
×As	−0.2960	−0.4460	−2.5412	0.6112	−0.1943	0.3951	0.2455	−0.2194	0.5038	−0.0307	−0.1384	2.4307	0.1887	0.1716	0.0486
×Co	−1.3895	0.7062	−1.0107	0.0243	0.6078	0.0191	0.0119	−0.3091	0.0244	−1.1653	−0.1950	−1.1845	0.1213	0.2010	−0.2527
Pb×Zn	0.5804	0.4513	−0.3308	0.0707	0.0061	0.0001	0.0002	0.0740	−0.1030	−0.0036	−0.0004	8.7405	0.6021	1.2794	0.8111
×As	−0.4685	−0.6034	−0.8728	0.1327	−0.1119	0.0106	0.0442	0.1112	−0.1173	−0.0277	−0.0796	2.3532	0.4421	0.5145	0.0949
×Co	−2.1992	0.9554	−0.3233	0.0064	0.4321	0.0005	0.0021	0.1567	−0.0057	−1.0512	−0.1122	−1.1465	0.2844	0.6028	−0.1712
Zn×As	−0.4509	−0.2408	3.6253	0.2166	0.0101	0.0020	0.0020	0.2706	0.3572	0	0.0019	2.6265	0.5545	0.3041	0.5119
×Co	−2.1168	0.3813	1.3431	0.0105	−0.0363	0.0001	0.0001	0.3813	0.0173	0.0028	0.0027	−1.2797	0.3563	0.3563	−0.0415
Ag×Co	1.7087	−0.5098	3.5436	0.0197	−0.2595	0.0197	0.0197	0.5728	0.0197	0.0213	0.5728	−0.3445	0.2613	0.1433	0.4135

2) 计算相关系数 γ_{ij}。如表 10-31 中 $\frac{\sum_{1}^{14}\gamma_{ij}}{14}$ 项内。

(4) 列出相关系数矩阵(γ_{ij}矩阵 1)。因为 $\gamma_{ij}=\gamma_{ji}$,故相关系数矩阵为一对称矩阵(对角线为 1 的对称矩阵),只列对角线一侧的 γ_{ij}。表 10-31 中 $\frac{\sum_{1}^{14}\gamma_{ij}}{14}$ 项内数组成 γ_{ij}矩阵。

γ_{ij}矩阵 1 为:

	Cu	Mo	Ag	Pb	Zn	As	Co
Cu	1	0.4487	0.6057	0.3732	0.1587	−0.4780	0.1444
Mo		1	0.4444	0.2208	0.0723	−0.3893	−0.3825
Ag			1	0.8776	0.6594	0.0486	−0.2527
Pb				1	0.8111	0.0949	−0.1712
Zn					1	0.5119	−0.0415
As						1	0.4135
Co							1

(5) 判断元素的密切程度。具体方法如下:

1) 从 γ_{ij}矩阵 1 中可知,除对角线上数值外(除了元素本身相关关系密切程度外),数值最大的相关系数为 γ(Pb-Ag)=0.8776,说明铅和银元素关系最密切,即指示意义可认为一致。

2) 将原始数据中铅与银元素的值加权取平均值,按上述计算相关系数步骤,又可选出除铅与银元素外的相关系数最大的元素对。如此循环继续,至最后获得只有一对元素组对的相关系数为止。

根据矢量相加原理,欲求铅和银元素配对组合后与其他元素的相关系数,可用铅及银元素与某一元素的相关系数加权平均的相关系数获得,如求铅和银元素配对后 γ(Pb-Ag,Cu)= γ(Pb,Cu)+ γ(Ag,Cu)]/2=0.5395,可得矩阵 2。按此法可继续求得其他的 γ_{ij}矩阵。

γ_{ij}矩阵 2 为:

	Cu	Mo	Ag-Pb	Zn	As	Co
Cu	1	0.4487	0.4895	0.1537	−0.4780	0.1404
Mo		1	0.3326	0.0723	−0.3893	−0.3825
Ag-Pb			1	0.7253	0.0718	−0.2120
Zn				1	0.5119	−0.0415
As					1	0.0435
Co						1

γ_{ij}矩阵 3 为:

	Cu	Mo	Ag-Pb-Zn	As	Co
Cu	1	0.4487	0.3775	−0.4780	0.1404
Mo		1	0.2858	−0.3893	−0.3825
Ag-Pb-Zn			1	0.2351	−0.1551
As				1	0.4135
Co					1

γ_{ij}矩阵 4 为：

$$\begin{array}{c} \\ \text{Cu-Mo} \\ \text{Ag-Pb-Zn} \\ \text{As} \\ \text{Co} \end{array} \begin{array}{c} \begin{array}{cccc} \text{Cu-Mo} & \text{Ag-Pb-Zn} & \text{As} & \text{Co} \end{array} \\ \begin{bmatrix} 1 & 0.3317 & -0.4337 & -0.1211 \\ & 1 & 0.2351 & -0.1551 \\ & & 1 & 0.4135 \\ & & & 1 \end{bmatrix} \end{array}$$

γ_{ij}矩阵 5 为：

$$\begin{array}{c} \\ \text{Cu-Mo} \\ \text{Ag-Pb-Zn} \\ \text{As-Co} \end{array} \begin{array}{c} \begin{array}{ccc} \text{Cu-Mo} & \text{Ag-Pb-Zn} & \text{As-Co} \end{array} \\ \begin{bmatrix} 1 & 0.3317 & -0.2774 \\ & 1 & -0.0400 \\ & & 1 \end{bmatrix} \end{array}$$

γ_{ij}矩阵 6 为：

$$\begin{array}{c} \\ \text{Cu-Mo-Ag-Pb-Zn} \\ \text{As-Co} \end{array} \begin{array}{c} \begin{array}{cc} \text{Cu-Mo-Ag-Pb-Zn} & \text{As-Co} \end{array} \\ \begin{bmatrix} 1 & -0.1350 \\ & 1 \end{bmatrix} \end{array}$$

3) 按 γ_{ij}矩阵 1 到 γ_{ij}矩阵 6 挑选的除同一元素(或组)外最大的相关系数数值，列出表 10-32 作成 R 式分析谱系图(图 10-22)。

表 10-32　关系密切程度元素组 γ_{ij} 表

关系密切程度的元素对		相关系数 γ_{ij}
i	j	
Ag	Pb	0.8776
(Ag-Pb)	Zn	0.7253
Cu	Mo	0.4487
As	Co	0.4135
(Cu-Mo)	(Ag-Pb-Zn)	0.3317
(Cu-Mo-Ag-Pb-Zn)	(As-Co)	−0.1350

4) 查相关系数检验表，当 $\alpha=0.05(N=14)$ 时，$\gamma=0.532$，γ (Pb,Ag)值及 γ (Pb-Ag,Zn)值均大于该值，说明 Ag 与 Pb、Pb-Ag 与 Zn 的关系密切，说明 Pb,Zn,Ag 元素指示作用是类似的，可从中选取一个元素或两个元素(也可三个全部)的组合作为一个指标。而 Cu 与 Mo、As 与 Co 的相关系数均小于 0.532，说明元素之间关系不密切，即它们均有一定的指示作用。也就是说，可将 7 个元素分为 Cu、Mo、As、Co、Pb-Zn-Ag 5 个指标。

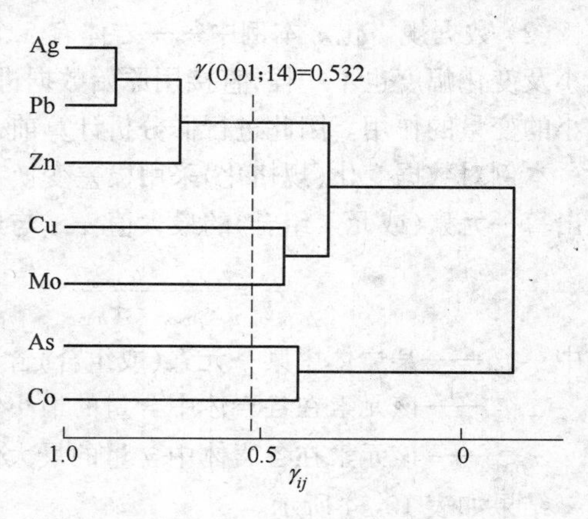

图 10-22　R 式分析谱系图

(二) Q 式分析

Q 式分析是按变量(这里为元素或元素组合)对样品进行簇分，化探中应用于对异常(或地质体等)进行分类。这种聚合法分类,即是把相似的(变量最相似)样品归为一组,然后再把次相似的样品(异常、岩体等)又归为分类级别较高的组,直到把样品归类完毕。

本实例按R式分析结果,考虑分析方法技术灵敏度。选择Cu、Mo、As、Co、$\sqrt{\text{Pb-Zn}}$等5个指标对14个岩体进行分类。采用的分类统计量为距离系数d_{ij}(0~1之间),并有:

$$d_{ij}=\sqrt{\frac{\sum_{j=1}^{n}(X_{ij}\times X_{kj})^2}{n}}$$

式中,$i\neq k$或$k=1,2,\cdots,n$;j为变量;d_{ij}越小越相似。其计算步骤为:

(1) 列出14个岩体中Cu、Mo、$\sqrt{\text{Pb-Zn}}$、As、Co的几何平均值并取对数,列于表10-33。

表10-33　14个岩体中Cu、Mo、$\sqrt{\text{Pb-Zn}}$、As、Co的几何平均值及其对数

元素(组)	项目	岩体号													
		1	2	3	4	5	6	7	8	9	10	11	12	13	14
Cu	A	2950	39	5	53	380	182	101	246	112	308	340	3500	132	575
	B	3.4698	1.5911	0.6990	1.7243	2.5798	2.2601	2.0043	2.3909	2.0492	2.4771	2.5315	3.5441	2.1206	2.7597
Mo	A	0.4	0.6	0.3	0.5	0.7	1	1.01	0.7	0.8	1.7	14	2.7	1.8	6
	B	-0.3979	-0.2218	-0.5229	-0.3010	0.7559	0	0.0043	-0.1549	-0.0969	0.2304	1.1461	0.4314	0.2553	0.7782
$\sqrt{\text{Pb-Zn}}$	A	20.4	17.7	54.8	37.34	71.73	48.51	46.38	37.47	49.48	132.6	54.78	1318	21.22	10.95
	B	1.3095	1.2471	1.7386	1.5722	1.8557	1.6856	1.6663	1.5737	1.6944	2.1216	1.7386	3.1201	1.3266	1.0396
As	A	62	60	600	20	28	20	20	20	20	35	20	77	20	26
	B	1.7924	1.7782	2.7782	1.3010	1.4472	1.3010	1.3010	1.3010	1.3010	1.5441	1.3010	1.8865	1.3010	1.4150
Co	A	27	3	10	5	9	5	5	3	5	3	3	4	4	4
	B	1.4314	0.4771	1.0000	0.6990	0.9542	0.6990	0.6990	0.4771	0.6990	0.4771	0.4771	0.6021	0.6021	0.6021

注:A—几何平均值,$\times10^{-4}\%$;B—几何平均值的对数值。

(2) 数据规格化。本例中每一岩体有5个元素(或元素组合)即5个变量。各个变量绝对值大小及变化幅度也不一样,直接用原始数据进行计算,就会突出那些绝对值大的变量,压低绝对值小的变量的作用。因此进行群分析计算前,需要对数据进行变换。

本例对数据变化(规格化)采用极差变换,把每个变量的数值变换到0~1的范围内。办法是挑出每一元素(或元素组合)的最大值$x_{\max}$与最小值$x_{\min}$。具体计算按下式进行:

$$x_{ij}=\frac{x_{ij}-x_{j\min}}{x_{j\max}-x_{j\min}}\qquad i=1,2,\cdots,14;j=1,2,\cdots,5$$

式中　x_{ij}——某岩体中某一元素(或组合)含量;

$x_{j\min}$——该元素在各岩体中含量的最小值;

$x_{j\max}$——该元素在各岩体中含量的最大值。

结果如表10-34所示。

(3) 求距离系数d_{ij}。按上面所述,先求最相似的岩体组(下称"配对"),为此先求每一变量(元素或元素组合)不同岩体的规格化数据之间差的平方值,如求Cu、Mo、$\sqrt{\text{Pb-Zn}}$、As、Co 5个元素的1号岩体与2～14号岩体变量差的平方(表10-35)。

表10-34　数据规格化计算结果

元素(组)	岩体号													
	1	2	3	4	5	6	7	8	9	10	11	12	13	14
Cu	0.9739	0.3136	0	0.3604	0.6607	0.5487	0.4588	0.5947	0.4746	0.6250	0.6480	1	0.4997	0.7278
Mo	0.0749	0.1804	0	0.1336	0.7662	0.3133	0.3159	0.2205	0.2552	0.4513	1	0.5718	0.4663	0.7796
$\sqrt{\text{Pb-Zn}}$	0.1297	0.1007	0.3660	0.2560	0.3926	0.3105	0.3012	0.2567	0.3147	0.5201	0.3360	1	0.1379	0
As	0.3329	0.3230	1	0	0.0989	0	0	0	0	0.1644	0	0.3963	0	0.0772
Co	1	0	0.5480	0.2325	0.5000	0.2325	0.2325	0	0.2325	0	0	0.1310	0.1310	0.1310

表10-35　不同元素1号岩体与2～14号岩体变量差的平方

项目	$(1-2)^2$	$(1-3)^2$	$(1-4)^2$	$(1-5)^2$	$(1-6)^2$	$(1-7)^2$	$(1-8)^2$	$(1-9)^2$	$(1-10)^2$	$(1-11)^2$	$(1-12)^2$	$(1-13)^2$	$(1-14)^2$
Cu	0.4360	0.4485	0.3763	0.3760	0.2758	0.2653	0.1438	0.2493	0.1217	0.1062	0.0007	0.2249	0.0606
Mo	0.0101	0.0056	0.0034	0.4779	0.0568	0.0581	0.0212	0.0325	0.1417	0.8558	0.2469	0.1532	0.4966
$\sqrt{\text{Pb-Zn}}$	0.0008	0.0186	0.0160	0.0691	0.0327	0.0294	0.0161	0.0342	0.1524	0.0113	0.7574	0.0067	0.0168
As	0.0001	0.4450	0.1108	0.0548	0.1108	0.1108	0.1108	0.1108	0.0284	0.1108	0.0040	0.1108	0.0243
Co	1.0000	0.2043	0.5891	0.2500	0.5891	0.5891	1.0000	0.5891	1.0000	1.0000	0.7552	0.7552	0.7552
Σ	1.4470	1.6220	1.0956	1.2278	1.0652	1.0527	1.2919	1.0159	1.8442	2.0841	1.7642	1.2508	1.3535
$\Sigma/5$	0.2894	0.3244	0.2191	0.5456	0.2130	0.2105	0.2584	0.2032	0.3688	0.4168	0.3528	0.2502	0.2707

注：$(1-2)^2$为1号岩体某元素含量减2号岩体同元素含量之差的平方。

经过如表10-35计算，可求得每一岩体与其他Cu、Mo、$\sqrt{\text{Pb-Zn}}$、As、Co的含量差的平方，将上述5个变量的岩体间含量之差的平方求和，用变量数除之，得两岩体间的距离系数d_{ij}(如表10-35之"$\Sigma/5$"项)。

按计算之d_{ij}，列出d_{ij}矩阵1。由于$d_{ij}=d_{ji}$，故为对称矩阵，只列其一半。

d_{ij}矩阵1为：

	1	2	3	4	5	6	7	8	9	10	11	12	13	14
1	0	0.2894	0.3244	0.2191	0.5456	0.2130	0.2105	0.2584	0.2032	0.3688	0.4168	0.3528	0.2502	0.2707
2		0	0.1834	0.0374	0.1698	0.0551	0.0476	0.0418	0.0471	0.0743	0.1887	0.2911	0.0478	0.1237
3			0	0.2519	0.3817	0.3004	0.2828	0.3429	0.2785	0.3254	0.5442	0.3739	0.3361	0.4452
4				0	0.1182	0.0141	0.0090	0.0233	0.0063	0.0644	0.1788	0.2620	0.0309	0.1268
5					0	0.0612	0.0663	0.1161	0.0766	0.0742	0.0636	0.1477	0.0653	0.0684
6						0	0.0017	0.0135	0.0015	0.0320	0.1073	0.1807	0.0132	0.0714
7							0	0.0167	0.0008	0.0350	0.1118	0.2029	0.0123	0.0778
8								0	0.0146	0.0303	0.1565	0.2031	0.0201	0.0839
9									0	0.0369	0.1279	0.2027	0.0200	0.0909
10										0	0.0725	0.0913	0.0412	0.0827
11											0	0.1846	0.0726	0.0282
12												0	0.2324	0.2438
13													0	0.0350
14														0

从d_{ij}矩阵1中可见，7号岩体与9号岩体最相似(除对角线值为0外，最小的d_{ij}值)，故7号

岩体与 9 号岩体首先配对。

以后，将 7 号岩体、9 号岩体的 5 个变量中每一变量值加权平均，再重复以上运算步骤，可得 d_{ij}矩阵 2；如此可得 d_{ij}矩阵 3……至最后配对完毕。

如 7 号岩体与 9 号岩体配对后 Cu、Mo、$\sqrt{\text{Pb-Zn}}$、As、Co 的加权平均值对数如表 10-36 所示。

表 10-36　7 号岩体与 9 号岩体配对后岩体（或组）的变量加权平均值对数

元素 岩体对	Cu	Mo	$\sqrt{\text{Pb-Zn}}$	As	Co
岩体(7-9)	2.0268	0.0463	1.6804	1.3010	0.6990

表 10-36 与表 10-27 对比，新岩体对的元素含量平均值在同一变量中不是最大值或最小值，或者虽然是最大值或最小值但与原来计算 d_{ij}矩阵 1 的最大值及最小值之数值不变，故只需重新计算岩体(7-9)与其他岩体同一元素（变量）的含量差值的平方数，按上述方法求得 d_{ij}矩阵 2。

d_{ij}矩阵 2 为：

	1	2	3	4	5	6	7-9	8	10	11	12	13	14
1	0	0.2894	0.3244	0.2191	0.5456	0.2130	0.1719	0.2584	0.3688	0.4168	0.3528	0.2502	0.2707
2		0	0.1834	0.0374	0.1698	0.0551	0.0872	0.0418	0.0743	0.1887	0.2911	0.0478	0.1237
3			0	0.2519	0.3817	0.3004	0.3410	0.3429	0.3254	0.5442	0.3739	0.3361	0.4552
4				0	0.1182	0.0141	0.0363	0.0233	0.0644	0.1788	0.2620	0.0309	0.1268
5					0	0.0612	0.0588	0.1161	0.0742	0.0636	0.1477	0.0653	0.0684
6						0	0.0078	0.0135	0.0320	0.1073	0.1807	0.0132	0.0714
7-9							0	0.0205	0.0238	0.1086	0.1311	0.0322	0.0830
8								0	0.0303	0.1565	0.2031	0.0201	0.0839
10									0	0.0725	0.0913	0.0412	0.0827
11										0	0.1846	0.0726	0.0382
12											0	0.2324	0.2438
13												0	0.0350
14													0

从 d_{ij}矩阵 2 可见：(7-9)号岩体与 6 号岩体配对，按前述计算可得 d_{ij}矩阵 3。

d_{ij}矩阵 3 为：

	1	2	3	4	5	6-7-9	8	10	11	12	13	14
1	0	0.2894	0.3244	0.2191	0.5456	0.2041	0.2584	0.3688	0.4168	0.3528	0.2502	0.2707
2		0	0.1834	0.0374	0.1698	0.0505	0.0418	0.0743	0.1887	0.2911	0.0478	0.1237
3			0	0.2519	0.3817	0.2868	0.3429	0.3254	0.5442	0.3739	0.3361	0.4552
4				0	0.1182	0.0093	0.0233	0.0644	0.1788	0.2620	0.0309	0.1268
5					0	0.0677	0.1161	0.0742	0.0636	0.1477	0.0653	0.0684
6-7-9						0	0.0145	0.0335	0.1152	0.1957	0.0138	0.0803
8							0	0.0303	0.1565	0.3031	0.0201	0.0839
10								0	0.0723	0.0913	0.0412	0.0827
11									0	0.1846	0.0726	0.0382
12										0	0.2324	0.2438
13											0	0.0350
14												0

从 d_{ij}矩阵 3 可见:(6-7-9)号岩体与 4 号岩体配对,按前述计算可得 d_{ij}矩阵 4。

d_{ij}矩阵 4 为:

	1	2	3	5	4-6-7-9	8	10	11	12	13	14
1	0	0.2894	0.3244	0.5456	0.1834	0.2584	0.3688	0.4168	0.3528	0.2502	0.2707
2		0	0.1834	0.1698	0.0414	0.0418	0.0743	0.1887	0.2911	0.0478	0.1237
3			0	0.3817	0.2780	0.3429	0.3254	0.5442	0.3739	0.3361	0.4552
5				0	0.0809	0.1161	0.0742	0.0636	0.1477	0.0653	0.0684
4-6-7-9					0	0.0147	0.0442	0.1306	0.2252	0.0137	0.0850
8						0	0.0303	0.1565	0.2031	0.0201	0.0839
10							0	0.0723	0.0913	0.0412	0.0827
11								0	0.1846	0.0726	0.0382
12									0	0.2324	0.2438
13										0	0.0350
14											0

从 d_{ij}矩阵 4 可见:(4-6-7-9)号岩体与 13 号岩体配对后,继续上述计算步骤得 d_{ij}矩阵 5。

d_{ij}矩阵 5 为:

	1	2	3	5	4-6-7-9-13	8	10	11	12	14
1	0	0.2894	0.3244	0.5456	0.2065	0.2584	0.3688	0.4168	0.3528	0.2707
2		0	0.1834	0.1698	0.0582	0.0418	0.0743	0.1887	0.2911	0.1237
3			0	0.3817	0.2912	0.3429	0.3254	0.5442	0.3739	0.4552
5				0	0.0676	0.1161	0.0742	0.0636	0.1477	0.0684
4-6-7-9-13					0	0.0162	0.0767	0.1223	0.3462	0.0926
8						0	0.0303	0.1565	0.2031	0.0839
10							0	0.0723	0.0913	0.0827
11								0	0.1846	0.0382
12									0	0.2438
14										0

从 d_{ij}矩阵 5 可见:(4-6-7-9-13)号岩体与 8 号岩体配对后,继续上述计算步骤得 d_{ij}矩阵 6。

d_{ij}矩阵 6 为:

	1	2	3	5	4-6-7-8-9-13	10	11	12	14
1	0	0.2894	0.3244	0.5456	0.2439	0.3688	0.4168	0.3528	0.2707
2		0	0.1834	0.1698	0.0424	0.0743	0.1887	0.2911	0.1237
3			0	0.3817	0.2786	0.3254	0.5442	0.3739	0.4552
5				0	0.0756	0.0742	0.0636	0.1477	0.0684
4-6-7-8-9-13					0	0.0357	0.1165	0.2097	0.0448
10						0	0.0723	0.0913	0.0827
11							0	0.1846	0.0382
12								0	0.2438
14									0

从 d_{ij}矩阵 6 可知(4-6-7-8-9-13)号岩体与 10 号岩体配对,故合并后计算得 d_{ij}矩阵 7。

d_{ij}矩阵 7 为:

	1	2	3	5	4-6-7-8-9-10-13	11	12	14
1	0	0.2894	0.3244	0.5456	0.2113	0.4168	0.3528	0.2707
2		0	0.1834	0.1698	0.0436	0.1807	0.2911	0.1237
3			0	0.3817	0.2126	0.5442	0.3739	0.4552
5				0	0.0685	0.0636	0.1477	0.0684
4-6-7-8-9-10-13					0	0.1093	0.1982	0.0752
11						0	0.1846	0.0382
12							0	0.2438
14								0

从 d_{ij} 矩阵 7 可知 11 号岩体与 14 号岩体配对，此时各岩体(或岩对组)同一元素的最大值或最小值、Mo 元素、$\sqrt{\text{Pb-Zn}}$变量及 As 元素之值发生变化，可比较表 10-37 与表 10-27。

表 10-37　11 号岩体与 14 号岩体配对后岩体(或组)的变量几何平均值对数

元素(或组合) \ 岩体	1	2	3	5	(4-6-7-8-9-10-13)	(11-14)	12
Cu	3.4698	1.5911	0.6990	2.5798	2.0953	2.6456	3.5441
Mo	−0.3979	−0.2218	−0.5229	0.7559	−0.0090	0.9622	0.4314
$\sqrt{\text{Pb-Zn}}$	1.3095	1.2471	1.7386	1.8557	1.6625	1.3891	3.1201
As	1.7924	1.7782	2.7782	1.4472	1.3357	1.3580	1.8865
Co	1.4314	0.4771	1.0000	0.9542	0.6396	0.5396	0.6021

按上述计算步骤计算后获得 d_{ij} 矩阵 8。

d_{ij} 矩阵 8 为：

	1	2	3	5	4-6-7-8-9-10-13	11-14	12
1	0	0.2903	0.3400	0.2763	0.2142	0.3766	0.4049
2		0	0.2024	0.1951	0.0475	0.1728	0.3374
3			0	0.4081	0.2965	0.5422	0.4997
5				0	0.0844	0.0566	0.1621
4-6-7-8-9-10-13					0	0.0997	0.1828
11-14						0	0.2400
12							0

从 d_{ij} 矩阵 8 可知(4-6-7-8-9-10-13)号岩体与 2 号岩体配对，配对后得 d_{ij} 矩阵 9。

d_{ij} 矩阵 9 为：

$$
\begin{array}{r}
 \\ 1 \\ 3 \\ 5 \\ 2\text{-}4\text{-}6\text{-}7\text{-}8\text{-}9\text{-}10\text{-}13 \\ 11\text{-}14 \\ 12
\end{array}
\begin{array}{cccccc}
1 & 3 & 5 & 2\text{-}4\text{-}6\text{-}7\text{-}8\text{-}9\text{-}10\text{-}13 & 11\text{-}14 & 12 \\
0 & 0.3469 & 0.2813 & 0.2524 & 0.4035 & 0.4204 \\
 & 0 & 0.4048 & 0.2946 & 0.5544 & 0.5238 \\
 & & 0 & 0.0977 & 0.0619 & 0.1753 \\
 & & & 0 & 0.1040 & 0.2295 \\
 & & & & 0 & 0.2536 \\
 & & & & & 0
\end{array}
$$

d_{ij}矩阵 10 为:

$$
\begin{array}{r}
 \\ 1 \\ 3 \\ 2\text{-}4\text{-}6\text{-}7\text{-}8\text{-}9\text{-}10\text{-}13 \\ 5\text{-}11\text{-}14 \\ 12
\end{array}
\begin{array}{ccccc}
1 & 3 & 2\text{-}4\text{-}6\text{-}7\text{-}8\text{-}9\text{-}10\text{-}13 & 5\text{-}11\text{-}14 & 12 \\
0 & 0.3576 & 0.2782 & 0.3687 & 0.9696 \\
 & 0 & 0.3108 & 0.5222 & 0.5359 \\
 & & 0 & 0.0924 & 0.2429 \\
 & & & 0 & 0.2202 \\
 & & & & 0
\end{array}
$$

d_{ij}矩阵 11 为:

$$
\begin{array}{r}
 \\ 1 \\ 3 \\ 2\text{-}4\text{-}6\text{-}7\text{-}8\text{-}9\text{-}10\text{-}13\text{-}5\text{-}11\text{-}14 \\ 12
\end{array}
\begin{array}{cccc}
1 & 3 & 2\text{-}4\text{-}6\text{-}7\text{-}8\text{-}9\text{-}10\text{-}13\text{-}5\text{-}11\text{-}14 & 12 \\
0 & 0.3597 & 0.3340 & 0.5521 \\
 & 0 & 0.4028 & 0.6453 \\
 & & 0 & 0.2229 \\
 & & & 0
\end{array}
$$

d_{ij}矩阵 12 为:

$$
\begin{array}{r}
 \\ 1 \\ 3 \\ 2\text{-}4\text{-}5\text{-}6\text{-}7\text{-}8\text{-}9\text{-}10\text{-}11\text{-}12\text{-}13\text{-}14
\end{array}
\begin{array}{ccc}
1 & 3 & 2\text{-}4\text{-}5\text{-}6\text{-}7\text{-}8\text{-}9\text{-}10\text{-}11\text{-}12\text{-}13\text{-}14 \\
0 & 0.5683 & 0.5689 \\
 & 0 & 0.5128 \\
 & & 0
\end{array}
$$

d_{ij}矩阵 13 为:

$$
\begin{array}{r}
 \\ 1 \\ (2\text{-}3\text{-}4\text{-}5\text{-}6\text{-}7\text{-}8\text{-}9\text{-}10\text{-}11\text{-}12\text{-}13\text{-}14)
\end{array}
\begin{array}{cc}
1 & (2\text{-}3\text{-}4\text{-}5\text{-}6\text{-}7\text{-}8\text{-}9\text{-}10\text{-}11\text{-}12\text{-}13\text{-}14) \\
0 & 1 \\
 & 0
\end{array}
$$

(4) 作 Q 式分析距离系数 d_{ij}的谱系图。到 d_{ij}矩阵 13,已将 14 个岩体按 5 个变量区分配对完毕。作出距离系数 d_{ij}的谱系表(表 10-38)及 Q 式分析距离系数谱系图(图 10-23)。

表 10-38 距离系数 d_{ij}的谱系表

配对岩体号		距离系数 d_{ij}
i	j	
7	9	0.0008
(7-9)	6	0.0078
(6-7-9)	4	0.0093
(4-6-7-9)	13	0.0137
(4-6-7-9-13)	8	0.0162

续表 10-38

配对岩体号		距离系数 d_{ij}
i	j	
(4-6-7-8-9-13)	10	0.0357
11	14	0.0382
(4-6-7-8-9-10-13)	2	0.0475
(11-14)	5	0.0619
(2-4-6-7-8-9-10-13)	(5-11-14)	0.0924
(2-4-6-7-8-9-10-11-12-13-14)	12	0.2229
(2-4-5-6-7-8-9-10-11-12-13-14)	3	0.5128
(2-3-4-6-7-8-9-10-11-12-13-14)	1	1

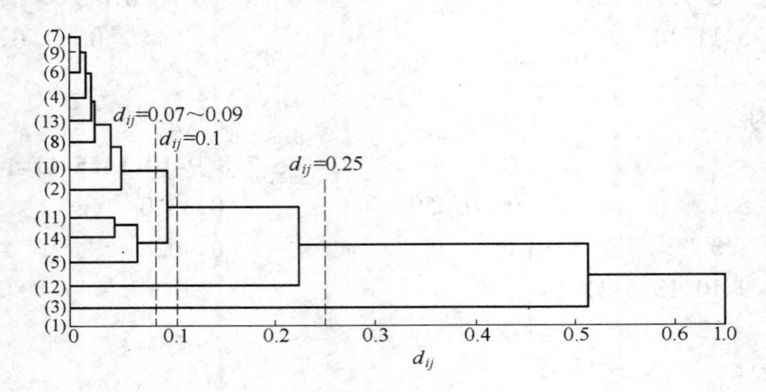

图 10-23 Q 式分析距离系数 d_{ij} 谱系图

（5）Q 式分析谱系图的解释。根据 Q 式分析法的作用，作出 Q 式分析距离系数谱系图后，依据 d_{ij} 越小类别越相似的准则来选择某一定 d_{ij} 值分类，d_{ij} 越大。

本实例已知 14 号岩体为斑岩铜矿床，则可选择 $d_{ij}=0.07\sim0.09$ 来划分岩体类，依据 5 个变量划分，则 11 号岩体、5 号岩体与 14 号岩体最相似；当选择 $d_{ij}=0.1$ 分类时，除 12 号、3 号、1 号岩体外，其余岩体均相似；当选择 $d_{ij}=0.25$ 来划分时，除 3 号岩体、1 号岩体外，其余岩体均相似。但 d_{ij} 值之选择，依据 0 值最相似、1 值最不相似的原则，不宜无限增大，最好在 0.5 以下。

本例说明，在 14 个斑岩体中，11 号斑岩体和 5 号斑岩体按 5 个变量来分类，与德兴富家坞斑岩铜矿床的含矿岩体最相似，即最有可能寻找到此类矿床的岩体。而 1 号岩体、3 号岩体可能性最小。从目前已知情况看，5 号岩体经钻孔证实，岩体内有铜矿，这说明群分析的应用也是有效的，可以帮助我们寻找确定最有意义的样本（异常、地质体等），并可给出量的数值概念。

附　录

附录 1　化探常用含量单位

绝对含量			相对含量		
名　称	符　号	相当的克数	名　称	符　号	相当的百分数
克	g	1	百分之……	%(cg/g)	%
毫克	mg	10^{-3}	千分之……	‰(mg/g)	10^{-1}%
微克	μg	10^{-6}	百万分之……	ppm(μg/g、g/t)	10^{-4}%
纳克(毫微克)	ng	10^{-9}	十亿分之……	ppb(ng/g)	10^{-7}%
皮克(微微克)	pg	10^{-12}	万亿分之……	ppt(pg/g)	10^{-10}%
飞克(毫微微克)	fg	10^{-15}			

注:1. 据《化探名词解释》,地质科学研究院物探研究所编。

2. 相对含量中 ppb 为美制,英制 ppb 为 10^{-10}%,相当于美制的 ppt。

附录 2　元素在土壤和地表植物中丰度的比较

(据 A·П·维诺格拉夫 1962 年和 Д·П·马柳加 1963 年)

元　素	土　壤	植物(灰中)	元　素	土　壤	植物(灰中)
Li	3×10^{-3}	1.1×10^{-3}	Zn	5×10^{-3}	9×10^{-2}
Be	6×10^{-4}	2×10^{-4}	As	5×10^{-4}	3×10^{-5}
B	1×10^{-3}	4×10^{-2}	Se	1×10^{-6}	—
F	2×10^{-2}	1×10^{-3}	Bi	5×10^{-4}	1.5×10^{-2}
Na	0.63	2.0	Rb	6×10^{-3}	1×10^{-2}
Mg	0.63	7.0	Sr	3×10^{-2}	3×10^{-2}
Al	7.13	1.40	Zr	3×10^{-2}	—
Si	33.0	15.0	Mo	2×10^{-4}	2×10^{-3}
P	8×10^{-2}	7.0	Ag	1×10^{-5}	1×10^{-4}
S	8.5×10^{-2}	5.0	Cd	5×10^{-5}	1×10^{-6}
Cl	1×10^{-2}	1×10^{-2}	Sn	1×10^{-5}	5×10^{-4}
K	1.36	3.0	I	5×10^{-4}	5×10^{-3}
Ca	1.37	3.0	Cs	5×10^{-4}	$n\times10^{-4}$
Ti	0.46	0.1	Ba	5×10^{-2}	$n\times10^{-2}$
V	1×10^{-2}	6.1×10^{-3}	Au	—	1×10^{-4}
Cr	2×10^{-2}	2.5×10^{-2}	Hg	1×10^{-6}	1×10^{-7}
Mn	8.5×10^{-2}	7.5×10^{-1}	Pb	1×10^{-3}	1×10^{-3}
Fe	3.8	1.0	Ra	8×10^{-11}	2×10^{-11}
Co	1×10^{-3}	1.5×10^{-1}	Th	6×10^{-4}	—
Ni	4×10^{-3}	5×10^{-3}	U	1×10^{-4}	5×10^{-5}
Cu	2×10^{-3}	2×10^{-2}			

附录 3 各国标准筛及其对应关系

（据陶正章 1980 年）

筛网孔径/μm	ASTM E11-70 Can·8-GP-1d ISO TC-24	ASTM E11-61 JIS8801-56	Tyler		BS		AFNOR NF X11-50	DIN1171（45 年以前）	GDR TGL0-4188,B11 GFR DIN4188	ГОСТ 3584-53	Czech·	中国沈阳套筛/目
			1	2	410-49	410-62						
31500	$1^{1/4}$″											
26670				1.05″								
26500	1.06″		1.05″									
25000	1″								25000			
22430				0.883″								
22400	7/8″		0.883″									
20000									20000			
19000	3/4″		0.742″									
18850				0.742″								
18000									18000			
16000	5/8″		0.624″						16000			
15850			0.624″									
13330			0.525″									
13200	0.53″		0.525″									
12500	1/2″								12500			
11200	7/16″		0.441″	0.441″								
10000									10000			
9500	3/8″		0.371″									

续附录 3

筛网孔径/μm	ASTM E11-70 Can·8-GP-1d ISO TC-24	ASTM E11-61 JIS8801-56	Tyler		BS		AFNOR NF X11-50	DIN1171（45 年以前）	GDR TGL0-4188, B11 GFR DIN4188	ГОСТ 3584-53	Czech·	中国沈阳套筛/目
			1	2	410-49	410-62						
9423				0.371″								
8000	5/16		No2 1/2						8000			
7930		7930[JIS]							6300			
7925				No2 1/2								
6730		6730										
6700	0.265		3									
6680				3								
6300									6300			
6000											6000	
5660		No3 1/2										
5613				3 1/2								
5600	No3 1/2		3 1/2				No 38		5000		5000	
5000												
4760		4										
4750	4		4									
4699				4								
4000	5	5	5			4	37		4000	4	4000	
3962				5								
3500										3.5		
3360		6										
3350	6		6			5						
3327				6	5							

续附录 3

筛网孔径/μm	ASTM E11-70 Can·8-GP-1d ISO TC-24	ASTM E11-61 JIS8801-56	Tyler		BS		AFNOR NF X11-50	DIN1171（45 年以前）	GDR TGL0-4188，B11 GFR DIN4188	ГОСТ 3584-53	Czech·	中国沈阳套筛/目
			1	2	410-49	410-62						
3150							36		3150			
3000											3000	
2830		7										
2800	7		7			6				2.8		
2794				7	6							
2500							35		2500	2.5	2500	
2400						7						
2380		8										
2362				8	7							
2360	8		8									
2000	10	10	9			8	34		2000	2.0	2000	
1981				9	8							
1700	12		10									
1680		12				10						
1651				10	10							
1600							33		1600 4/cm	1.6		
1500											1500	
1410		14										
1400	14		12			12				1.4		
1397				12	12							
1250							32		1250 5/cm	1.25		
1200											1200	

续附录3

筛网孔径/μm	ASTM E11-70 Can·8-GP-1d ISO TC-24	ASTM E11-61 JIS8801-56	Tyler		BS		AFNOR NF X11-50	DIN1171 （45年以前）	GDR TGL0-4188，B11 GFR DIN4188	ГОСТ 3584-53	Czech·	中国沈阳套筛/目
			1	2	410-49	410-62						
1190		16										
1180	16		14									
1168				14	14							
1033					（16）							
1000	18	18	16			16	31	1000 6/cm	1000 6/cm	1.0	1000	
991				16	16							20
920												
900										0.9		
853					（18）							
850	20		20			18						
841		20										
840		840^{JIS}										
833				20	18							
800							30		800	0.8		
790					1/32″							
750								750 8/cm			750	
710	25		24			22						
707		25										
701				24	22							
700										0.7		
699					（22）							
630							29		630	0.63		

续附录 3

筛网孔径/μm	ASTM E11-70 Can·8-GP-1d ISO TC-24	ASTM E11-61 JIS8801-56	Tyler		BS		AFNOR NF X11-50	DIN1171 (45年以前)	GDR TGL0-4188,B11 GFR DIN4188	ГОСТ 3584-53	Czech·	中国沈阳套筛/目
			1	2	410-49	410-62						
600	30		28			25		600 10/cm			600	
599					(25)							
595		(30)										
590		30										
589				28	25							
560										0.56		
500	35	35	32		(30)	30	28	500	500	0.5	500	
495				32	30							
450										0.45		
442												35
425	40		35									
422					(36)							
420		40				36						
430								430 14/cm				
417				35	36							
400							27	400	400	0.4	400	
355	45		42			44						
354		(45)										
353				(44)								
351			42	44								
350		45								0.35		
315							26		315	0.315		

续附录 3

筛网孔径/μm	ASTM E11-70 Can·8-GP-1d ISO TC-24	ASTM E11-61 JIS8801-56	Tyler		BS		AFNOR NF X11-50	DIN1171 (45 年以前)	GDR TGL0-4188,B11 GFR DIN4188	ГОСТ 3584-53	Czech·	中国沈阳套筛/目
			1	2	410-49	410-62						
300	50		48			52		300			300	
297		50										
295				48	52							
280										0.28		
272												60
251					(60)							
250	60	60	60			60	25	250	250	0.25		
246				60	60							
224										0.224		
212	70		65									
211					(72)							
210		70				72						
208				65	72							
200							24	200	200	0.20	200	
196												80
180	80		80			85				0.18		
178					(85)							
177		80										
175				80	85							
160							23		160	0.16		
152					(100)							100
150	100		100			100		150			1500	

续附录 3

筛网孔径/μm	ASTM E11-70 Can·8-GP-1d ISO TC-24	ASTM E11-61 JIS8801-56	Tyler		BS		AFNOR NF X11-50	DIN1171 （45 年以前）	GDR TGL0-4188, B11 GFR DIN4188	ГОСТ 3584-53	Czech·	中国沈阳套筛/目
			1	2	410-49	410-62						
149		100										
147				100	100							
140										0.14		
125	120	120	115			120	22		125	0.125		
124				115	120							
121												120
120								120			120	
112										0.112		
106	140		150									
105		140				150						
104				150	150							
101												140
100							21	100	100	0.10	100	
90	170		170			170		90	90	0.09	90	
89					（170）							
88		170		170	170							160
80							20		80	0.08		180
76					（200）							
75	200		200			200		75			75	
74		200		200	200							
71									71	0.071		
66												200

续附录3

筛网孔径/μm	ASTM E11-70 Can·8-GP-1d ISO TC-24	ASTM E11-61 JIS8801-56	Tyler		BS		AFNOR NF X11-50	DIN1171（45年以前）	GDR TGL0-4188,B11 GFR DIN4188	ГОСТ 3584-53	Czech·	中国沈阳套筛/目
			1	2	410-49	410-62						
64					(240)							
63	230	230	250			240	19		63	0.063		
62		62JIS										
61				250	240							
60								60			60	
56									56	0.056		
53	270	270	270		300	(300)						
52				270								
50							18		50	0.05	50	
45	325		325			350			45	0.045		
44		325		325	(350)							
40							17		40	0.04	40	
38	400		400									
37		400		400								

注：1. ASTM—American Society for Testing & Materials 美国材料试验学会。
2. Can·—Canada 加拿大。
3. ISO—International Standards Organization 国际标准组织。
4. JIS—Japan Industrial Standard 日本工业标准。
5. BS—British Standard 英国标准。
6. Tyler—泰勒标准筛。
7. AFNOR—Association Francaise de Normalisation(法)法国标准化协会。
8. NF—Normes Francaise(法)法国标准。
9. DIN—Dutsche Industrie Norman(德)德国工业标准。
10. GDR—German Democratic Republic 德意志民主共和国(东德)。
11. GFR—German Federal Republic 德意志联邦共和国(西德)。
12. ГОСТ—Государственный Обшесоюзый Стандарт(俄)国定全苏标准。
13. Czech·—Czechoslovakiå 捷克。
14. 7930JIS—系 JIS 所特有的筛孔，其目数与邻近者一致。
15. 1 1/4″—数字右上方代表吋(英寸)。
16. No2 1/2—No 后之数字代表目数，注意美英日为英制目，法德俄为公制目。俄国的筛号与孔径相同。法国的以孔径为0.25 mm者为25号往上下推，>0.25 mm者为26、27、28等，<0.25 mm为24、23等。

附录 4 区域化探全国扫面样品分析的测定元素与测定范围表

元 素	地壳平均含量(据泰勒 1964 年)/%	要求测定范围①/%	现有方法测定范围②/%	备 注
Ag	0.07×10^{-4}	$(0.02\sim10)\times10^{-4}$	$(0.1\sim10)\times10^{-4}$ $(0.1\sim10)\times10^{-4}$	原子吸收光谱 发射光谱撒样法
As	1.8×10^{-4}	$(1\sim1000)\times10^{-4}$	$(1\sim1000)\times10^{-4}$(斑点法)	
Au	0.004×10^{-4}	$(0.001\sim1)\times10^{-4}$	$(0.03\sim1)\times10^{-4}$(比色)	硫代密氏酮法
B	10×10^{-4}	$(10\sim2500)\times10^{-4}$	$(10\sim2500)\times10^{-4}$(光谱撒)	
Ba	425×10^{-4}	$(50\sim5000)\times10^{-4}$	$(50\sim5000)\times10^{-4}$(光谱撒)	
Be	2.8×10^{-4}	$(0.5\sim200)\times10^{-4}$	$(3\sim200)\times10^{-4}$(光谱撒)	采用 BaⅡ455.4 nm
Bi	0.17×10^{-4}	$(0.1\sim50)\times10^{-4}$	目前无合适方法	
Cd	0.2×10^{-4}	$(0.1\sim50)\times10^{-4}$	$(0.2\sim50)\times10^{-4}$(原子吸收)	
Co	25×10^{-4}	$(1\sim200)\times10^{-4}$	$(1\sim100)\times10^{-4}$(原子吸收) $(5\sim100)\times10^{-4}$(光谱撒)	
Cr	100×10^{-4}	$(10\sim5000)\times10^{-4}$	$(20\sim5000)\times10^{-4}$(光谱撒)	
Cu		$(1\sim500)\times10^{-4}$	$(1\sim500)\times10^{-4}$(原子吸收) $(1\sim500)\times10^{-4}$(光谱撒)	
F	625×10^{-4}	$(100\sim10000)\times10^{-4}$	$(100\sim10000)\times10^{-4}$(离子电极法)	
Fe	56300×10^{-4}	$(1000\sim500000)\times10^{-4}$	$(1000\sim500000)\times10^{-4}$(原子吸收)	建议用发射光谱
Hg	0.08×10^{-4}	$(0.05\sim5)\times10^{-4}$	目前尚无合适方法	
La	30×10^{-4}	$(30\sim3000)\times10^{-4}$	目前尚无合适方法	
Li	20×10^{-4}	$(0.1\sim500)\times10^{-4}$	$(0.1\sim500)\times10^{-4}$(原子吸收)	
Mn	950×10^{-4}	$(10\sim50000)\times10^{-4}$	$(10\sim50000)\times10^{-4}$(原子吸收)	建议用发射光谱
Mo	1.5×10^{-4}	$(0.5\sim100)\times10^{-4}$	$(1\sim100)\times10^{-4}$(比色)	
Nb	20×10^{-4}	$(5\sim300)\times10^{-4}$	目前尚无合适方法	
Ni	75×10^{-4}	$(5\sim3000)\times10^{-4}$	$(1\sim3000)\times10^{-4}$(原子吸收) $(10\sim3000)\times10^{-4}$(光谱撒)	
P	1050×10^{-4}	$(100\sim10000)\times10^{-4}$	$(100\sim10000)\times10^{-4}$(比色)	
Pb	12.5×10^{-4}	$(5\sim3000)\times10^{-4}$	$(1\sim3000)\times10^{-4}$(原子吸收) $(10\sim3000)\times10^{-4}$(光谱撒)	
Sb	0.2×10^{-4}	$(0.2\sim20)\times10^{-4}$	目前尚无合适方法	
Sn	2×10^{-4}	$(1\sim1000)\times10^{-4}$	$(3\sim1000)\times10^{-4}$(光谱撒)	
Sr	375×10^{-4}	$(50\sim5000)\times10^{-4}$	$(50\sim5000)\times10^{-4}$(光谱撒)	采用 SrI460.7 nm
Ti	5700×10^{-4}	$(100\sim10000)\times10^{-4}$	$(100\sim10000)\times10^{-4}$(光谱撒)	
Th	9.6×10^{-4}	暂不定	目前尚无合适方法	
U	2.7×10^{-4}	暂不定	目前尚无合适方法	建议用荧光法
V	135×10^{-4}	$(10\sim5000)\times10^{-4}$	$(10\sim5000)\times10^{-4}$(光谱撒)	
W	1.5×10^{-4}	$(1\sim500)\times10^{-4}$	$(1\sim500)\times10^{-4}$(比色)	
Y	33×10^{-4}	$(10\sim2000)\times10^{-4}$	目前无合适方法	建议用发射光谱
Zn	70×10^{-4}	$(10\sim2000)\times10^{-4}$	$(10\sim2000)\times10^{-4}$(原吸)	
Zr	165×10^{-4}	$(10\sim2000)\times10^{-4}$	目前无合适方法	建议用发射光谱
Al	82300×10^{-4}	暂不定	目前无合适方法	
Ca	41500×10^{-4}	暂不定	$(5000\sim500000)\times10^{-4}$(原吸)	
K	20900×10^{-4}	暂不定	目前无合适方法	
Mg	23300×10^{-4}	暂不定	目前无合适方法	可暂缓分析
Na	23600×10^{-4}	暂不定	目前无合适方法	
Si	281500×10^{-4}	暂不定	目前无合适方法	

注:据国家地质总局物探组编《物化探工作简报》1978 年第一期。

① 除反映地球化学异常外,还要为地质学、地球化学、农业、畜牧业、环境污染等各个领域提供基础资料,因而要求关系灵敏度较高。

② 按目前国内资料和仪器条件估计能达到的测量范围。

附录5　化探对分析灵敏度的要求与化探分析主要方法目前达到的灵敏度

主要分析元素	区域化探的要求	成矿区(带)化探的要求	各种分析方法达到的灵敏度/μg·g⁻¹						
			发射光谱水平电极撒样法	直读光谱	原子吸收分光光度法	分光光度法或其他化学分析方法	离子选择性电极	催化极谱法	原子荧光法
Ag	0.02	0.02	0.02	0.1~0.2	0.025	0.05			
As	1	0.5~1	30	3~1	0.1	1			0.011
Au	0.001	0.003	0.005	0.1~0.2	0.001	0.01			
B	10	10	2	0.05~0.1		5			
Ba	50	50	1	0.1~0.15					
Be	0.5	1	0.3	0.1~0.15					
Bi	0.1	0.1~0.5	0.3	1	0.1	20			0.019
Cd	0.2	0.2	1	0.2~0.5	0.2	0.05		0.5	0.2
Co	1	5	0.3	0.05~0.2	2	0.5		0.5	
Cr	10	10	1	0.05~0.1	1	10			
Cu	1	5~10	1	0.05~0.1	0.1	0.5		5	
F	100	100			1	10			
Fe	1000				10	1			
Hg	0.05	0.05	0.02	1~5	20	3			0.0011
La	30				0.05	20	100		
Li	1		15	0.05~0.1	3	5000	25		
Cl		50				100	0.25		
I		0.1~0.5				0.1			
Ca		5		3		0.05			
Te		0.01~0.05				25		0.01	
Mn	10	50	30	0.05~0.1	7	50			
Mo	0.5	1	0.3	0.05~0.1	2	100			
Nb	5	10	3	2~7		1			
Ni	5	5~10	0.3	0.05~0.1	2	2.5		5	
P	100		400	1~3		50			
Pb	1	5~10	1	0.5~2	0.1	120			
Sb	0.2	0.5~1	10	0~0.1	1	1			0.0058
Sn	1~3	2~5	0.3	0.1~0.2	0.1	3	1		
Sr	5~50		1			0.25			
Ti	100	20	200	5~10		0.5			
Th	4			0.1~0.5					

续附录 5

主要分析元素	区域化探的要求	成矿区(带)化探的要求	各种分析方法达到的灵敏度/$\mu g \cdot g^{-1}$						
			发射光谱水平电极撒样法	直读光谱	原子吸收分光光度法	分光光度法或其他化学分析方法	离子选择性电极	催化极谱法	原子荧光法
U	1			0.5~2		200			
V	20	20	0.3	0.05~0.1		2			
W	1	2~5	1	0.05~0.1		1.5		0.5	
Y	10		100	0.1~0.5		4			
Zn	10	5~10	3		0.5	1			1
Zr	10		50			2			
Sc						1			
Ge		1~2				3			
In		0.10	0.3	1		3.3			

注:引自林明静等编《地球化学样品分析》,1984 年。

附录 6 区域化探对分析方法准确度和精密度的要求

(1)

监控限 / 表示方法 / 含量范围/%	准 确 度		精 密 度
	$\Delta\lg C$(GSD)	RE/%(GSD)	RSD/%(GSD)
$<0.01\times10^{-4}$	≤±0.2	≤±45	≤35
$(0.01\sim5)\times10^{-4}$	≤±0.13	≤±30	≤23
$(5\sim10000)\times10^{-4}$	≤±0.08	≤±20	≤15
1~5	≤±0.04	≤±10	≤8
>5	≤±0.02	≤±4	≤3

注：据《区域化探全国扫面工作方法若干规定》(讨论稿)。

GSD——一级标准样;$\Delta\lg C$——一级标准样多次测定的平均值与一级标准样最佳估计值之间的对数差;RE—相对误差;RSD—相对标准离差。

(2)

监控限 / 表示方法 / 含量范围/%	准 确 度	精 密 度
	$\Delta\lg C$(GRD)	λ(GRD)
$<0.01\times10^{-4}$	≤±0.24	≤0.36
$(0.01\sim5)\times10^{-4}$	≤±0.15	≤0.24
$(5\sim10000)\times10^{-4}$	≤±0.1	≤0.14
1~5	≤±0.05	≤0.08
>5	≤±0.02	≤0.04

注：资料来源同上。

GRD—二级标准样;$\Delta\lg C$—对数偏差平均值;λ—对数标准离差。

附录7 成矿区(带)地球化学普查中某些元素的允许误差范围

元素	灵敏度/%	含量范围/%	误差要求		元素	灵敏度/%	含量范围/%	误差要求	
			相对/%	绝对/%				相对/%	绝对/%
Cu	5×10^{-4}	$\leqslant30\times10^{-4}$		15×10^{-4}	Ti	50×10^{-4}	$\leqslant150\times10^{-4}$		75×10^{-4}
Pb		$(31\sim100)\times10^{-4}$	30		Mn		$(151\sim1000)\times10^{-4}$	30	
Zn		$(101\sim500)\times10^{-4}$	25		Ba		$(1001\sim5000)\times10^{-4}$	25	
Ni		$(501\sim1000)\times10^{-4}$	20				$>5000\times10^{-4}$	20	
Co	1×10^{-4}	$\leqslant10\times10^{-4}$			Be	1×10^{-4}	$\leqslant10\times10^{-4}$		5×10^{-4}
		$(11\sim50)\times10^{-4}$	40		Cd		$(11\sim50)\times10^{-4}$	40	
		$(51\sim200)\times10^{-4}$	30		W		$(51\sim200)\times10^{-4}$	30	
		$>200\times10^{-4}$	20		Sn		$>200\times10^{-4}$	20	
Cr	20×10^{-4}	$\leqslant60\times10^{-4}$		30×10^{-4}	F	50×10^{-4}	$\leqslant150\times10^{-4}$		75×10^{-4}
V		$(61\sim1000)\times10^{-4}$	30				$(151\sim1000)\times10^{-4}$	30	
		$(1001\sim5000)\times10^{-4}$	25				$(1001\sim5000)\times10^{-4}$	20	
		$>5000\times10^{-4}$	20				$>5000\times10^{-4}$	15	
As	0.1×10^{-4}	$\leqslant3\times10^{-4}$		1.5×10^{-4}	Au	0.002×10^{-4}	$\leqslant0.012\times10^{-4}$		0.006×10^{-4}
Sb	0.2×10^{-4}	$(4\sim10)\times10^{-4}$	50				$(0.013\sim0.06)\times10^{-4}$	60	
		$(11\sim100)\times10^{-4}$	40				$(0.061\sim0.100)\times10^{-4}$	50	
		$>100\times10^{-4}$	30				$(0.101\sim0.500)\times10^{-4}$	40	
							$(0.5\sim5)\times10^{-4}$	30	
							$>5\times10^{-4}$	25	
Hg	0.02×10^{-4}	$\leqslant0.06\times10^{-4}$		0.04×10^{-4}	I	0.5×10^{-4}	$\leqslant3\times10^{-4}$		1.5×10^{-4}
		$(0.07\sim0.5)\times10^{-4}$	40		Bi	0.1×10^{-4}	$(4\sim10)\times10^{-4}$	40	
		$(0.51\sim5)\times10^{-4}$	30		Mo	0.5×10^{-4}	$(11\sim100)\times10^{-4}$	25	
		$>5.0\times10^{-4}$	25				$>100\times10^{-4}$	20	
Ag	0.01×10^{-4}	$\leqslant0.06\times10^{-4}$		0.03×10^{-4}					
		$(0.07\sim0.50)\times10^{-4}$	40						
		$(0.50\sim5.0)\times10^{-4}$	30						
		$>5\times10^{-4}$	25						

注：据《冶金地质成矿区(带)地球化学普查技术规定》1983年7月8日。转引自林明静等编《地球化学样品分析》1984年8月。

附录8　美国如何利用元素丰度估计矿产的资源潜力

美国内政部于1970年为了进行资源规划工作，由美国地质调查所R.L.Erichson等人开始研究，其研究成果汇编入该调查所的820号专刊《美国矿务资源》中(1973年)。他们如何研究？取得什么成果？下面做一简单介绍。

一、研究的步骤和内容

下面介绍关于丰度—资源—储量关系的研究。

(一) 一般公式

1960年V.E.Mackevey曾建立过一个地壳丰度(A)和当时美国矿产储量(R)的关系公式，即：

$$R = A(\%) \times 10^{9\sim10} \quad (1)$$

式中R的单位为短吨，1短吨=0.91 t。式(1)后来被修改为一般公式：

$$R(\text{t}) = A(\%) \times 10^{10} \quad (2)$$

(二) 多级地壳丰度资料

1970年，美国地质调查所为了计算需要，将我国在《地质学报》(1965年)上发表的地壳及其基本构造单元的元素丰度数据，全部翻译成英文，并登载在《国际地质论坛》上(International Geology Review，1970，V.12，No.7，p778～785)，因为至今国内尚无这种资料。他们企图利用黎彤等丰度资料和Mackevey公式计算出若干金属元素在：(1)地壳中的总量；(2)地壳内不同构造单元的总量；(3)美国陆壳中的总量；(4)1 km深度的美国陆壳和世界陆壳中的总量，以及可回收矿石的潜在资源。

(三) 美国公式

为使计算合理，他们假设：(1)Mackevey的丰度-储量关系公式是真实的；(2)美国矿务局的储量数据，其数量级是正确的；(3)痕量元素在地壳中是对数正常分布的。

计算时，采用铅作为基础，因为铅的已知可采矿石储量大于$R = A(\%) \times 10^{10}$，铅的陆壳丰度为13ppm或0.0013%。代入Mackevey公式，得：

$$R = 0.0013 \times 10^{10} = 13 \times 10^{6}\ \text{t} \quad (3)$$

美国已知铅储量为31.8×10^{6} t，比式(3)计算值大2.45倍。铅的这个系数(2.45)比任何其他常见的金属元素撒系数都大，只有钼达到近似的系数。

如果采用上述假设的(1)和(3)，则所有痕量元素当前可回收的资源应接近于$2.45A \times 10^{10}$。显然，当任何其他金属元素的储量超过$2.45A \times 10^{10}$时，2.45的系数也会增加。所以，系数的大小，与各国矿产资源情况和勘探程度有关。

计算潜在可回收资源的另一个很简单的方法，是假设每一种金属的资源接近于美国1 km深地壳中该金属总量的0.01%。

二、研究成果和计算方法

Erichson估计了美国和世界上31种金属元素的资源潜力，下面仅以金为例说明其计算方法：

(1) 金的地壳丰度为$3.5 \times 10^{-7}\%$，地壳质量为24×10^{18}t，则地壳中金的总量为：

$$24\times10^{18}\times3.5\times10^{-9}=84\times10^{9}\text{t}$$

(2) 金的陆壳丰度为 $3.5\times10^{-7}\%$,陆壳质量为:

$$24\times10^{18}\times62.9\%=15.1\times10^{18}\text{t}$$

则陆壳中金的总量为:

$$15.1\times10^{18}\times3.5\times10^{-9}=53\times10^{9}\text{t}$$

(3) 美国陆地面积占世界的1/17,所以美国陆壳的金总量为:

$$53\times10^{9}\times1/17=3.1\times10^{9}\text{t}$$

(4) 陆壳平均厚度为36.5 km,所以美国1 km深陆壳的金总量为:

$$3.1\times10^{9}\div36.5\text{ km}=84\times10^{6}\text{ t}$$

(5) 美国金矿储量(r)为2098 t(据美国矿业局1970年资料),美国金矿的可回收资源潜力(R')为:

$$R'=2.45A(\%)\times10^{10}=2.45\times3.5\times10^{3}=8.6\times10^{3}$$

因此,美国金矿资源潜力和金矿储量的比值(f)为:

$$f=R'/r=8600/2098=4.1$$

(6) 世界金矿储量为11000 t(据美国矿业局1970年资料),世界可回收金资源潜力(R'')为:

$$R''=2.45A(\%)\times10^{10}\times17.3$$

因为世界陆地面积为美国陆地面积的17.3倍,所以:

$$R''=2.45\times3.5\times10^{3}\times17.3=150\times10^{3}$$

而世界金矿资源潜力和金储量的比值(f')为:

$$f'=R''/r=150000/11000=13.6$$

因为 $f'>f$,说明金矿的世界资源潜力比美国大3.3倍。

三、对金属矿产资源潜力和储量比值的解释

用上述方法和步骤求得的各种金属的美国 f 值和世界 f' 值如下表所示:

金　属	美国(f)	金　属	世界(f')
Pb	1	Sb	5
Mo	1	Cu	10
Cu	1.6	Pb	10
Ag	3.2	Sn	12
Au	4.1	Au	14
Zn	6.3	Ag	18
Sb	11	Mo	23
Hg	15	Hg	30
U	20	Ni	38
Th	31	Zn	42
W	37	W	42
Ni	830	U	112
Sn	很高	Th	288

Erichson 对上述 f 值做了如下解释：

(1) Pb、Mo、Cu、Ag、Au 和 Zn 等金属的储量，很接近于潜在的可回收的资源，是因为这些金属是长期以来最努力寻找的元素；虽然铀是新近寻找的元素，但是由于找矿强度很大，所以它的 f 值也接近于传统寻找的元素。因此，上述预测的资源潜力和地壳丰度的关系是有效的。可以利用这种关系来预测出一些难找元素的潜在资源数量。

(2) Ni 和 Sn 的 f 值最大，这是由于美国缺乏合适的主岩引起的。但是大的 f 值说明，我们应当打破传统的观念，从不同的地质环境去找这些元素。一般说来，f 值越高，元素倾向于形成氧化物或硅酸盐矿物的趋势就越大(相当于硫化物矿石而言)。

(3) 具有中等比值的元素，是过去对经济不是很重要的金属，或者是价格波动很大，或过去的来源主要是来自副产品的元素。但是这些元素的粗略预测量，也应当确实存在于地壳中。

(4) 世界资源的 f' 值一般都比美国的 f 值高是意料中的事，因为世界上还有许多地区还没有勘探和开发。少数金属(如 Sb、Sn 和 Ni)则 $f' < f$ 值，这是因为包含了一些世界上著名的老矿区的储量，如中国湖南的锑矿，玻利维亚、英国康瓦尔和马来西亚的锡矿，以及加拿大和澳大利亚的地盾区上的镍矿。

Erichson 最后指出，根据稀有元素的储量和资源与丰产元素有很大差别的事实，可以采用粗略办法来估算，如铜的地区丰度比金大 20000 倍，则我们可以期望铜的可回收资源比金的可回收资源大 20000 倍。当然，这种简单关系要用每种元素固有的地球化学性质来修正。

如果我们接受丰度－储量关系。则 $R' = 2.45A \times 10^{10}$ 是估计的最小资源量，因为这种关系是建立于当前可回收的资源上，并不包括在经济上还不可能回收的资源在内。从这种公式估计一种元素的总资源量，实质上的变化不可能是由于地质因素固有的地球化学性质引起的。然而，近十年来，卡林型金矿床等的发现，指出我们应当批判性地检查我们上哪里去找和怎样找这些矿床的标准。重要的矿床仍未发现，通常是因为勘探工作局限于经典的成矿环境。

附录 9　利用 K_2O 值估计俯冲带深度和地壳厚度

一、标定硅的钾值和康迪公式

在岩石化学成分中，随 SiO_2 增加而递增的成分有 Na_2O 和 K_2O，其中 K_2O 具有最佳的递增规律性(表 1)。

表 1　中国岩浆岩平均化学成分中的 K_2O 值

成分/%	超基性岩	基性岩	中性岩	酸性岩
SiO_2	43.67	48.25	58.05	70.40
Na_2O	0.90	3.30	3.57	3.77
K_2O	0.41	1.72	2.36	3.79

通过对环太平洋俯冲带深度和火山岩成分的关系研究得出：火山岩中 K_2O 含量的递增方向，垂直于弧－沟系或路－沟系的延伸方向。反映火山岩中的 K_2O 含量递增变化，是俯冲带深度递增的函数。

根据环太平洋几个火山岩地区的统计(图 1、图 2)，康迪(K.C.Condie，1973 年)获得下列两个线性方程：

$$C(\text{km}) = 18.2(K_2O) + 0.45(\text{相关系数 } T = 0.67)$$
$$Z(\text{km}) = 89.3(K_2O) - 14.3(\text{相关系数 } T = 0.82)$$

式中　C——地壳厚度；

　　Z——俯冲带深度；

(K_2O)——乘以用 SiO_2 值，即当换算为 60%时，K_2O 的相应计算值。

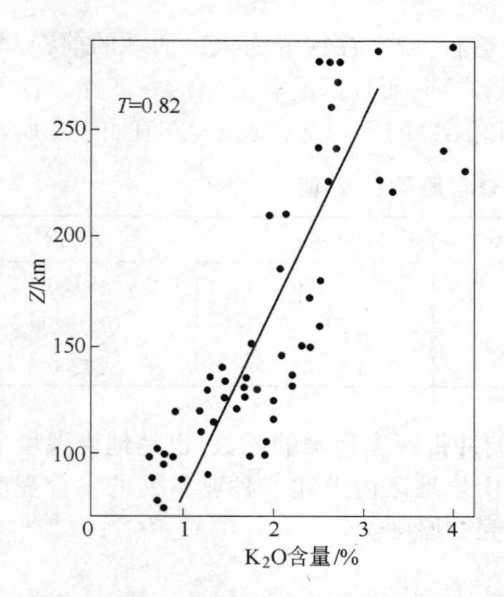

图 1　俯冲带深度和 K_2O 含量关系图

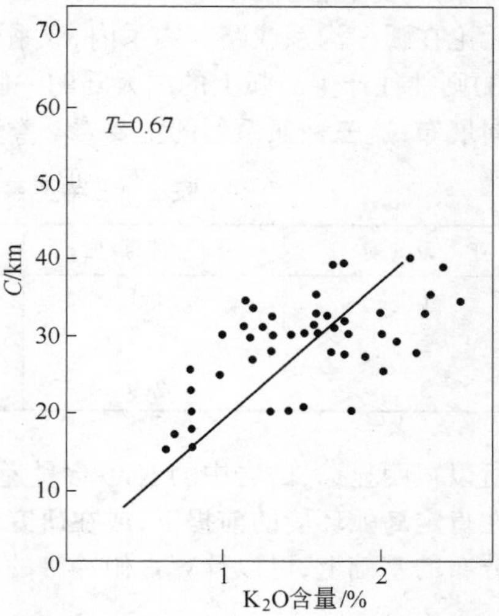

图 2　地壳厚度和 K_2O 含量关系图

例如，已知玄武岩中 SiO_2 含量等于 50%，K_2O 含量等于 0.6%，则：

$$(K_2O) = \frac{60 \times 0.6}{50} \times 100 = 0.72$$

代入上述两式，即得：

$$C = 18.2 \times 0.72 + 0.45 = 13.55 \text{ km}$$
$$Z = 89.3 \times 0.72 - 14.3 = 50 \text{ km}$$

这就为研究大洋板块在俯冲过程中重熔岩浆的深度和火山岩喷出时的地壳厚度，提供了一个简便的计算方法。这种方法经环太平洋几个火山岩地区的检验，最大误差可达 30%以上。例如，现代岛弧火山岩地区下的俯冲带实测深度如下：

美洲中部	110 km
库页－堪察加	140 km
日本本州	160 km

而火山岩中的 K_2O 值，当 SiO_2 含量约为 60%、K_2O 含量等于 1.5%时按 Z 公式计算，Z = 120 km，则日本本州火山岩地区下的俯冲带，其实测深度和计算深度之间的误差略为超过 30%。

Condie 认为，在允许误差范围内，上述计算方法可用来粗略地估计地质历史上的古俯冲带和古地壳厚度。例如，北美和南非太古代绿岩带（>25 亿年），用上述公式分别求得：古俯冲带深度平均为 85 km，古地壳厚度平均为 20 km，这是一个大胆的尝试。

二、康迪公式应用的前提

运用上述公式时，首先要研究火山岩地区的岩浆系列。地壳上有三大岩浆系列：

(1) 拉斑玄武岩系列；

(2) 碱性系列；

(3) 钙、碱性系列，只有这一系列与俯冲带有关，它又可分为三个亚系列：

1）岛弧型拉斑玄武岩亚系列；

2）岛弧型安山岩亚系列；

3）橄榄安粗岩亚系列。

无论在弧－沟系或路－沟系内，亚系列 1)由于重熔程度高，往往成为火山活动的前锋，而亚系列 3)则往往产生岛弧上的向大陆的一侧或靠近大陆内部，而且都沿着弧－沟系或路－沟系延伸方向展布，这三种亚系列的主要岩石类型，其 SiO_2 和 K_2O 的平均含量及 C、Z 值如表 2 所示。

表 2　三种亚系列的 SiO_2、K_2O 含量及 C、Z 值

亚　系　列	SiO_2 含量/%	K_2O 含量/%	C/km	Z/km
1	51.1	0.40	≤20	≤150
2	57.3	1.60	20～30	100～200
3	52.9	3.69	≥25	≥200

所以很明显，火山岩中的 K_2O 含量递增变化，是俯冲带深度递增的函数，也是地壳厚度的函数。在肯定岛弧环境的前提下，或在研究钙碱系列火山岩地区内上述三种亚系列的发育程度和空间分布的基础上，可以计算古俯冲带的深度和古地壳的厚度。

参 考 文 献

1　霍克斯 H E,韦布 J S. 矿产勘查的地球化学.谢学锦译.地质科学院物探研究所,1974(未公开发表)
2　云南省冶金局勘探公司. 化探. 1976(未公开发表)
3　谢学锦.区域化探.北京:地质出版社,1979
4　叶·米·克维亚特科夫斯基.岩石化学找矿法(内生金属矿床岩石化学普查方法).张国容,邱郁文译.北京:地质出版社,1981
5　吴锡生.化探及其数据处理方法.青海地球化学勘查大队,1984(未公开发表)
6　林明静等.地球化学样品分析.1984(未公开发表)
7　王崇云等.地球化学找矿基础.北京:地质出版社,1987
8　黎彤,倪守斌.地球化学讲义. 冶金部广东冶金地质勘探公司,1982(未公开发表)
9　陶正章.地球化学找矿.北京:地质出版社,1987